計算機原理實作

使用 App Inventor 2

第3版

陳延華、蔡佳哲 編著

Designed by macrovector / Freepik

作者序

從 90 年代起，隨著電腦硬體集成技術的成熟，行動裝置與電腦通訊網路蓬勃發展。從行動電話、電子記事本、PDA、電子書載具、功能型手機一路演進到現在人手一機的智慧型手機，除硬體的演進革新之外，軟體應用亦不斷地創新，讓人們的生活愈來愈便利。

隨著行動裝置的普及，能夠編寫程式讓行動裝置為其所用的技能愈形重要。近年來各先進國家紛紛強調各級學生編程能力的培養，期使邏輯思考與程式設計概念，內化到每一位學生腦中。唯傳統程式設計課程的入門門檻較高，學生需先學習計算機概論或資訊概論課程後，選定某程式語言，學習其語法，再加上演算法與實務解決問題的訓練，才能完整習得程式設計的精髓。就非資訊相關科系的學生而言，學習程式設計最重要的目的在於訓練其邏輯思考能力，因此並不見得需要一直強調程式語言語法的學習。

自 Google 於 2007 年 11 月 5 日發表 Android 行動裝置作業系統 1.0 版後，與 Apple 的 iOS 併駕齊驅引領行動裝置的發展。據市調研究機構 Gartner 所發表之 2017 年全球第一季智能手機出貨量報告指出，Android 平台的市占率為 86.1%，是目前全球最受歡的智慧手機平台，進行 Android app 開發可以接觸到最多的開發資源與使用者。透過 Android 平台學習程式設計，所開發出的 app，最有機會擁有廣闊的使用者群，創造出最大的商業利益與附加價值。

目前有幾種開發 Android app 的工具可供利用，最直接且支援 Android 系統完整功能的，莫屬 Android Studio。但運用原生開發工具進行 app 開發，牽涉到 Java 程式語言、Android 系統框架與 Android Studio 的使用，學習門檻較高。為了讓非資訊本科學生與社會人士也能輕鬆進行 Android app 的開發，製作出具有豐富功能的精巧 app，本書特以 App Inventor 2 開發工具為主題，輔以實際的 app 開發案例，讓未曾接觸過程式設計的讀者，亦能輕鬆製作出精采的 app。

筆者有近二十年大專院校資訊科系的授課經驗，對推廣程式設計向下紮根的工作不遺餘力。綜觀國內大專院校的課程規劃，能讓非資訊相關科系學生接觸到最多資訊科技的課程，莫屬計算機概論或資訊概論。因此，筆者結合計算機概論課程中的相關主題與 App Inventor 2 開發工具，設計出實用的程式設計範例，讓本書的讀者能在短時間內，瞭解資訊科技中各個領域的重點，並學習程式設計的概念與 Android app 的開發。

編寫本書時，筆者亦考量到讀者未來可能轉用正規的程式語言進行程式的發展工作。因此在各章節內容中，強調程式設計觀念的建立，並自第三章起以 App Inventor 2 的英文模式來解說，目的是要讓讀者在未來學習正規程式語言時，能與已學之觀念接軌，迅速地將已具備的概念，轉以不同的程式語言來表達。易言之，本書能讓讀者在無形中養成正確的程式設計概念與開發流程，期許讀者於未來只需搭配任何程式語言，即可自行探索並解決問題。

本書適用於大專院校實施計算機概論或資訊概論及其相關的實習、實作課程採用，亦適合各界人士以之為自學程式設計與 Android app 開發的入門教材。筆者才疏學淺，思慮不周，倉促付梓，謬誤難免，祈請各界專家先進不吝指正。

2022 年夏 誌於勤學堂

目錄

Chapter4 連加程式(程式語言) -迴圈

Chapter5 翻牌遊戲(程式語言)-副程序呼叫與亂數產生

目錄

Chapter6 計算機(計算機組織) - 副程序設定傳遞參數與版面配置

Chapter7 命運輪盤(作業系統)-執行緒與繪圖元件

Chapter8 指針型時鐘(作業系統)－多執行緒與繪圖元件

Chapter9 打青蛙遊戲(資料結構)－物件資料串結與秀圖元件

目錄

Chapter13 旋轉輪盤(資料處理)–認識圖形物件處理

Chapter14 檔案儲存(資料儲存) - 認識相機元件

Chapter15 公車查詢與天氣查詢(計算機網路)-網路API應用

目錄

用App Inventor 2 開發Android App

本章學習重點

- 瞭解App Inventor 2
- 安裝App Inventor 2
- 設定開發環境
- 瞭解App Inventor 2的操作方式
- 瞭解App Inventor 2的開發流程
- 實作第一個專案

1-1 App Inventor 2 介紹

行動裝置的時代

自從Google於2007年11月5日發表Android行動裝置作業系統1.0版後，Google的Android與Apple的iOS併駕齊驅引領行動裝置的發展。在此之前行動裝置大致有功能型行動電話、個人數位助理（Personal Digital Assistant，PDA）與微軟（Microsoft）Windows Mobile這類的行動電話與PDA整合後的智慧型手機（Smart Phone）。在Google與Apple分別推出Android手機、平板（tablet）與iPhone手機、iPad平板後，將微軟的Windows Mobile與黑莓（BlackBerry）取代。二大陣營的行動裝置幾乎成了行動裝置的代稱。

根據國際研究機構Gartner所發表的統計數據，2017年智慧型手機全球的銷售總數爲3.8億支。比2016年同期成長9.1%。其中採用Android系統的手機其市佔率爲86.1%；而iOS系統手機的市佔率則約有13.7%。我們可以說這二種作業系統的手機幾乎代表了全部的智慧型手機。

開發行動裝置App

隨著行動裝置的普及，各行各業都可以依照需求在行動平台上充分運用，其即時傳輸且不受地點限制的特性使行動裝置上的應用軟體蓬勃發展。不過發展軟體並非是人人都能輕鬆從事的工作，要能開發出穩定好用的軟體，需要有一些程式設計與人機介面設計上的基礎。

App Inventor 2原由Google發展而出現，後轉交給麻省理工學院行動學習中心維護。其是一套圖形式的Android App開發工具。以往在開發Android App前，開發者必須先學習Java程式語言，使用Android Studio IDE設計介面編寫程式並經測試修正後才能上架到Google Play上供使用者下載使用。整個過程不僅繁瑣，開發者也須具備相當的程式設計與介面設計的基礎才能勝任App的開發工作。

App Inventor 2讓開發者能以拖放（drag and drop）元件或是方塊的圖形式操作方式來完成App的開發。就初學者而言，App Inventor 2不但易於學習而且功能強大，只要在網頁中透過各方塊的參數設定，就可以在短時間內製作出自己的App。Google在2012年1月1日將App Inventor計畫轉交給麻省理工學院行動學習中心後，仍持續以免費與開源的方式執行。App Inventor 2的測試版（beta）以下稱AI2，在2013年8月推出，爲App Inventor第二個主要版本。除了功能提升之外，操作介面也更加成熟順手。

本書以實務導向的方式配合計算機概論的課程規劃，從基本的AI2、使用操作與程式設計概念開始到實際App的開發，除了能讓讀者練習實作計算機概論課程中各相關主題的App外，更能完整體驗App開發過程以做出實用的App上架到Google Play商店上。

系統需求

我們即將要開始透過AI2開發行動裝置App，請先檢查你所使用的電腦作業系統、瀏覽器與Android手機的系統版本是否比下表AI2官網建議使用之系統與瀏覽器的版本所列的更新。

硬體裝置	作業系統版本
個人電腦	Windows XP、Windows Vista、Windows 7或Windows 10。
	Ubuntu 8 以上或 Debian 5 以上版本。GNU/Linux 的即時開發（live development）只支援電腦與Android手機間的WiFi連結。
瀏覽器	Mozilla Firefox 3.6 以上版本使用Firefox瀏覽器時若有安裝NoScript擴充套件請將之關閉。 Apple Safari 5.0 以上。 Google Chrome 4.0 以上。 請注意AI2並不支援Microsoft Internet Explorer。
Apple Mac 電腦	macOS X 10.5 以上。
Android 手機	Android系統2.3以上。

底下先說明App Inventor 2開發環境的設定。

1-2 設定 App Inventor 2 開發環境

AI2是由Google發展後轉交麻省理工學院行動學習中心維護的Android App開發網站。因此要設定AI2開發環境需先連結到http://ai2.appinventor.mit.edu/，在瀏覽器中輸入前述網址後必須先登入Google 帳號，如果沒有Google帳號請按下面程序申請。

»Step1

»Step2

»Step3

»Step4

Google

建立您的 Google 帳戶

姓氏

名字

使用者名稱 @gmail.com

您可以使用英文字母、數字和半形句號

改用我目前的電子郵件地址

密碼

確認

請混合使用 8 個字元以上的英文字母、數字和符號

顯示密碼

請改為登入帳戶

繼續

只要擁有一個帳戶，就能使用所有 Google 服務。

»Step5

取得Google帳號後請連結到MIT App Inventor 2官網http://ai2.appinventor.mit.edu再以Google帳號登入。

登入https://appinventor.mit.edu網站。

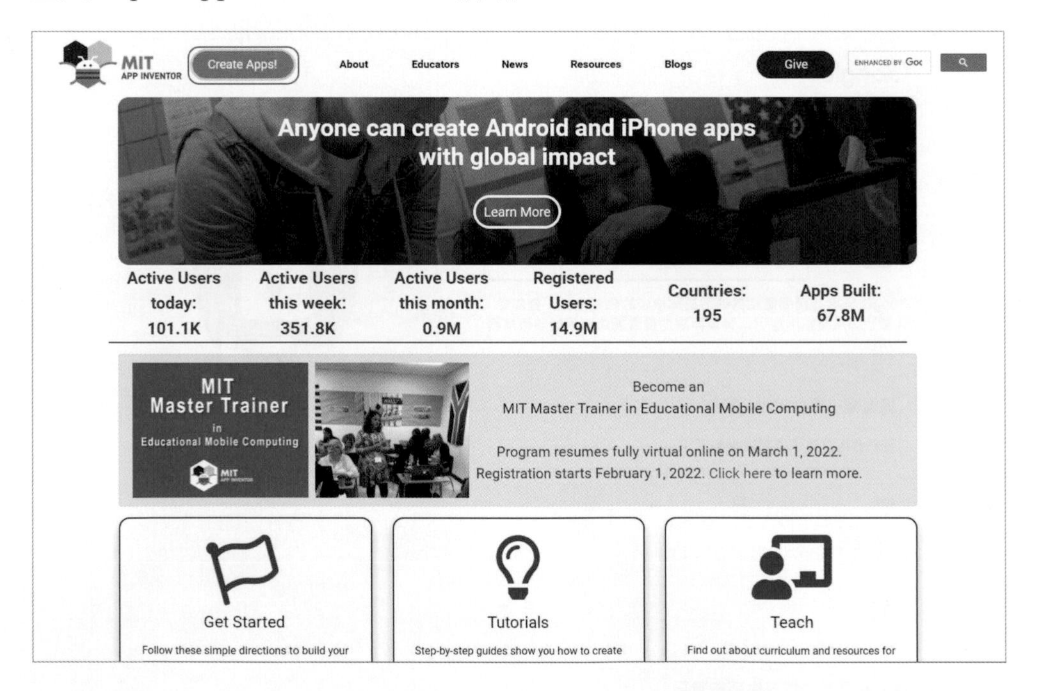

如果事先未在Chrome瀏覽器登入帳號，則會出現需要登入畫面。

登入後出現會出現服務條款對話框，滑鼠點選「I accept the terms of service!」按鈕選項。

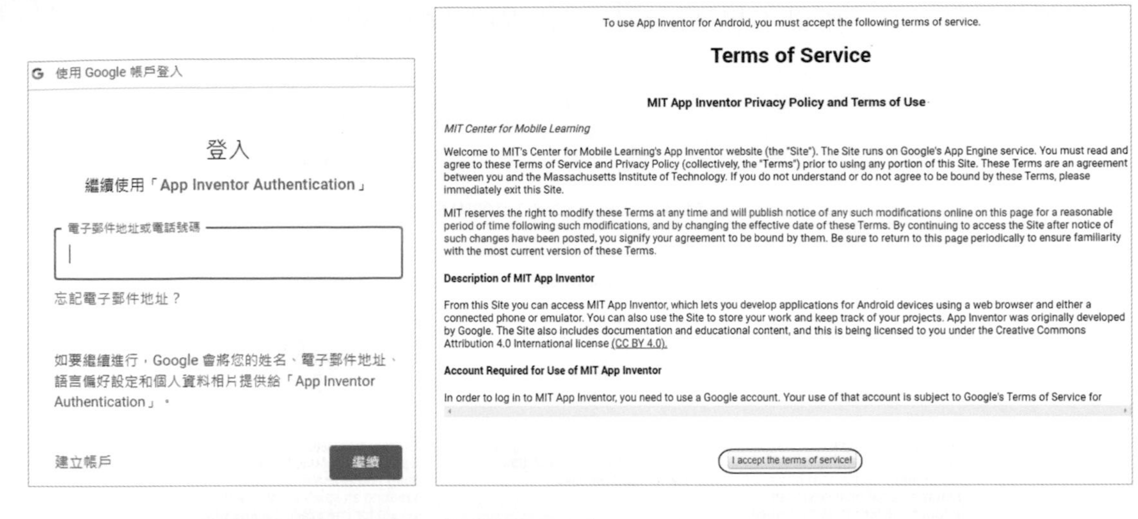

接下來瀏覽器會呈現AI2的歡迎畫面。

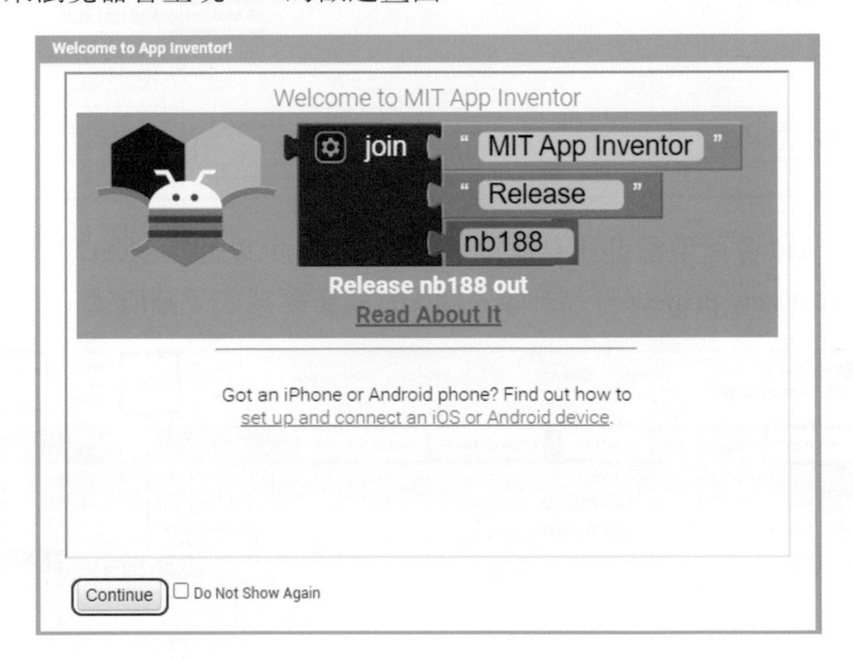

藍色字 set up and connect an iOS or Android device 連結分別是如何設定Android 與Android 模擬器（emulator）手機或iOS手機以執行App 的說明，若已經安裝則使用滑鼠點選Continue 按鈕。

進入範例選項，如果不想選用範例，請選擇「Close」按鈕。

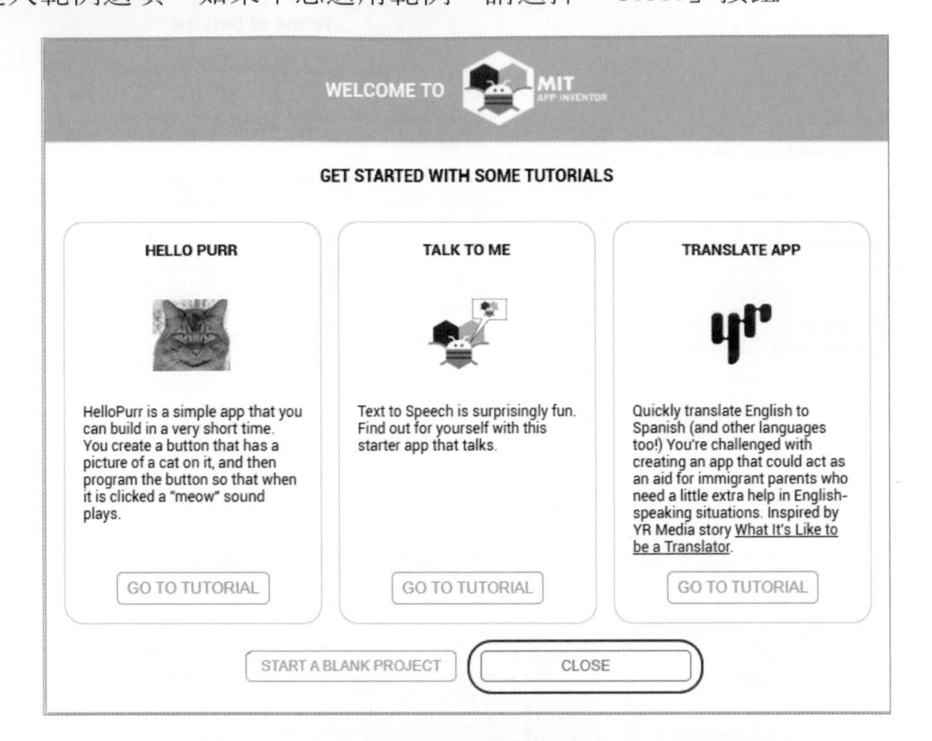

接下來AI2會呈現歡迎訊息並提示你按Guide可以連結到AI2的學習內容，之後點按Start new project可以新增一個App開發專案如下圖所示。

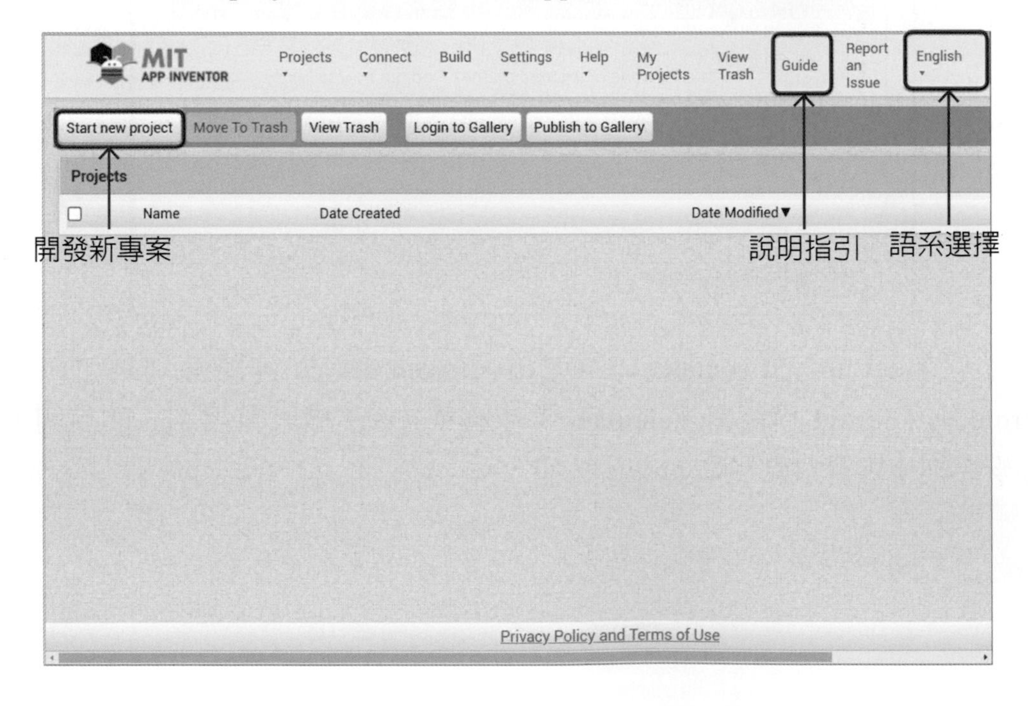

AI2的操作介面現已支援十種語言如下圖所示。

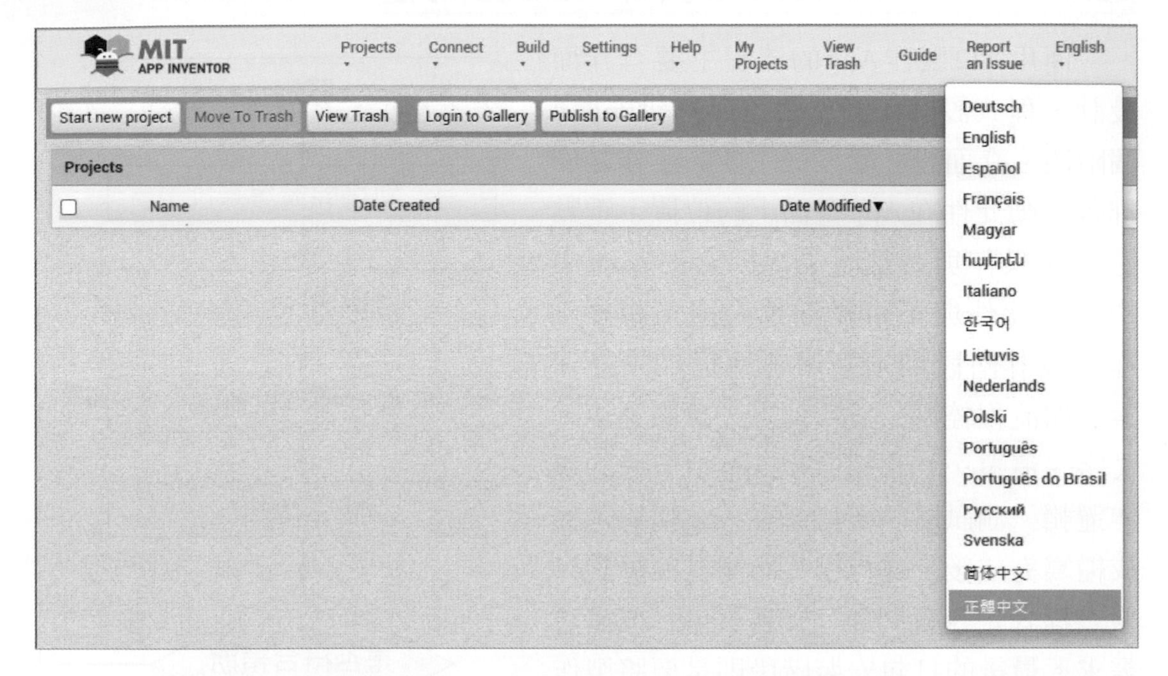

AI2目前雖已支援十種語言，但筆者經考慮後決定本書自第三章後改以英文介面來說明。雖然AI2有中文版，但在說明程式設計概念時，使用中文介面會讓方塊名稱與參數名稱變得不容易與程式中的語法結構連結。就程式教育的角度而言，這非常不利於使用者將在AI2所學到的程式設計概念移轉到其他程式語言上。此外，因為AI2的操作並不難，待使用者習慣英文的操作介面後，其實並不會影響到其操作與方塊的運用。基於上述原因，本書的第一、二章與第三章以AI2的中文操作介面來說明，讓使用者習慣操作介面與使用方塊的方法。自第三章後就改以英文介面來說明，對已經熟悉AI2的讀者應可以運用自如。

透過App Inventor 2製作App的流程

運用AI2製作App的流程主要有介面設計、程式設計、測試驗證與打包安裝4個階段。介面設計階段最主要的工作是安排各互動元件在App畫面上的位置，重點是方便操作與美觀大方，組合出App 中的可見元件與不可見元件的運作程序。程式設計階段則須利用各種程式設計元素（如流程控制、邏輯運算、算數運算、文字、清單…）來組合出App中方塊的運作邏輯。測試驗證階段是在App編寫過程或編寫完成後，進行程式的測試與驗證以檢查程式是否有問題（臭蟲bugs）或滿足需求。最後的打包安裝階段則是要將製作並測試後的App包裝成APK檔並安裝到Android手機或模擬器上執行。製作App的完整流程請參閱右圖。

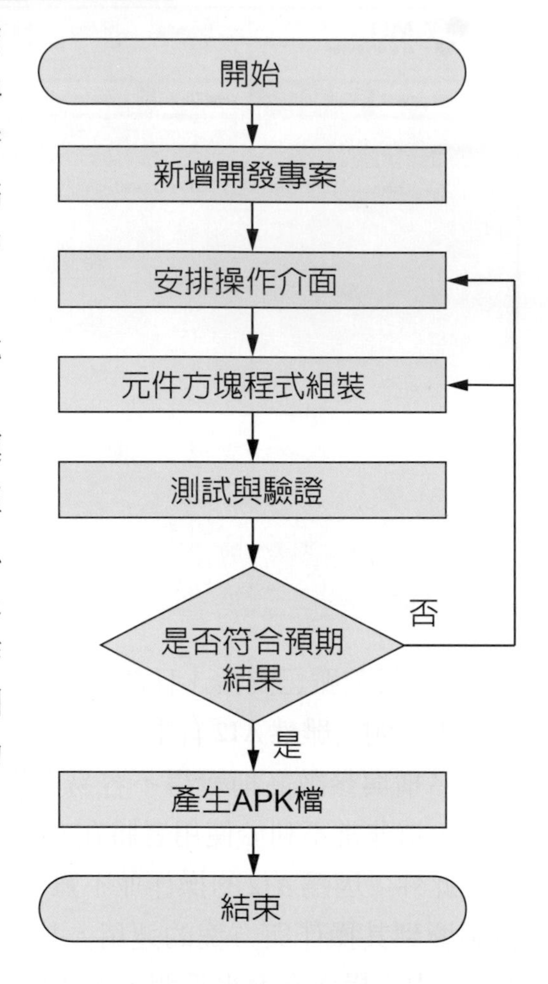

1-3 第一個 App Inventor 2 專案

瞭解製作App的流程後，接下來筆者將示範如何製作出第一個AI2的App。這個簡單程式用來讓你學習寫出第一個AI2的程式，其功能很簡單，即當使用者點選按鈕時，App會發出Frog英文單字的發音。如此讀者可以很快地熟悉按鈕與播放音效的寫法。

如前所述，本書前三章仍以中文介面來說明，所以請先將AI2操作介面設定成中文。

»Step1 使用滑鼠點選繼續。

»Step2 選擇CLOSE按鈕。

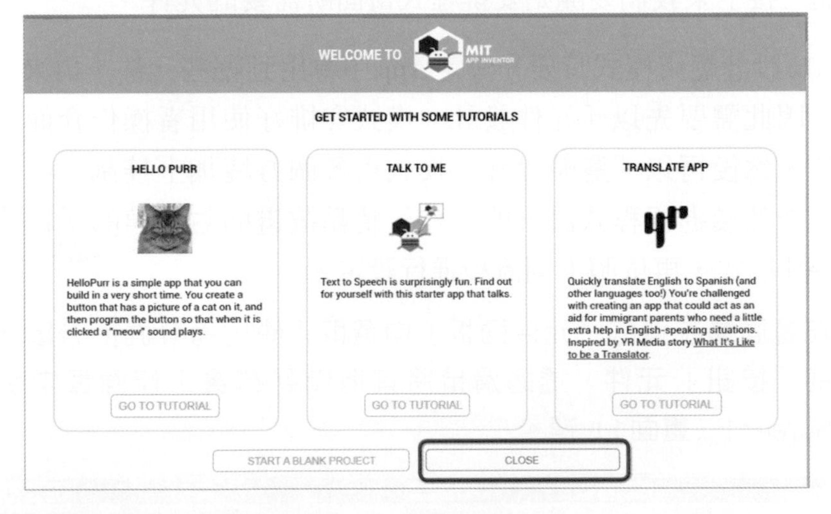

»Step3 出現第一個新建專案設定，點按新建專案。

»Step4　輸入專案名稱，本例請輸入frog再按確定。

至此我們就創建了一個開發專案。此時AI2所呈現出的畫面就是新增專案的編輯畫面。接下來我們要開始安排程式畫面所需要的元件。

使用AI2設計應用程式時要先決定App中會用到哪些元件，再來安排各元件間的互動。因此需要先以「元件設計」模式安排好使用者操作介面，也就是各元件的位置，然後再以「邏輯設計」模式爲各個方塊加上控制。我們先進行元件設計的工作然後進行程式設計的工作。請點按畫面右上角的「程式設計」鈕進入元件設計模式，再依照下列流程進行設定。

»Step5　在畫面最左邊的「元件面板」中選取「使用者介面」分區並按住其中的「按鈕」元件，透過滑鼠將其拖曳到右邊工作面板中手機畫面的Screen1（畫面1）裡。

»Step6 回到「元件面板」中選取其中的「多媒體」分區，並將「文字語音轉換器」拖放到「工作面板」中手機畫面的Screen1裡完成文字語音轉換器方塊設定。因為文字語音轉換器元件本身並不會顯示在App的畫面上，因此在工作面板的手機畫面中不會出現這個元件，讀者也可以看到在手機畫面的下方會列出非可見元件「文字語音轉換器」就會列在其下。

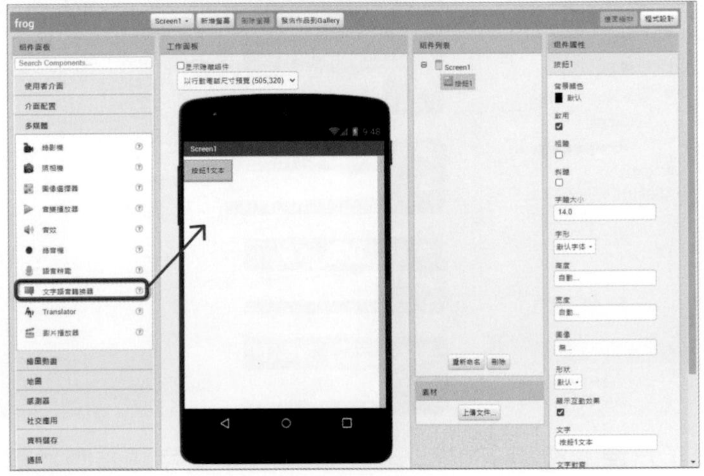

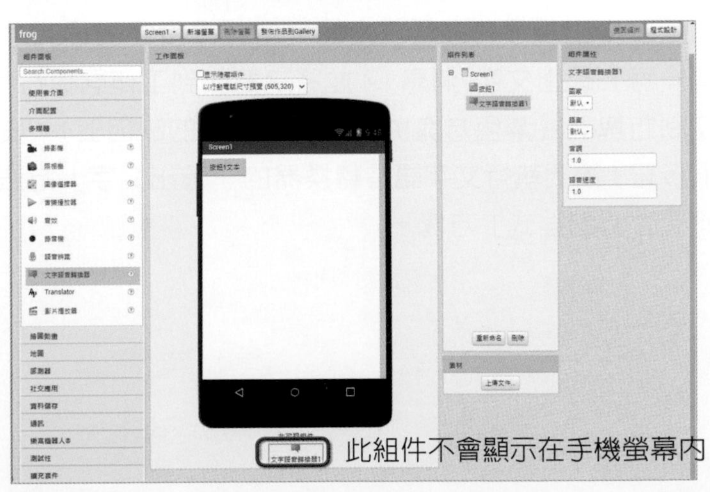

因爲這是我們的第一個專案，畫面上只有一個按鈕1與文字語音轉換器1（TextToSpeech1）。App操作介面的製作至此已完成，接下來我們要爲這個按鈕撰寫程式。

請點按畫面右上角的「程式設計」鈕進行程式編輯模式。接著請依序進行下列設定步驟，完成各方塊元件之間邏輯連結組合設定。

»Step1 點選「方塊」窗格下「Screen1」中的「按鈕1」可看到「工作面板」中出現了許多程式方塊，請選擇第1個程式方塊「(當按鈕1).被點選-執行」，這代表我們要指定當按鈕1被按下後要執行什麼。土黃色程式方塊屬於「事件控制」方塊。

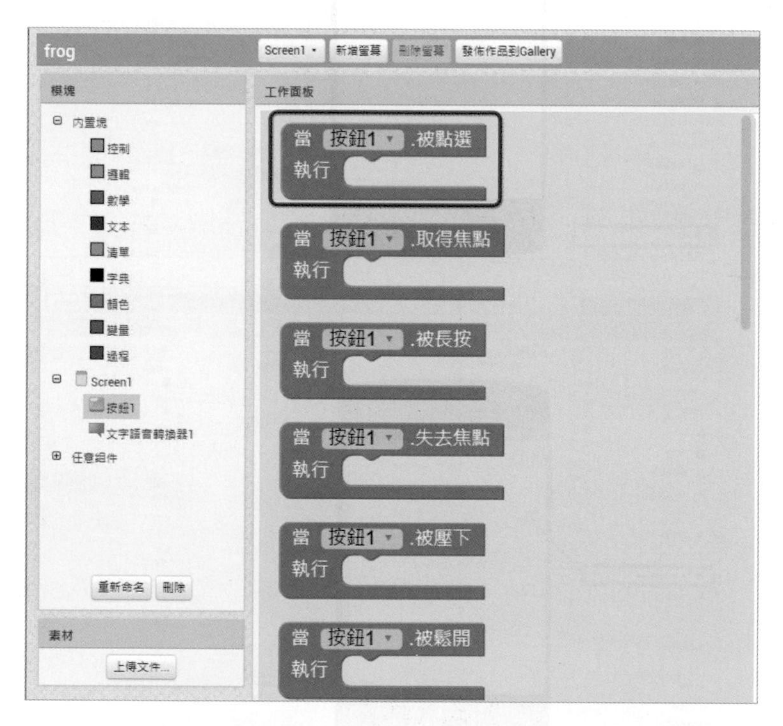

»Step2 點選「方塊」窗格下「Screen1」中的「文字語音轉換器1」。可看到「工作面板」中出現了許多程式方塊，請選擇紫色的程式方塊「呼叫文字語音轉換器1.唸出文字-消息」，並將之拖放到工作面板右側步驟1放好的流程控制方塊上（紫色方塊拼在土黃色方塊的缺口上）。表示我們在使用者按下按鈕1後要執行文字語音轉換器的「唸出文字」方法。紫色程式方塊屬於「呼叫副程式」方塊。

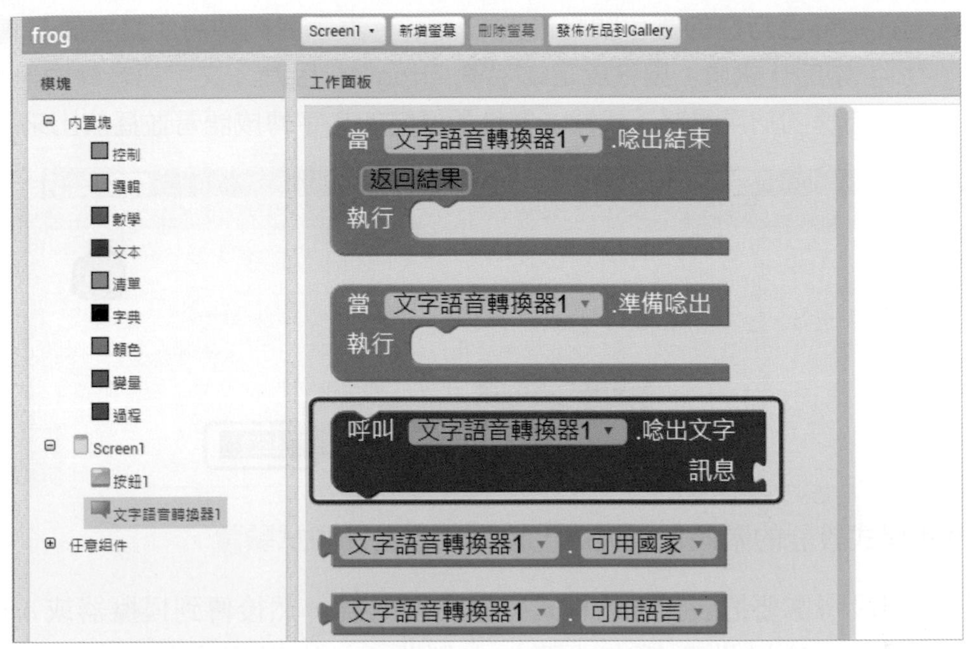

»Step3 點選「模塊」窗格下「內置塊」中的「文本」可看到「工作面板」中出現了許多程式方塊，請將第1個洋紅色的字串（string）方塊即 " " 拖放至步驟2中的紫色方塊上，並將之拼接到「訊息」的缺口上。洋紅色程式方塊屬於「文字」方塊。

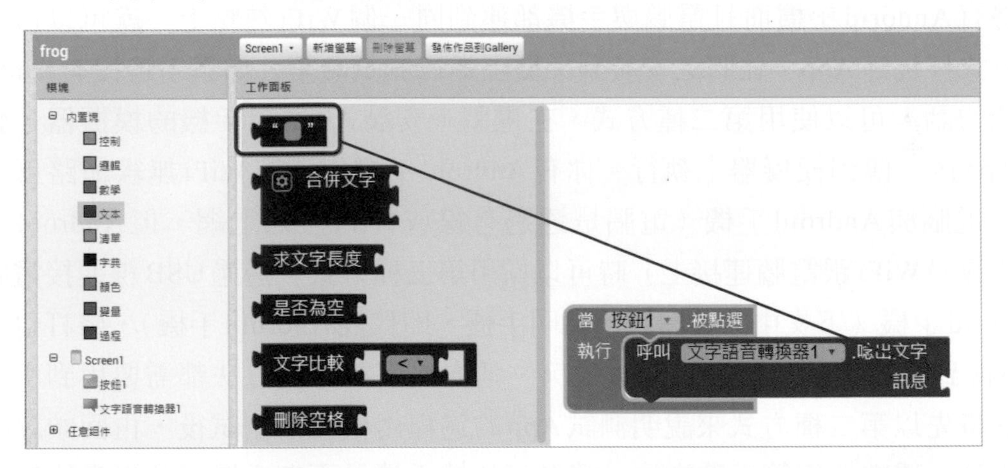

»Step4 在洋紅色方塊的雙引號間輸入“frog”。表示我們要將「文字語音轉換器1」中的「訊息」屬性設定成字串“frog”。因為「文字語音轉換器1」程式方塊的功用是將「訊息」屬性所連結的文字轉成語音並播放出來。

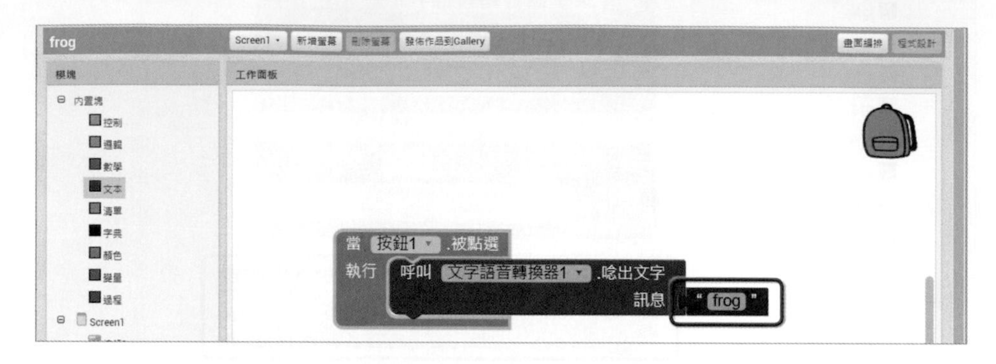

至此程式設計的階段已經完成，接下來要進行測試驗證。

這個階段將需要把製作好的程式打包成APK檔，然後傳到模擬器或Android手機上執行。AI2提供三種方式讓你在製作App的過程中透過手機或模擬器（emulator）執行App進行檢測。第一種方式也是AI2官方建議的方式，是在Android手機上下載安裝App Inventor Companion，這個App將在網站製作好的App透過WiFi無線網路傳到手機中的App Inventor Companion上執行。只要你手邊有Andorid手機而且電腦與手機都連到同一個WiFi熱點上，就可以透過這種方式打包好App，並將之安裝到手機上進行測試驗證。如果手邊沒有Android手機的話，可以使用第二種方式，在電腦上安裝Android手機的模擬器，製作好App後，傳到模擬器上執行。你有Android手機但沒有WiFi無線網路可用來連接電腦與Android手機（電腦是透過有線或WiFi無線上網，但Android手機無法透過WiFi跟電腦連接上）時可以採用第三種方式，透過USB線連接電腦與Android手機（下文中若沒有特別指明手機，即代表Android手機），將打包好的App傳到手機上執行。因爲上述的第一種方法與第三種方法都需要用到手機，本章將先以第二種方式來說明測試App的過程用模擬器測試後，再回頭說明上述的第一種方法與第三種方法。讀者可依據手邊是否有手機以及自身比較容易操作的方式選擇測試App的方法。

底下筆者將透過上述第二種執行App的方式說明安裝並測試App的過程。製作好程式後須先在電腦上安裝模擬器與aiStarter（用來連結瀏覽器與模擬器），請打開瀏覽器並瀏覽App Inventor軟體安裝說明網頁（http://appinventor.mit.edu/explore/ai2/setup-emulator.html）。在該網頁的中段你可以找到三種平台（Windows、macOS與Linux）的安裝程式，請選擇適用於你使用之平台的安裝程式後，即可下載安裝，流程如下圖。

»Step1 選擇Option Three，點選instructions選項。

Option One - RECOMMENDED

Test your apps with an iPhone or Android phone and a Wi-Fi connection: Instructions

If you have a computer, a smartphone, and a Wi-Fi connection, this is the easiest way to create and test your apps. Simply install the MIT App Inventor companion app on your phone and test your apps through a Wi-Fi connection.

Wi Fi
Build your project on your computer
Test it live on your device

Option Two

Test your apps with a Chromebook: Instructions

Many Chromebooks are capable of running Android apps. That lets you create, test, and run the finished app on the same device.

Build your project on your Chromebook
Test it live on your Chromebook

Option Three

Don't have a device? Test apps with an emulator: Instructions

If you don't have a phone or tablet handy, you can still use App Inventor by installing the emulator software on your computer. Have a class of 30 students? Have them work primarily on emulators and share a few devices.

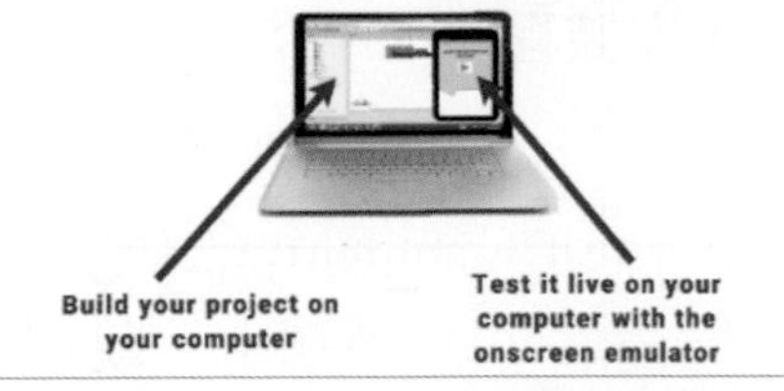
Build your project on your computer
Test it live on your computer with the onscreen emulator

Option Four

No Wi-Fi? Test apps with an Android device and a USB Cable: Instructions

Some firewalls within schools and organizations do not allow the type of Wi-Fi connection required for App Inventor. If Wi-Fi doesn't work for you, try USB (Android only).

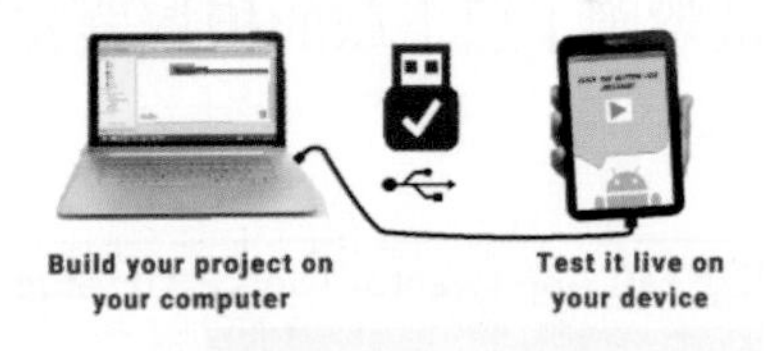
Build your project on your computer
Test it live on your device

»Step2 選擇 Instructions for windows。

Installing and Running the Emulator in AI2

If you do not have an Android phone or tablet, you can still build apps with App Inventor. App Inventor provides an Android emulator, which works just like an Android but appears on your computer screen. So you can test your apps on an emulator and still distribute the app to others, even through the Play Store. Some schools and after-school programs develop primarily on emulators and provide a few Androids for final testing.

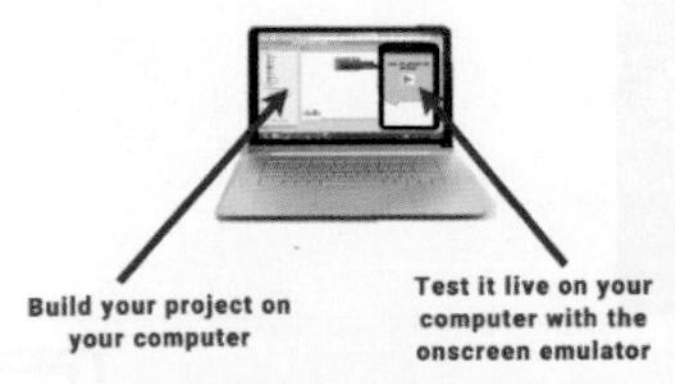
Build your project on your computer
Test it live on your computer with the onscreen emulator

To use the emulator, you will first need to first install some software on your computer (this is not required for the wifi solution). Follow the instructions below for your operating system, then come back to this page to move on to starting the emulator

Important: If you are updating a previous installation of the App Inventor software, see How to update the App Inventor Software. You can check whether your computer is running the latest version of the software by visiting the page App Inventor 2 Connection Test.

Step 1. Install the App Inventor Setup Software

- Instructions for Mac OS X
- Instructions for Windows
- Instructions for GNU/Linux

Installing the Windows software for App Inventor Setup has two parts:

1. Installing the App Inventor Setup software package. This step is the same for all Android devices, and the same for Windows XP, Vista, Windows 7, 8.1, and 10.
2. If you choose to use the USB cable to connect to a device, then you'll need to install Windows drivers for your Android phone.

NOTE: App Inventor 2 does not work with Internet Explorer. For Windows users, we recommend using either Chrome or Firefox as your browser for use with App Inventor.

Installing the App Inventor Setup software package

You must perform the installation from an account that has administrator privileges. Installing via a non-administrator account is currently not supported.

If you have installed a previous version of the App Inventor 2 setup tools, you will need to uninstall them before installing the latest version. Follow the instructions at How to Update the App Inventor Setup Software.

1. Download the installer.
2. Locate the file **MIT_Appinventor_Tools_2.3.0 (~80 MB)** in your Downloads file or your Desktop. The location of the download on your computer depends on how your browser is configured.
3. Open the file.
4. Click through the steps of the installer. Do not change the installation location but record the installation directory, because you might need it to check drivers later. The directory will differ depending on your version of Windows and whether or not you are logged in as an administrator.

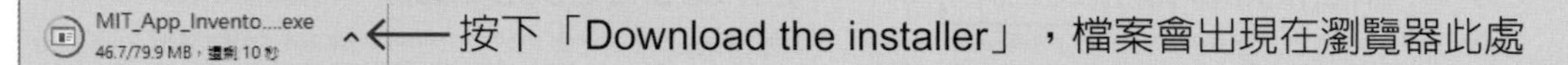

點選敲擊兩下已下載的模擬器安裝程式，安裝程序如下：

» Step1

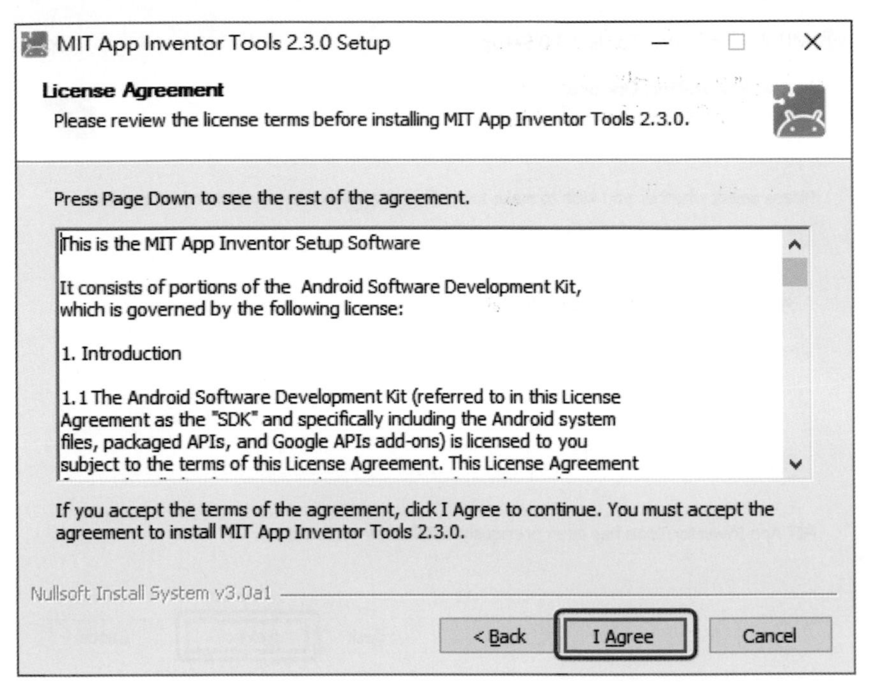
MIT App Inventor Tools 2.3.0 Setup
License Agreement
Please review the license terms before installing MIT App Inventor Tools 2.3.0.
Press Page Down to see the rest of the agreement.
This is the MIT App Inventor Setup Software
It consists of portions of the Android Software Development Kit, which is governed by the following license:
1. Introduction
1.1 The Android Software Development Kit (referred to in this License Agreement as the "SDK" and specifically including the Android system files, packaged APIs, and Google APIs add-ons) is licensed to you subject to the terms of this License Agreement. This License Agreement
If you accept the terms of the agreement, click I Agree to continue. You must accept the agreement to install MIT App Inventor Tools 2.3.0.
Nullsoft Install System v3.0a1
< Back
I Agree
Cancel

»Step2

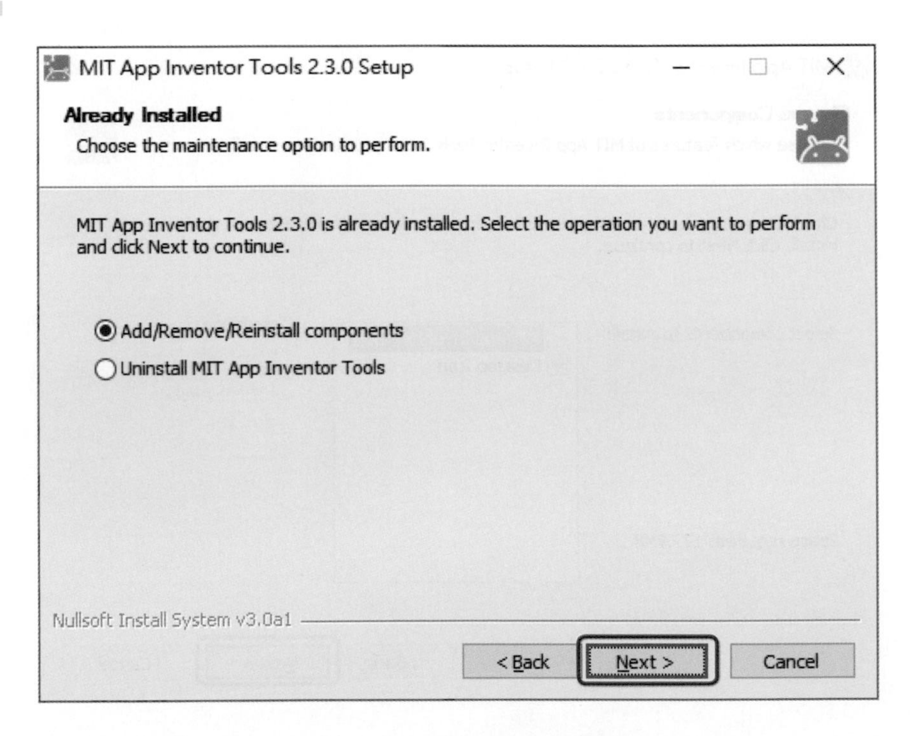
MIT App Inventor Tools 2.3.0 Setup
Already Installed
Choose the maintenance option to perform.
MIT App Inventor Tools 2.3.0 is already installed. Select the operation you want to perform and click Next to continue.
Add/Remove/Reinstall components
Uninstall MIT App Inventor Tools
Nullsoft Install System v3.0a1
< Back
Next >
Cancel

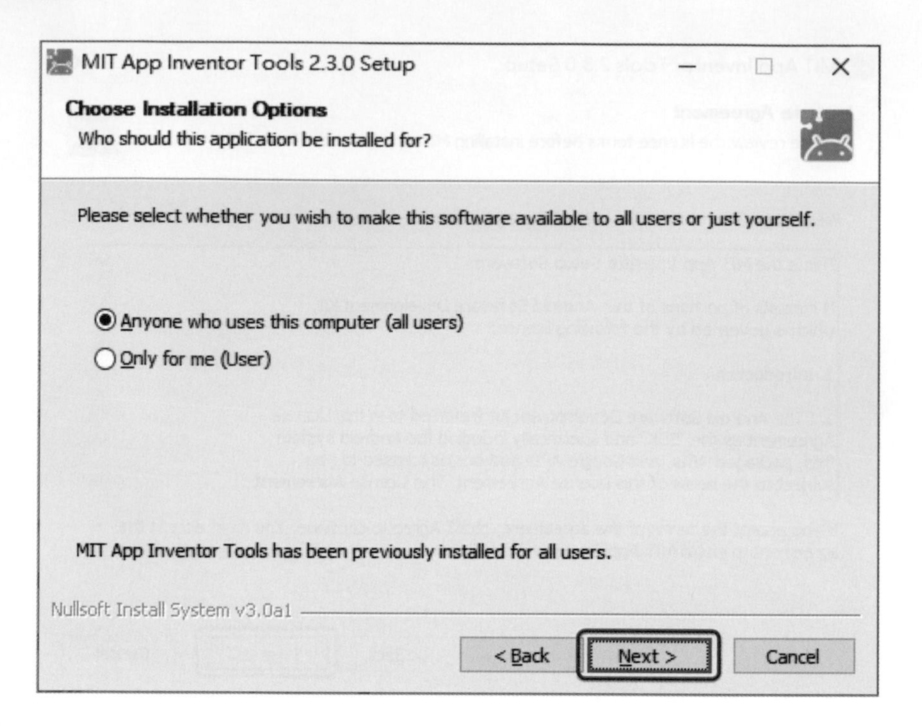
MIT App Inventor Tools 2.3.0 Setup
Choose Installation Options
Who should this application be installed for?
Please select whether you wish to make this software available to all users or just yourself.
Anyone who uses this computer (all users)
Only for me (User)
MIT App Inventor Tools has been previously installed for all users.
Nullsoft Install System v3.0a1
< Back
Next >
Cancel

»Step3

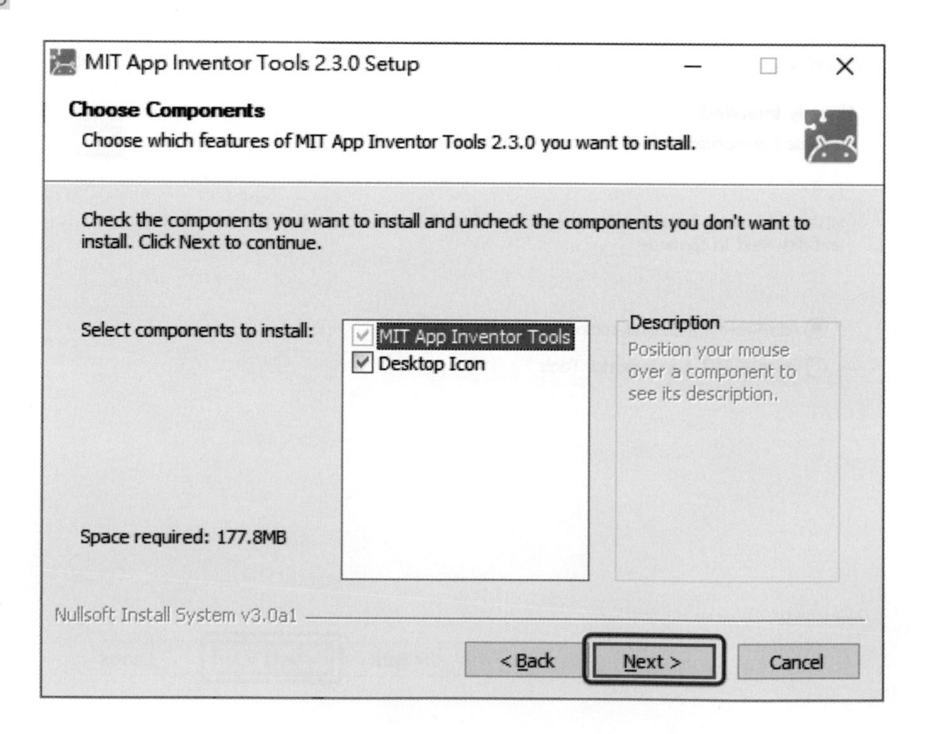
MIT App Inventor Tools 2.3.0 Setup
Choose Components
Choose which features of MIT App Inventor Tools 2.3.0 you want to install.
Check the components you want to install and uncheck the components you don't want to install. Click Next to continue.
Select components to install:
MIT App Inventor Tools
Desktop Icon
Description
Position your mouse over a component to see its description.
Space required: 177.8MB
Nullsoft Install System v3.0a1
< Back
Next >
Cancel

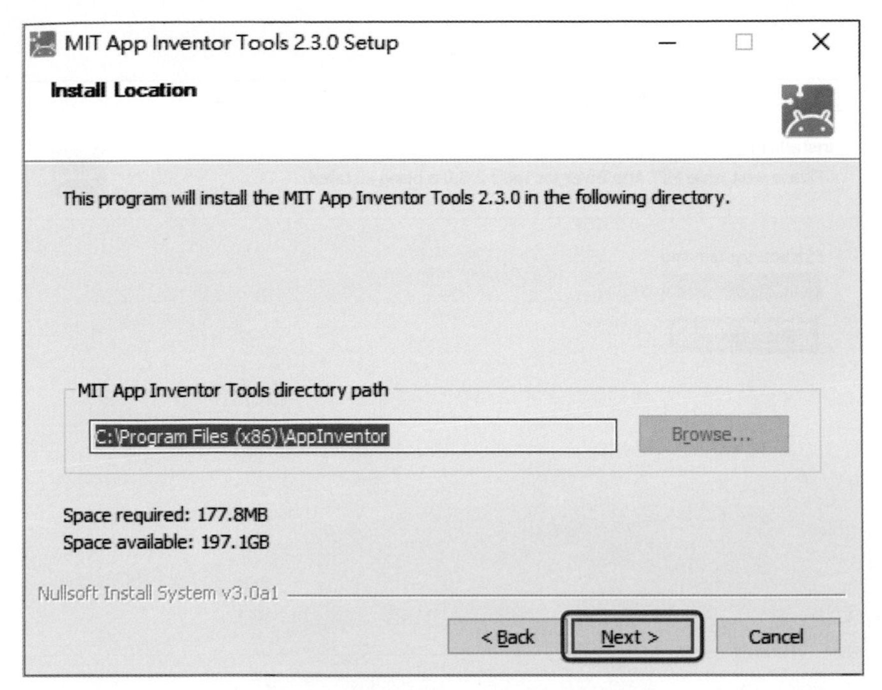
MIT App Inventor Tools 2.3.0 Setup
Install Location
This program will install the MIT App Inventor Tools 2.3.0 in the following directory.
MIT App Inventor Tools directory path
C:\Program Files (x86)\AppInventor
Browse...
Space required: 177.8MB
Space available: 197.1GB
Nullsoft Install System v3.0a1
< Back
Next >
Cancel

»Step4

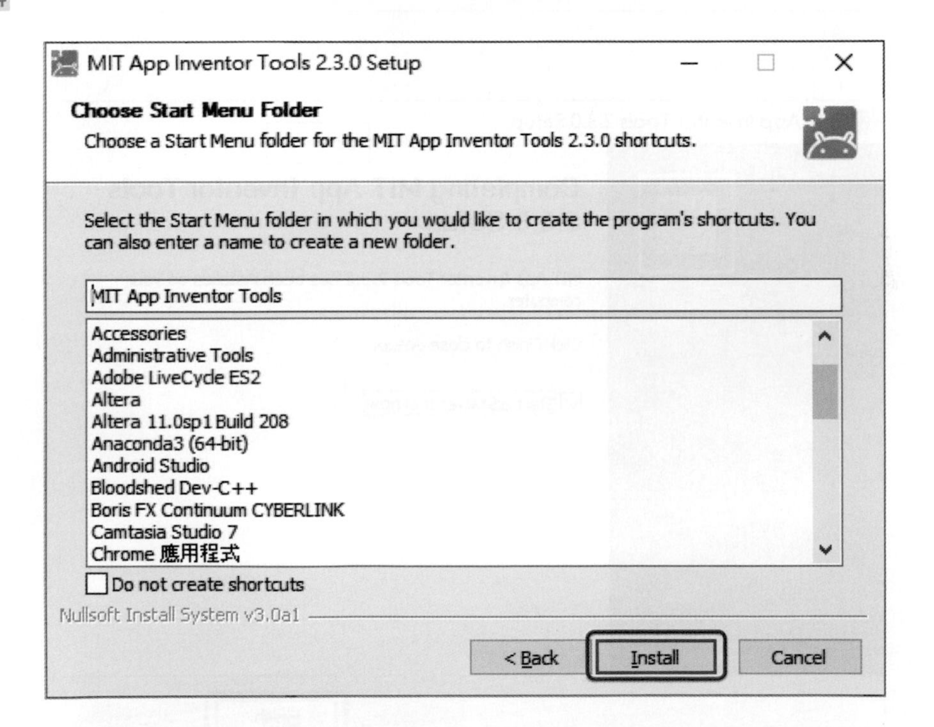
MIT App Inventor Tools 2.3.0 Setup
Choose Start Menu Folder
Choose a Start Menu folder for the MIT App Inventor Tools 2.3.0 shortcuts.
Select the Start Menu folder in which you would like to create the program's shortcuts. You can also enter a name to create a new folder.
MIT App Inventor Tools
Accessories
Administrative Tools
Adobe LiveCycle ES2
Altera
Altera 11.0sp1 Build 208
Anaconda3 (64-bit)
Android Studio
Bloodshed Dev-C++
Boris FX Continuum CYBERLINK
Camtasia Studio 7
Chrome 應用程式
Do not create shortcuts
Nullsoft Install System v3.0a1
< Back
Install
Cancel

» Step5

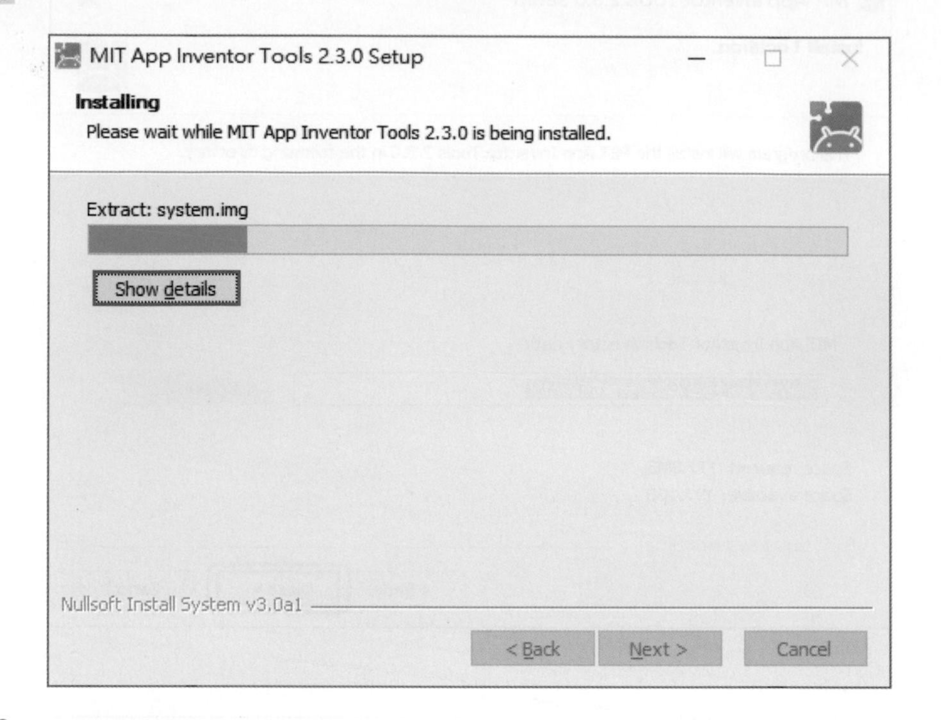
MIT App Inventor Tools 2.3.0 Setup
Installing
Please wait while MIT App Inventor Tools 2.3.0 is being installed.
Extract: system.img
Show details
Nullsoft Install System v3.0a1
< Back
Next >
Cancel

» Step6

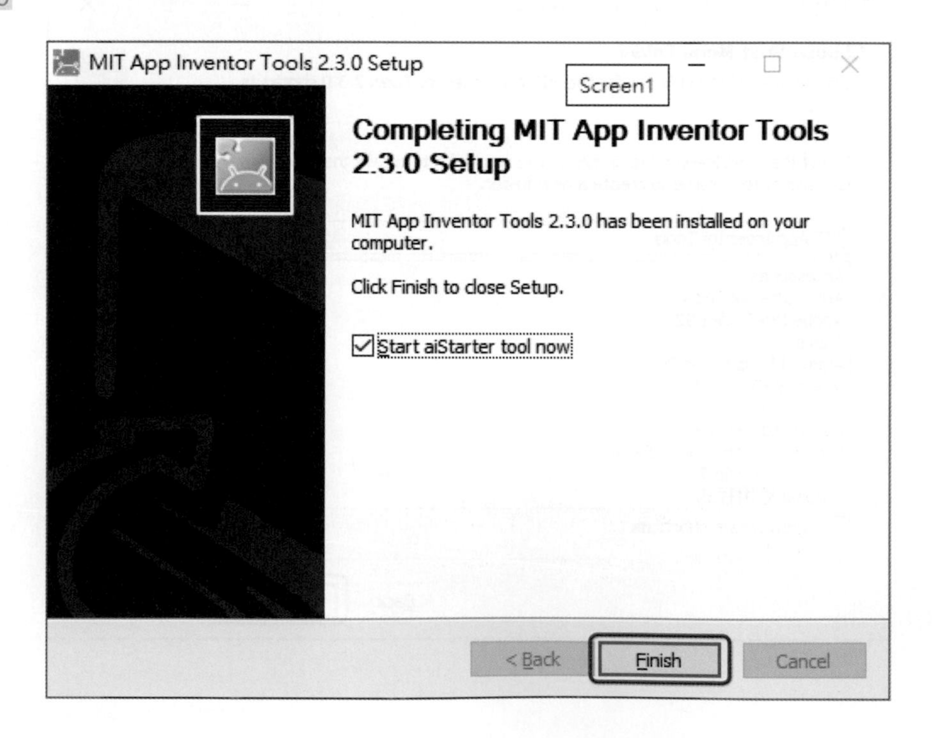
MIT App Inventor Tools 2.3.0 Setup
Screen1
Completing MIT App Inventor Tools 2.3.0 Setup
MIT App Inventor Tools 2.3.0 has been installed on your computer.
Click Finish to close Setup.
Start aiStarter tool now
< Back
Finish
Cancel

»Step7　安裝AI2的支援程式後請啟動aiStarter即 啟動後模擬器畫面會顯示如下：

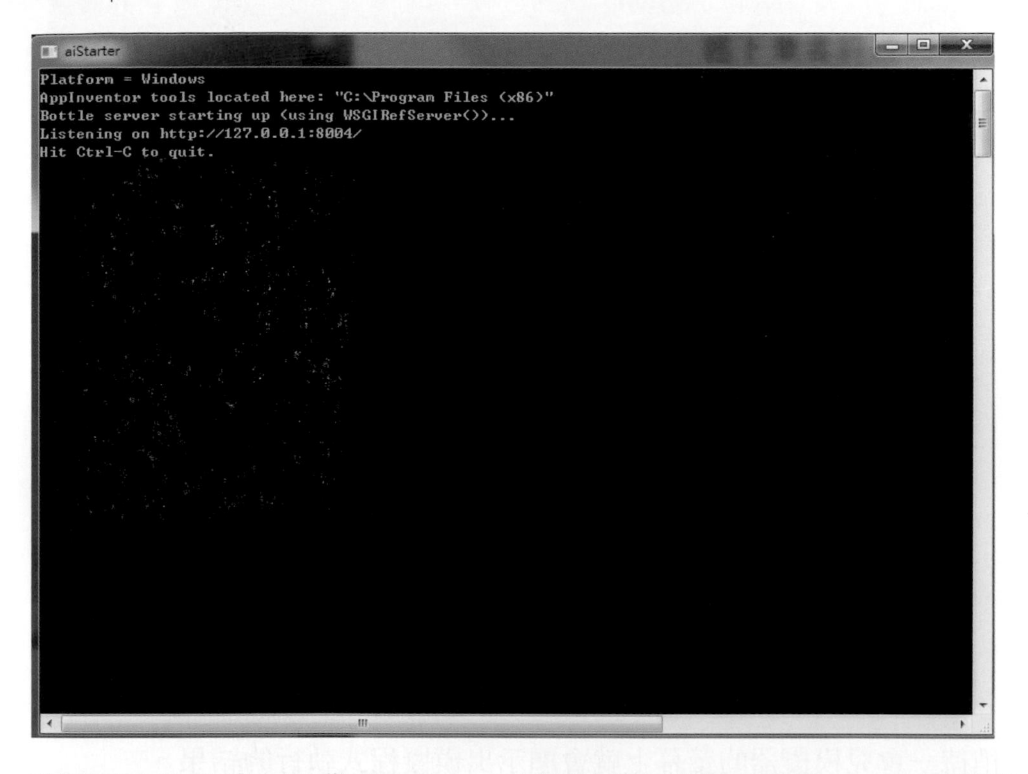

模擬器啟動後請在瀏覽器中的AI2功能選單上選取「**連線**」→「**模擬器**」，將打包好的App傳至模擬器中執行。

驗證過程如果有出現要更新，請至1-22頁操作更新。

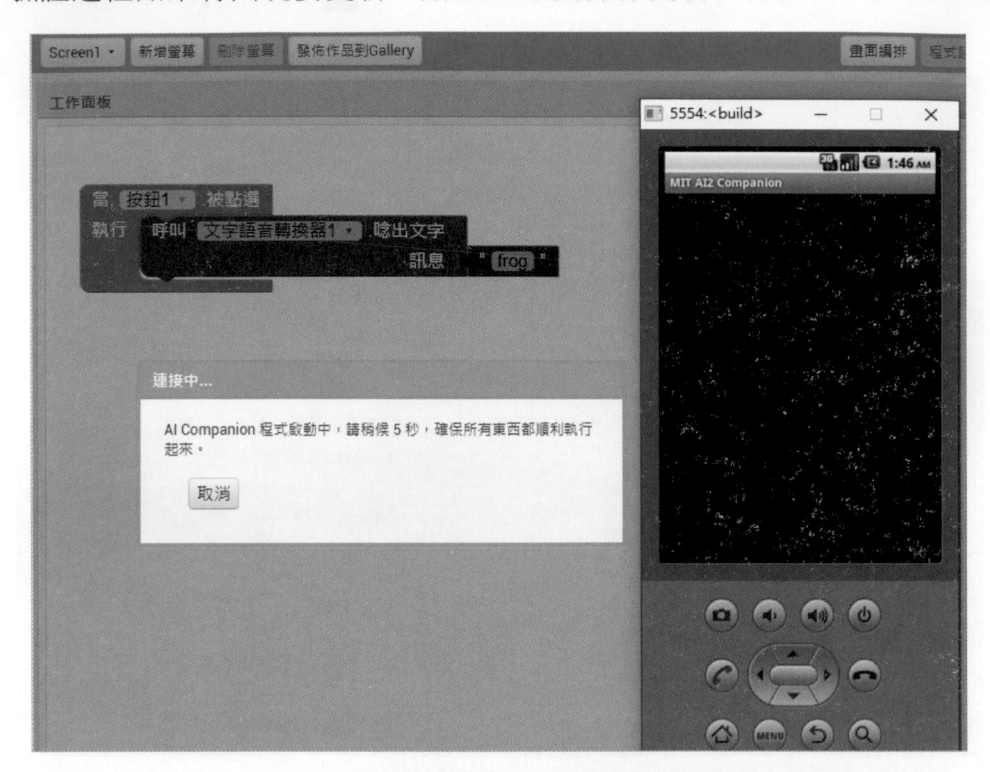

稍待一會兒模擬器的螢幕上就會顯示出模擬程式執行的結果。

用滑鼠點選模擬器手機畫面上按鈕就會發出「frog」英文。

如果手機啓動失敗，請按照下列圖示進行模擬器更新程序。

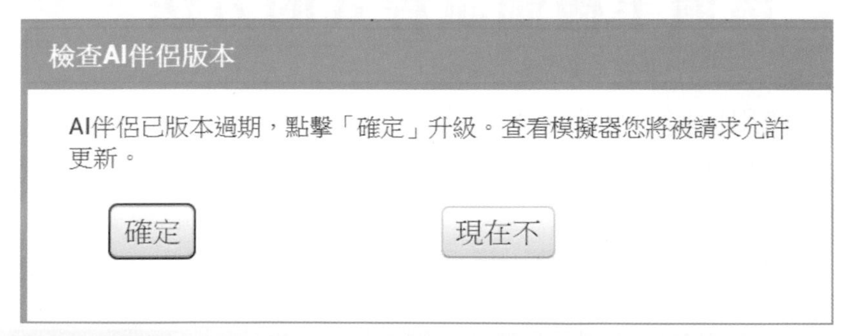

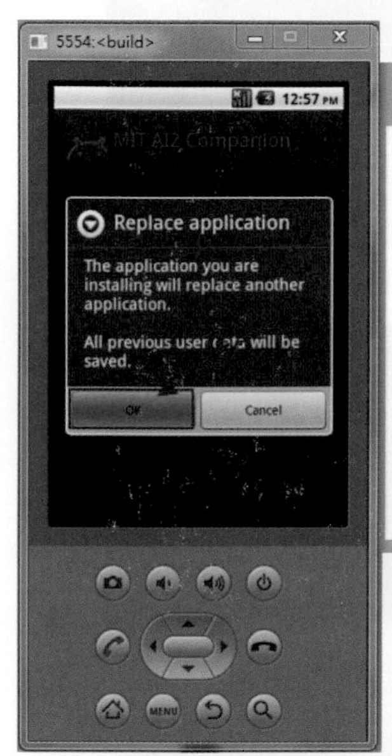

軟體升級

正在你的設備上安裝更新。請查看移動設備(或模擬器)屏幕上的提示，同意安裝軟體。

注意:更新完成後,請點擊「完成」(不要點擊「打開」)。然後再次進入App Inventor網頁,點擊「連接」菜單,選擇「重置連接」。然後重新連接設備。

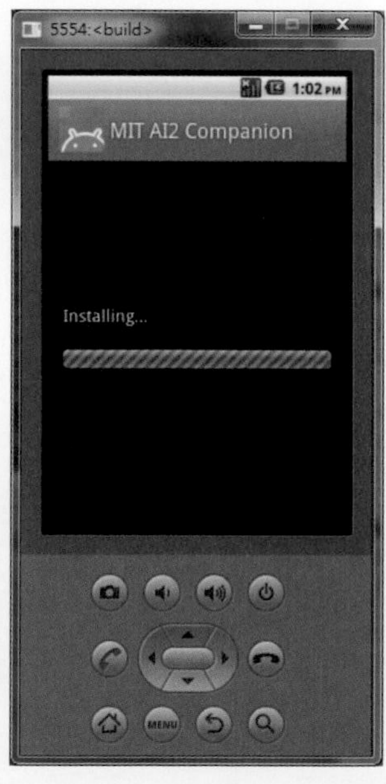

1-4 透過手機測試程式的方法

除了上述使用模擬器來測試App的方法之外，還有另外二種方式打包程式進行測試的方法，分別說明如下：

透過WiFi連結手機或平板電腦

»Step1 在手機上下載並安裝MIT AI2 Companion（MIT AI2 夥伴程式）。

»Step2 將你的電腦和手機連接到同一個WiFi熱點上。

»Step3 選取AI2主選單上的「連接」再接著點選「AI Companion」瀏覽器上會出現QR碼與編碼。

»Step4 開啓手機AI2 Companion透過掃描QR碼或輸入編碼的方式可以將打包好的App下載到手機上測試執行。

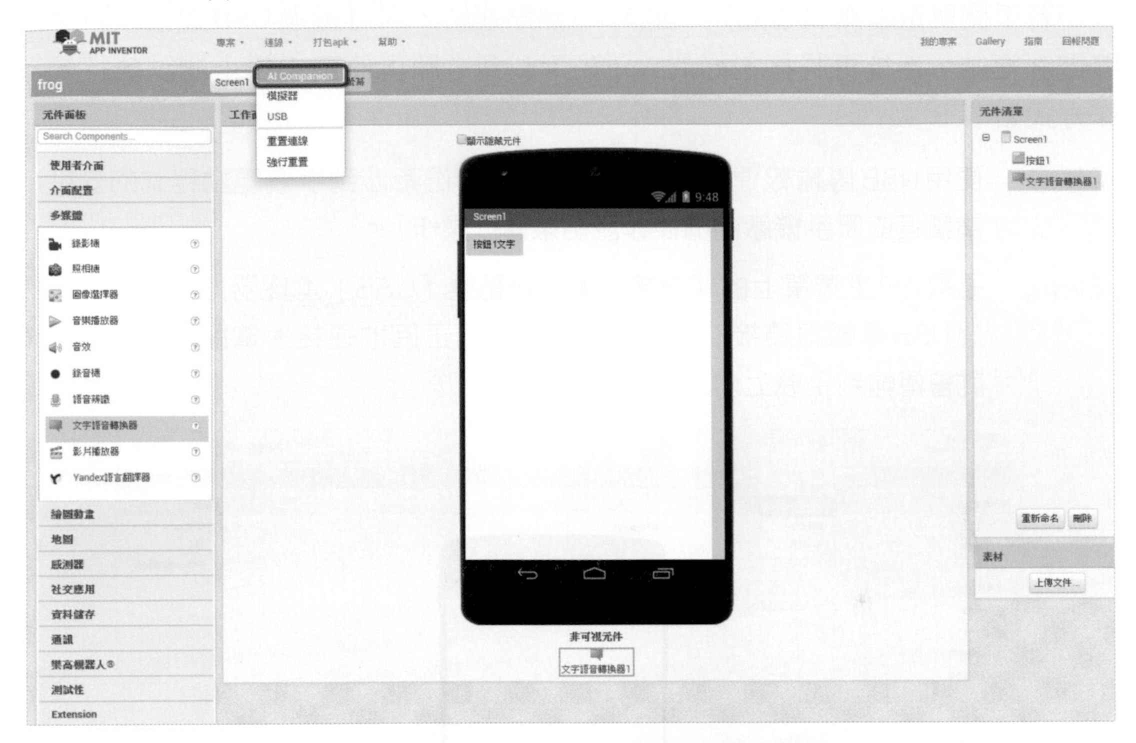

透過USB連結手機或平板電腦

若手機與電腦無法透過同一個WiFi熱點連結，則可透過USB連接線將手機與電腦連結，然後再將打包好的App先下載到電腦再傳到手機上測試執行。操作方式如下：

»Step1　使用USB傳輸線連結手機與電腦（這部份牽涉到手機驅動程式的安裝，請讀者依照手機廠商的操作說明來進行操作）。

»Step2　選取AI2主選單上的「連接」再接著點選「USB」瀏覽器上會出現「正透過USB傳輸線連接」的視窗。若手機已正確地連接上電腦打包好的App就會傳輸到手機上測試執行。

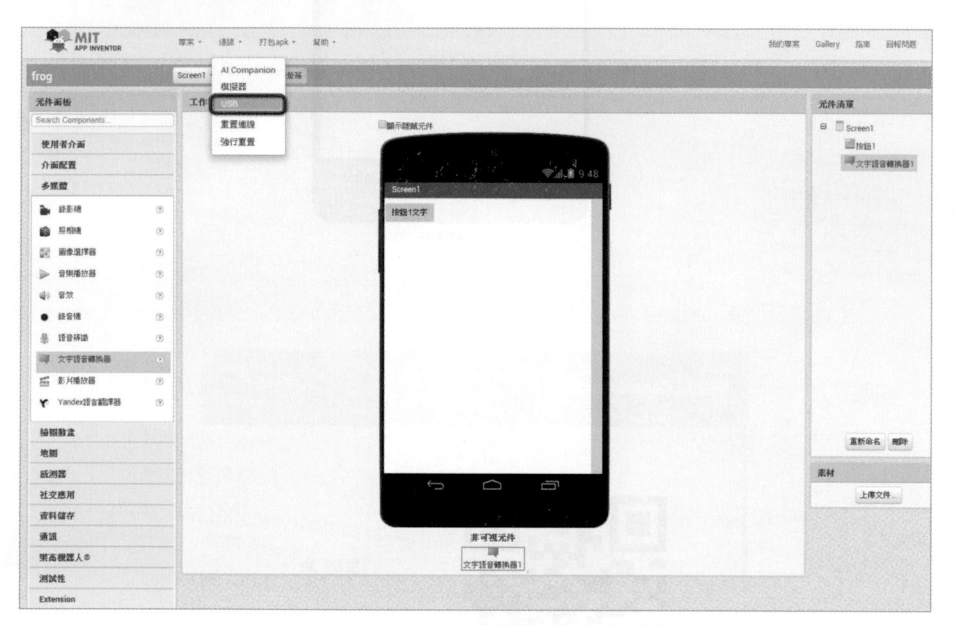

分享應用程式讓他人安裝在手機/平板電腦上（.apk檔案）

若讀者想要讓朋友或測試者先試用，AI2也可以讓你將打包好的App分享給他人使用。選擇「打包apk」再選擇「打包apk並下載到電腦」，就可以將apk下載到電腦中並分享apk給他人。另一個選項為「打包apk並顯示二維條碼」則將產生QR碼此時可啟動手機中可掃描QR碼的App，掃描螢幕上顯示的QR碼就可以下載打包好的apk檔並安裝到手機上測試執行。

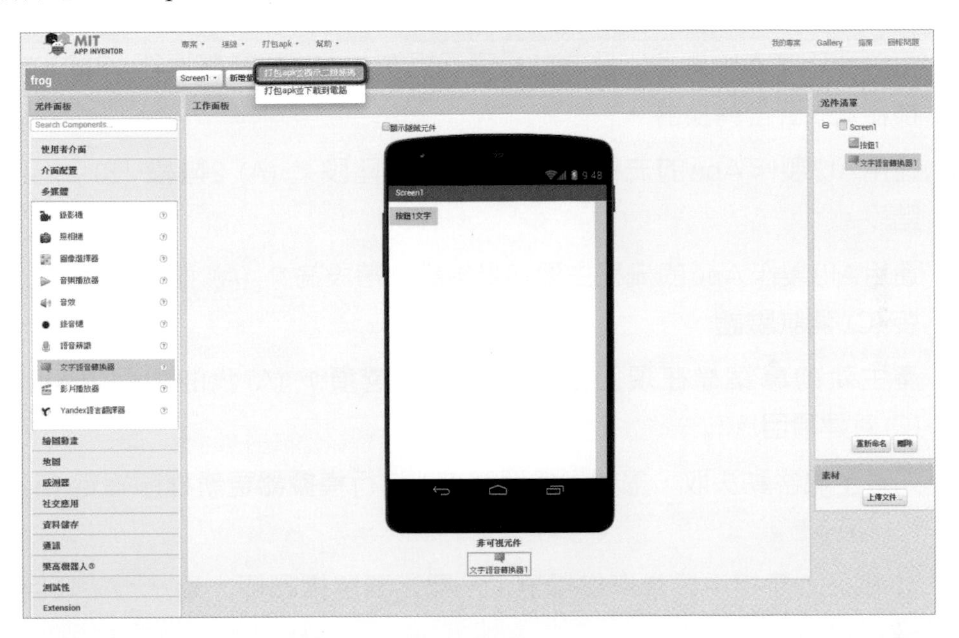

最後若讀者需要透過離線的方式開發App，則可至 http://www.appinventor.tw/ai2_-1 App Inventor TW 中文學習網中參考安裝方法與下載離線AI2發展軟體。

自我評量

◈ 選擇題

(　)1. 使用連線至電腦中測試程式是否正確應選擇？ (A) USB (B) AI Companion (C) 模擬器。

(　)2. 語言程式設計可用哪種方式編輯？ (A) 用鍵盤寫程式 (B) 使用滑鼠拖曳方塊 (C) 可使用word 編寫程式碼。

(　)3. 可以利用文本字串念出聲音的是哪個組件？ (A) 語音轉換器 (B) 文本語音轉換器 (C) 聲音轉換器。

(　)4. 運用AI2製作App的流程主要有幾個設計階段？ (A) 2階段 (B) 3階段 (C) 4階段。

(　)5. 運用AI2製作App的流程主要的最後設計階段為？ (A) 程式設計 (B) 打包安裝 (C) 測試驗證。

(　)6. 產生新的專案檔在項目是要選擇哪個選項？ (A)我的項目 (B)導入項目 (C)新建項目。

(　)7. 如果手機啓動失敗，應如何處理？ (A) 進行模擬器更新程序確定 (B) Ctr+A (C) Ctr+B。

(　)8. 透過USB連接手機當作模擬器，一開始要選擇哪個大項？ (A) 項目 (B) 連線 (C) USB。

(　)9. 如何分享程式讓別人安裝？ (A) 連線 (B) 專案 (C) 打包APK。

(　)10. 字串模塊是選定 (A) 是否為空 (B) 求文字長度 (C) " "。

(　)11. 文字轉為語音模塊在哪個組件面板內？ (A) 多媒體 (B) 介面配置 (C) 感測器。

(　)12. 按鈕模塊是在哪個組件面板內？ (A) 介面配置 (B) 使用者介面 (C) 多媒體。

◈ 實作題

1. 在程式中再加入另一個按鈕元件發出Frog2聲音。
2. 試說明連線有哪三種方式驗證程式碼是否正確運作。

計算BMI（資料運算）-變數、事件與判斷式

本章學習重點

- 輸入元件（TextBox）
- 輸觸發元件（Button）
- 變量內件方塊（Variables）
- 數學內件方塊（Math）
- 布局元件（Layout）

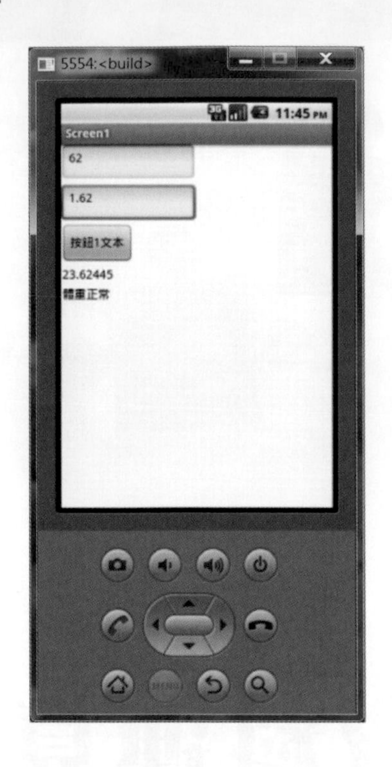

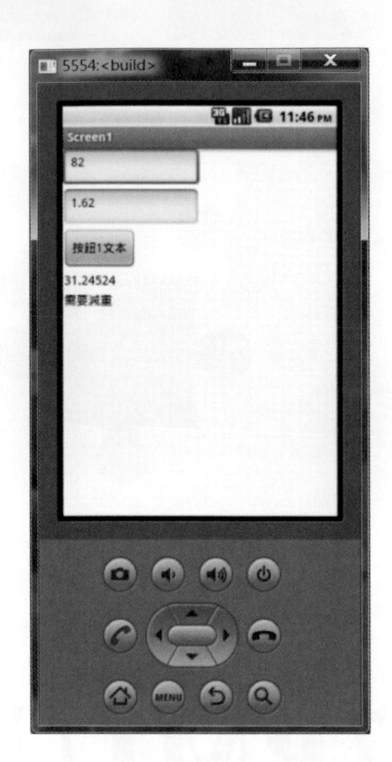

2-1 計算 BMI 的方法與所需元件介紹

身高體重指數（又稱身體質量指數，英文為Body Mass Index，簡稱BMI）是一個計算值，主要用於統計用途。「身高體重指數」定義如下：

$BMI=w/h^2$

w=體重單位公斤

h=身高單位公尺

BMI=身高體重指數，單位公斤/平方公尺

BMI值的統計意義：BMI的數值在設計之前，用於公眾健康研究的統計方法。無法區別體重中體脂肪組織與非脂肪組織，同樣身高體重的人可算出相同的BMI，但其實脂肪量不同，因此BMI是整體營養狀態的指標。BMI做為肥胖的指標，是因為發現BMI與體脂肪在統計上有高度相關；但在同樣BMI之下，仍會有體脂肪比率的差異，成人的BMI數值的意義如下：

健康狀況	BMI 值	
	女性	男性
一般體重	18.5 ～ 25	
理想體重	22	24
超重	25 ～ 30	
嚴重超重	30 ～ 40	
極度超重	40以上	

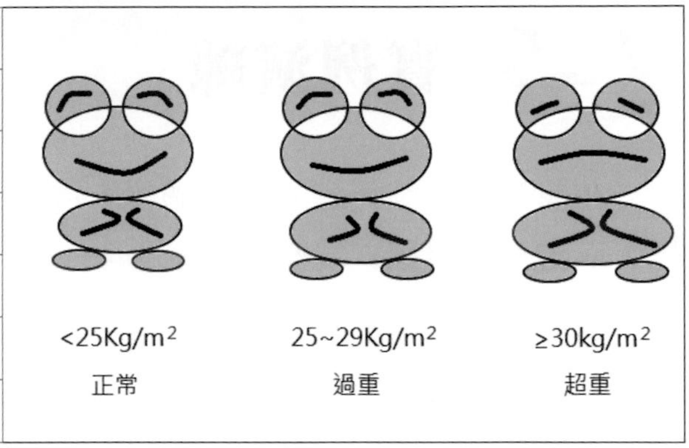

<25Kg/m² 正常

25~29Kg/m² 過重

≥30kg/m² 超重

下列表單列出本章所需要類別元件。

元件面板/類別	元件清單	元件屬性文字	元件屬性 高度寬度
使用者介面/按鈕	按鈕1	計算BMI	長寬自動
使用者介面/標籤	標籤1	標籤1文字	長寬自動
使用者介面/標籤	標籤2	標籤2文字	長寬自動
使用者介面/文字輸入盒	文字輸入盒1	空白	長寬自動
使用者介面/文字輸入盒	文字輸入盒2	空白	長寬自動

2-2 實例演練

在前章節已談過建立專案過程，這章節再次讓讀者認識如何建立新專案過程，以BMI計算程式為例。

點選左上角「新增專案」。

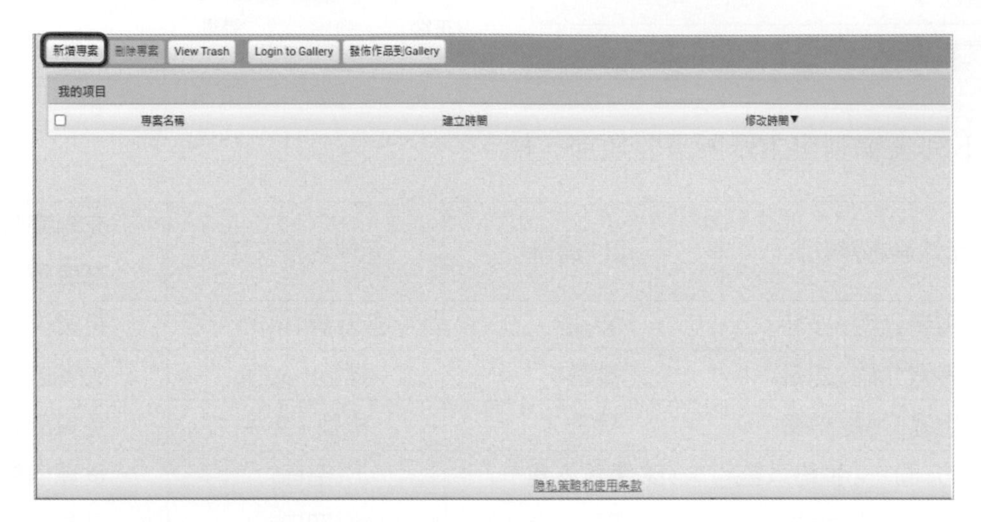

或是點選**專案→新增專案**，這時會跳出子視窗，要求輸入專案名稱，請輸入BMI，再點選確定。

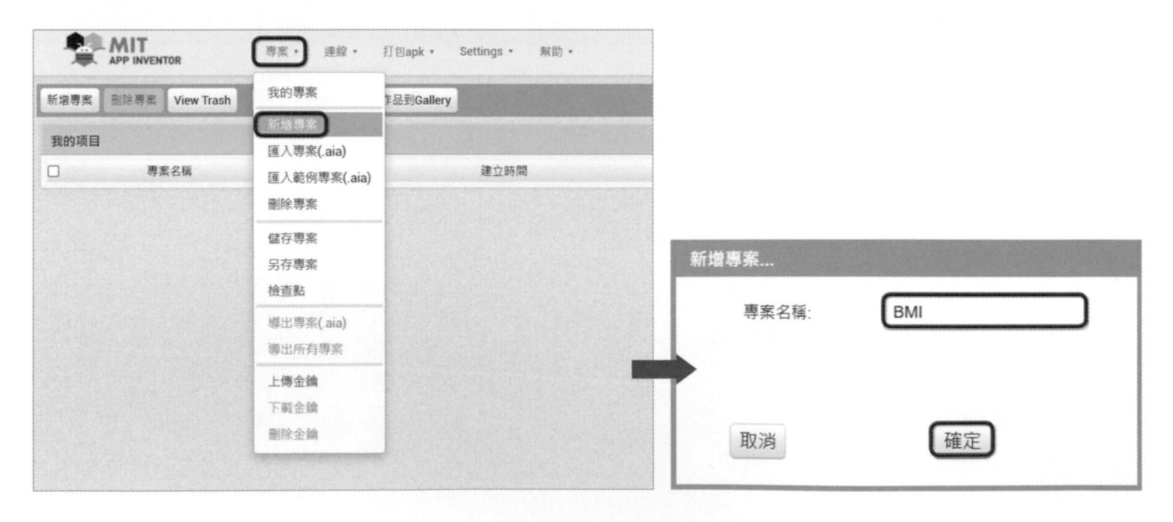

元件與屬性設定

元件面板：使用者介面、介面配置、多媒體、繪圖動畫等。

其中使用者介面可以分成輸入元件、輸出元件與觸發元件，請依照下圖依序拖曳元件至工作面板Screen1內。

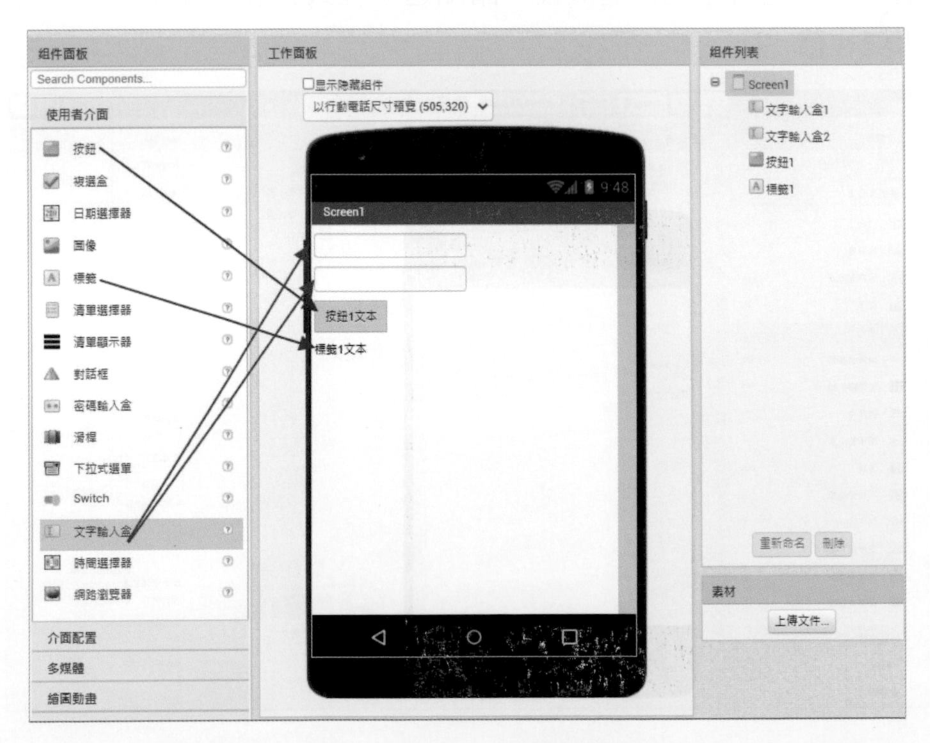

元件清單經由拖曳基本元件至工作面板，就會產生在元件清單中。每個元件的屬性設定，可以透過點選元件清單所列出的元件名稱，會顯示出此元件的各項屬性。請選擇元件清單中的『**按鈕1**』，並在元件屬性的文字欄位中輸入『**計算BMI**』等文字。

BMI程式方塊功能連結設定

依前小節所述各項元件選取後，請點選『程式設計』按鈕，完成各項元件之間的組塊連結。

進入程式設計模式，在方塊欄位中分成三種選項：內置塊、Screen1與任意組件。其中Screen1爲透過元件設計拖曳元件後所產生的物件方塊。

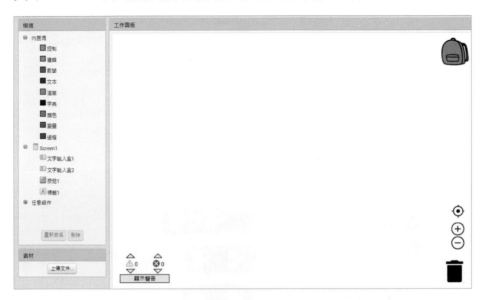

變量方塊是暫存數值或是字串資料，可以透過此方塊設定資料儲存於記憶體中或是讀取記憶體的資料內容，變數命名有許多限制，首先不能以數字當作變數名稱開頭，變數名稱內不可以有特殊字元，例如「$」、「,」、「_」等字元符號。變數也分成全域變數與區域變數，此章節的變數設定以全域的方式宣告，這表示整個工作面板的方塊可以使用此變數，區域變數在下章節的For Loop方塊中會詳述。方塊連接方式如下：

»Step1　選擇變量方塊。

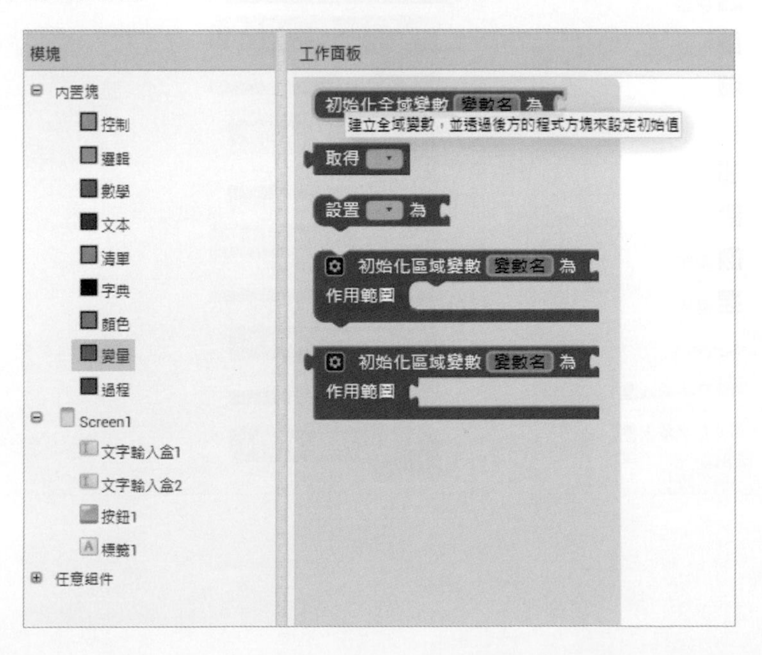

»Step2　選擇數學方塊。

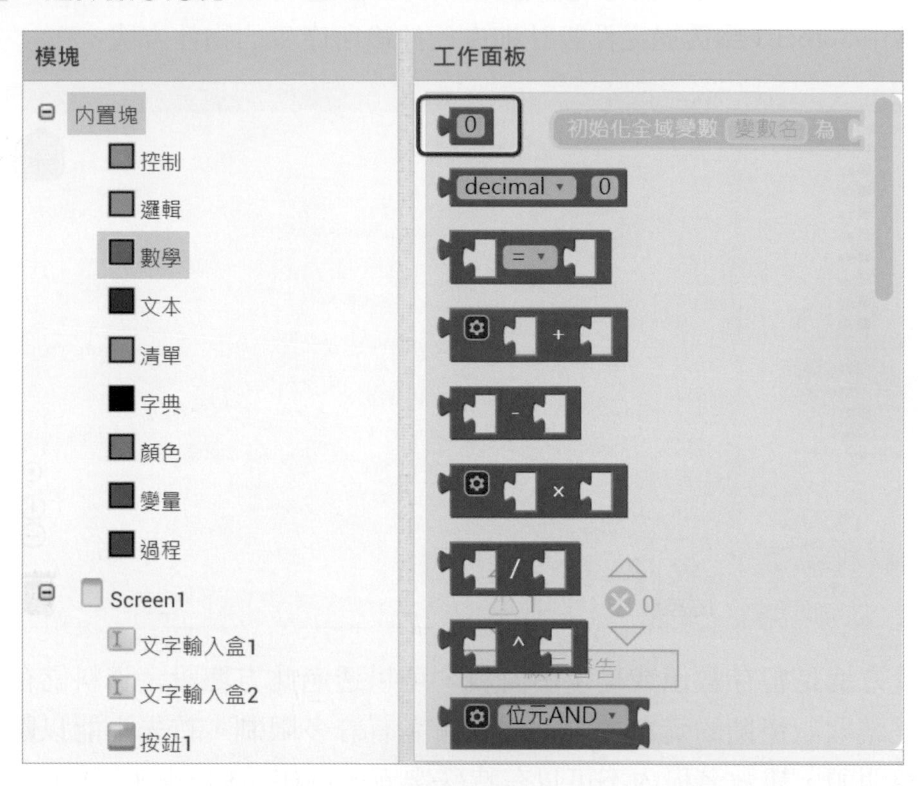

»Step3　選擇按鈕方塊內的 < 當 (按鈕 1). 被點選執行 > 方塊。

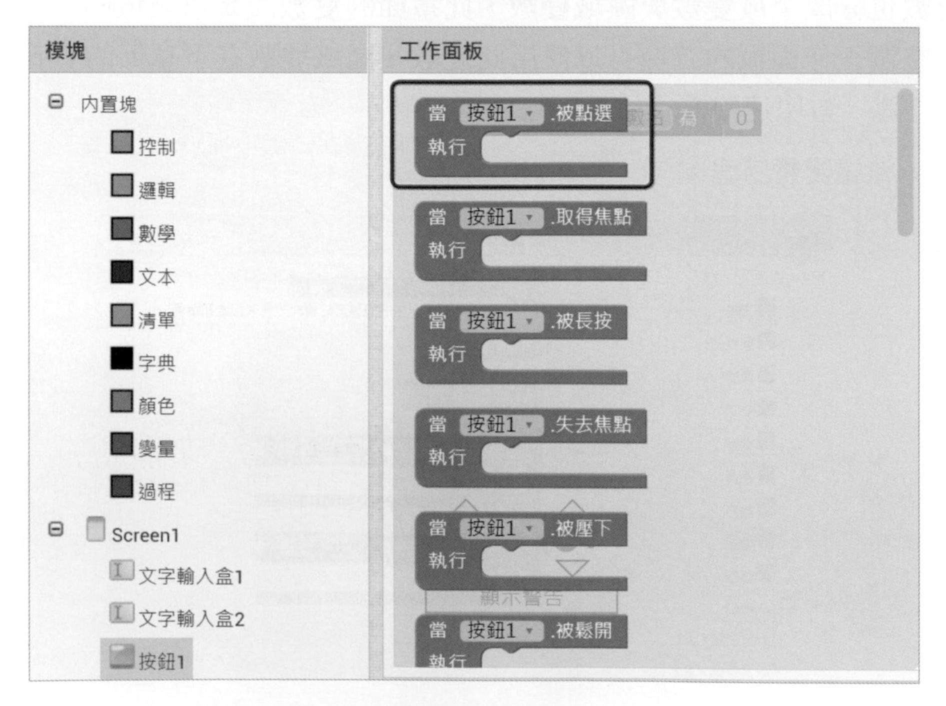

»Step4　選擇變量方塊內的 < 設置 > 方塊。

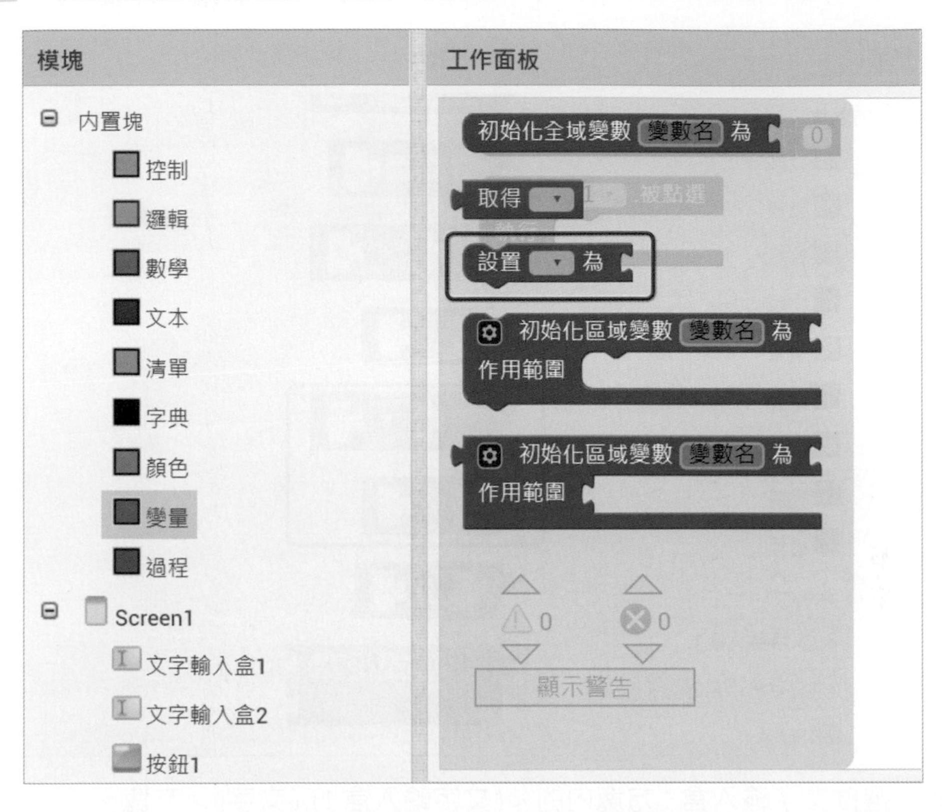

接下來設置爲方塊意思是後面所接的方塊，其運算結果放入此變數暫存。以下執行邏輯方塊連結如下所示：

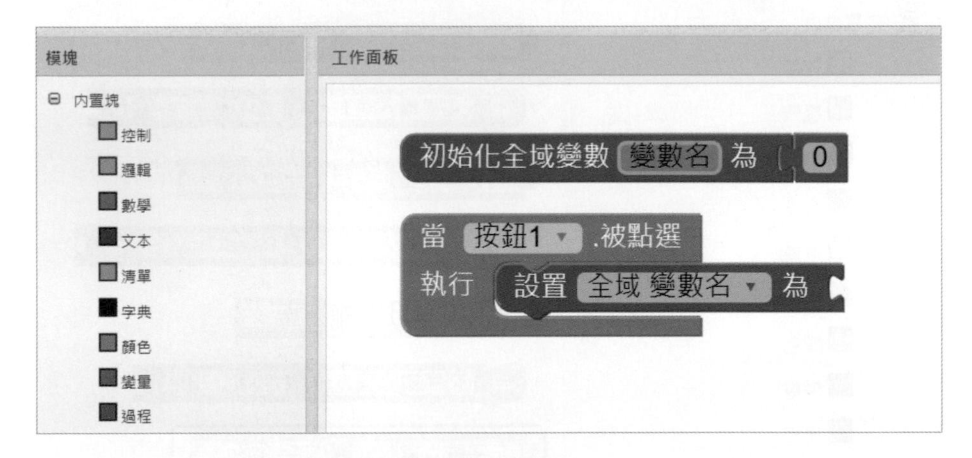

»Step5 選擇數學方塊內的乘法與除法方塊。

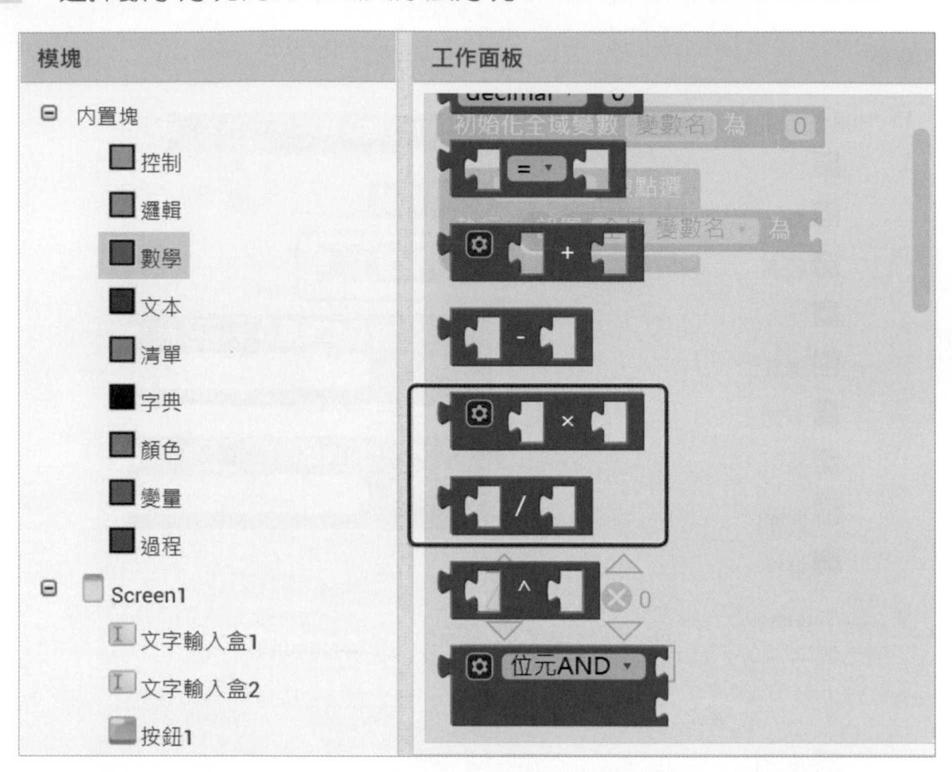

»Step6 選擇文字輸入盒1方塊內的<(文字輸入盒1).(文字)>方塊。

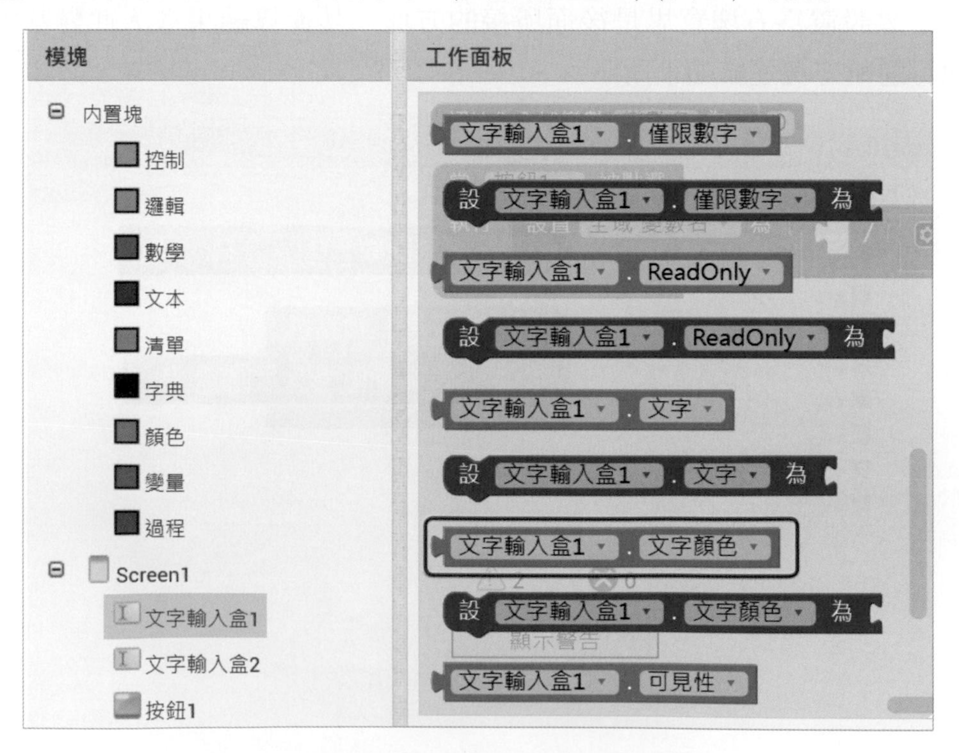

這階段完成BMI數值計算的程式設計。接續按照下圖取出標籤1方塊的<設(標籤1).(文字)為>方塊。

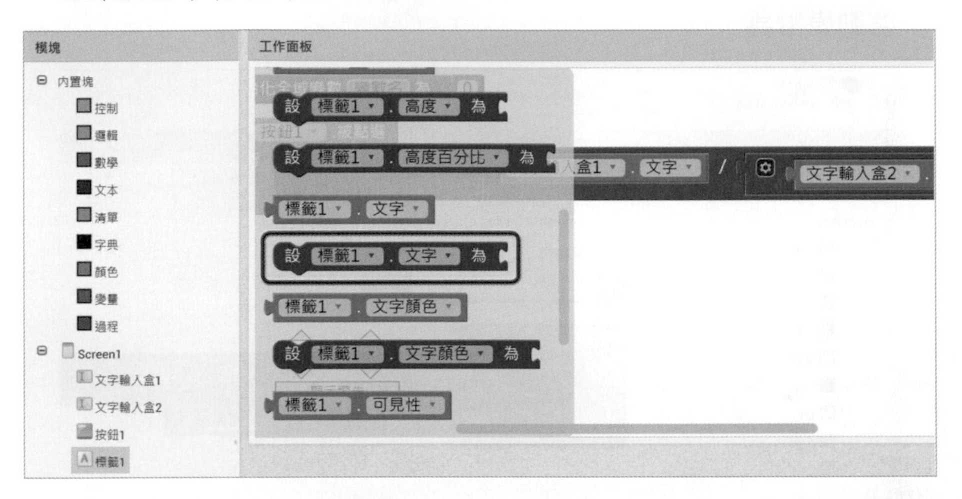

»Step7 選擇變量方塊內的<取得>方塊，主要功能為取出變數內的數值或是文字。

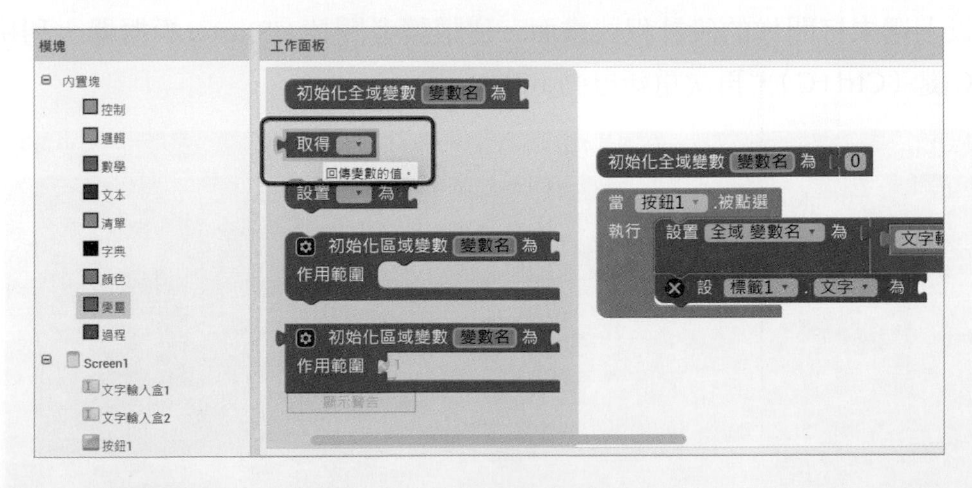

再將 取得 與<(標籤1).(文字)為>進行結合。取得方塊用滑鼠點選三角形符號，選擇全域變數名。

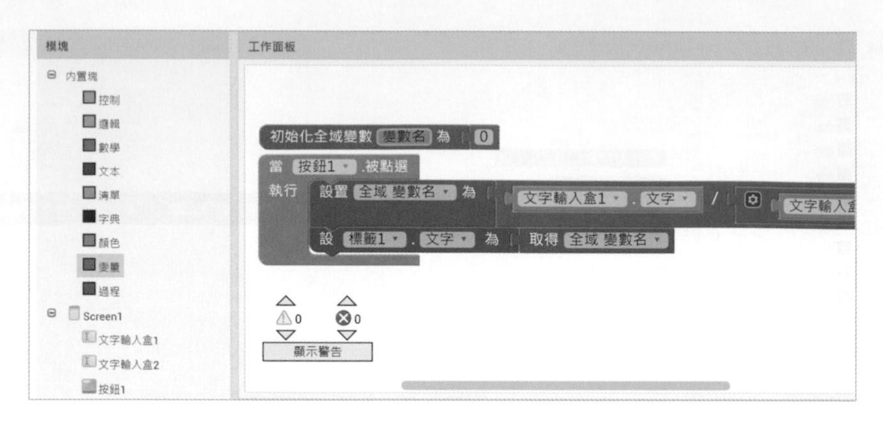

»Step8　計算BMI方程式的方塊組成，最後啓動模擬器執行程式。

請先確認是否已啓動模擬器（**aiStarter**），再選用**連線→模擬器**等選項，啓動模擬器。

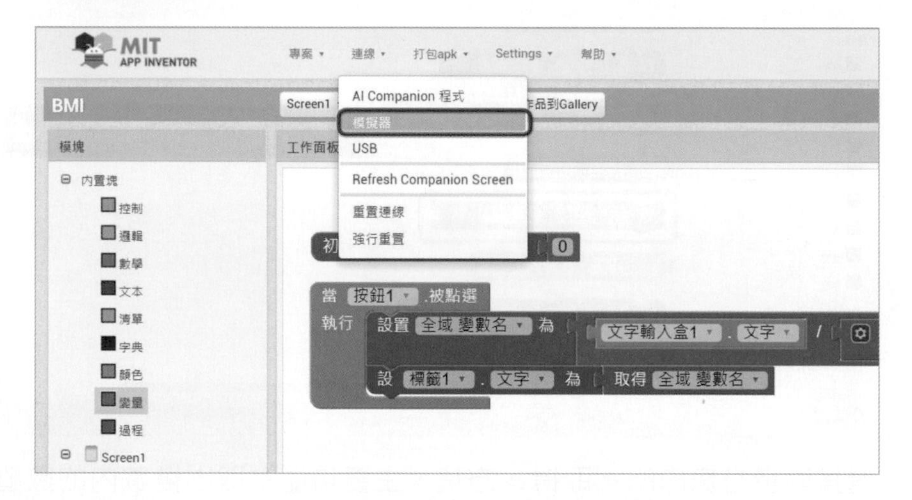

輸出畫面至模擬器需等待數十秒時間，有時會等1分多鐘以上，如果超過三分鐘以上還未打開你的設計程式畫面，建議讀者關掉aiStarter模擬器，利用Ctrl鍵加C鍵（Ctrl+C），再次重新啓動aiStarter。

```
aiStarter
Platform = Windows
AppInventor tools located here: "C:\Program Files (x86)"
Bottle server starting up (using WSGIRefServer())...
Listening on http://127.0.0.1:8004/
Hit Ctrl-C to quit.
```

再次至**連線→模擬器**啟動方塊程式送至模擬器執行並顯示畫面結果。

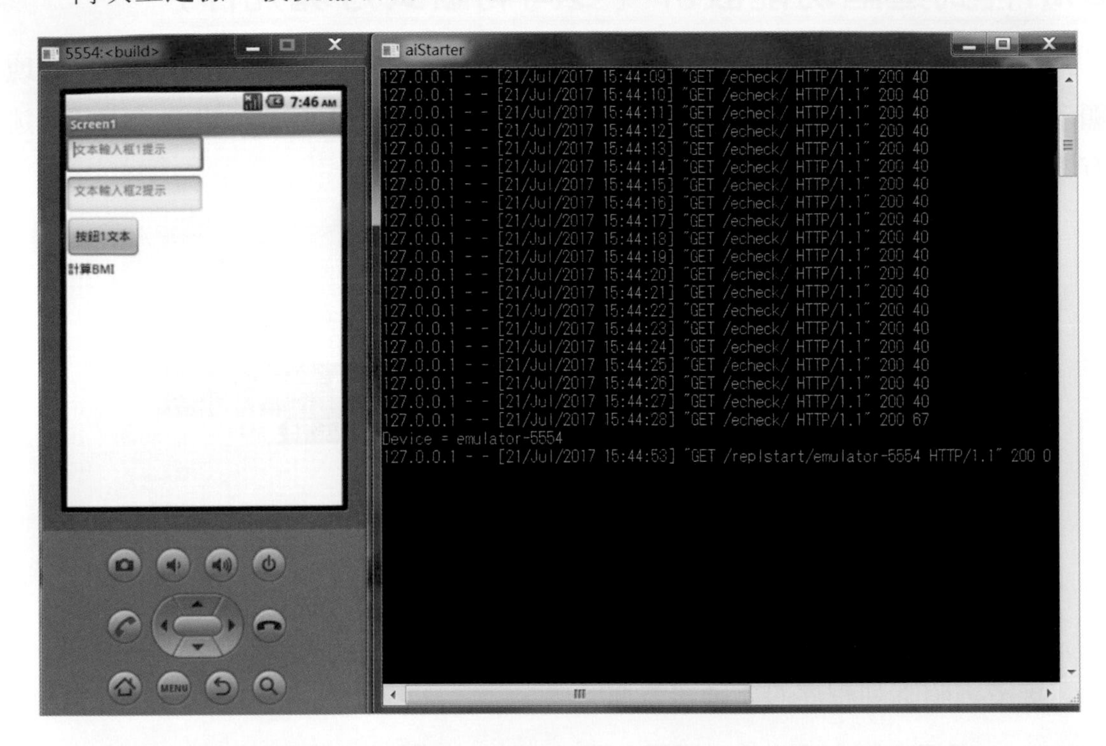

在模擬器畫面輸入82公斤，1.62公尺，用滑鼠按計算BMI按鈕，結果顯示BMI數值是31.24524。

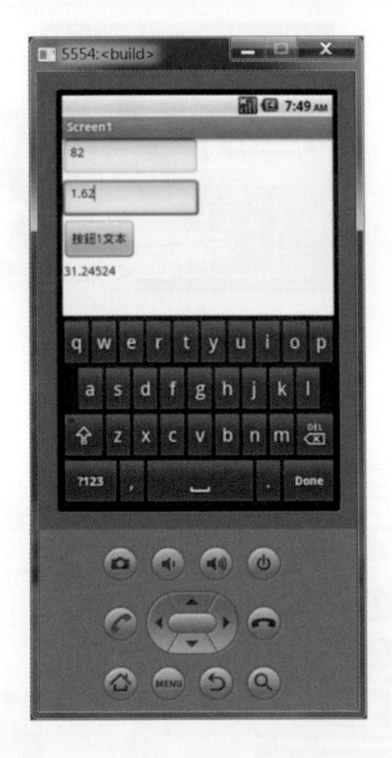

BMI程式進階功能設計（雙向判斷式方塊元件）

加入判斷（IF）方塊，增加判斷BMI值是否正常，透過**標籤（Label）方塊**顯示BMI數值是否正常或是過重。請切換至程式設計畫面加入如果（IF）敘述方塊。

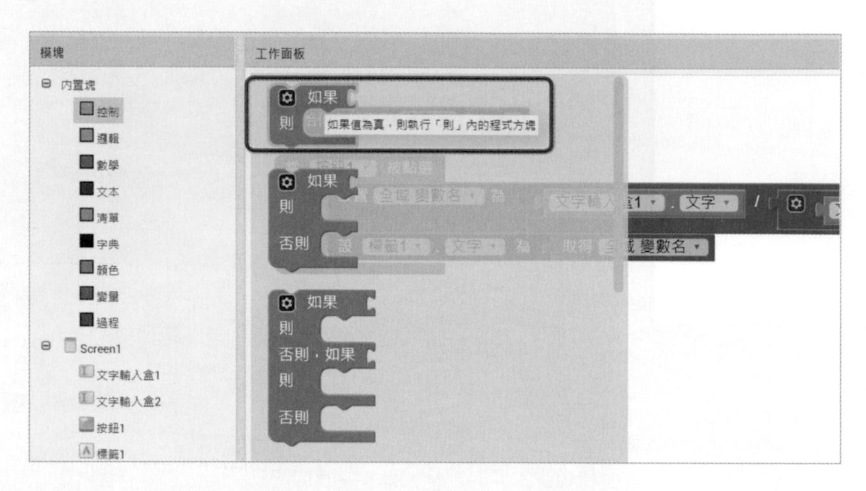

接續按照下列程序設定連接方塊。

»Step1　選擇控制方塊內的 < 如果 / 則 > 方塊，判斷BMI的數值。

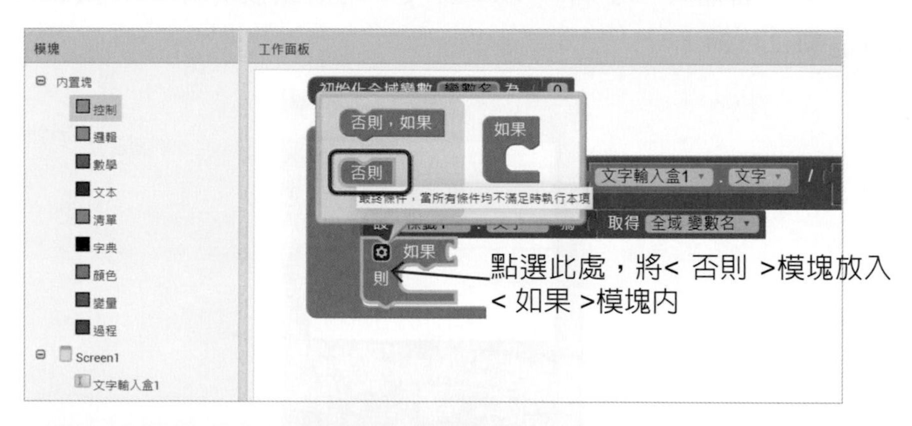

»Step2　選擇判斷邏輯方塊。

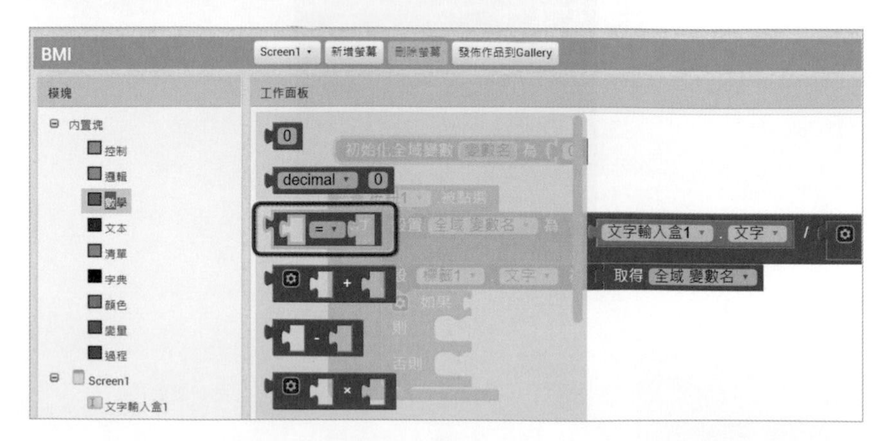

»Step3　選取數學數值方塊。

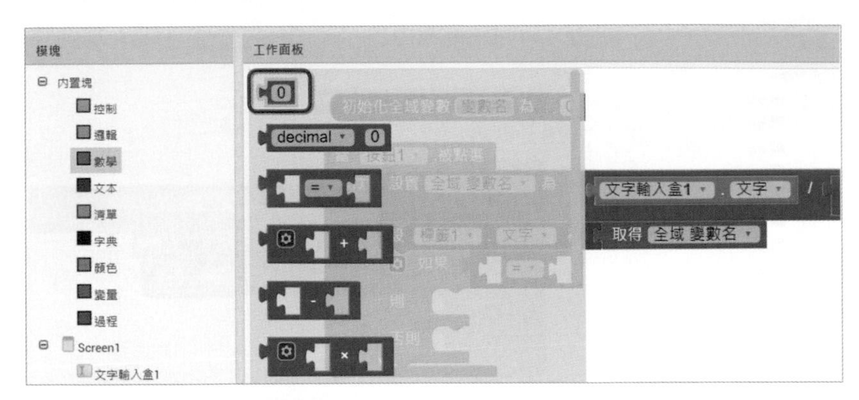

»Step4　選取取出變數數值方塊。

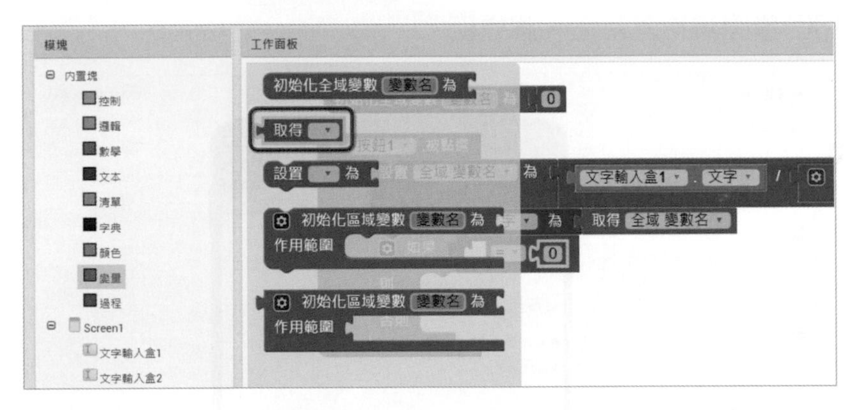

»Step5　選取變數名稱取出數值。

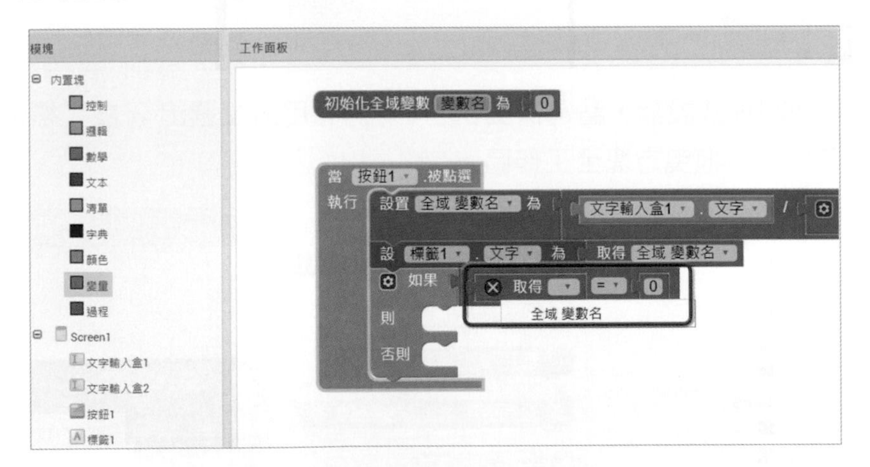

»Step6 判斷是否大於25。

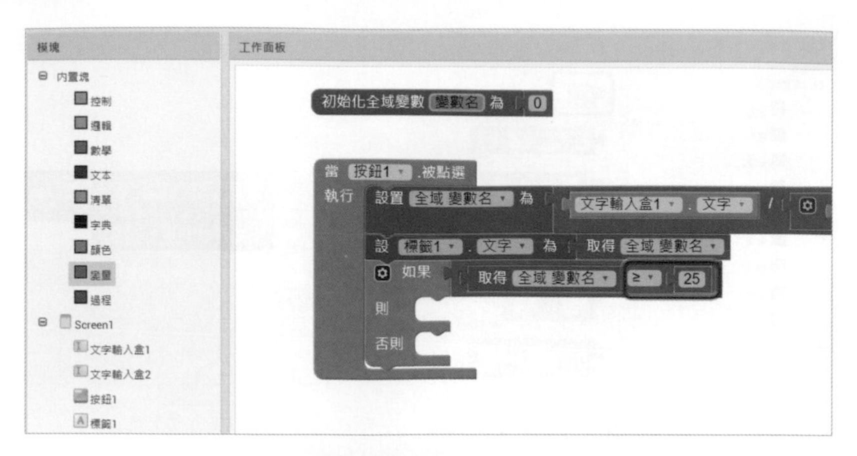

»Step7 切回畫面編排再新增一個標籤。

再切回程式設計，點選標籤2物件，再利用滑鼠選出＜設（標籤2）.（文字）為＞拖曳方塊至工作區。

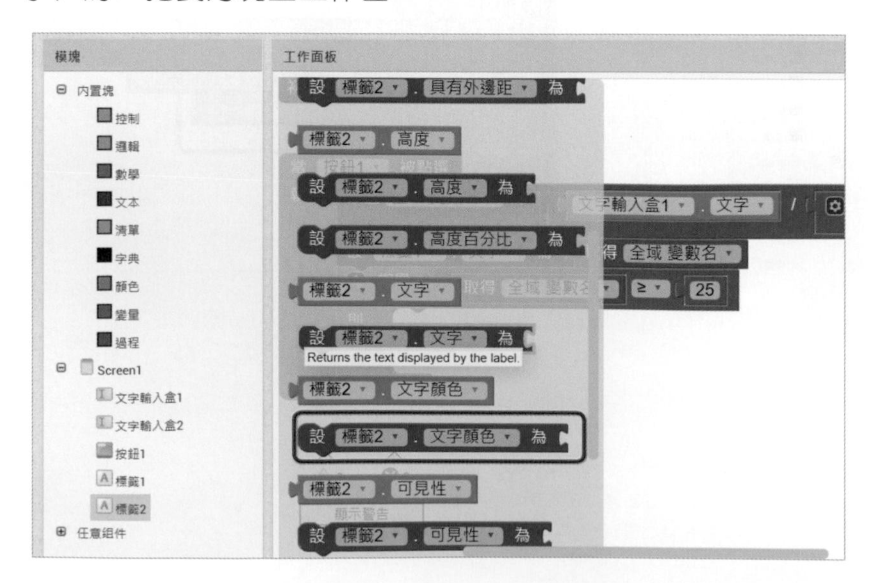

»Step8　設定判斷是否大於等於25 BMI。顯示結果，真於標籤2方塊，否於標籤1方塊。

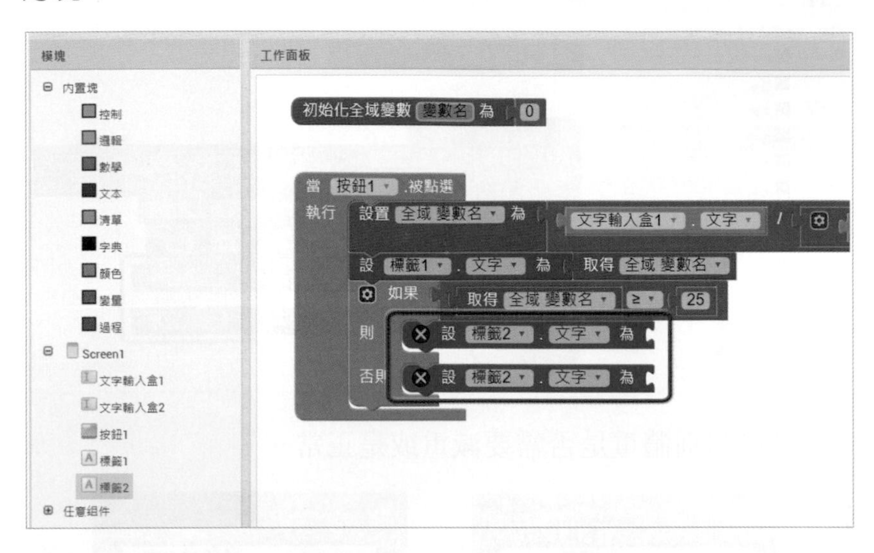

選取文本方塊。

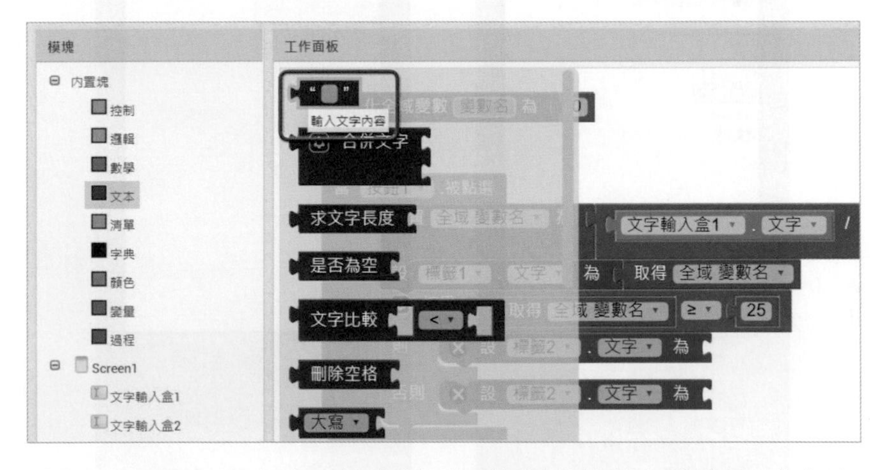

點選＜取字串＞方塊，按右鍵利用複製功能進行複製程式方塊。

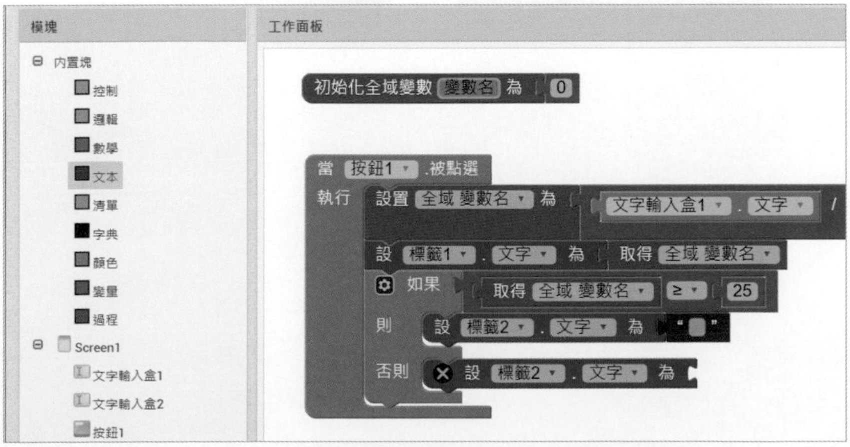

在各別文字方塊中輸入"體重正常"與"需要減重"。

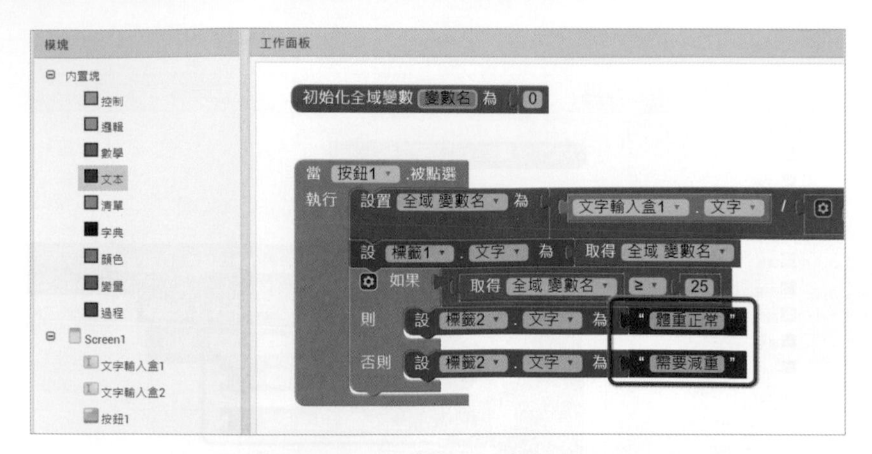

執行結果可以判別體重是否需要減重或是正常。

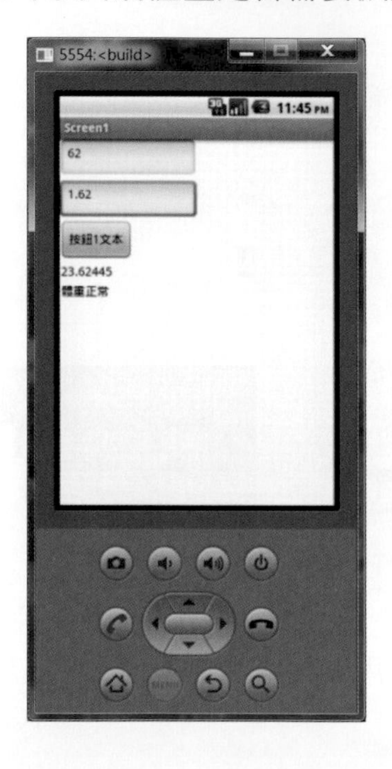

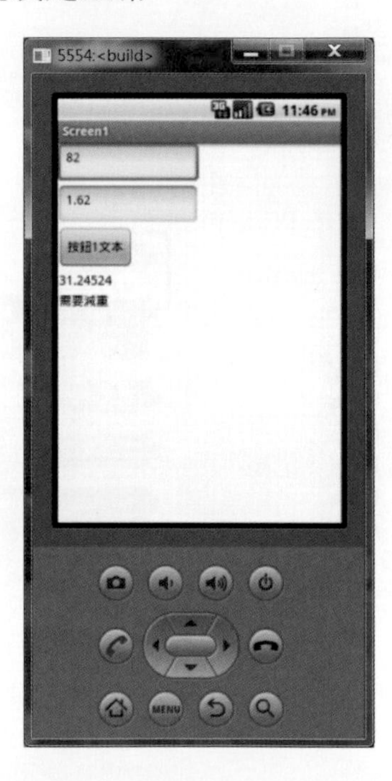

2-3 英文操作介面實例演練

利用簡單計算機學習數學元件與布局元件使用方法。

利用前述邏輯概念設計具有乘法的簡單功能計算機，加入版面配置方塊設定，使得方塊元件排列具有美觀效果。語言請切換至**英文模式**（English）下進行程式設計，如果忘記切換選項在哪裡，可參考第一章內容。建立新專案**Projects→Start new project**。

»Step1　設定新專案。

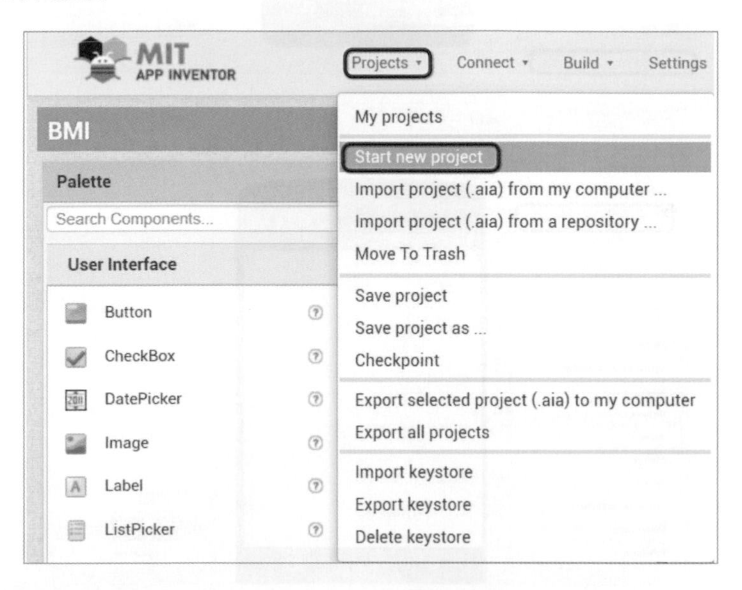

»Step2　輸入專案名稱。

Create new App Inventor project
Project name: Compute
Cancel　OK

»Step3　利用介面配置（Layout）方塊，放入輸入方塊與輸出方塊進行畫面排列。

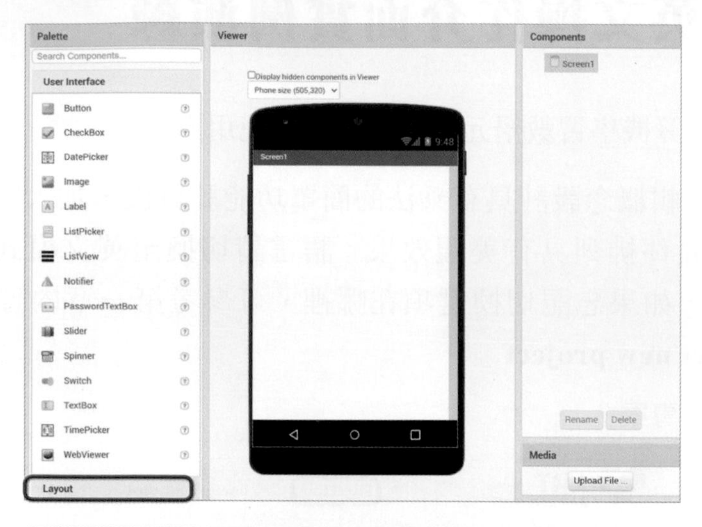

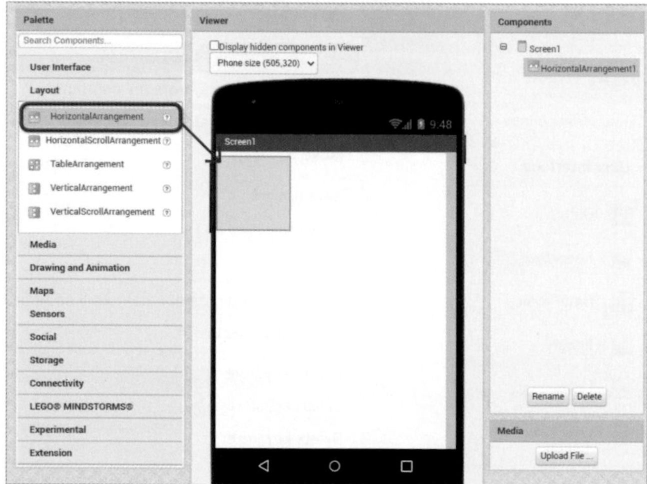

»Step4　滑鼠點選元件清單（Components）內HorizontalArrangement1 方塊名稱，並修改此方塊屬性（Properties）。

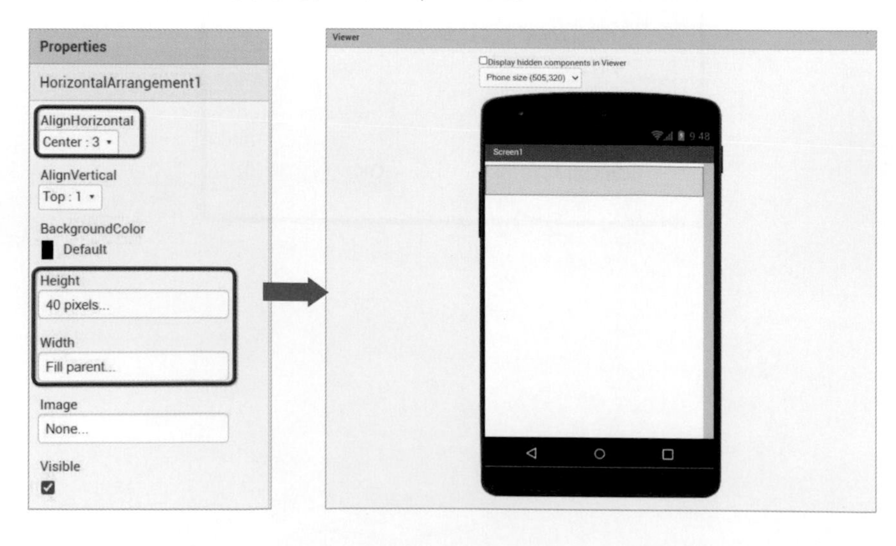

»Step5 利用滑鼠依序拖曳TextBox1、TextBox2、Label1、Button1、Label2 設定這些在Components 所列的方塊屬性。

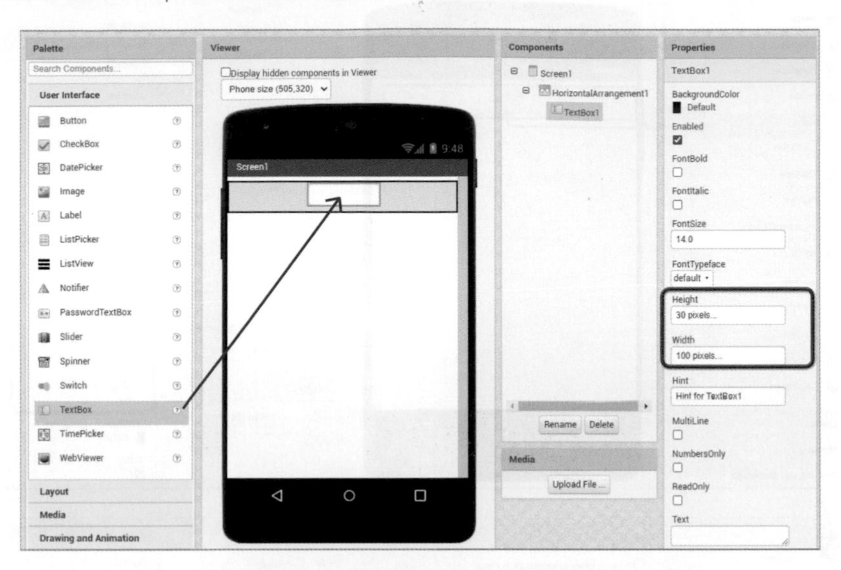

TextBox2與TextBox1長寬屬性設定一樣。

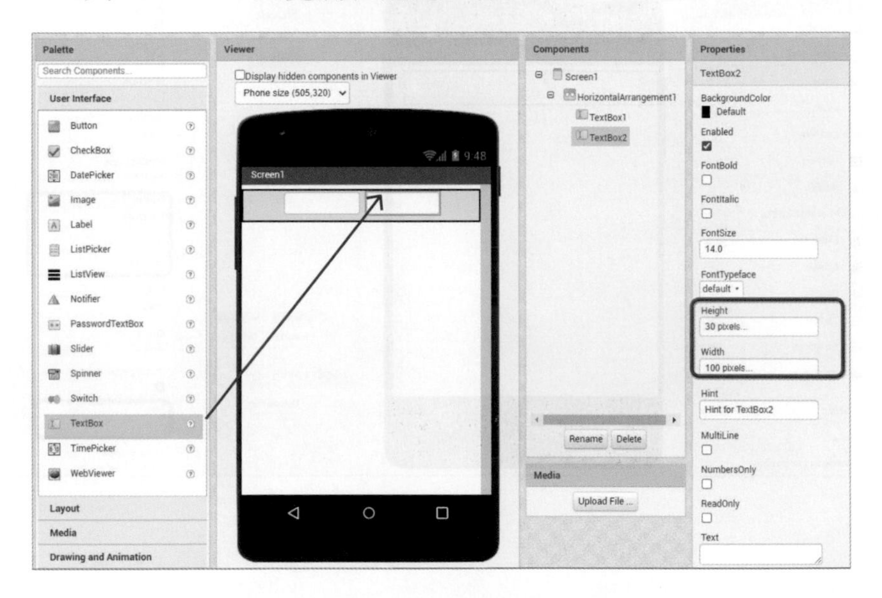

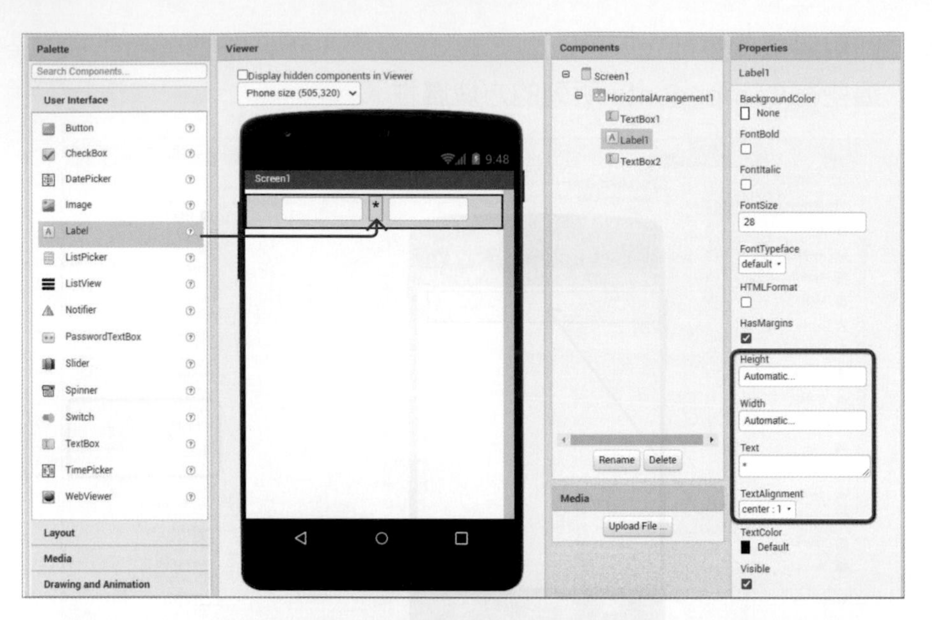
Palette
Search Components...
User Interface
Button
CheckBox
DatePicker
Image
Label
ListPicker
ListView
Notifier
PasswordTextBox
Slider
Spinner
Switch
TextBox
TimePicker
WebViewer
Layout
Media
Drawing and Animation
Viewer
Display hidden components in Viewer
Phone size (505,320)
9:48
Screen1
*
Components
Screen1
HorizontalArrangement1
TextBox1
Label1
TextBox2
Rename
Delete
Media
Upload File ...
Properties
Label1
BackgroundColor
None
FontBold
FontItalic
FontSize
28
FontTypeface
default
HTMLFormat
HasMargins
Height
Automatic...
Width
Automatic...
Text
*
TextAlignment
center : 1
TextColor
Default
Visible

Palette
Search Components...
User Interface
Button
CheckBox
DatePicker
Image
Label
ListPicker
ListView
Notifier
PasswordTextBox
Slider
Spinner
Switch
TextBox
TimePicker
WebViewer
Layout
Media
Drawing and Animation
Viewer
Display hidden components in Viewer
Phone size (505,320)
9:48
Screen1
*
GO
Components
Screen1
HorizontalArrangement1
TextBox1
Label1
TextBox2
Button1
Rename
Delete
Media
Upload File ...
Properties
Button1
BackgroundColor
Default
Enabled
FontBold
FontItalic
FontSize
14.0
FontTypeface
default
Height
30 pixels...
Width
30 pixels...
Image
None...
Shape
default
ShowFeedback
Text
GO
TextAlignment
center : 1

程式設計連結設定

請依照下列圖示選出方塊後進行連接。

»Step1 選擇按鈕觸發方塊。

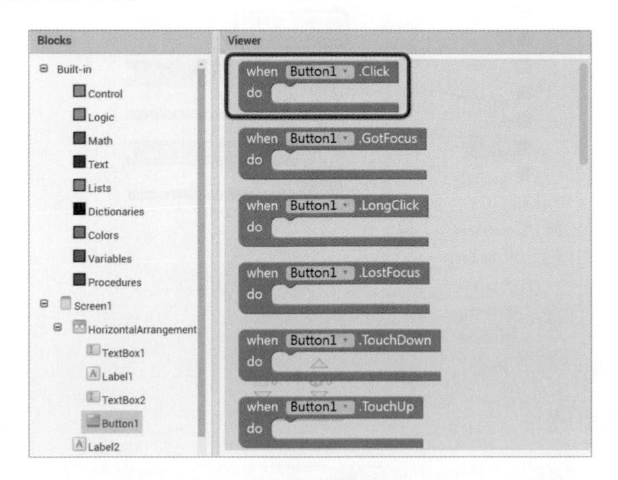

»Step2 選擇乘法方塊。

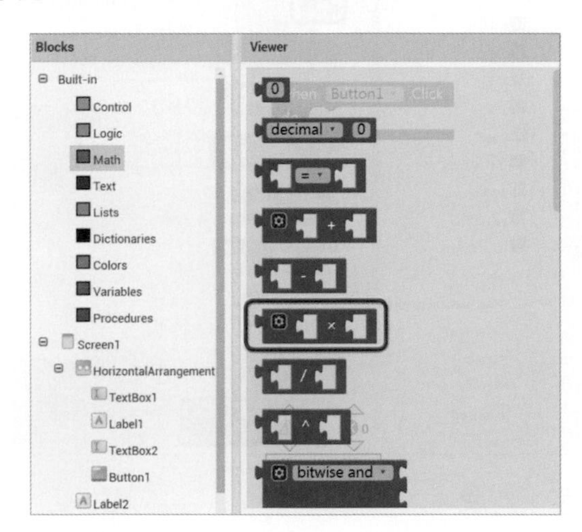

»Step3 選擇變數初始方塊。

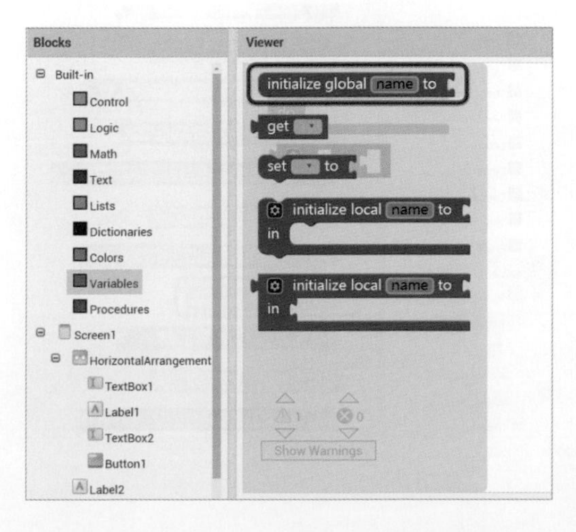

»Step4　選取設定變數方塊。

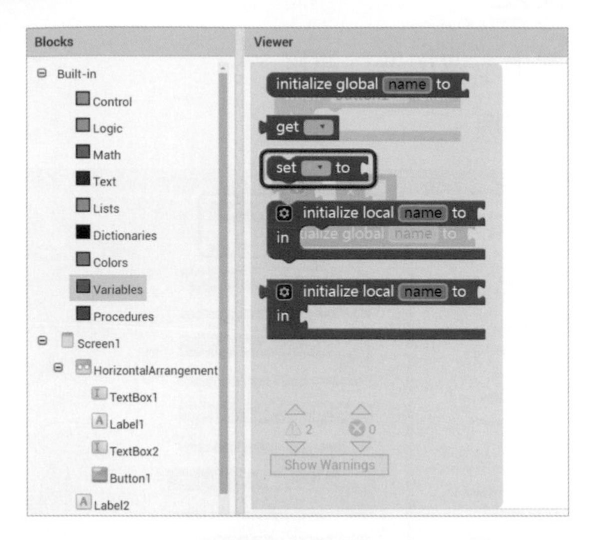

»Step5　選取數值方塊。

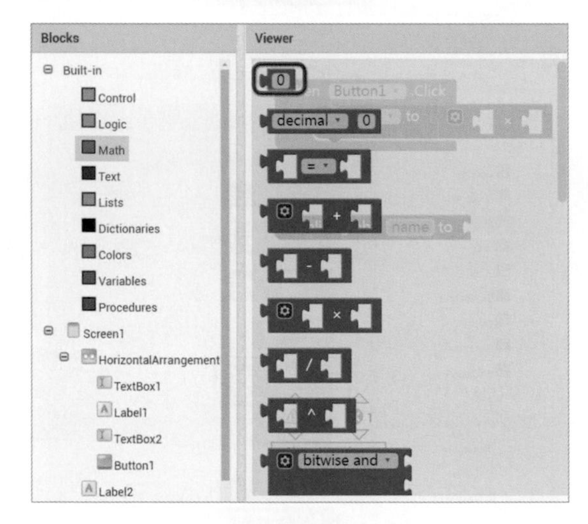

»Step6　選取輸入文字1方塊。

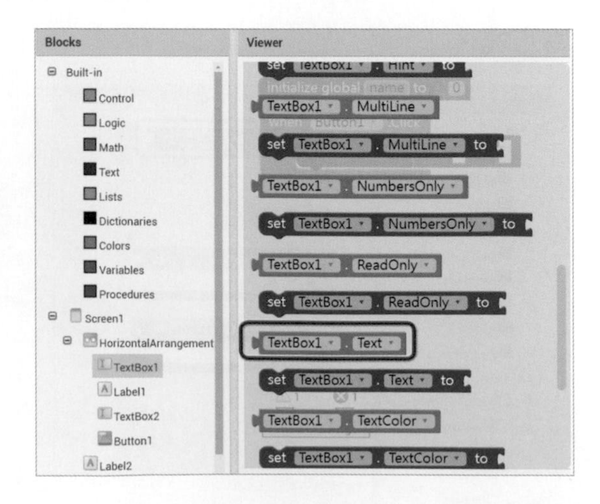

»Step7 TextBox2.Text方塊可以藉由對TextBox1.Text方塊利用滑鼠按右鍵選複製方式產生，產生方塊名稱需從TextBox1.Text改為TextBox2.Text。另外取得的方式是再次點選 TextBox2物件，選擇TextBox2.Text方塊。

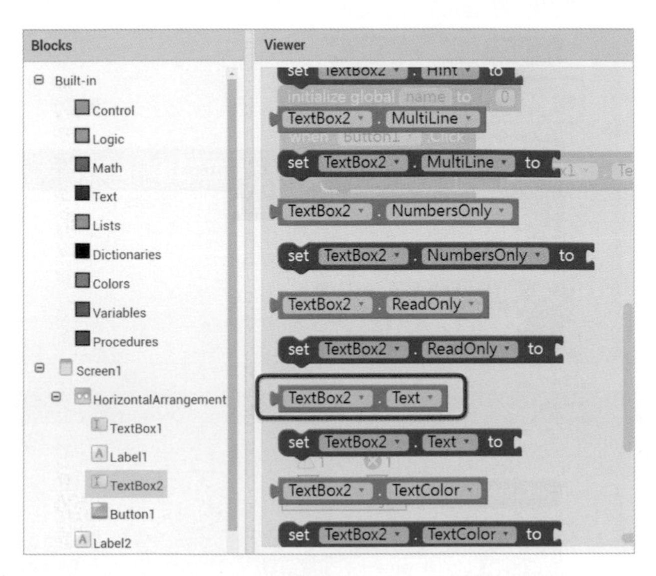

»Step8 選取變數名稱。

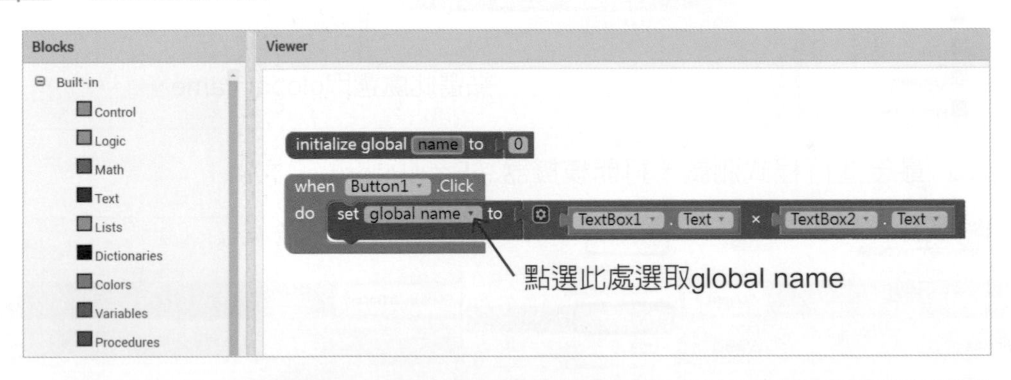

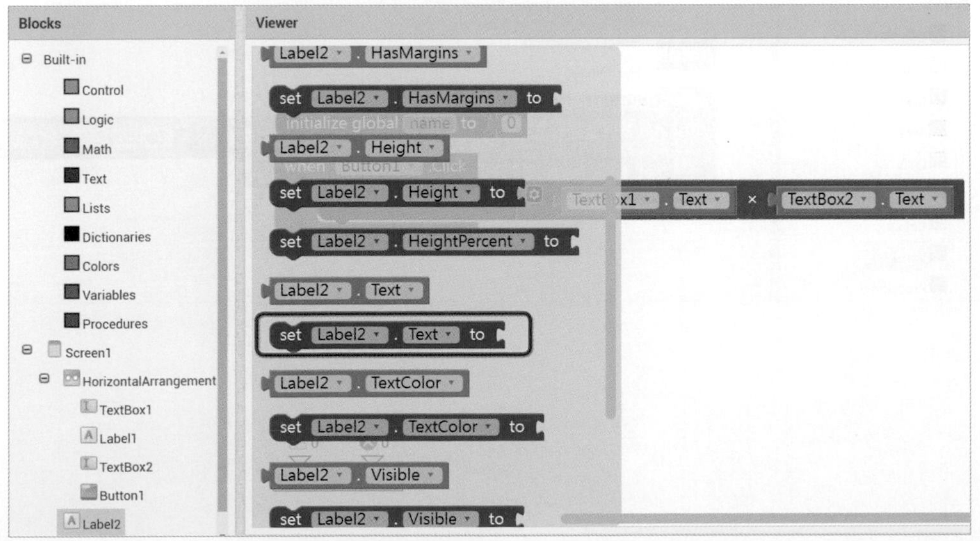

»Step9　使用get方塊將變數global name內容取出，存入至Label2.Text方塊，這時手機畫面會在label2元件上顯示簡易乘法計算結果。

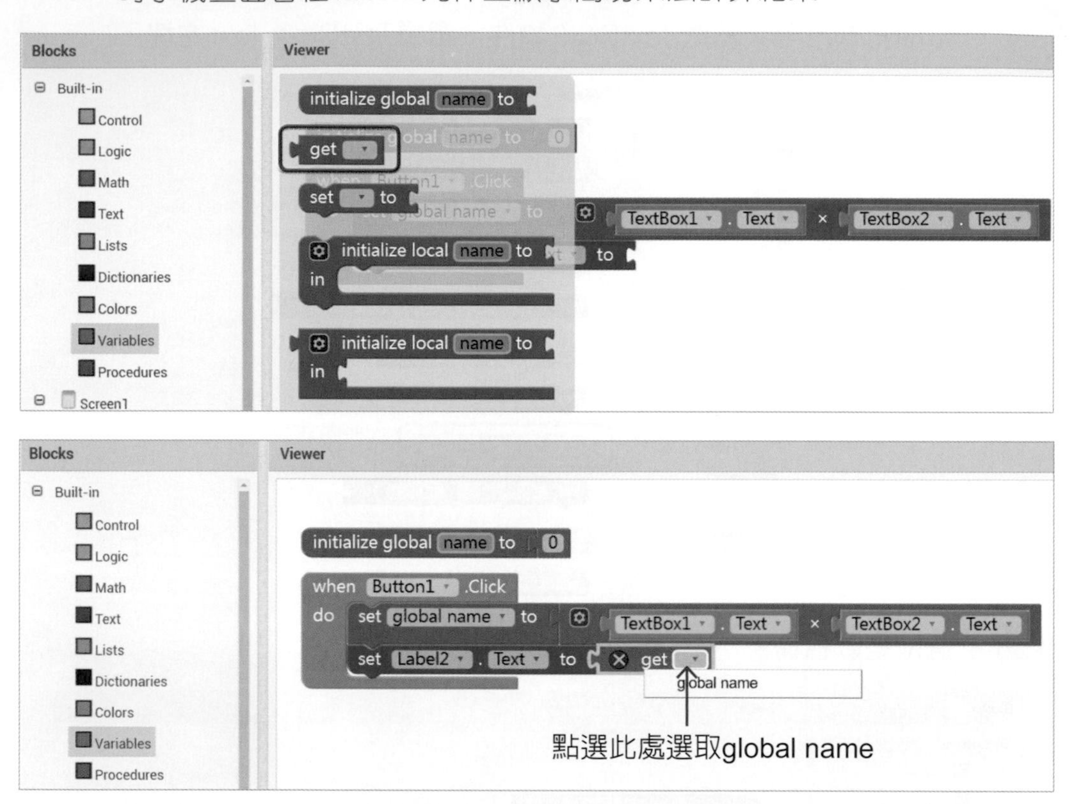

»Step10　最後進行程式測試，打開模擬器（Emulator）。

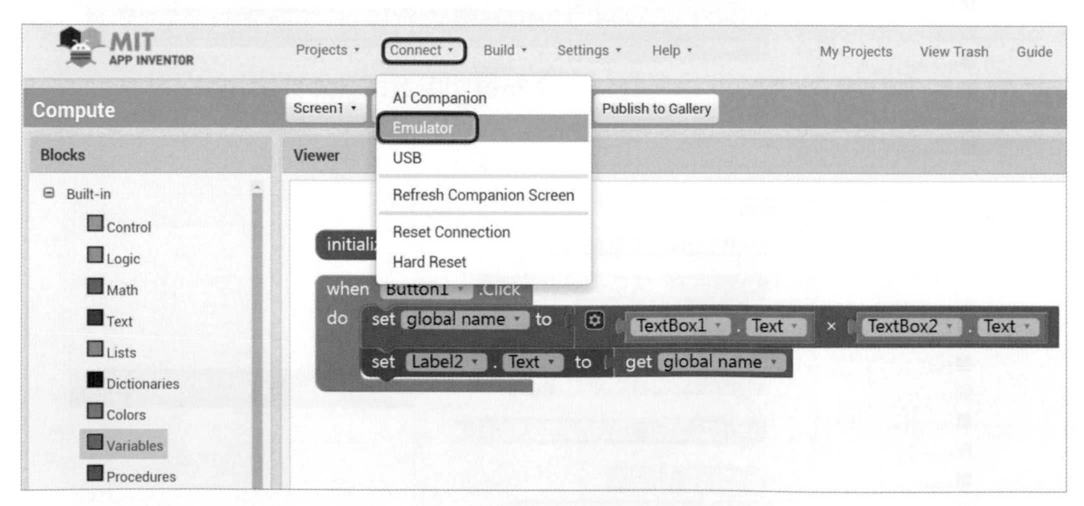

自我評量

◈ 選擇題

(　) 1. 更改設定元件大小與顏色是在哪個選項設定？ (A) 元件清單 (B) 元件屬性 (C) 工作面板。

(　) 2. 更改元件在手機螢幕的位置是在哪個選項設定？ (A) 元件清單 (B) 元件屬性 (C) 工作面板。

(　) 3. 模塊 TextBox2.Text 與 TextBox1.Text 兩個物件主要功能是甚麼？ (A) 可存放輸入以及顯示資料 (B) 僅可存放數字資料 (C) 僅可存放字母資料。

(　) 4. 變數宣告開始設定初值是選定 (A) initialize global name to (B) get global name (C) set global name to。

(　) 5. 比較數值大小或等於是分類在哪個模塊？ (A) Control 控制 (B) Math 數學 (C) Logic 邏輯。

(　) 6. 進入邏輯設計模式，在邏輯判別模塊欄位中分成幾種選項？ (A) 一種 (B) 兩種 (C) 三種。

(　) 7. 在程式模塊 Variables（變量）取出數值是哪個模塊？
(A) initialize global name to (B) get global name
(C) set global name to。

(　) 8. 判別只有確定狀況的模塊是什麼？ (A) 如果 則 (B) 如果 則 否則
(C) 當 滿足條件 執行。

(　) 9. 判別有兩個狀況的模塊是什麼？ (A) 如果 則 (B) 如果 則 否則 (C) 當 滿足條件 執行。

(　) 10. 加減乘除是屬於哪個模塊？ (A) Control 控制 (B) Math 數學 (C) Logic 邏輯。

(　) 11. 進入邏輯為 or 是哪個模塊？ (A) = (B) 與
(C) 或。

(　) 12. 進入邏輯為 and 是哪個模塊？ (A) = (B) 與
(C) 或。

自我評量

◈ 實作題

1. 程式設計加入文字語音轉換器（Text Speech）方塊，用聲音提示體重是否正常與過重。
2. 應用此程式設計觀念，設計華氏轉攝氏的App程式。
3. 利用現有簡單乘法計算機的App程式增加具有加法與除法功能。

十進制與二進制及十六進制數值轉換(數值系統)-巢串判斷式

本章學習重點

- 數學函數中的 Convert number 方塊
- ListPicker方塊
- 巢串判斷方塊使用
- 複製方塊技巧
- 認識方塊的中英命名

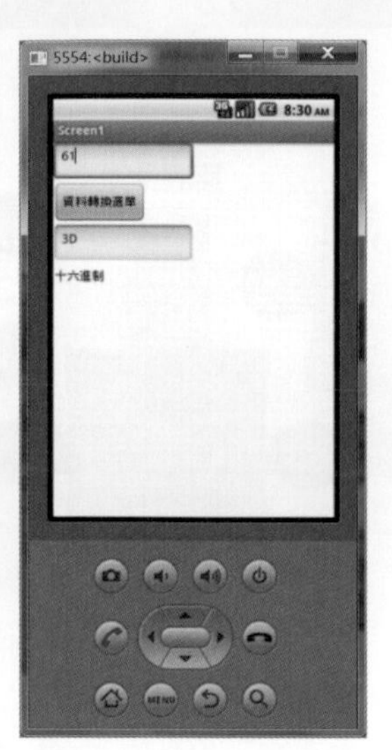

3-1 數值轉換方法與所需元件介紹

何謂數值轉換

目前人類最常用的進位制是十進位，此進位制通常使用10個阿拉伯數字0 - 9數字符號表示記數方式，亦稱10進位計數法。進位制可以使用數字符號來表示，稱爲進位制的基數或底數。假若一個進位制的基數爲n，即可稱之爲(n)進位制，簡稱n進位，利用此觀念可以在不同的進位制方式，來表示同一個數。例如：十進數61(10)，用二進位表示爲**111101**(2)，亦可用十六進位表示爲**3D**(16)，它們所代表的數值都是一樣的。

$$61=6\times10^1+1=1\times2^5+1\times2^4+1\times2^3+1\times2^2+0\times2^1+1\times2^0=3\times16^1+13$$

根據上述基數轉換方法在實作過程，則需要迴圈（Loop）方塊執行轉換過程，由於下個章節才會提到迴圈方塊，所以本章節採用數學函數轉換方法進行實作，下面列出數值轉換程式所需要的類別方塊，方塊設定內容如下：

元件面板 / 類別	元件清單	元件屬性文字
使用者介面 / 清單選擇器	清單選擇器1	資料轉換選單
使用者介面 / 標籤	標籤1	數值型式
使用者介面 / 文字輸入盒	文字輸入盒1	空白
使用者介面 / 文字輸入盒	文字輸入盒2	空白

3-2 實例演練

新建專案

»Step1 點選「專案→新增專案」，新建名稱為Convert_num。

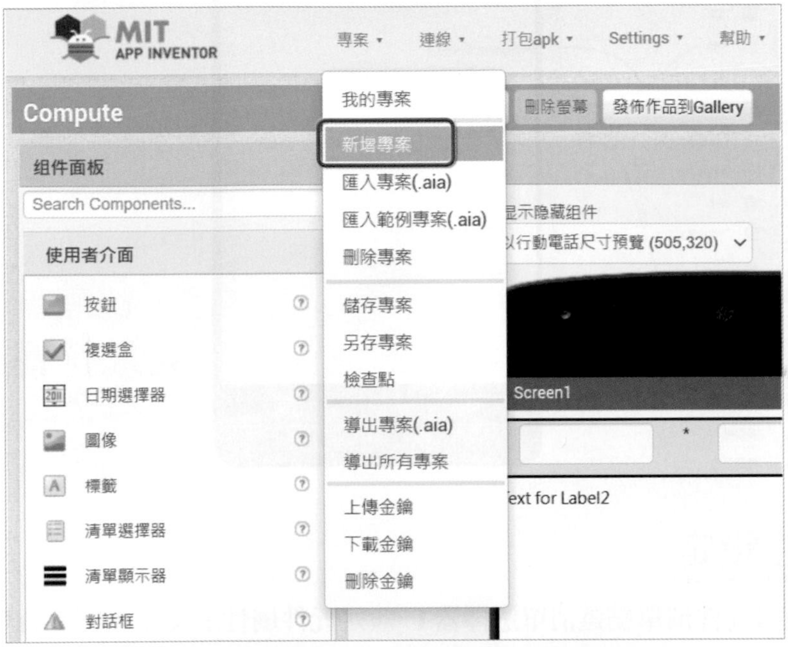

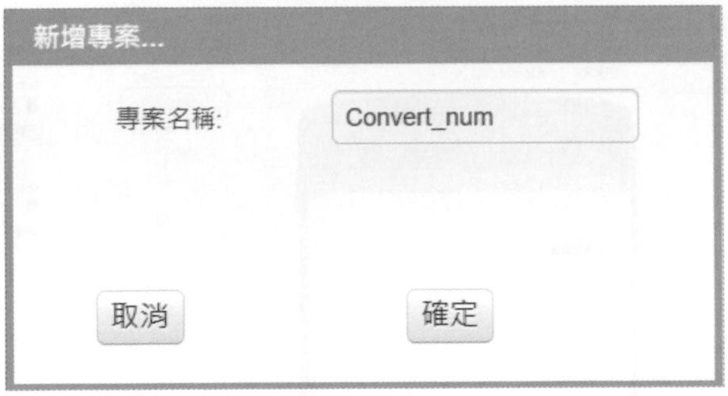

»Step2　依照下圖拖曳**清單選擇器**、**標籤**、**文字輸入盒**等元件，至工作面的Screen1區域內。

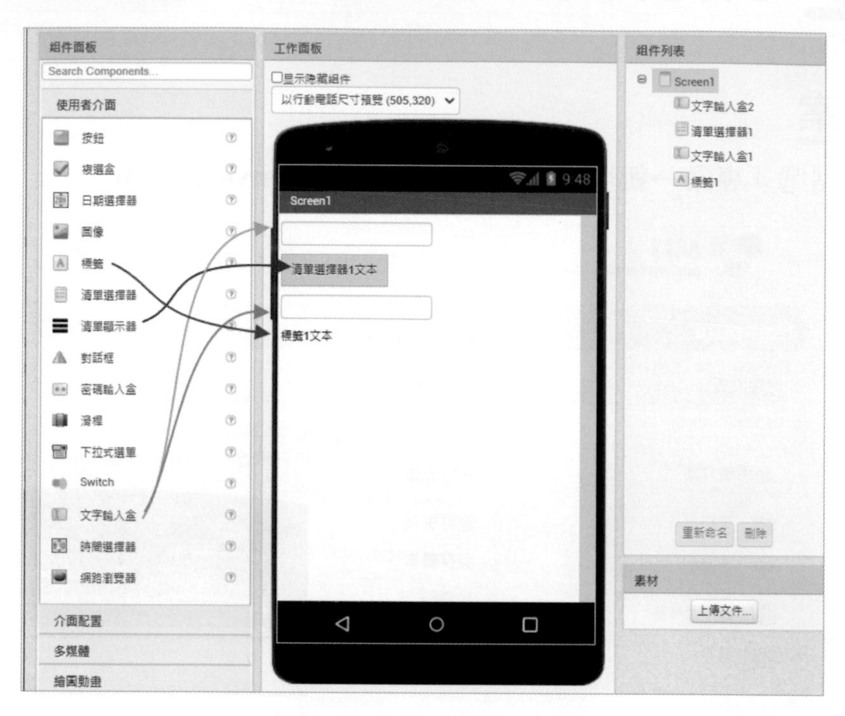

元件屬性設定

»Step1　選擇**元件清單**點選**清單選擇器1**，設定**元件屬性**的**文字**內容為**資料轉換選單**。

»Step2　選擇**元件清單**點選**標籤1**，設定**元件屬性**的**文字**內容為**數值型式**後，請點選「程式設計」按鈕。

程式方塊功能連結設定

»Step1　依前小節所述完成後，請依序選擇各項方塊。首先拖曳出清單選擇器 1 內的**準備選擇**與**選擇完成**方塊。

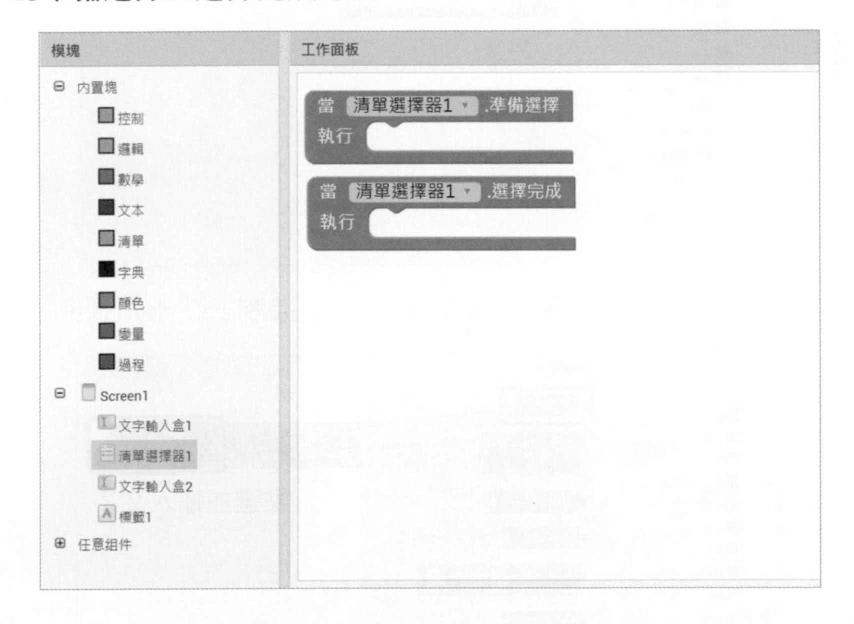

»Step2　再選出清單選擇器 1 內的 <**設(清單選擇器1).(元素)爲**> 方塊。

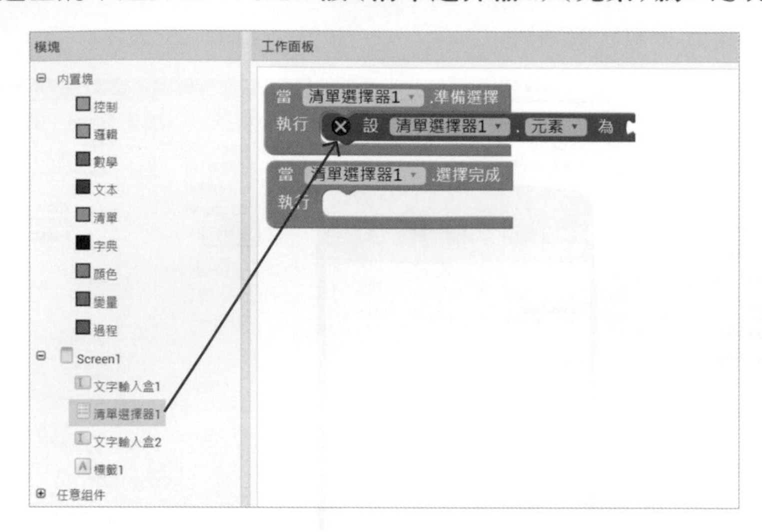

利用內建清單方塊完成具有文字選單功能

»Step1　選出清單內的 < 建立清單 > 方塊。

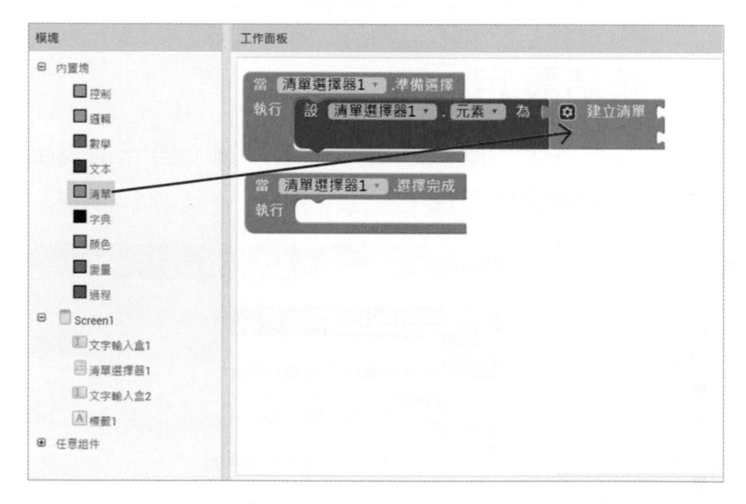

»Step2　選出文本內的字串方塊，並輸入文字「二進制」、「十六進制」。

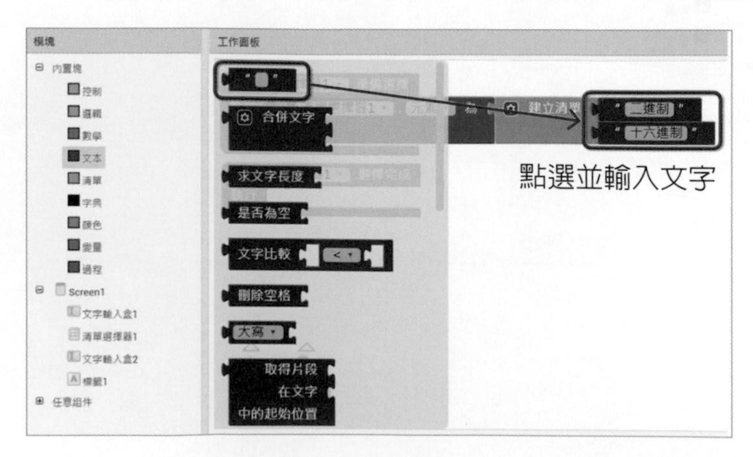

利用內建清單方塊完成具有文字判斷功能

當觸發**資料轉換選單**按鈕，則啓動**<當(清單選擇器1).準備選擇>**在螢幕畫面上會有子視窗顯示，根據**<設(清單選擇器1).(元素)爲>**依照**清單**內的**建立清單**方塊所建立「二進制」與「十六進制」等文字，點選其中項目的文字會傳送至**<(清單選擇器1).選中項>**方塊存放，並執行**<當(清單選擇器1).選擇完成>**方塊。這時必須透過**流程控制方塊**，如果方塊判斷**<(清單選擇器1).選中項>**內容，進行所選擇功能而轉換，設定程序如下：

»Step1　設定＜如果＞方塊。

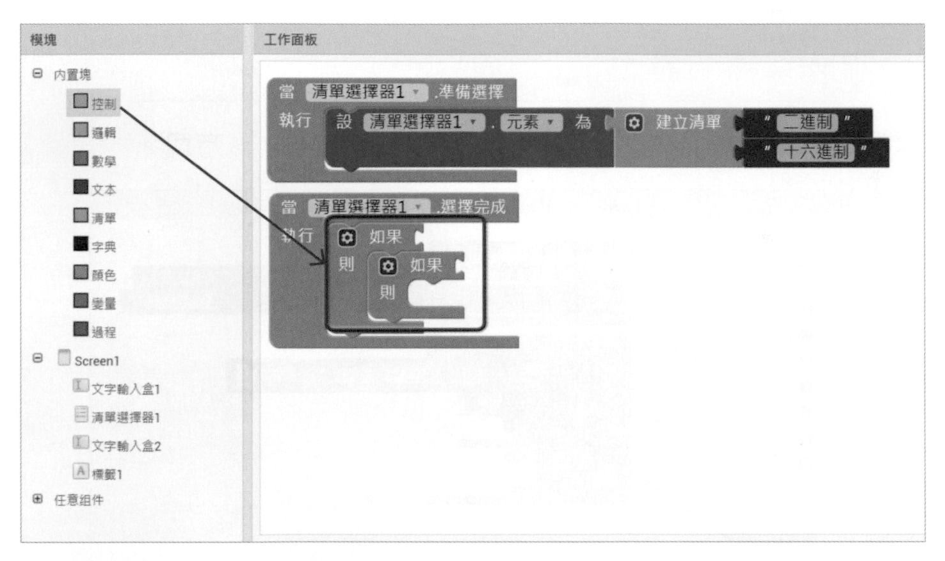

»Step2　增加具有「否則」判斷的＜如果＞方塊。

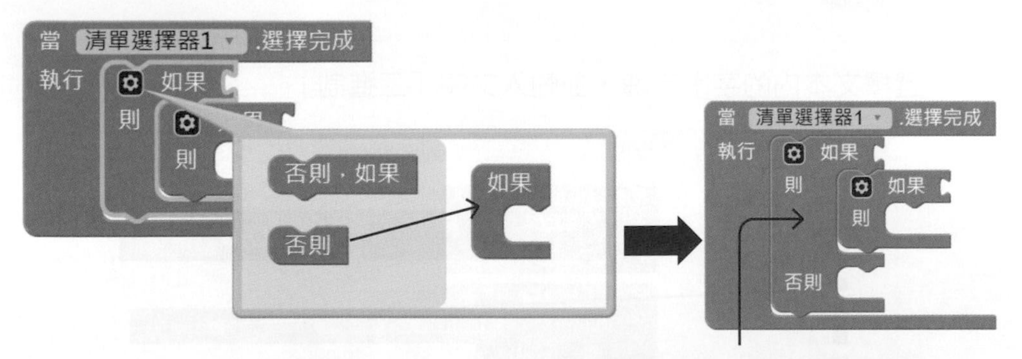

»Step3　點選數學方塊。

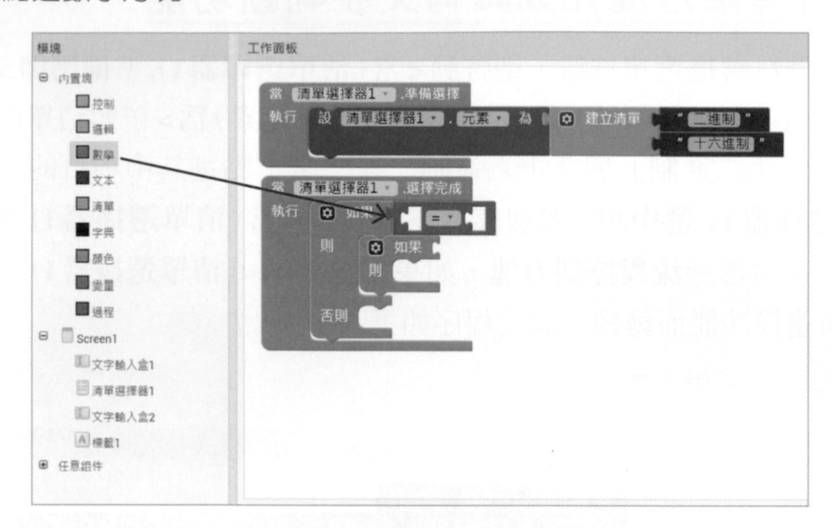

»Step4　選擇清單選擇器 1 的＜（清單選擇器 1）.（選中項）＞方塊。

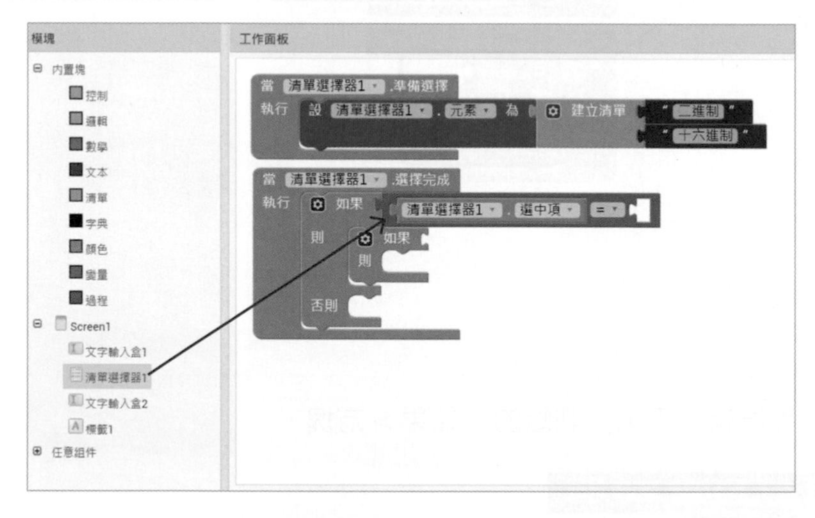

»Step5　選擇文本內的字串方塊，並輸入文字「二進制」。

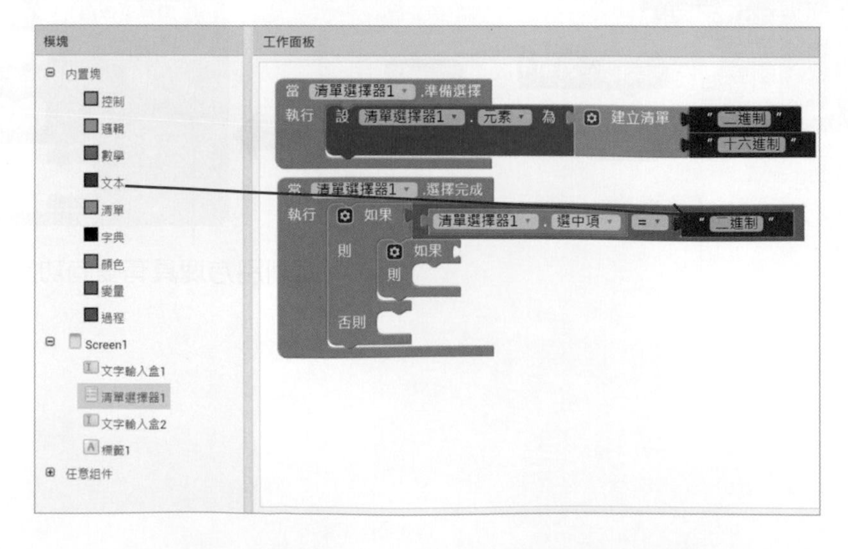

已完成方塊模組，可以透過複製的方法產生新方塊模組，以節省程式開發時間，方塊複製方法如下：

»Step1　在欲複製的方塊上按下滑鼠右鍵，點選複製程式方塊。

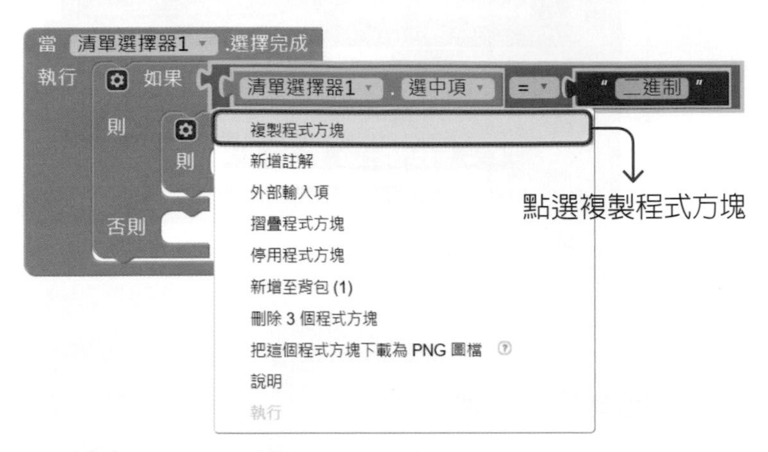

»Step2　將「二進制」修改為「十六進制」。

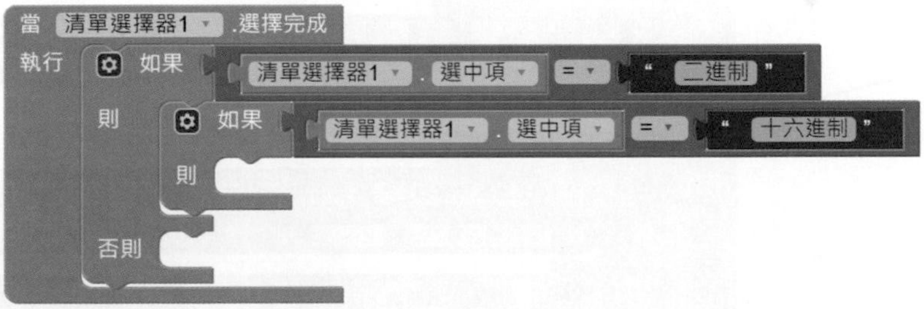

»Step3　點選滑鼠左鍵拖曳方塊。

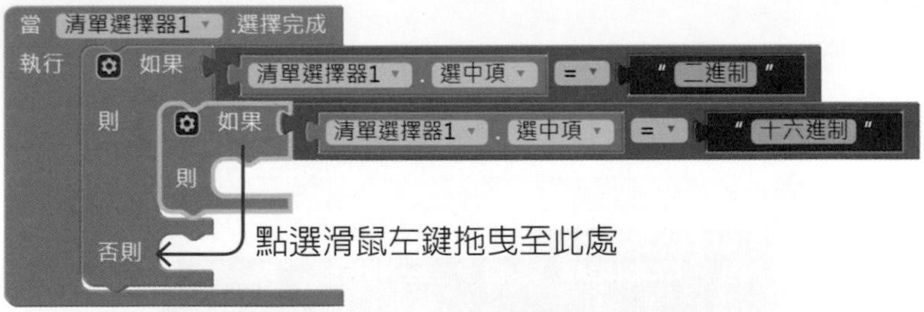

»Step4　點選文字輸入盒2的 < 設(文字輸入盒2).(文字)為 > 方塊。

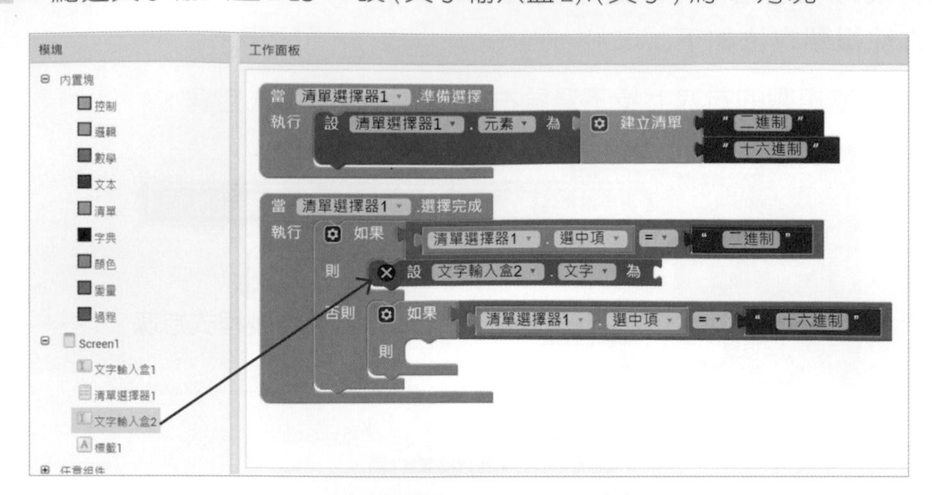

»Step5　點選 < 數字進位轉換 > 方塊。

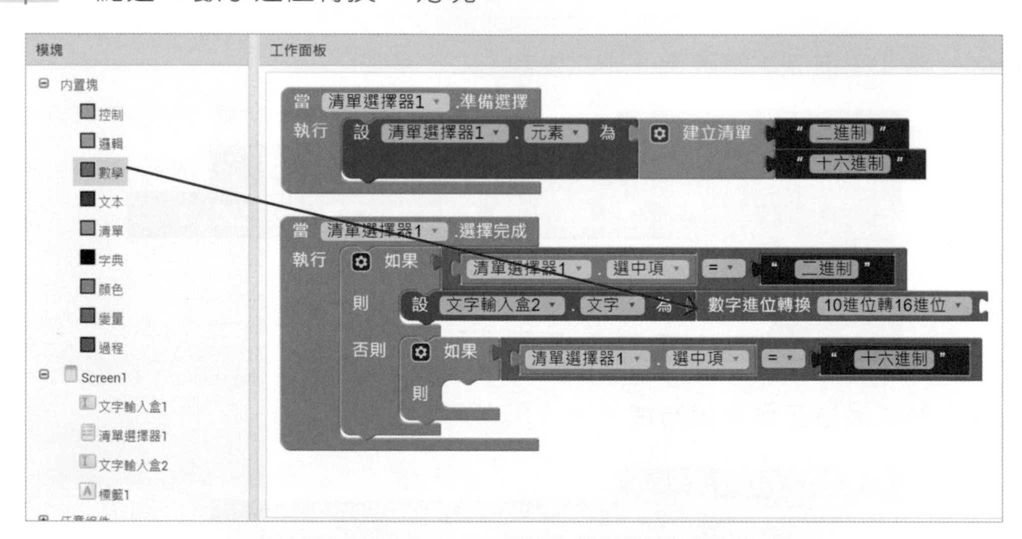

»Step6　點選文字輸入盒1的 < (文字輸入盒1).(文字) > 方塊。

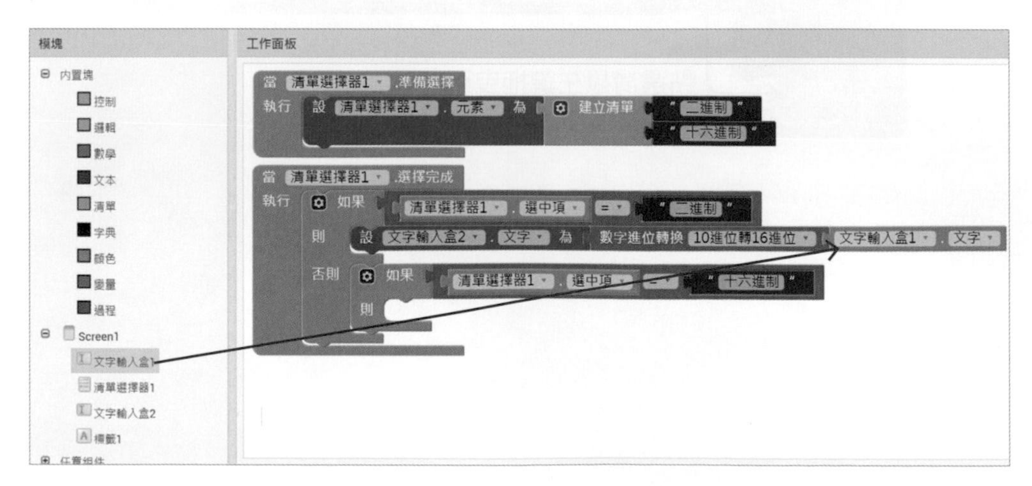

»Step7 複製程式方塊，並將＜數字進位轉換(10進位轉16進位)＞修改為＜數字進位轉換(10進位轉2進位)＞。

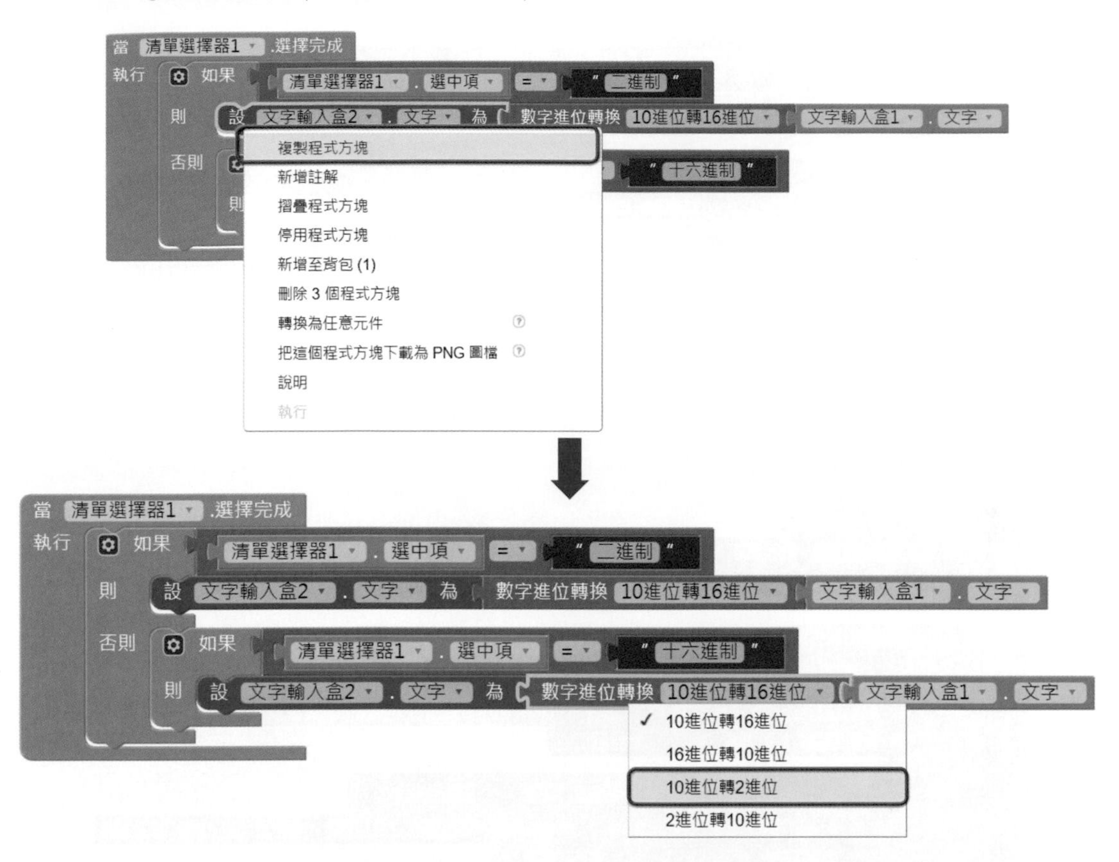

»Step8 點選標籤1的＜設(標籤1).(文字)為＞方塊。

»Step9　加入文字字串。

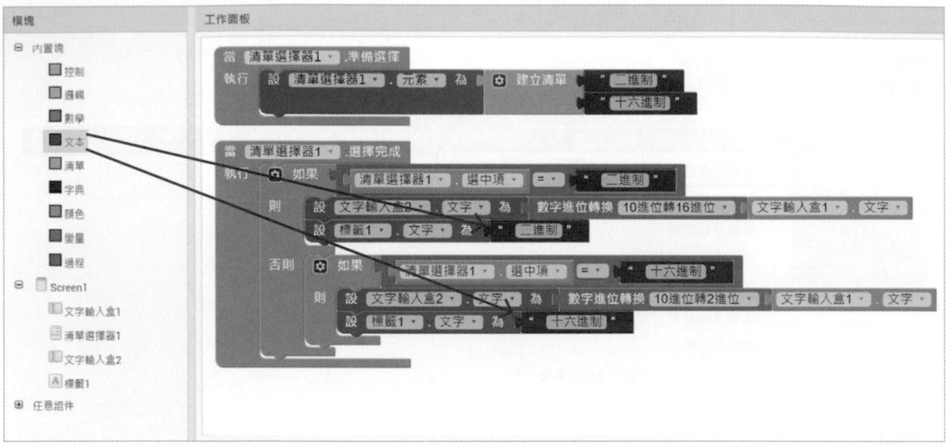
模塊
工作面板
內置塊
控制
邏輯
數學
文本
清單
字典
顏色
變量
過程
Screen1
文字輸入盒1
清單選擇器1
文字輸入盒2
標籤1
任意組件
當 清單選擇器1 .準備選擇
執行 設 清單選擇器1 . 元素 為 建立清單 " 二進制 " " 十六進制 "
當 清單選擇器1 .選擇完成
執行 如果 清單選擇器1 . 選中項 = " 二進制 "
則 設 文字輸入盒2 . 文字 為 數字進位轉換 10進位轉16進位 文字輸入盒1 . 文字
設 標籤1 . 文字 為 " 二進制 "
否則 如果 清單選擇器1 . 選中項 = " 十六進制 "
則 設 文字輸入盒2 . 文字 為 數字進位轉換 10進位轉2進位 文字輸入盒1 . 文字
設 標籤1 . 文字 為 " 十六進制 "

完成後程式方塊如下：

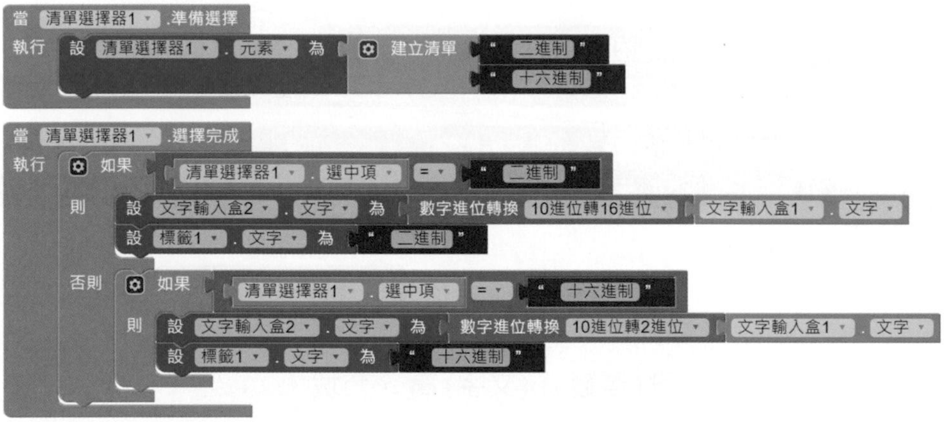
當 清單選擇器1 .準備選擇
執行 設 清單選擇器1 . 元素 為 建立清單 " 二進制 " " 十六進制 "
當 清單選擇器1 .選擇完成
執行 如果 清單選擇器1 . 選中項 = " 二進制 "
則 設 文字輸入盒2 . 文字 為 數字進位轉換 10進位轉16進位 文字輸入盒1 . 文字
設 標籤1 . 文字 為 " 二進制 "
否則 如果 清單選擇器1 . 選中項 = " 十六進制 "
則 設 文字輸入盒2 . 文字 為 數字進位轉換 10進位轉2進位 文字輸入盒1 . 文字
設 標籤1 . 文字 為 " 十六進制 "

執行與測試程式是否正確

請先確認是否已啟動模擬器（aiStarter），再選用**連線→模擬器**等選項連接模擬器。執行結果畫面顯示轉換數值有邏輯上的錯誤，選擇二進制結果卻轉換成十六進制。

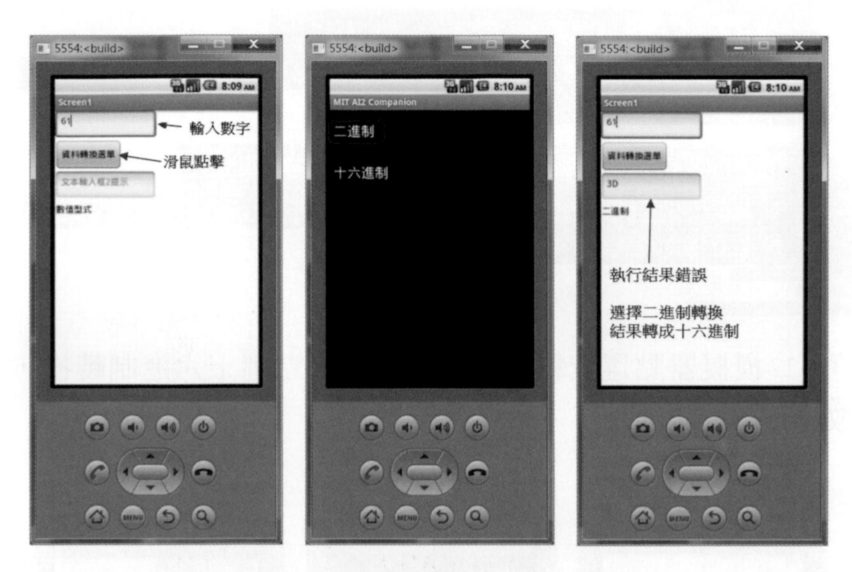

因此需查詢方塊程式連結是否正確，回到程式設計工作區檢視，發現數學進位轉換方塊（convert number）設定錯誤，因此利用滑鼠對這兩方塊進行對調。

```
當 清單選擇器1 .準備選擇
執行 設 清單選擇器1 . 元素 為 建立清單 " 二進制 "
                                     " 十六進制 "

當 清單選擇器1 .選擇完成
執行 如果 清單選擇器1 . 選中項 = " 二進制 "
     則 設 文字輸入盒2 . 文字 為 數字進位轉換 10進位轉16進位 文字輸入盒1 . 文字
        設 標籤1 . 文字 為 " 二進制 "
     否則 如果 清單選擇器1 . 選中項 = " 十六進制 "
          則 設 文字輸入盒2 . 文字 為 數字進位轉換 10進位轉2進位 文字輸入盒1 . 文字
             設 標籤1 . 文字 為 " 十六進制 "
```

使用滑鼠互換方塊

對調後程式方塊如下：

```
當 清單選擇器1 .準備選擇
執行 設 清單選擇器1 . 元素 為 建立清單 " 二進制 "
                                      " 十六進制 "

當 清單選擇器1 .選擇完成
執行 如果 清單選擇器1 . 選中項 = " 二進制 "
     則 設 文字輸入盒2 . 文字 為 數字進位轉換 10進位轉2進位 文字輸入盒1 . 文字
        設 標籤1 . 文字 為 " 二進制 "
     否則 如果 清單選擇器1 . 選中項 = " 十六進制 "
          則 設 文字輸入盒2 . 文字 為 數字進位轉換 10進位轉16進位 文字輸入盒1 . 文字
             設 標籤1 . 文字 為 " 十六進制 "
```

接續在AI2模擬器點選**資料轉換選單**按鈕，點選十六進制轉換，結果顯示進制轉換數據正確。

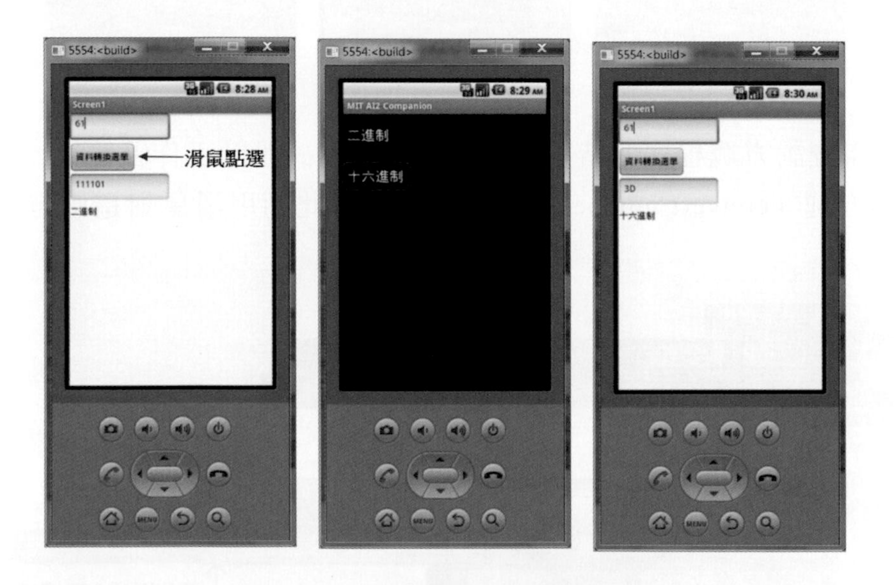

3-3 英文操作介面說明

以上述數值轉換範例，以中文語系方式進行程式發展，未來在第四章開始將以英文介面進行發展程式，原因是目前市面發展程式軟體工具，所下達指令是以英文名稱命名，因此使用中文介面進行程式發展，將不容易與其它程式語言進行對照學習，例如：C語言、JAVA語言。

»Step1　請將**語系轉為英文**模式，並開始建立新專案。

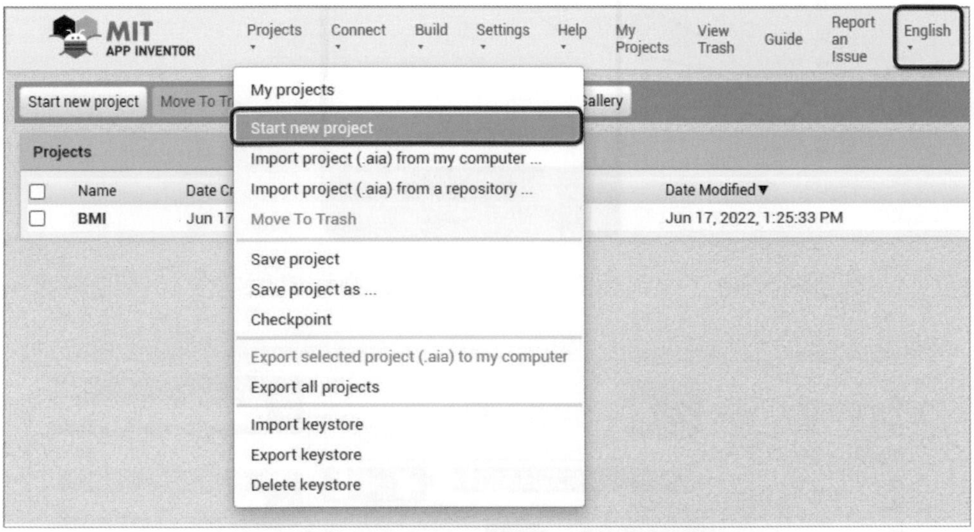

»Step2 此程式所需的英文元件請依照內容拖曳至Screen1。

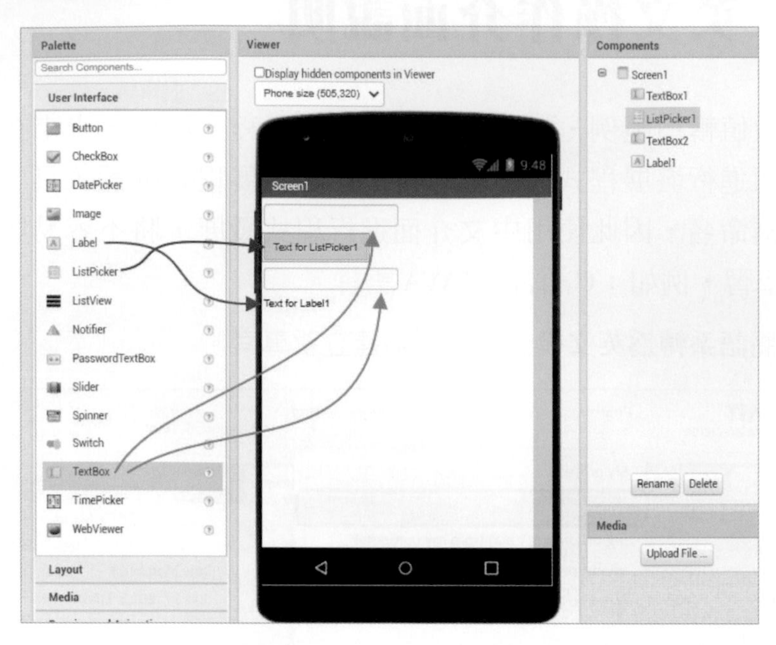

»Step3 切換至Blocks（程式設計），可以看到轉換程式所需要的各種方塊。

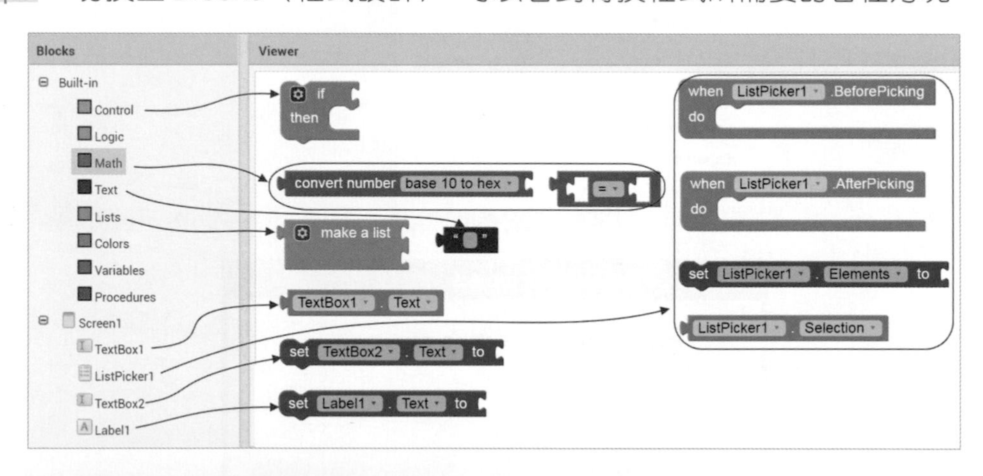


```
when ListPicker1 .BeforePicking
do  set ListPicker1 . Elements to  make a list  " 二進制 "
                                                " 十六進制 "

when ListPicker1 .AfterPicking
do  if    ListPicker1 . Selection  =  " 二進制 "
    then  set TextBox2 . Text to  convert number base 10 to binary  TextBox1 . Text
          set Label1 . Text to  " 二進制 "
    else  if    ListPicker1 . Selection  =  " 十六進制 "
          then  set TextBox2 . Text to  convert number base 10 to hex  TextBox1 . Text
                set Label1 . Text to  " 十六進制 "
```

自我評量

◈ 選擇題

(　) 1. 判斷（如果）超過三次選擇條件則可稱之為？ (A) 單判斷式 (B) 巢串判斷式 (C) 雙判斷式。

(　) 2. 「連線→模擬器」如果一直沒有出現操作畫面，則需至aiStarter 中選擇哪個功能鍵？ (A) Ctrl+A (B) Ctrl+B (C) Ctrl+C。

(　) 3. 目前人類最常用的進位制為 (A) 二進制 (B) 八進制 (C) 十進制。

(　) 4. 十進數62(10)，用二進位表示為 (A) 111101 (B) 111111 (C) 111110。

(　) 5. 選擇組件列表，點選列表顯示框，設定不同選擇文字，需使用哪種在文本模塊內？ (A) 創建列表模塊 (B) 追加列表項模塊 (C) 檢查列表項模塊。

(　) 6. 在創建列表模塊所建立「二進制」與「十六進制」等文字，點選其中項目的文字會傳送至哪個模塊存放？ (A) <(列表選擇框 1).選中項索引 (B) <(列表選擇框 1).選中項 > (C) <(列表選擇框 1).元素 >。

(　) 7. 在此章節TextBox1.Text 模塊物件只能輸入 (A) 數字 (B) 文字 (C) 字串，否則會引起程式執行異常狀況。

(　) 8. 二進制111010換成16進制是多少？ (A) 36 (B) 39 (C) 3A。

(　) 9. 列表選擇框是在組件面板的哪裡 (A) 使用者介面 (B) 介面配置 (C) 多媒體。

(　) 10. 二進制 11000 換成十進制是多少？ (A) 24 (B) 25 (C) 26。

(　) 11. 轉換數值不同的進制要選擇哪個方塊？ (A) 角度<—>弧度 弧度轉為角度 ▾ (B) 數字進位轉換 10進位轉16進位 ▾ (C) 正切 (tan) ▾。

(　) 12. 哪個功能可以節省選擇模塊的方法，加速程式編成？ (A) 複製程式方塊 (B) 新增註解 (C) 摺疊程式方塊。

◈ 實作題

1. 程式增加 ListPicker選單，具有10進制轉換8進制的功能選項。
2. 利用巢串判斷式修改BMI程式，能判別BMI指數是屬於哪種體重等級，而不是只有顯示正常與超重等兩項功能。

NOTE

連加程式（程式語言）-迴圈

本章學習重點

- 區域變數與觀念
- 認識迴圈（Loop）
- 方塊程式與C程式對照

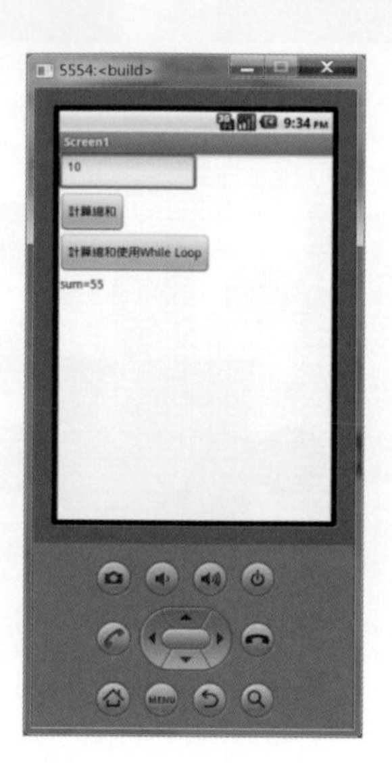

4-1 連加程式從 1 加到 100

何謂迴圈

迴圈在程式語言中，是屬於控制流程。迴圈在元件方塊中只有一個，但在方塊內要思考成迴圈會依照它設定的次數來連續執行，放在迴圈內的方塊也會跟著一起執行相同次數。在日常生活中，有許多事都具有重複性工作，例如：一分鐘60 秒、一小時60 分鐘、一天24 小時等週期事情上；在數學處理方面，班上成績的平均計算以及數字的進制轉換，都需要透過迴圈方法進行處理。如果不使用迴圈處理，會變成一件非常繁雜的工作。

本章節藉由累加程式，以流程控制的For 迴圈方塊與while 迴圈方塊進行程式設計，並與C程式碼進行對照。想當一個優秀的程式設計師，除了累積基本程式概念之外，對於各種知識也需要廣泛地吸收學習，以提升自我的技術能力保持觀念的領先。例如，利用迴圈進行1 加到100 的數字累加的概念，撰寫程式碼是最好的嗎？在數學處理方面，這個問題是可以使用梯型公式求得此答案[(1+100)*100/2=5050]。想要成爲具有卓越處理程式能力的程式設計師，就必須經常對程式碼進行閱讀、練習與實驗，累積足夠的數學與邏輯知識才能達成。

$$sum = 1 + 2 + \cdots + 50 + 51 + \cdots + 99 + 100 = (1+100) \times \frac{100}{2}$$

4-2 程式架構

使用For loop執行流程圖與使用While loop執行流程圖

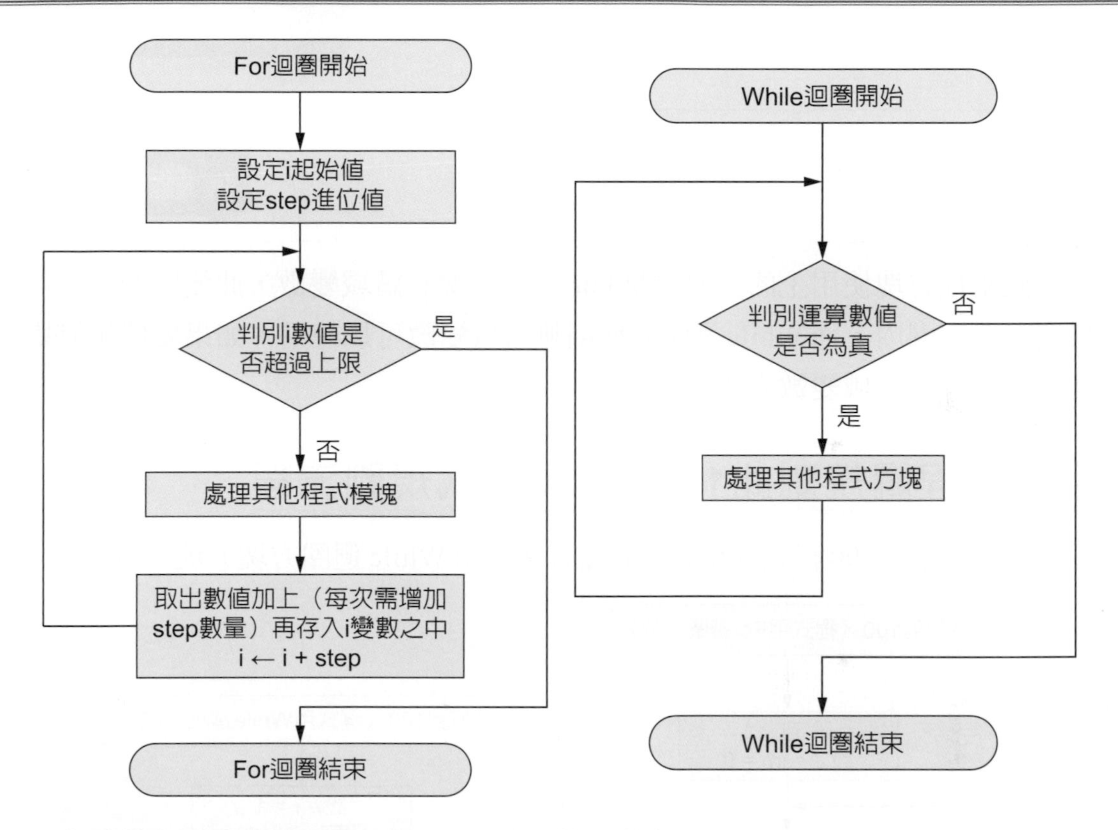

上述控制流程圖對應 App Inventor 2 的元件如下：

使用For loop 方塊與While loop 方塊

➡ 中文方塊名稱

方塊（內件方塊）	方塊名稱	方塊圖示
控制	對於任意（變數）執行	對每個 變數名 範圍從 1 到 5 每次增加 1 執行
控制	當滿足條件執行	當 滿足條件 執行

➡ 英文方塊名稱

Block（Built-in）	Block name	Block puzzle
Control	For each(number) from	for each number from 1 to 5 by 1 do
Control	while test do	while test do

此兩種方塊使用上的差異點是For 迴圈方塊有區域變數，此變數的使用範圍限定在此迴圈內，而While迴圈方塊則無區域變數可以使用，如果要使用變數，則必須透過全區域變數方式宣告。

利用流程圖規劃此1加到100程式規劃流程

實現1加至100程式（用For 迴圈方塊與用While迴圈方塊）流程圖。

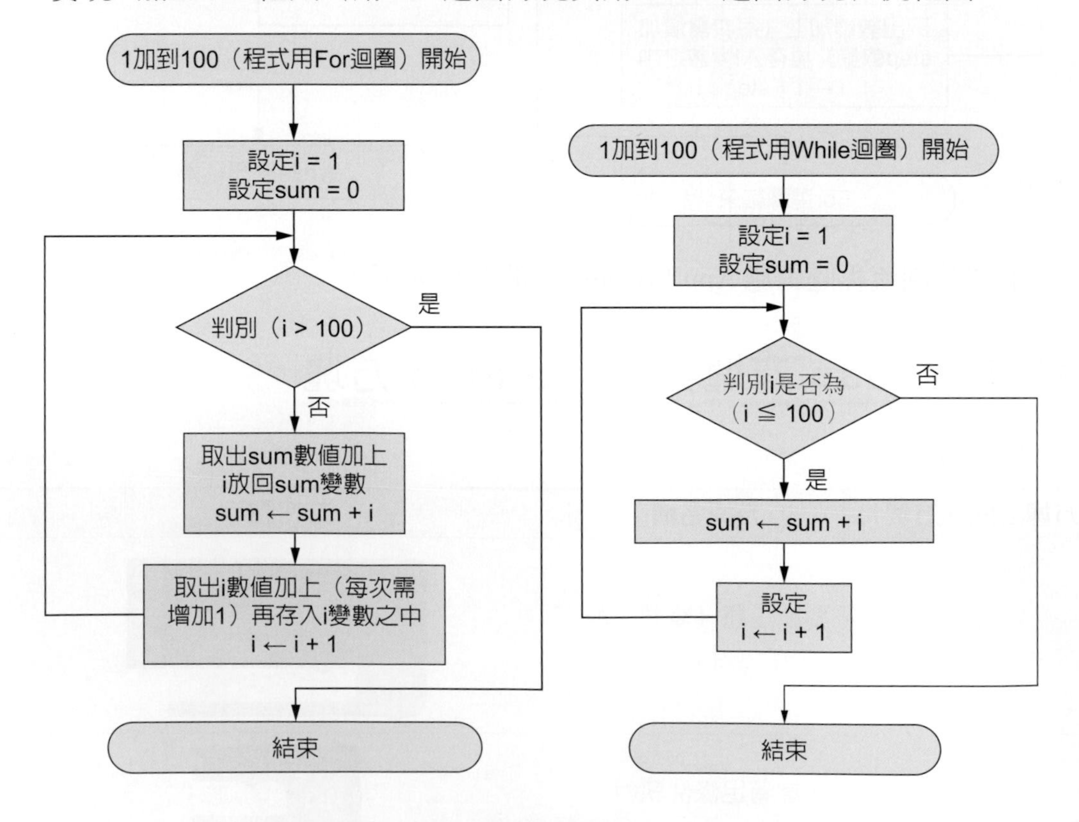

4-3 程式設計所需元件

Palette / Class （元件面板 / 類別）	Object （元件清單物件）	Properties Text 屬性文字
User Interface / Button （使用者介面 / 按鈕）	Button1 （按鈕1）	計算總和
User Interface / Label （使用者介面 / 標籤）	Label1 （標籤1）	sum=
User Interface / TextBox （使用者介面 / 文字輸入盒）	TextBox1 （文字輸入盒1）	空白

此章節程式邏輯設計（Blocks）內所需的基本方塊（Built-in）與Screen1內的對應方塊圖。

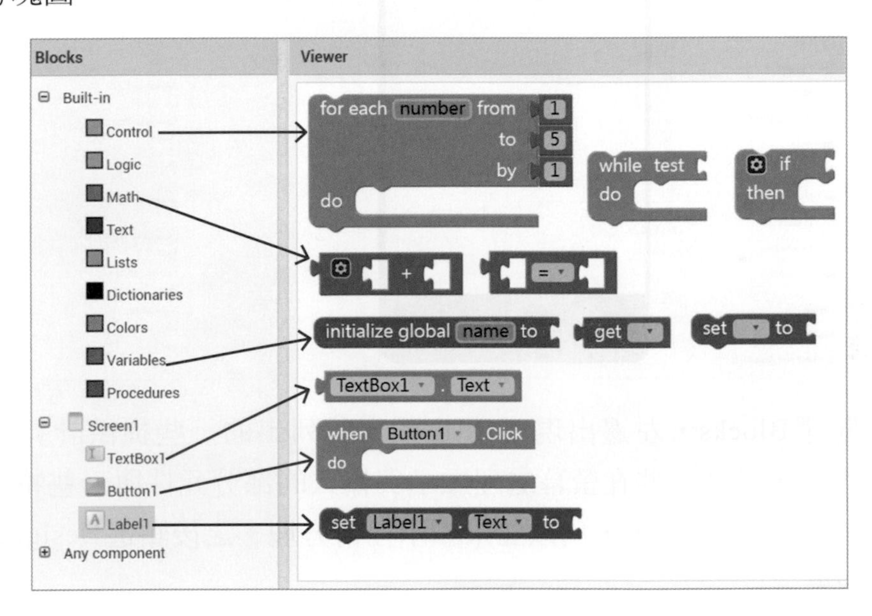

4-4 操作流程

使用For Loop範例

建立專案過程，如果對建立過程不熟悉，請參閱第二章或是第三章專案檔案的建立。此專案檔案建立名稱，請輸入**SUM**名稱後進入**Designer**工作區內。

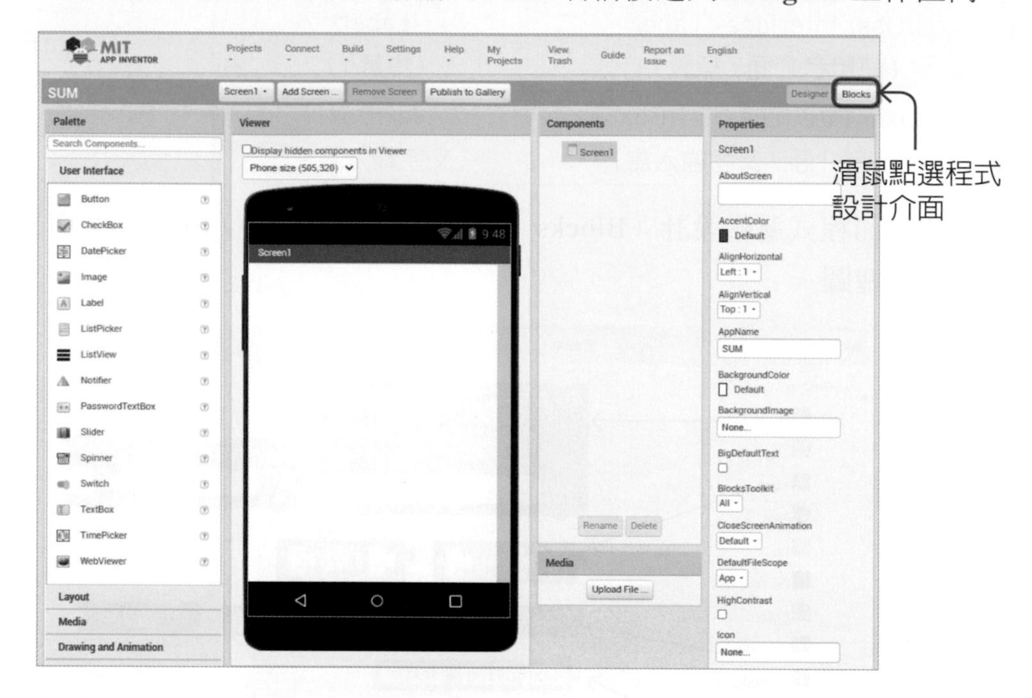

直接點選Blocks，左邊出現Built-in下方所列出的一些提供計算與邏輯運算功能的方塊，當然一些在螢幕處理顯示與輸入的部分元件與一些特殊功能元件，因未拖曳至Screen1上，所以並未顯示任何方塊。之後點選Designer按鈕切回工作面板區。

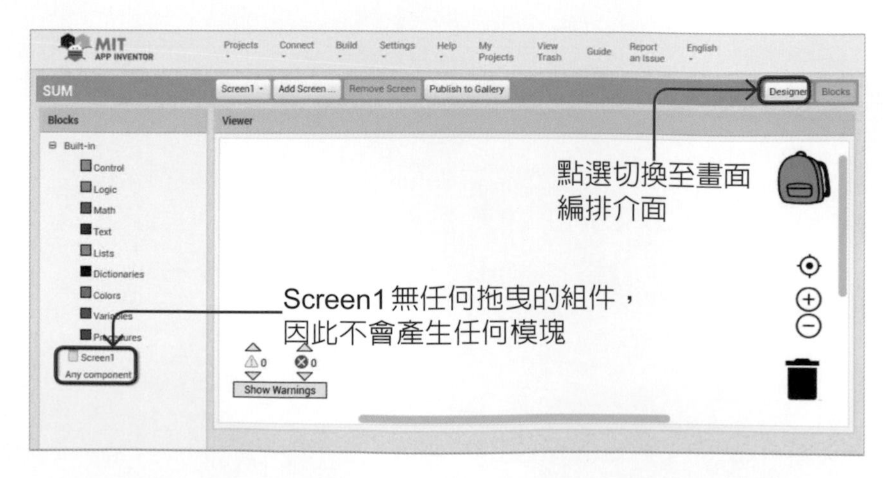

請拖曳元件**Button（按鈕）**、**Lable（標籤）**、**TextBox（文字輸入盒）**等元件，請依照下圖拖曳至工作面板的Screen1區域內。

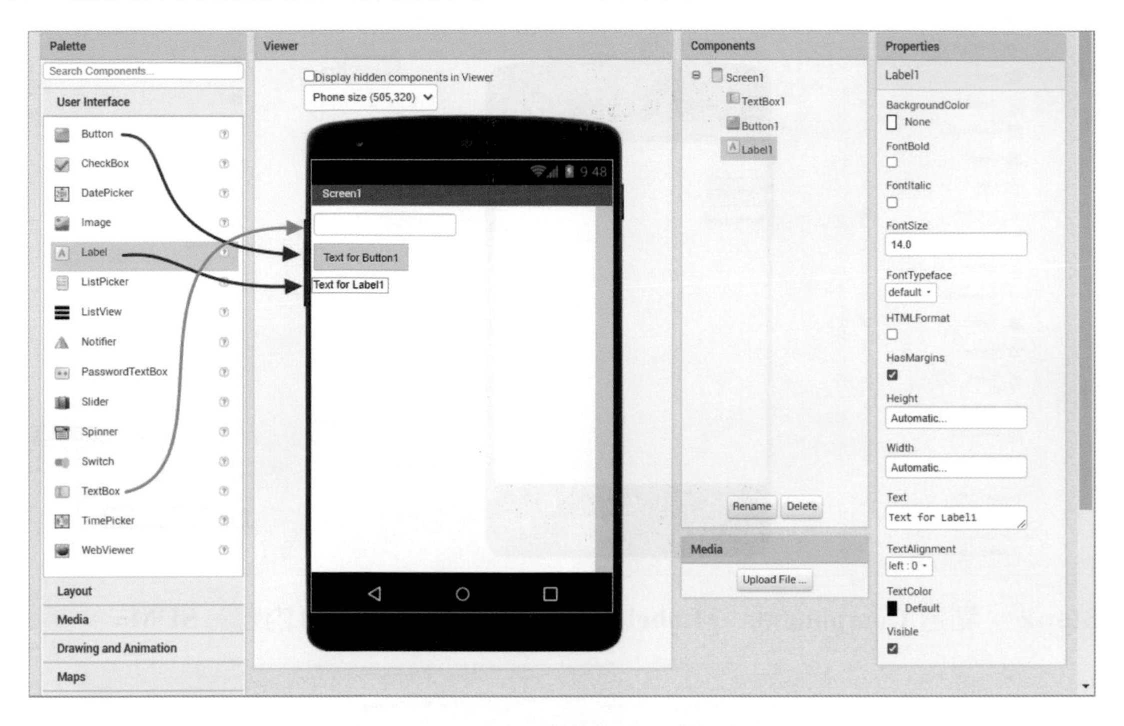

元件屬性設定請參考下頁圖示進行設定。

»Step1　點選 **Components**→**Button1** 設定 **Properties**→**Text** 內容為**計算總和**。

»Step2　點選 **Components**→**Label1** 設定 **Properties**→**Text** 內容為 **SUM=**。

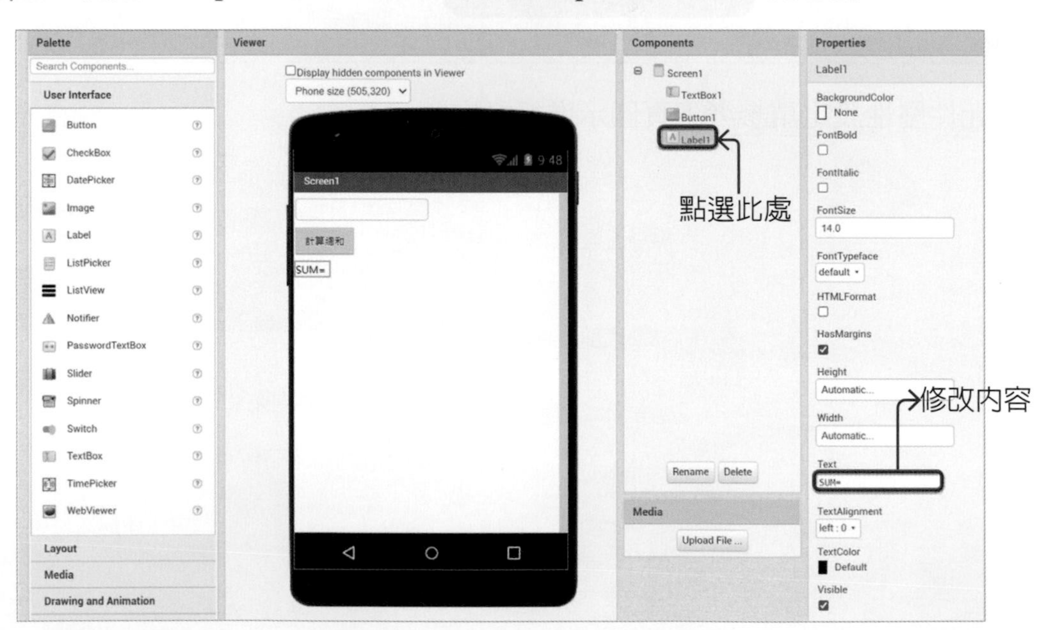

程式方塊功能連結設定

依前小節所述各項元件選取後，請點選「Blocks」按鈕切換至程式設計工作畫面。依下圖選擇（Built-in）方塊內各項方塊，以及Screen1內的元件方塊拖曳至工作面板。

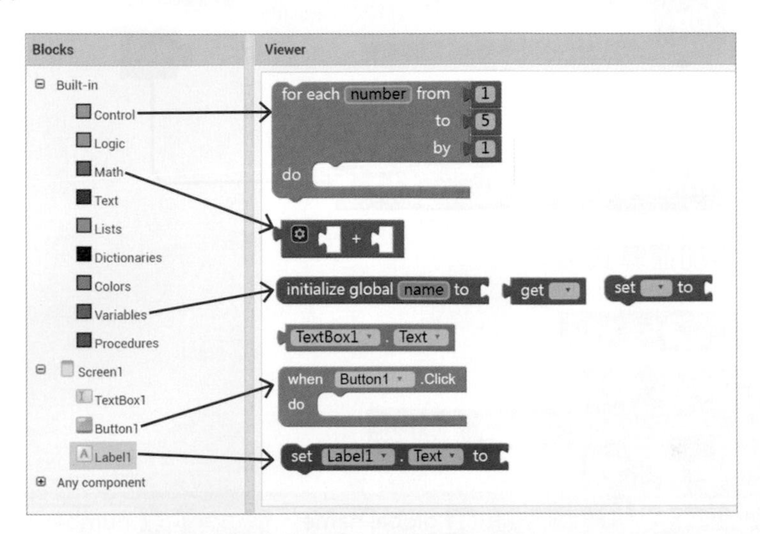

請根據下圖依序連接各方塊。

»Step1　連接for迴圈上限設置。

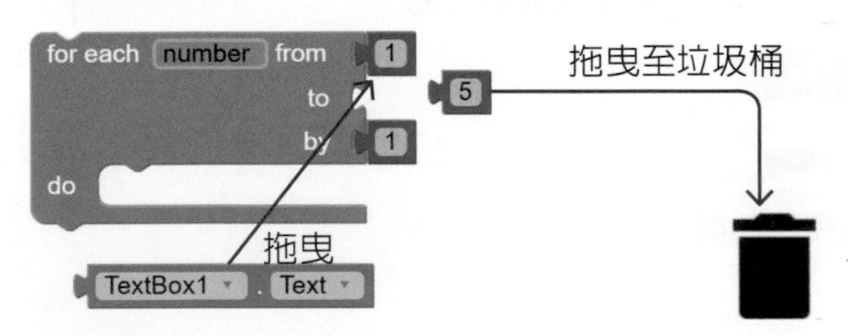

»Step2　複製數字物件。

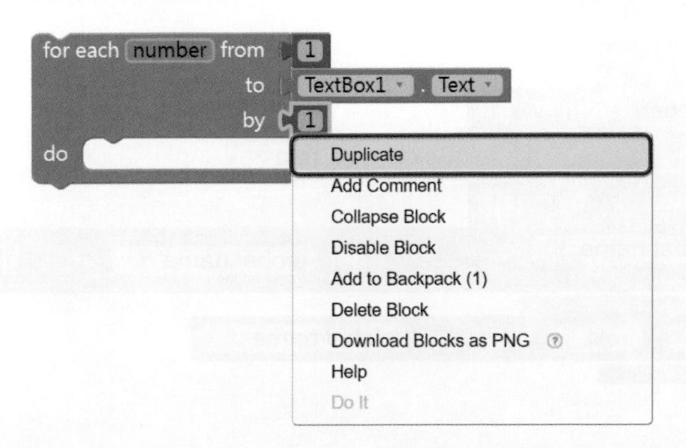

»Step3　修改物件數值為0。

for each number from 1
to TextBox1 . Text
by 1
do

數值改為 0

0

initialize global name to

»Step4　設定累加運算式。

»Step5　完成整體1加100程式方塊。

initialize global name to 0

when Button1 .Click
do for each number from 1
to TextBox1 . Text
by 1
do set global name to get global name + get number
set Label1 . Text to get global name

新加入按鈕，使用 While loop 進行 1 加到 100 範例。

根據4-3節Built-in 所列出的表單方塊中，選出控制的< while test >方塊、< if then >方塊與數學的判斷眞假方塊，最後切回Designer，增加按鈕2元件於Screen1。

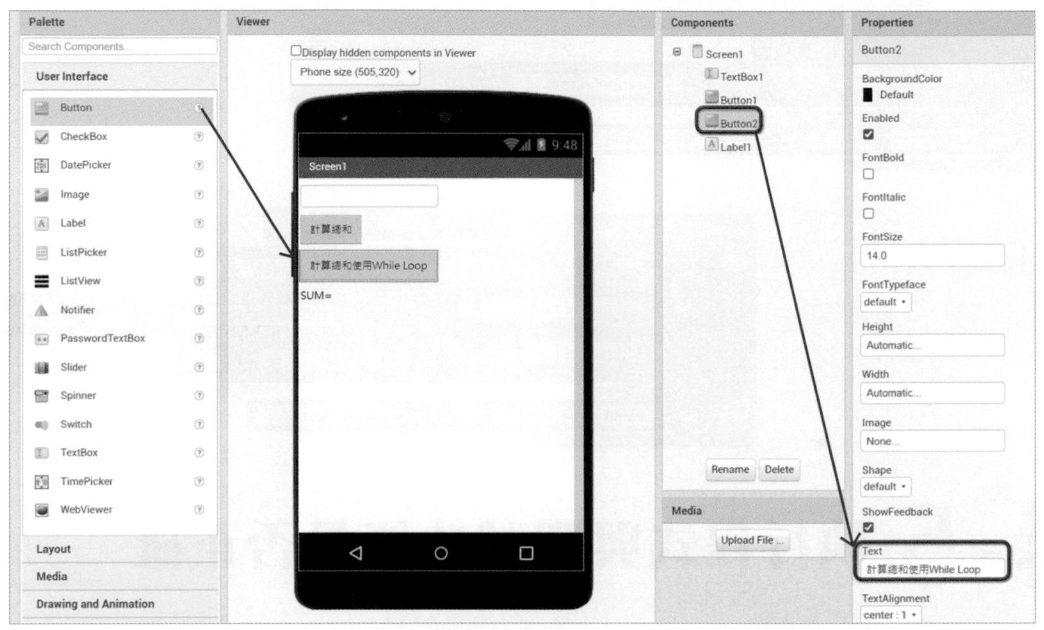

修改 Button2 的 Text 屬性為「計算總和使用 While Loop」

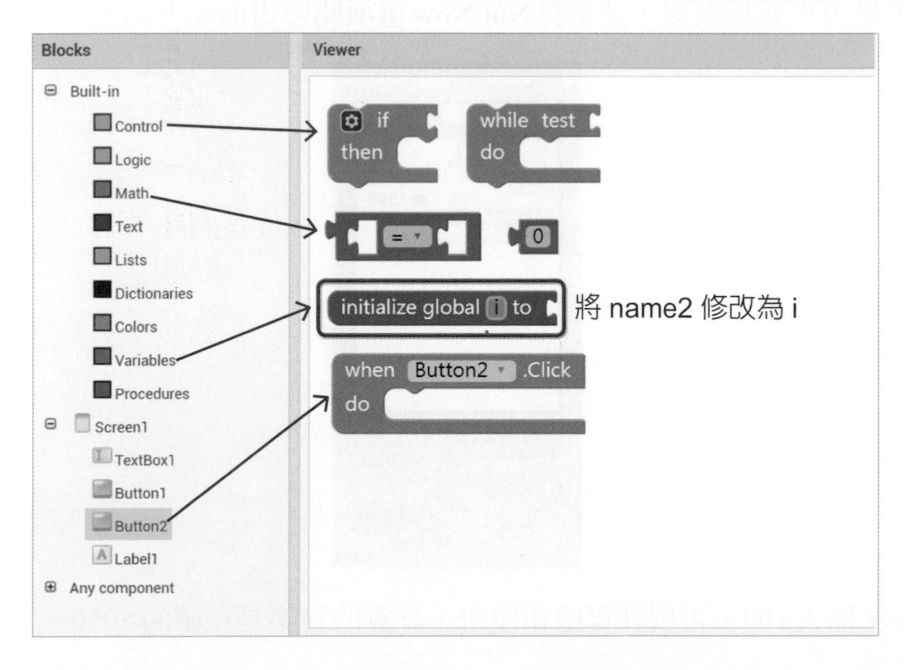

利用while test元件完成此程式碼，需要增加變數方塊，與數學的判斷眞假等兩個方塊，整個程式方塊邏輯連結如下：

```
initialize global name to 0
when Button1 .Click
do  for each number from 1
                    to  TextBox1 . Text
                    by  1
    do  set global name to  get global name + get number
    set Label1 . Text to  get global name
```

```
when Button2 .Click                  initialize global i to 0
do  while test  get global i ≤ TextBox1 . Text
    do  set global name to  get global name + get global i
        set global i to  get global i + 1
    set Label1 . Text to  get global name
```

4-5 執行程式與測試功能是否正確

請先確認是否已啓動模擬器（**aiStarter**），再選用**連線→模擬器**。執行過程中會出現是否更新模擬器，請選擇Not Now選項開啓畫面如下圖所示：

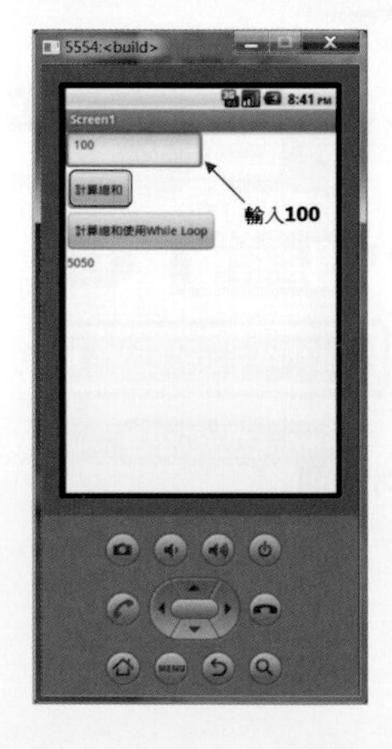

第1次輸入100，再按計算總和按鈕，計算的答案是正確的5050。

但是再次輸入10及按計算總和按鈕，其答案數據是5050+55=5105，會累加造成答案錯誤。

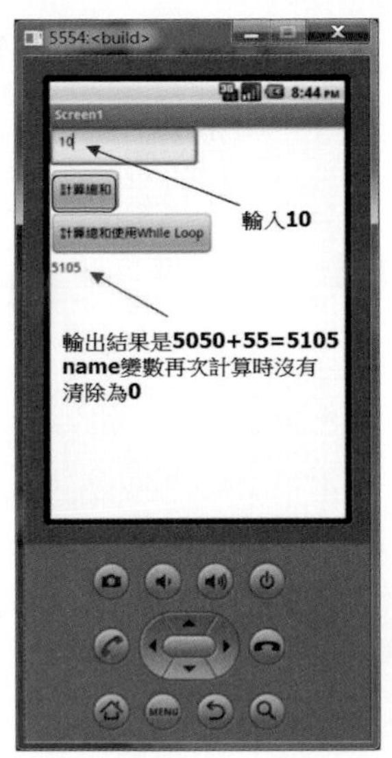

因此，在每次觸發計算總和按鈕前，要先清除變數global name=0，才不會累加上次觸發所輸入數值的**計算總和**。使用while迴圈時也有這樣的問題，在每次觸發**計算總和使用While Loop**按鈕前，要先清除變數global name=0，才不會累加上次觸發所輸入數值的計算總和，使用的全域變數 i 需設定爲0。整個加總程式設計需調整如下：

```
Blocks                      Viewer
Built-in                    initialize global name to 0
  Control                   when Button1 .Click
  Logic                     do  set global name to 0        ←設定 global name 變數為 0
  Math                          for each number from 1
  Text                                  to TextBox1 . Text
  Lists                                 by 1
  Dictionaries                  do  set global name to  get global name + get number
  Colors                    set Label1 . Text to  join  " sum= "
  Variables                                             get global name   字串與數字串接
  Procedures                initialize global i to 0
Screen1                     when Button2 .Click
  TextBox1                  do  set global name to 0
  Button1                       while test  get global i ≤ TextBox1 . Text
  Button2                       do  set global name to  get global name + get global i
  Label1                            set global i to  get global i + 1
Any component                   set Label1 . Text to  join  " sum= "
                                                            get global name
```

```
initialize global i to 0

when Button2 .Click
do  set global name to 0
    set global i to 0          ←設定 i 變數為 0
    while test  get global i ≤ TextBox1 . Text
    do  set global name to  get global name + get global i
        set global i to  get global i + 1
    set Label1 . Text to  join  " sum= "
                                get global name
```

在螢幕點選白色區塊輸入100後，按**計算總和**按鈕，最後執行畫面顯示如下：

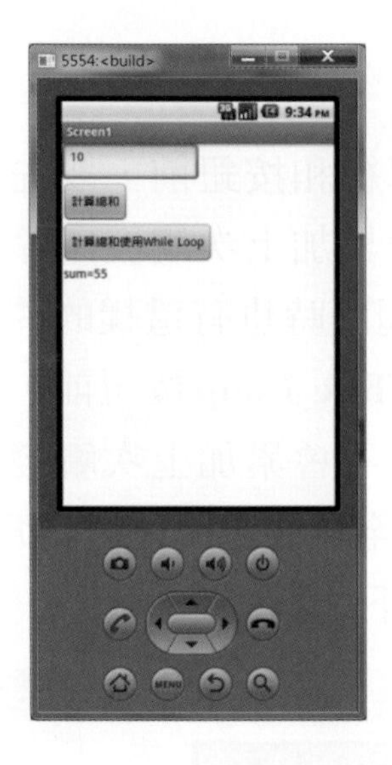

連加程式使用C 語言（For Loop 與 While do）範例

可至Google搜尋網站輸入關鍵字「下載Dev C++」，會發現有許多網站可以下載此發展工具，安裝後再開啓新專案畫面準備設計程式：

»Step1　創建專案。

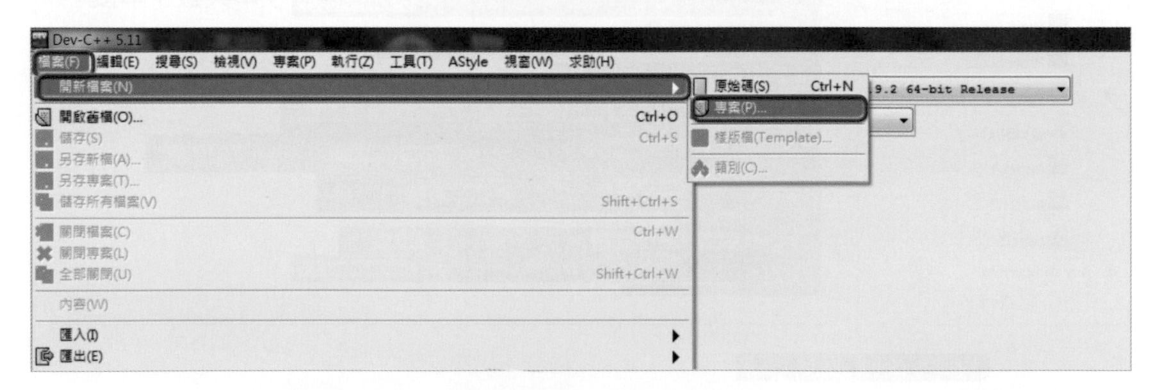

»Step2 點選終端模式。

»Step3 輸入檔名。

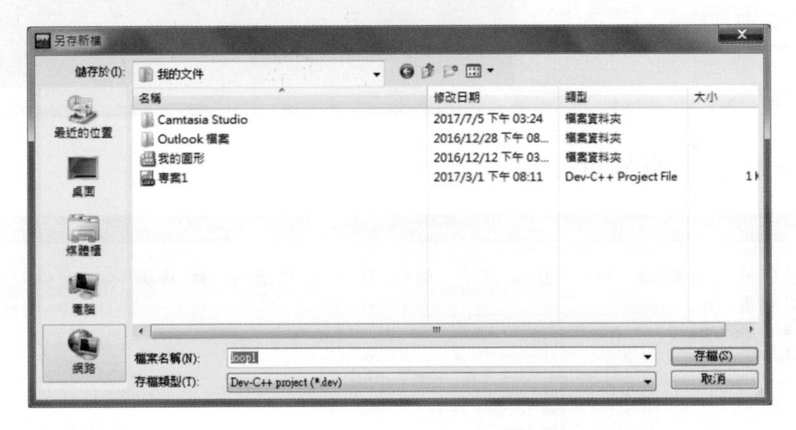

»Step4 主程式開始。

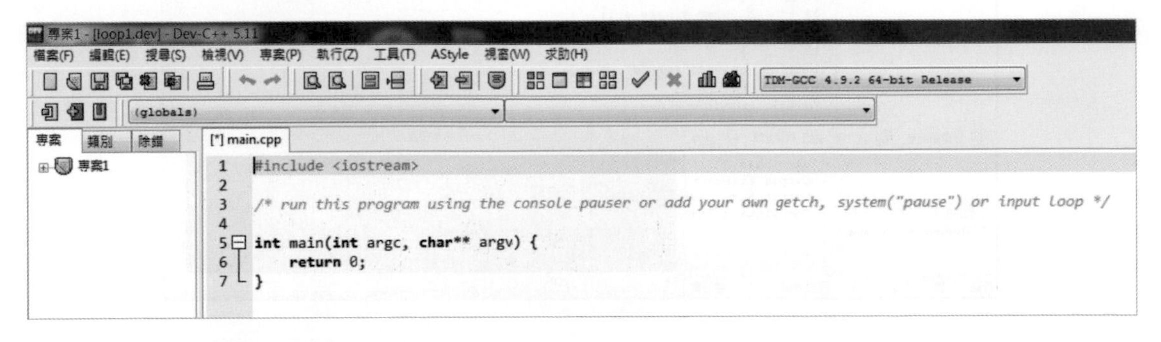

For loop 程式碼與執行結果：

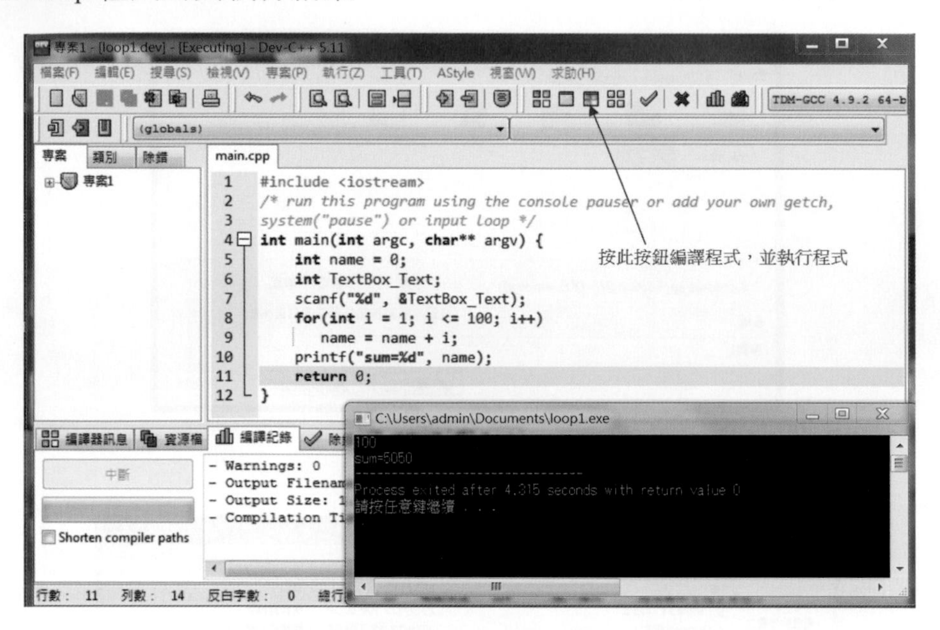

while do 程式碼與執行結果：

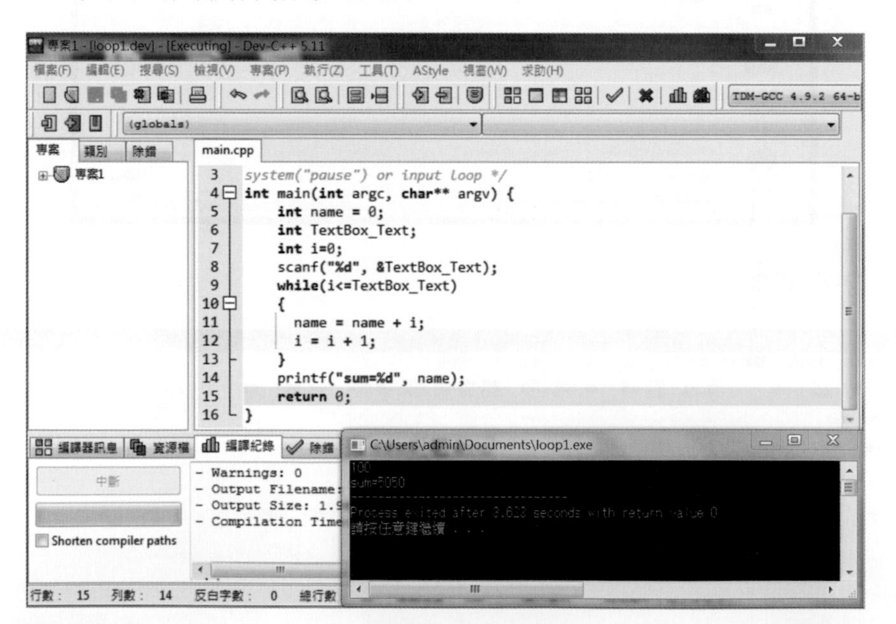

◈ 選擇題

( ) 1. 變數可分成哪幾類？ (A) 只有區域變數 (B) 只有全區域變數 (C) 有區域與全區域變數。

( ) 2. Loop 迴圈具有何種判斷式當條件成立時才會執行？ (A)For Loop (B) While Loop (C) Until Loop。

( ) 3. 迴圈是於分類在哪裡模塊？ (A) Control 控制 (B) Math 數學 (C) Logic 邏輯。

( ) 4. 計算後數值可以顯示在哪個組塊比較恰當？ (A) Button 按鈕 (B) Image 圖像 (C) Label 標籤。

( ) 5. 使用 Dev C++ 與 App Inventor 2 撰寫 1 加 100 程式碼最大差別是？ (A) 輸出輸入資料方式 (B) 撰寫邏輯方法 (C) 撰寫程式碼方式。

( ) 6. 在 C 程式撰寫 i = i + 1，則在 App Inventor 2 模塊如何表示？

(A) 設置 global i 為 取 global i + 0

(B) 設置 global i 為 取 global i + 1

(C) 設置 global i 為 取 global i + 2 。

( ) 7. For 迴圈模塊與 While 迴圈模塊在變數使用最大之差異點在於 (A) 字串 (B) 區域變數 (C) 全區域變數 的使用。

( ) 8. 迴圈分類在哪個模塊？ (A) loop and while (B) for and when (C) for and while

( ) 9. For 迴圈模塊有幾個參數 (A) 3 (B) 2 (C) 1。

( ) 10. While 迴圈有幾個參數 (A) 3 (B) 2 (C) 1。

( ) 11. 如要改變每次要增加的數目，要在 for 模組的哪個部分設定？ (A) 範圍 (B) 每次增加 (C) 執行。

( ) 12. While 迴圈控制是否執行是在哪個參數設定？ (A) test (B) to (C) by。

◈ 實作題

1. 程式加入 TextSpeech 說出已加數字。
2. 利用 For 迴圈設計輸入學生分數加總，並計算出學生平均成績。
3. 前章節所提到數值轉換直接呼叫數學方塊（convert number）範例，可以改寫利用呼叫副程式與使用迴圈（Loop）方法達成此數值轉換功能。

NOTE

翻牌遊戲（程式語言）-副程序呼叫與亂數產生

本章學習重點

- 圖片處理
- 副程序方塊使用
- 亂數方塊使用

5-1 翻牌遊戲

手機螢幕發出三張牌，其中有張牌是鬼牌，由使用者猜測哪張牌是鬼牌，點選三張牌的其中一張之後，顯示點選處是否爲鬼牌。這個遊戲設計，在每次猜測的過程中具有重複性，是解說副程序的最佳範例。副程序亦可稱作子程式，英文名稱有Subroutine、procedure、function、routine、method、subprogram、callable unit 等，其程式碼具有獨立性，可被主程式中呼叫以完成某項特定工作。遊戲每次產生鬼牌的位置是透過數學亂數方塊產生，章節中也會說明產生的亂數方塊如何使用。當連結越多的程式方塊，就會發現有些方塊組合可被重複使用，本章只是單純呼叫副程序的方式。另外，副程序的組合塊狀況可被重複，但需要修改變數數值不同的問題，所以就需要利用變數傳遞方式維護。下一章會詳細說明傳遞變數的方式，以節省程式設計的力氣。

5-2 程式架構

猜牌程式的設計流程圖

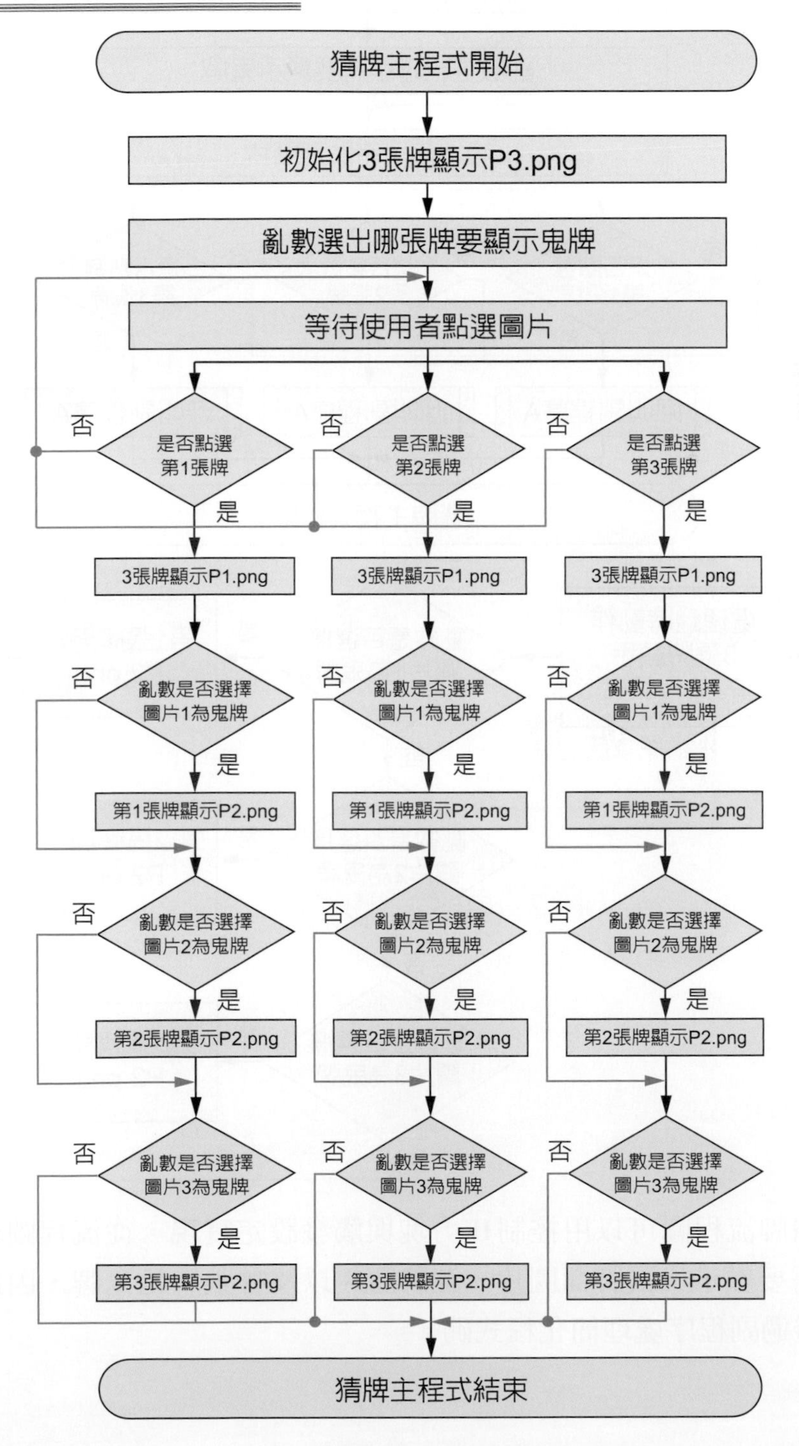

猜牌程式利用副程式的設計流程圖

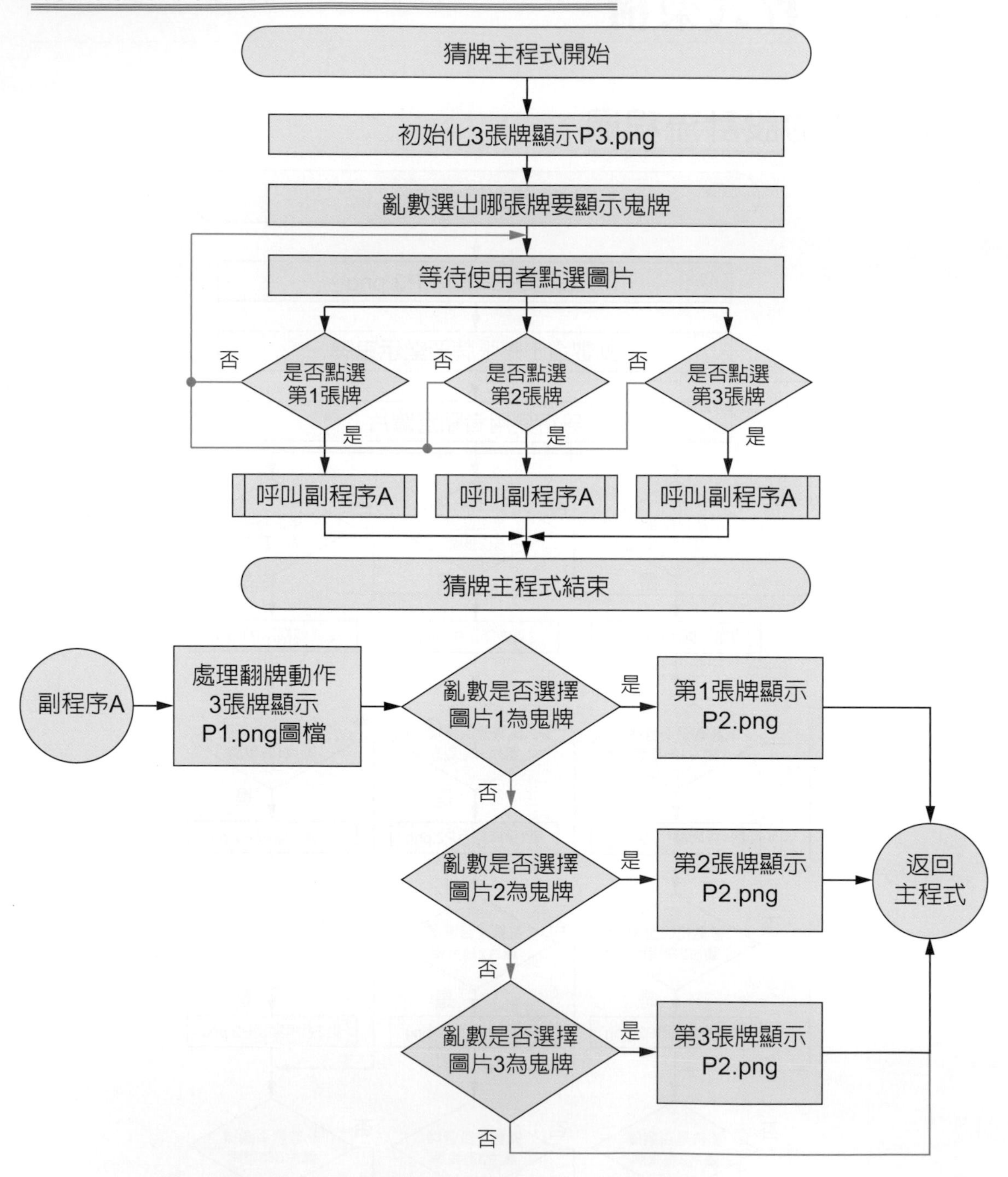

上述猜牌流程圖可以用控制IF方塊與觸發設定實現，從流程圖得知每次選牌過程都需要顯示三張牌面圖片、翻牌圖片以及哪張牌是鬼牌，因此這些處理程序可以透過副程序處理簡化程式碼。

5-3 程式設計所需圖片與元件

圖片具有透明（transparent）的處理方法

建立猜牌程式需要三張圖片，可以透過小畫家進行圖片的繪製：

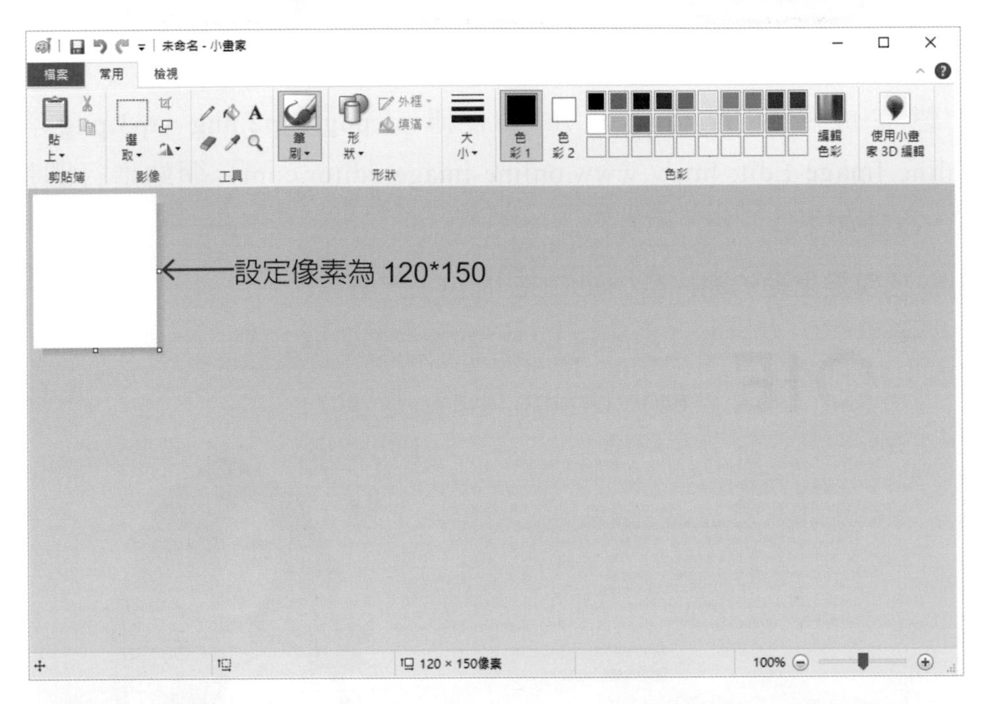

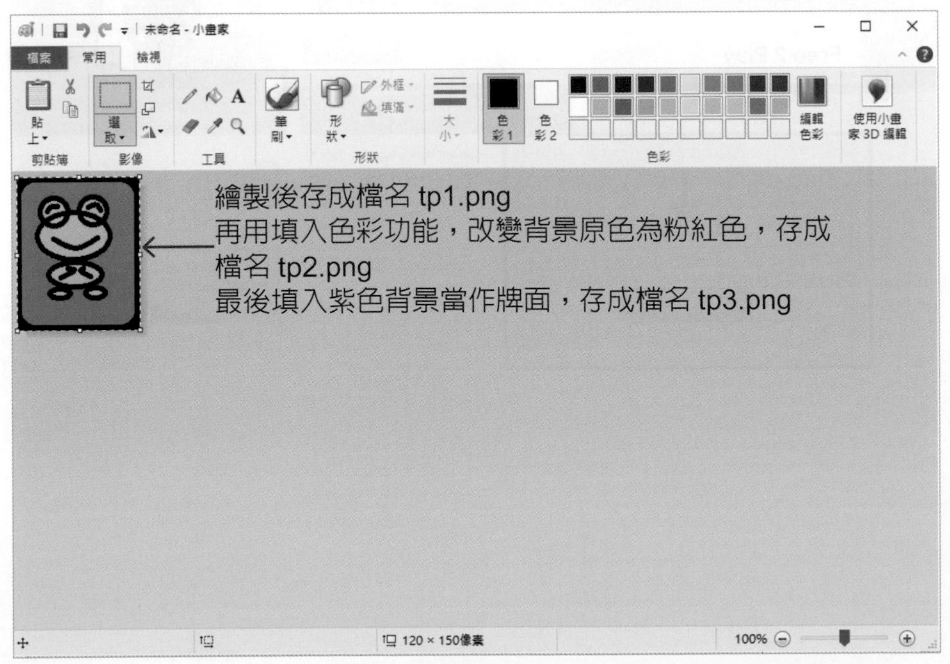

小畫家繪製完成的三張牌圖片，分別存成下列檔案名稱：

繪製完成的圖片檔案，分別上傳tp1.png、tp2.png、tp3.png等圖片至（Online Image Edit: http://www.online-image-editor.com）網站進行圖片透明化處理，程序如下：

»Step1　拖曳要處理的圖片至CHOOSE IMAGE方框內。

»Step2　選擇Advanced選項，再用滑鼠選擇Trans-parency。

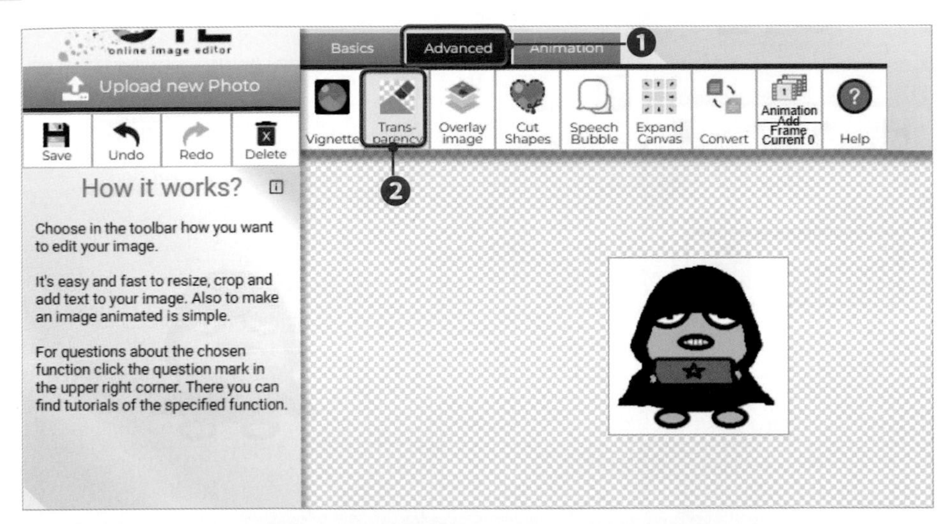

»Step3　透明化處理，用滑鼠點選圖片白色處。

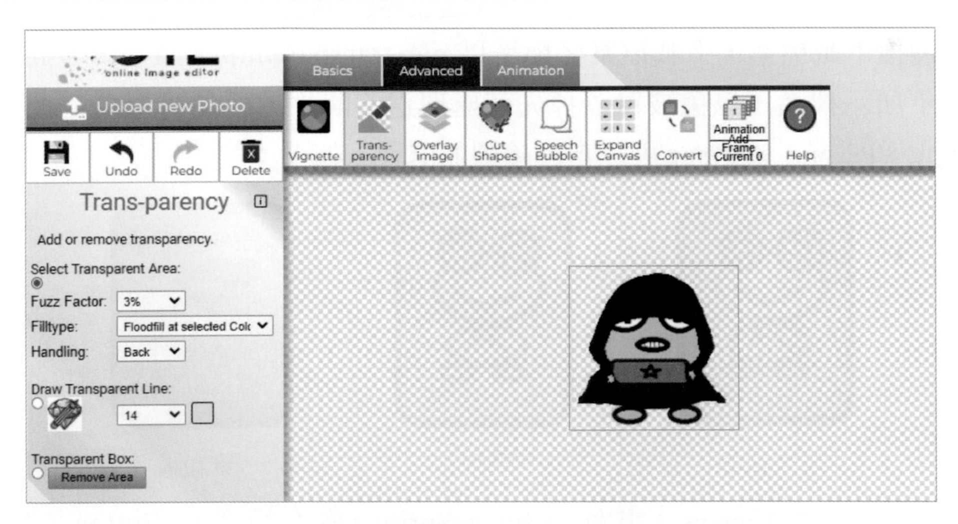

»Step4　儲存檔案。

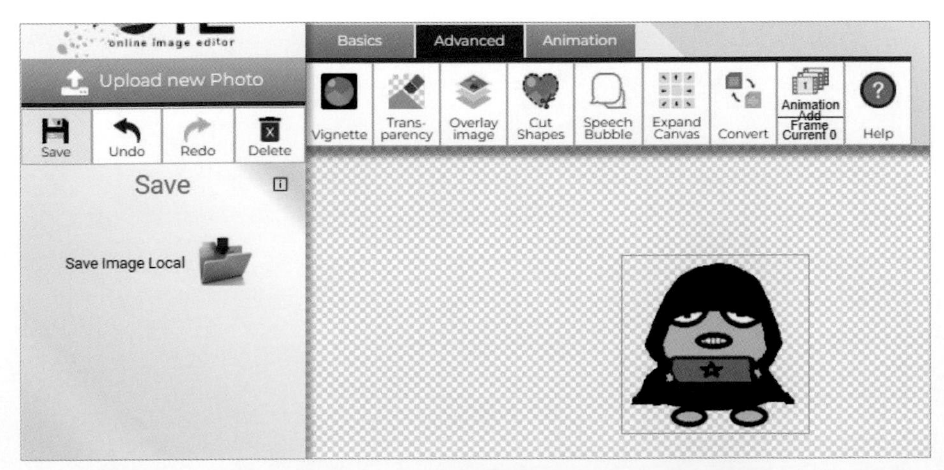

»Step5　用滑鼠點選Save image local 圖片處。

處理後下載檔案，下載檔案名稱是以 oie_transparent.png 命名，因此需改換檔名如下所示檔名，以免被覆蓋掉先前處理過的圖片，因此可以透過此方式，對P1.png、P2.png、P3.png可以自行繪製並處理。如下：

介面使用方塊Canvas（畫布）、ImageSprite（圖像精靈）、Button（按鈕）、HorizontalArrangement（水平配置）。

螢幕元件設定

Palette / object 元件面板 / 類別	Object 方塊物件	Properties 元件屬性	Contain 屬性內容
Drawing and Animation / Canvas	Canvas1	BackgroundCcolor	Green
Drawing and Animation / ImageSprite	ImageSprite1 ImageSprite2 ImageSprite3	Height Width	100 pixels 80 pixels
User Interface / Button	Button1	Text	GO
Layout / HorizontalArrangement	HorizontalArrangement1	AlignHorizontal Height Width	Center:3 40 pixels Full parent

Blocks 内的 Built-in模塊

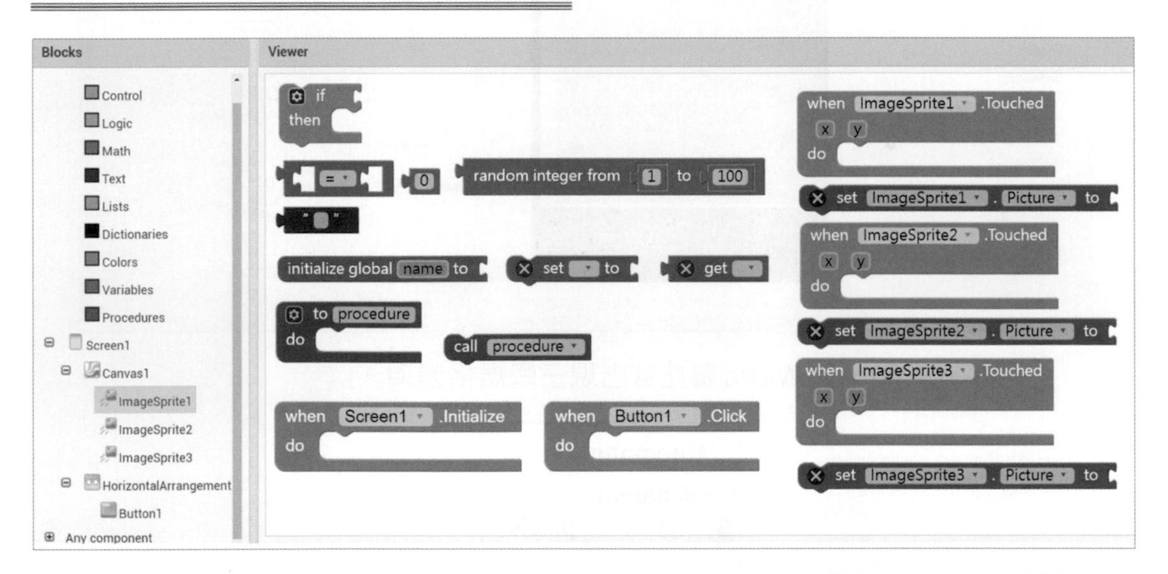

5-4 操作流程

使用元件的版面配置

建立此專案檔案建立名稱請輸入**GuessCard**名稱後進入**Designer**工作區內，根據下圖進行元件配置與屬性設定。

»Step1　拖曳Canvas物件。

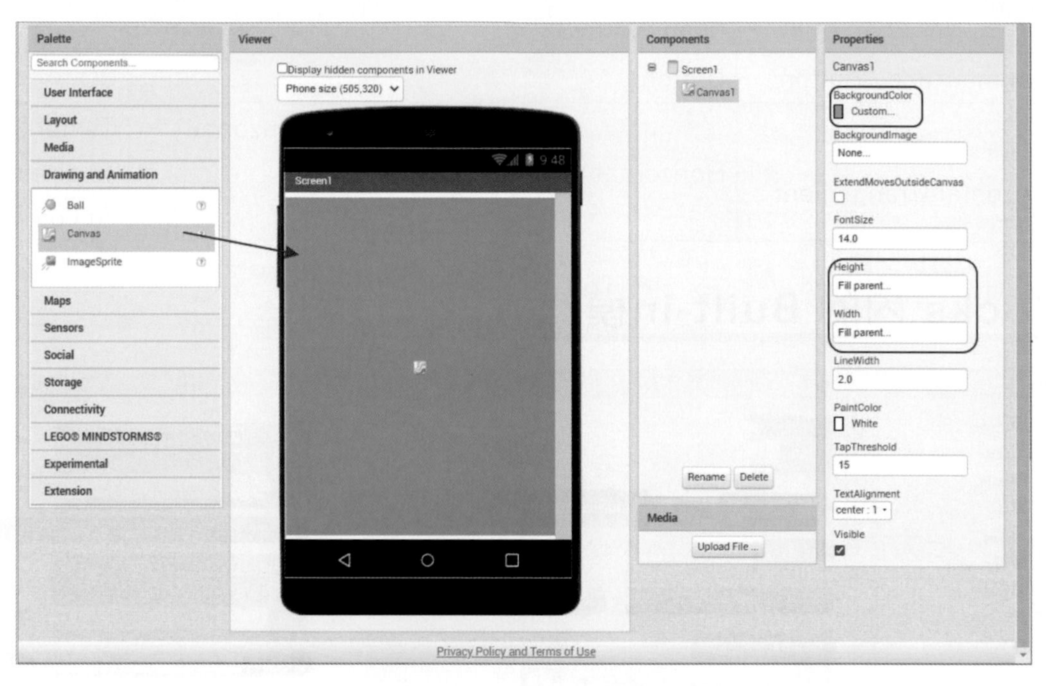

點選 Height與Width屬性會出現三個規格選項。

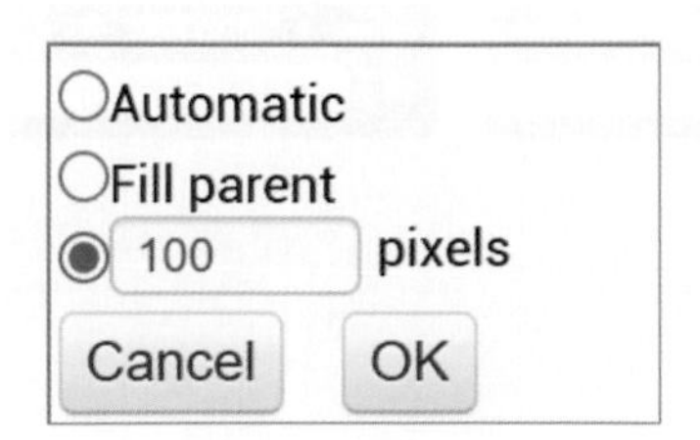

» Step2　連續拖曳三個 ImageSprite 物件。

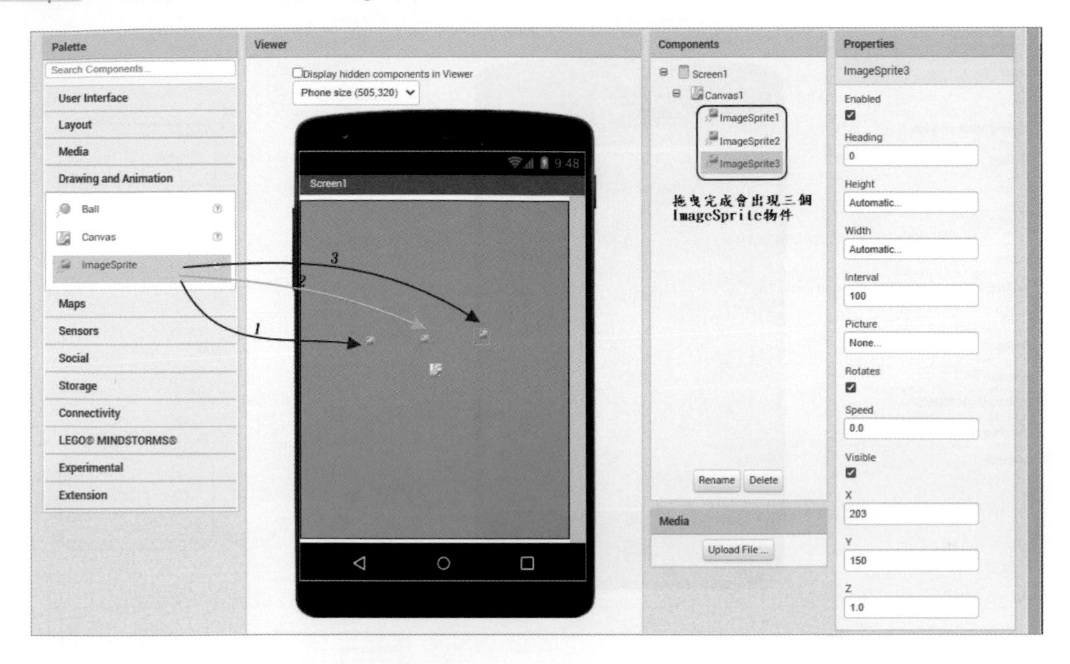

» Step3　設定 ImageSprite 物件大小。

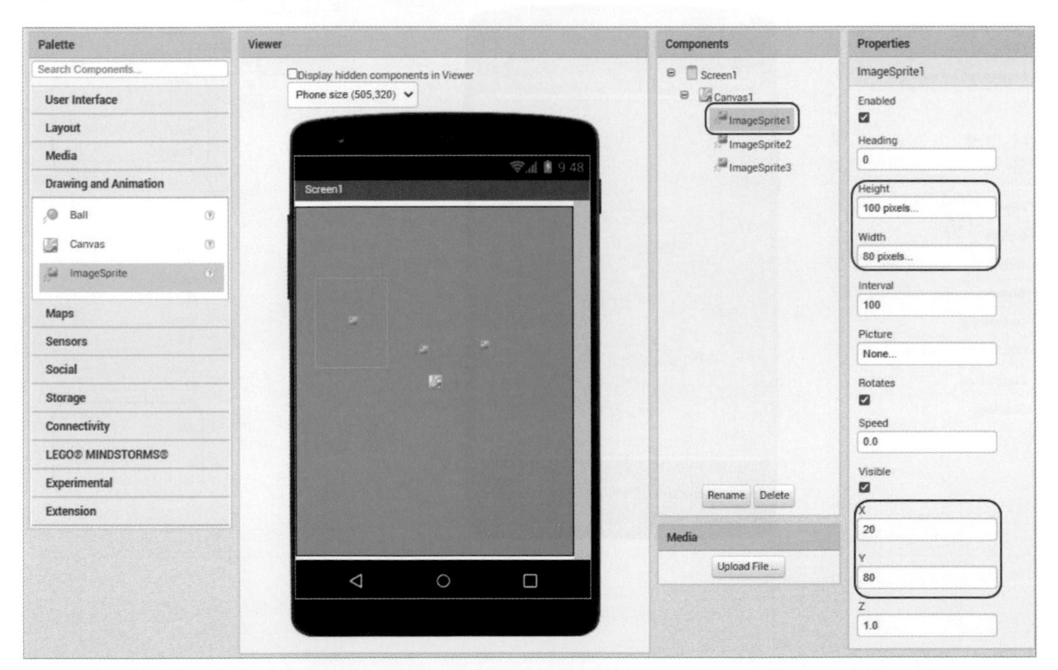

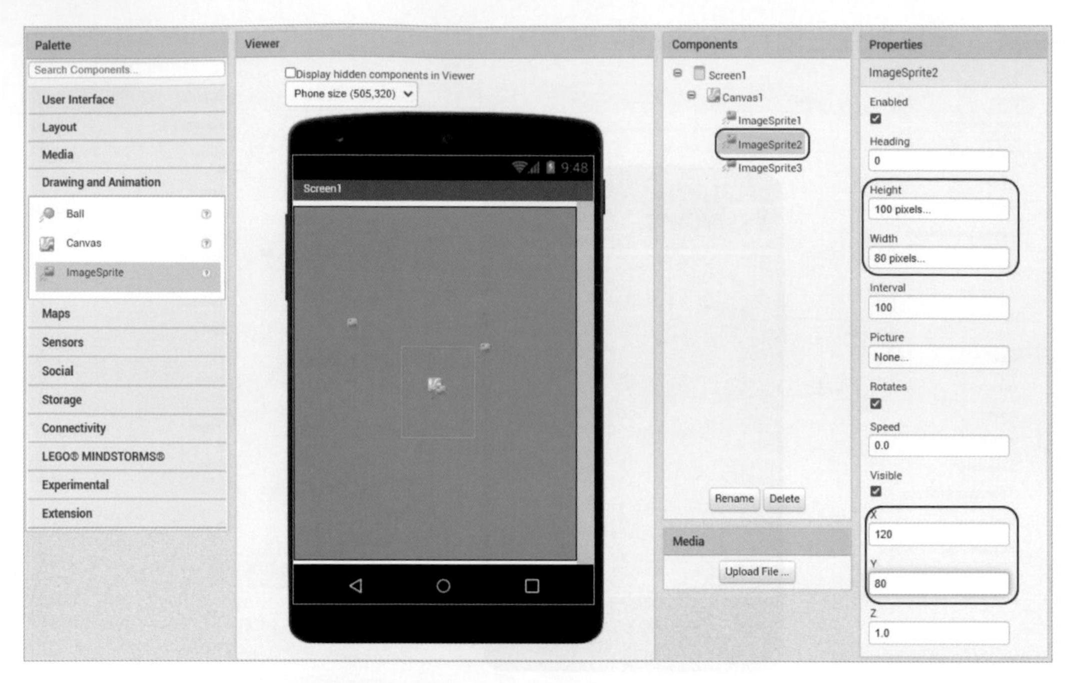
Palette
Search Components...
User Interface
Layout
Media
Drawing and Animation
Ball
Canvas
ImageSprite
Maps
Sensors
Social
Storage
Connectivity
LEGO® MINDSTORMS®
Experimental
Extension
Viewer
Display hidden components in Viewer
Phone size (505,320)
Screen1
Components
Screen1
Canvas1
ImageSprite1
ImageSprite2
ImageSprite3
Rename
Delete
Media
Upload File ...
Properties
ImageSprite2
Enabled
Heading
0
Height
100 pixels...
Width
80 pixels...
Interval
100
Picture
None...
Rotates
Speed
0.0
Visible
X
120
Y
80
Z
1.0

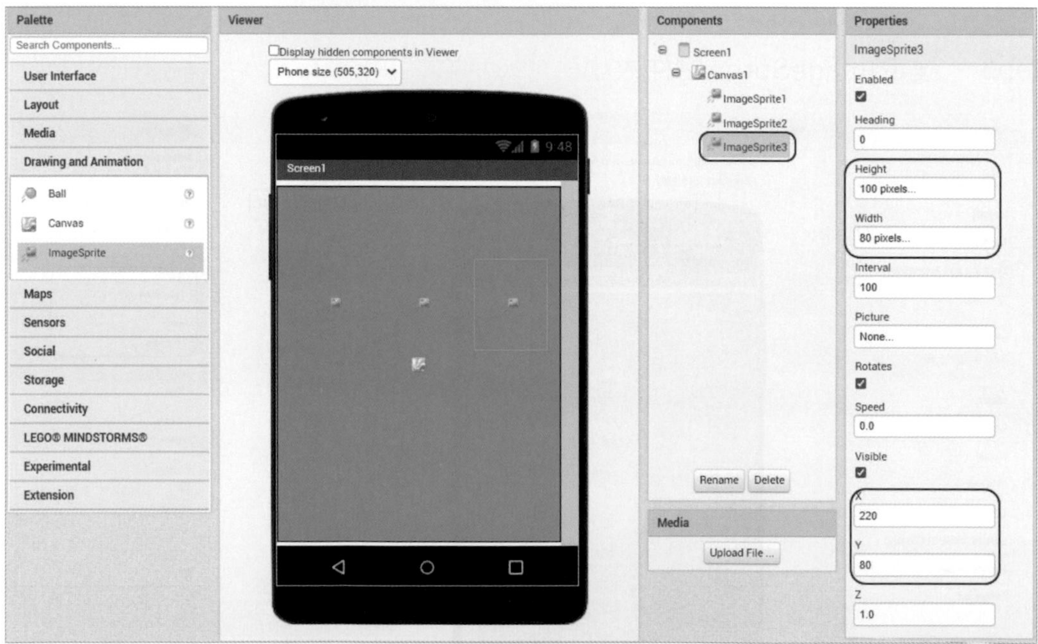
Palette
Search Components...
User Interface
Layout
Media
Drawing and Animation
Ball
Canvas
ImageSprite
Maps
Sensors
Social
Storage
Connectivity
LEGO® MINDSTORMS®
Experimental
Extension
Viewer
Display hidden components in Viewer
Phone size (505,320)
Screen1
Components
Screen1
Canvas1
ImageSprite1
ImageSprite2
ImageSprite3
Rename
Delete
Media
Upload File ...
Properties
ImageSprite3
Enabled
Heading
0
Height
100 pixels...
Width
80 pixels...
Interval
100
Picture
None...
Rotates
Speed
0.0
Visible
X
220
Y
80
Z
1.0

»Step4　根據下圖操作上載圖片至 App inventor 2 開發環境。

程式方塊功能連結設定

直接點選Blocks下方「Built-in」中所列出對照線的方塊，拖曳方塊至工作面板中準備邏輯連結。

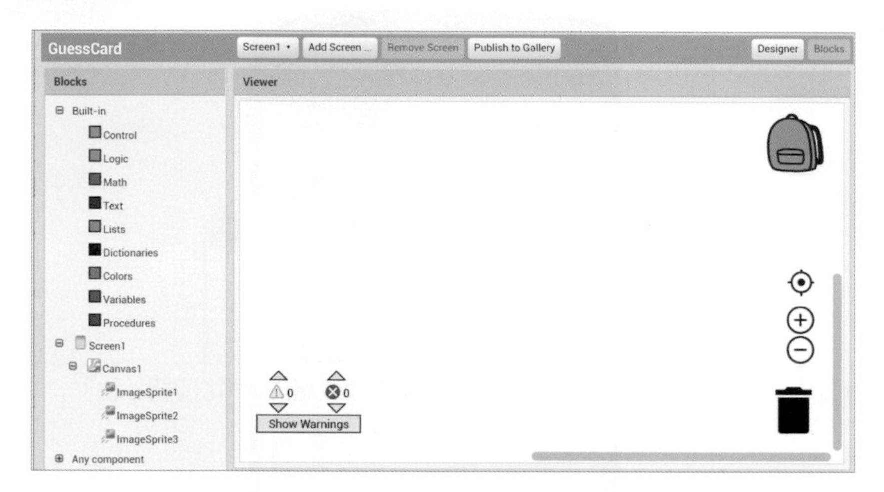

根據下圖完成各方塊的連接，之前沒有拖曳至工作面板內的方塊，以複製方法點選物件方塊或是再次從Bulit-in選擇拖曳方塊增加模組至工作區內。下圖<when（Screen1）.Intialize>方塊是執行螢幕畫面時會先執行此方塊顯示三張牌，換句話說，程式只能夠執行一次。而變數name所儲存數值會透過數學亂數產生方塊，隨機產生1, 2, 3其中任意的數字，如果方塊範圍設定1 to 4，則隨機產生1, 2, 3, 4中任意的數字。

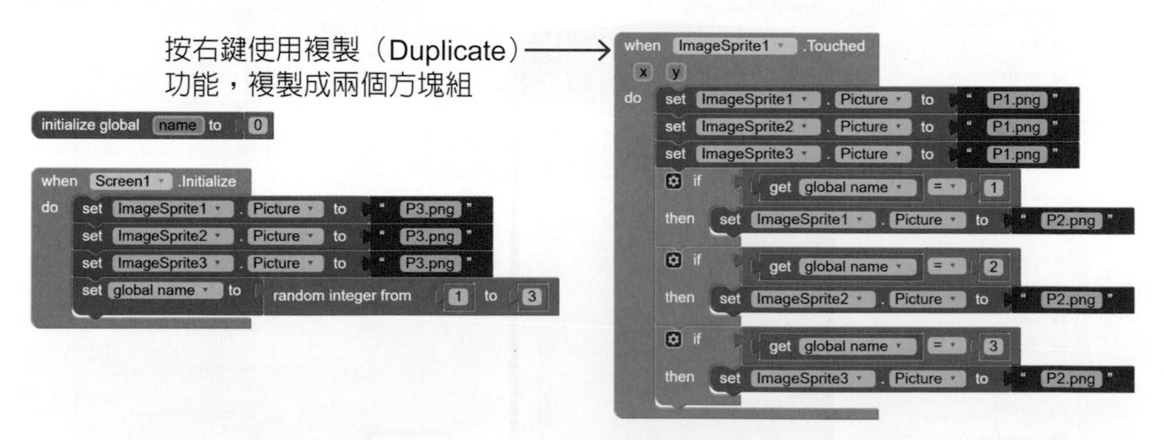

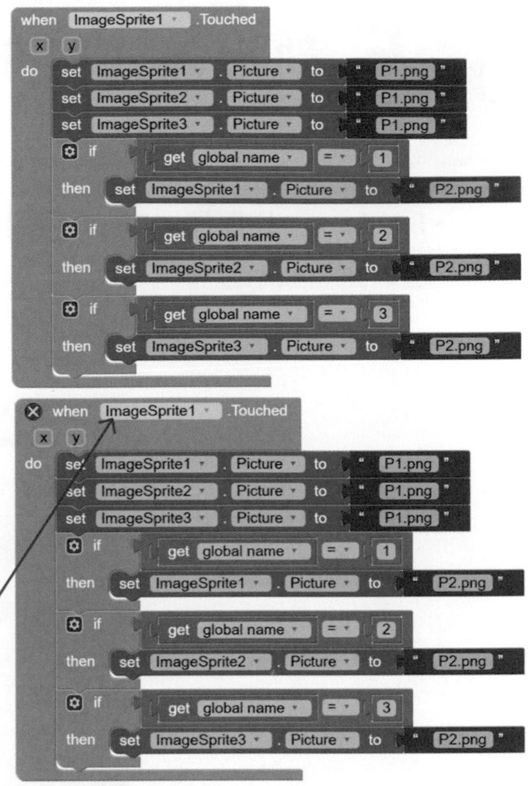

```
initialize global name to 0

when Screen1.Initialize
do  set ImageSprite1.Picture to "P3.png"
    set ImageSprite2.Picture to "P3.png"
    set ImageSprite3.Picture to "P3.png"
    set global name to random integer from 1 to 3
```

```
when ImageSprite1.Touched
 x  y
 ✓ ImageSprite1
   ImageSprite2
   ImageSprite3
do  ... to "P1.png"
    ... to "P1.png"
    set ImageSprite3.Picture to "P1.png"
    if get global name = 1
    then set ImageSprite1.Picture to "P2.png"
    if get global name = 2
    then set ImageSprite2.Picture to "P2.png"
    if get global name = 3
    then set ImageSprite3.Picture to "P2.png"
```

點選下拉按鈕，
選擇 ImageSprite2

```
when ImageSprite1.Touched
 x  y
do  set ImageSprite1.Picture to "P1.png"
    set ImageSprite2.Picture to "P1.png"
    set ImageSprite3.Picture to "P1.png"
    if get global name = 1
    then set ImageSprite1.Picture to "P2.png"
    if get global name = 2
    then set ImageSprite2.Picture to "P2.png"
    if get global name = 3
    then set ImageSprite3.Picture to "P2.png"
```

點選下拉按鈕，
選擇 ImageSprite3

完成點選牌與觸發掀牌功能

```
initialize global name to 0

when Screen1.Initialize
do  set ImageSprite1.Picture to "P3.png"
    set ImageSprite2.Picture to "P3.png"
    set ImageSprite3.Picture to "P3.png"
    set global name to random integer from 1 to 3

when ImageSprite2.Touched
 x  y
do  set ImageSprite1.Picture to "P1.png"
    set ImageSprite2.Picture to "P1.png"
    set ImageSprite3.Picture to "P1.png"
    if get global name = 1
    then set ImageSprite1.Picture to "P2.png"
    if get global name = 2
    then set ImageSprite2.Picture to "P2.png"
    if get global name = 3
    then set ImageSprite3.Picture to "P2.png"
```

```
when ImageSprite1.Touched
 x  y
do  set ImageSprite1.Picture to "P1.png"
    set ImageSprite2.Picture to "P1.png"
    set ImageSprite3.Picture to "P1.png"
    if get global name = 1
    then set ImageSprite1.Picture to "P2.png"
    if get global name = 2
    then set ImageSprite2.Picture to "P2.png"
    if get global name = 3
    then set ImageSprite3.Picture to "P2.png"

when ImageSprite3.Touched
 x  y
do  set ImageSprite1.Picture to "P1.png"
    set ImageSprite2.Picture to "P1.png"
    set ImageSprite3.Picture to "P1.png"
    if get global name = 1
    then set ImageSprite1.Picture to "P2.png"
    if get global name = 2
    then set ImageSprite2.Picture to "P2.png"
    if get global name = 3
    then set ImageSprite3.Picture to "P2.png"
```

5-5 執行程式與測試與功能改進

請先確認是否已啓動模擬器（**aiStarter**），再選用Connect（**連線**）→Emulator（**模擬器**）。執行程式顯示三張牌，點選其中一張牌後，這三張牌會一起翻面並顯示鬼牌。

測試結果畫面：

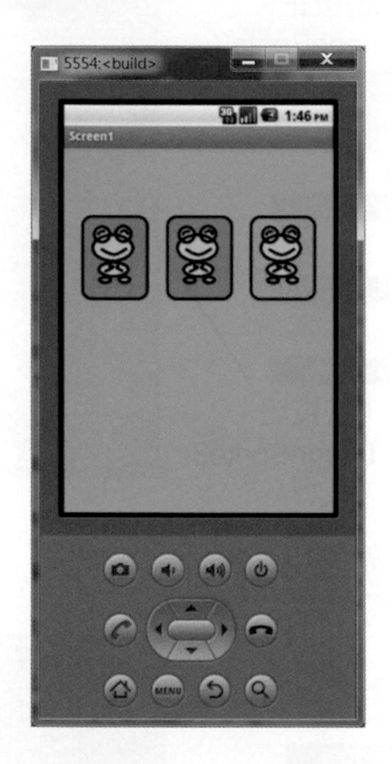

能正確顯示翻牌與出鬼牌但是無法再玩第二次，除非又使用模擬器重新載入，因此需增加一個按鈕具有蓋牌與透過亂數產生對應鬼牌的位置，增加按鈕功能步驟如下頁：

增加按鈕至畫面

»Step1　設定水平配置物件。

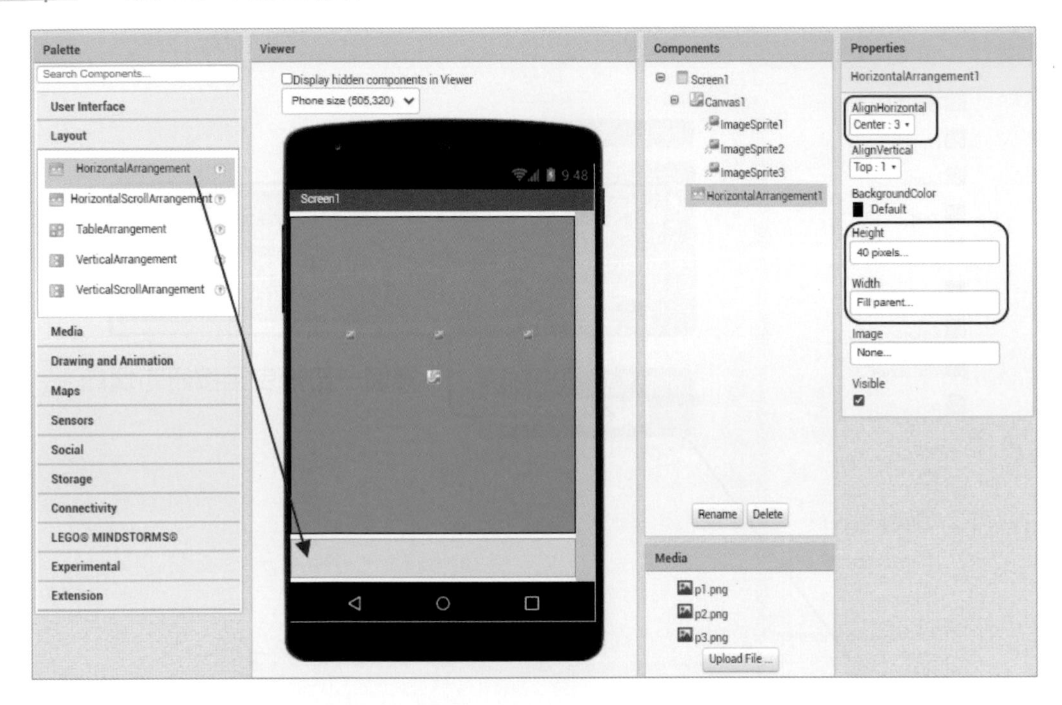

»Step2　增加按鈕物件至水平物件內。

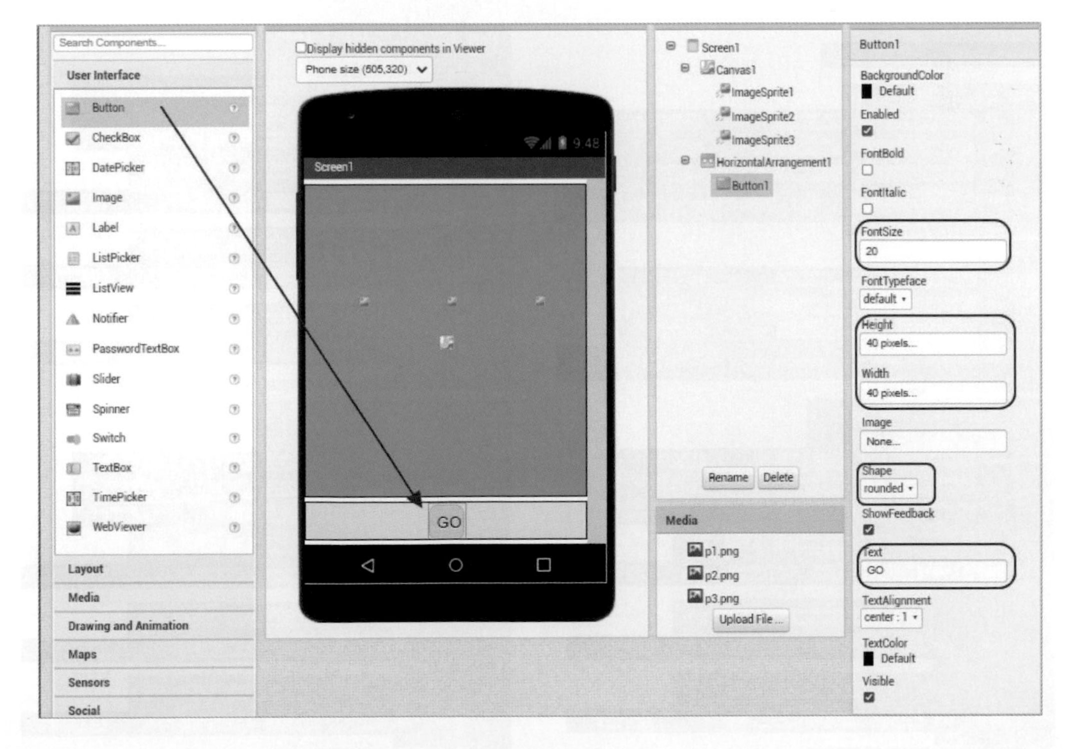

方塊邏輯連結

»Step1　複製初始模組內方塊至 Button1 內。

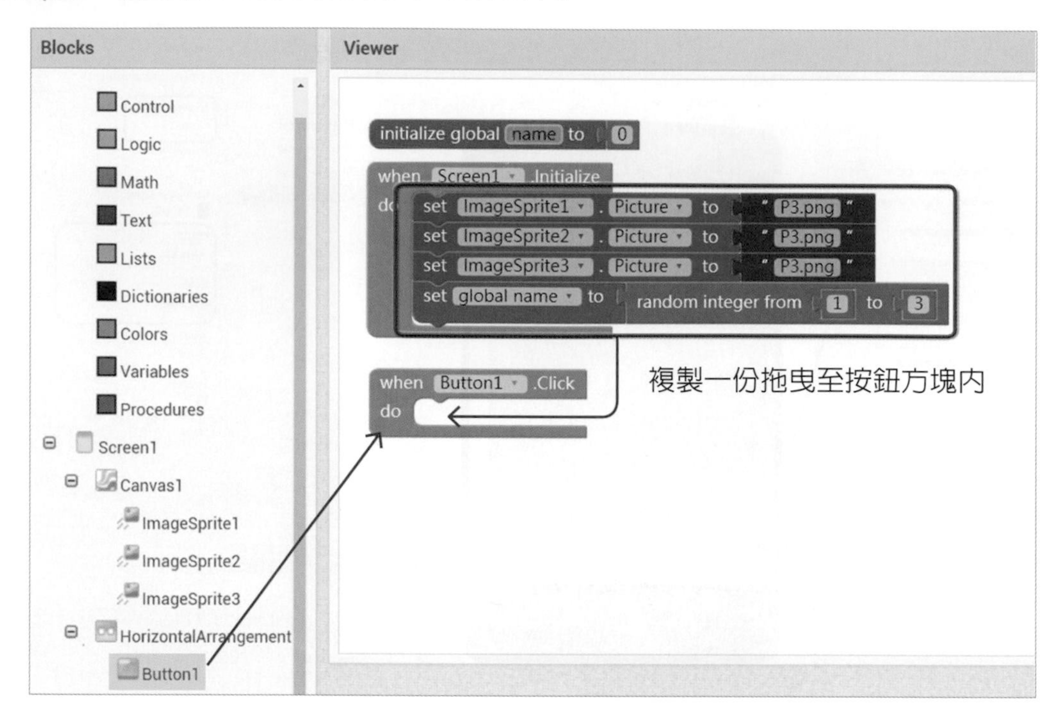

»Step2　完整翻牌遊戲方塊圖。

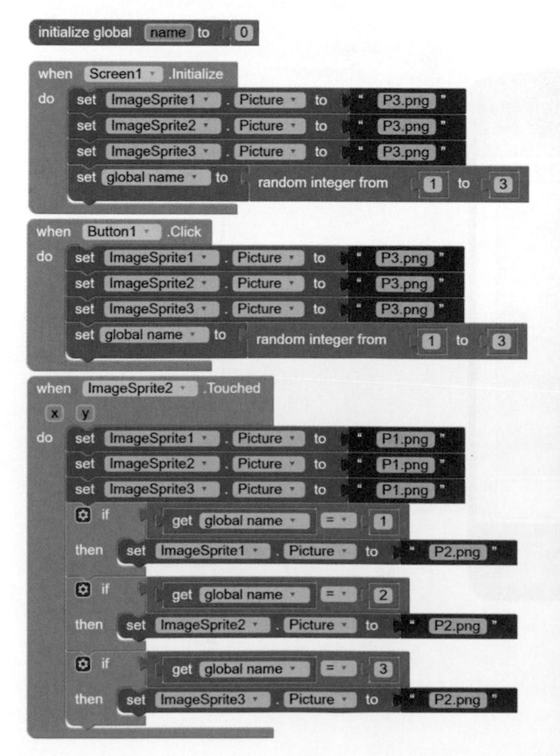

最後執行畫面顯示如下：

5-6 利用副程序簡化程式與測試

進入 **Blocks** 選出副程序 procedure 與 call 元件方塊。

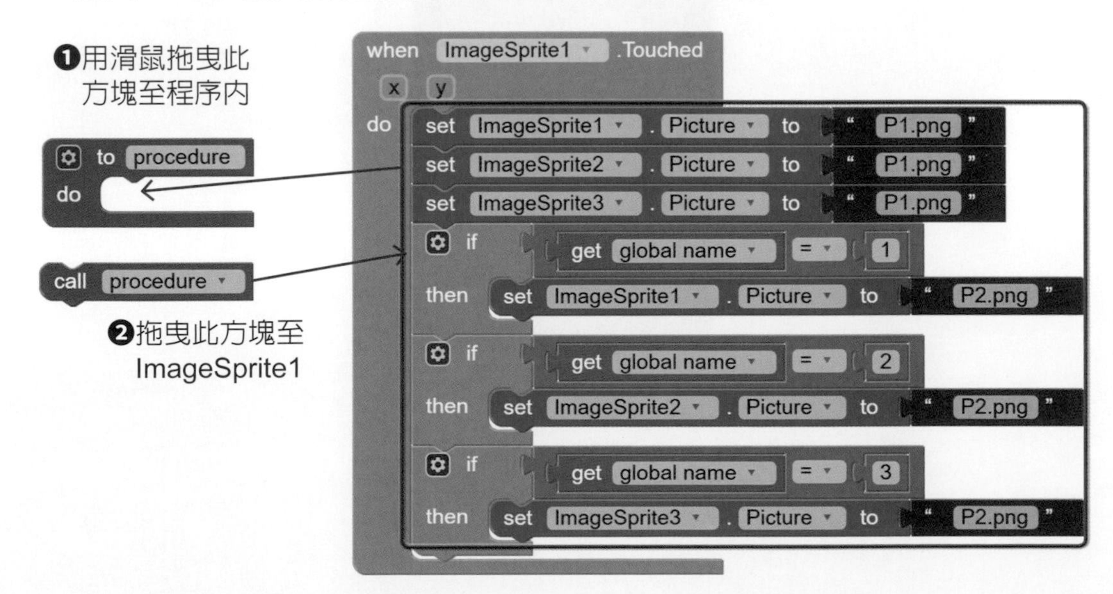

利用拖曳方塊與刪除方塊完成副程式方塊連接。

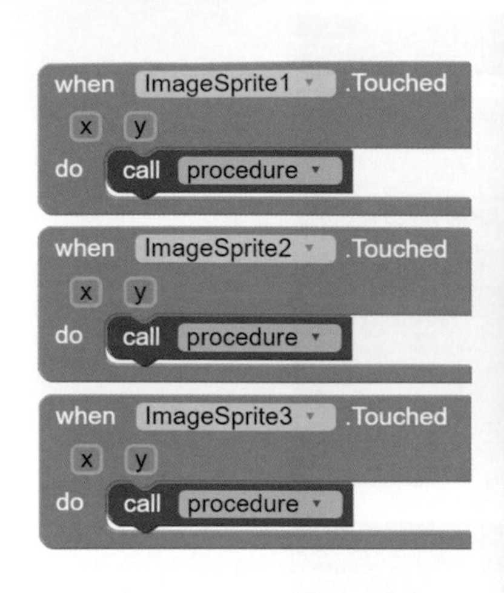

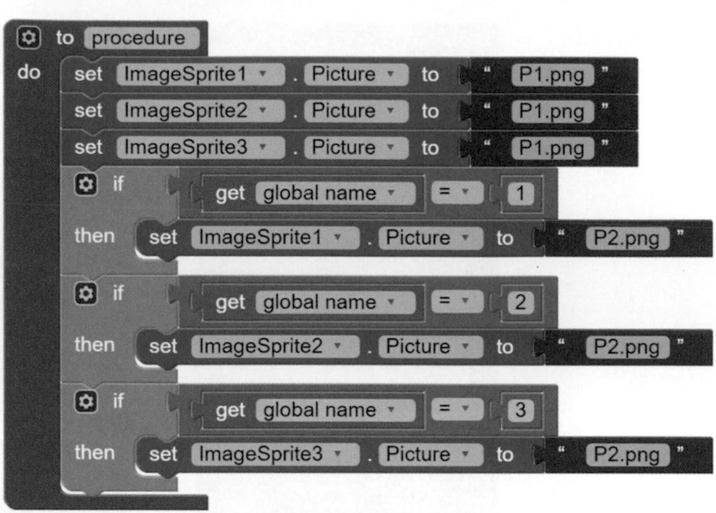

程式碼使用副程序比沒有使用副程序大量減少方塊使用量，換句話說也減少程式碼的撰寫，使得程式碼更容易被重複使用。最後執行畫面顯示如下：

5-7 利用副程序執行 C 程式與測試

App Inventor 2 是使用圖形介面與DOS介面顯示不同，因此會改變整個撰寫程式的邏輯想法。

```
#include <iostream>
#include<windows.h>
void gotoxy（int xpos, int ypos） // 副程序
{
  COORD scrn;
  HANDLE hOuput = GetStdHandle（STD_OUTPUT_HANDLE）;
  scrn.X = xpos; scrn.Y = ypos;
  SetConsoleCursorPosition（hOuput,scrn）;
}

int main（int argc, char** argv）{
int name, n, yn=1;
while（yn）
{
name=rand（）%3+1;
gotoxy（12,5）; printf（"■ "）;    // 呼叫 gotoxy 副程序設定位址再顯示字元符號
gotoxy（22,5）; printf（"■ "）;
gotoxy（32,5）; printf（"■ "）;
    gotoxy（32,10）;
    scanf（"%d",&n）;
    gotoxy（12,5）; printf（" ★ "）;
    gotoxy（22,5）; printf（" ★ "）;
    gotoxy（32,5）; printf（" ★ "）;
   if （name==1）
  {
  gotoxy（12,5）;
  printf（" ☆ "）;
    }
   if （name==2）
 {
```

```
  gotoxy（22,5）;
  printf（" ☆ "）;
    }
  if （name==3）
  {
  gotoxy（32,5）;
  printf（" ☆ "）;
    }
  gotoxy（10,15）;
  printf（"If you input zero then exit. "）;
  scanf（"%d",&yn）;
  }
return 0;
}
```

測試結果：

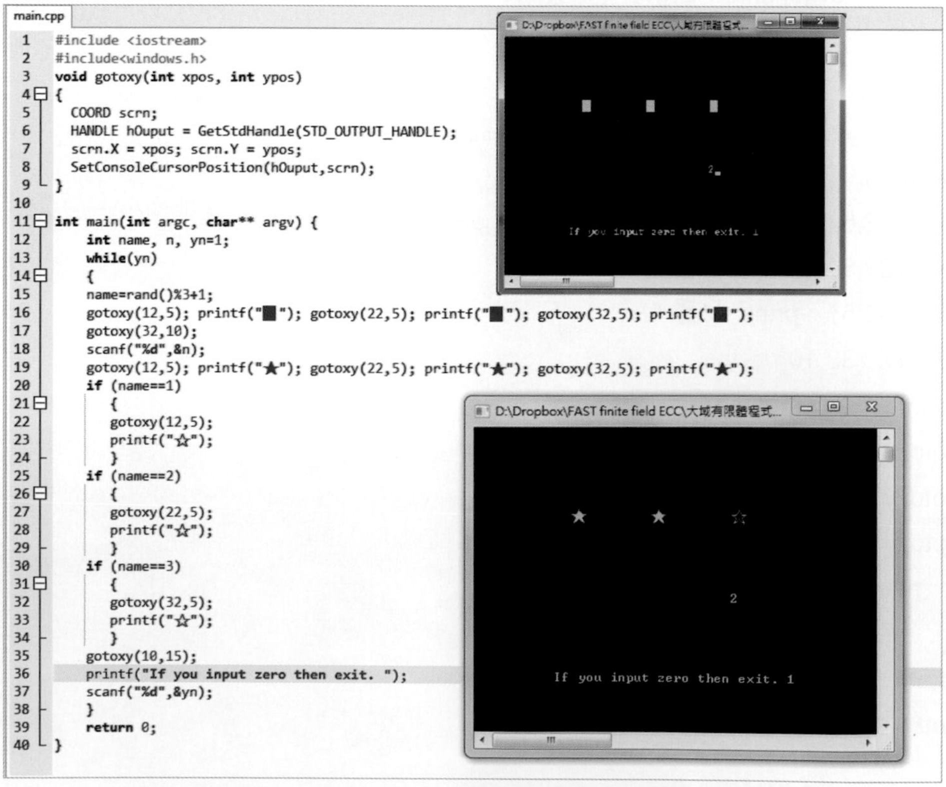

```
main.cpp
1   #include <iostream>
2   #include<windows.h>
3   void gotoxy(int xpos, int ypos)
4   {
5     COORD scrn;
6     HANDLE hOuput = GetStdHandle(STD_OUTPUT_HANDLE);
7     scrn.X = xpos; scrn.Y = ypos;
8     SetConsoleCursorPosition(hOuput,scrn);
9   }
10
11  int main(int argc, char** argv) {
12      int name, n, yn=1;
13      while(yn)
14      {
15      name=rand()%3+1;
16      gotoxy(12,5); printf("■"); gotoxy(22,5); printf("■"); gotoxy(32,5); printf("■");
17      gotoxy(32,10);
18      scanf("%d",&n);
19      gotoxy(12,5); printf("★"); gotoxy(22,5); printf("★"); gotoxy(32,5); printf("★");
20      if (name==1)
21         {
22         gotoxy(12,5);
23         printf("☆");
24         }
25      if (name==2)
26         {
27         gotoxy(22,5);
28         printf("☆");
29         }
30      if (name==3)
31         {
32         gotoxy(32,5);
33         printf("☆");
34         }
35      gotoxy(10,15);
36      printf("If you input zero then exit. ");
37      scanf("%d",&yn);
38      }
39      return 0;
40  }
```

```
D:\Dropbox\FAST finite field ECC\大域有限體程式...

  ■   ■   ■

            2

  If you input zero then exit. 1
```

```
D:\Dropbox\FAST finite field ECC\大域有限體程式...

  ★   ★   ☆

            2

  If you input zero then exit. 1
```

自我評量

◈ 選擇題

(　) 1. 程式副程序主要具有哪些功能？ (A) 使得程式簡單化 (B) 可加速程式運行 (C) 增加程式碼。

(　) 2. 圖片選擇大小的條件是？ (A) 尺寸越大越好 (B) 尺寸適合螢幕大小 (C) 尺寸越小越好。

(　) 3. 副程序呼叫使用的組件位於哪個內置塊？ (A) Control 控制 (B) Logic 邏輯 (C) Process 過程。

(　) 4. 使用圖像精靈前必須先拖曳 (A) Canvas 畫布 (B) Label 標籤 (C) Camera 照相機。

(　) 5. 亂數模塊使用的組件位於哪個內置塊？ (A) Control 控制 (B) Process 過程 (C) Math 數學。

(　) 6. 如果於亂數模塊範圍中設定1 to 4，將會有什麼範圍的隨機數字？ (A) 1～4(B) 0～3 (C) 1～3。

(　) 7. 為何要使用副程序呼叫？ (A) 減少程式碼的撰寫 (B) 程式碼更容易被重複利用 (C) 以上皆是。

(　) 8. 如要設定圖片透明部分，可以使用哪個軟體？ (A) Word (B) Excel (C) PPT。

(　) 9. 圖像精靈使用圖片必須先 (A) 上載圖片 (B) 繪製圖片 (C) 編輯圖片。

(　) 10.設定圖像精靈寬度是使用哪個組件屬性？ (A)Height (B)Width (C)Text。

(　) 11.設定物件水平配置是使用哪個組件？ (A) HorizontalArrangement (B) Height (C) Width。

(　) 12.設定初始程序是使用哪個物件？ (A) Screen (B) Button (C) Touched。

◈ 實作題

1. 使用猜鬼牌遊戲程式加入 TextSpeech 方塊，能說出猜對與猜錯等語音功能。
2. 請分析上述猜鬼牌遊戲程式有那些部分具有重複性，可再增加副程序簡化程式。

NOTE

計算機（計算機組織）- 副程序設定傳遞參數與版面配置

本章學習重點

- 數學運算方法
- 副程序方塊參數傳遞
- 版面配置

6-1 計算機

在日常生活中所使用的**電腦**，其正確名稱爲**電子計算機**，是利用**電子邏輯閘開關**原理，實作加減乘除四則運算的積體電路，再透過控制指令對資料進行處理的工具。電腦種類很多，基本架構如下：

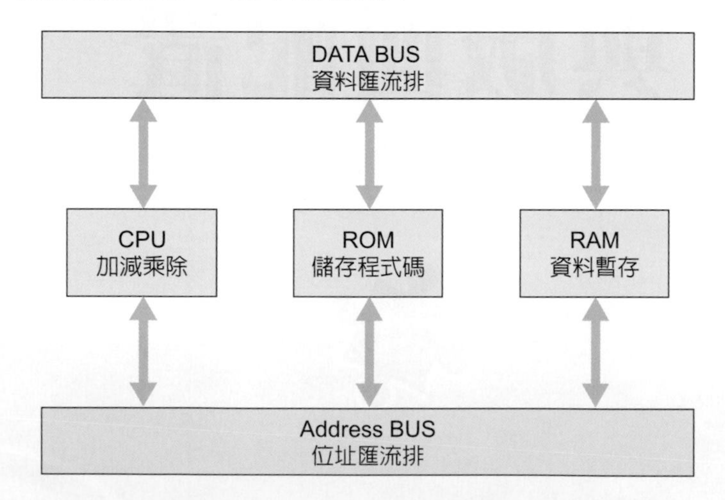

電腦目前主要是處理資訊的工具，已經被應用在列表機、手機、數位機上盒、數位相機、遊戲機等日常生活遊戲娛樂之中，甚至在商務上的ATM自動提款機、售票機、醫院病歷管理、銀行財務管理等這些系統都需依賴電腦程式進行運作。早期電腦的體積約有一間房屋的大小，現今嵌入式電腦體積已經比五十元硬幣大小還小，是目前電腦最爲普遍的應用。由於體積小，簡單容易安裝在機器裝置一無論是飛機、汽車、工業機器人。上述電子計算機的定義包含了許多計算，因此利用計算機的設計，可以認識目前電腦如何計算數值的程序運作。

6-2 程式架構

計算機設計流程圖

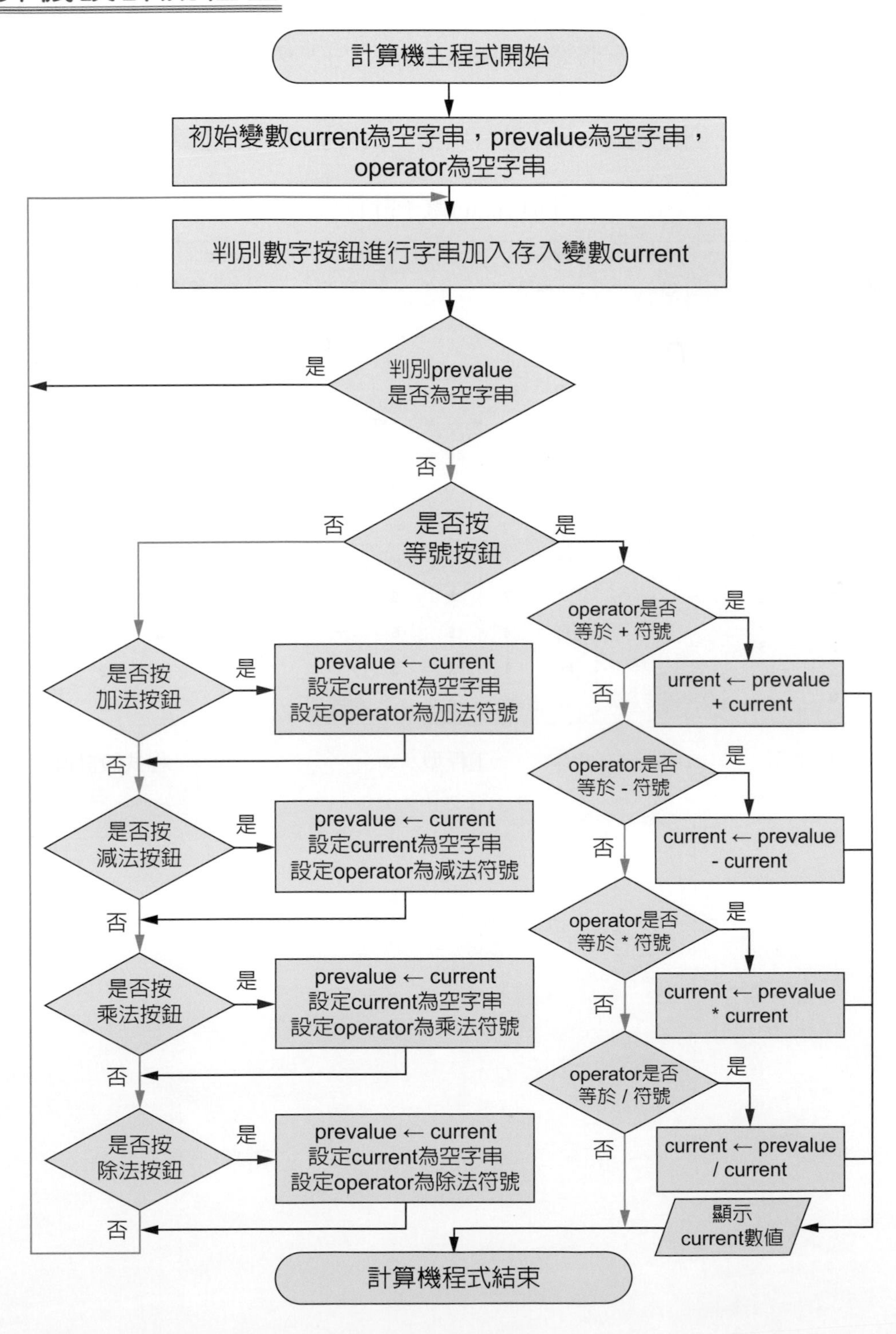

從流程圖得知需使用IF方塊與按鈕觸發方塊，每次進行數值計算時，使用三個變數current, prevalue, operator 達成兩數的加減乘除的運算，例如：12 + 12 = 24。

1. 輸入數值存入變數 current = 12。
2. 選擇加減乘除按鈕，則把變數 current 轉存至變數 prevalue 內 current → prevalue（→ current " 轉存至 " 變數 prevalue 內的意思）。prevalue = 12。
3. 紀錄是選擇哪個運算元，將變數 operator 存入 " + "，並清除 current 爲空字串。
4. 再次輸入數值存入變數 current = 12。
5. 等號按鈕觸發，則透過 operator 進行判斷，執行加減乘除運算。

不同功能的電子計算機

標準型

工程型

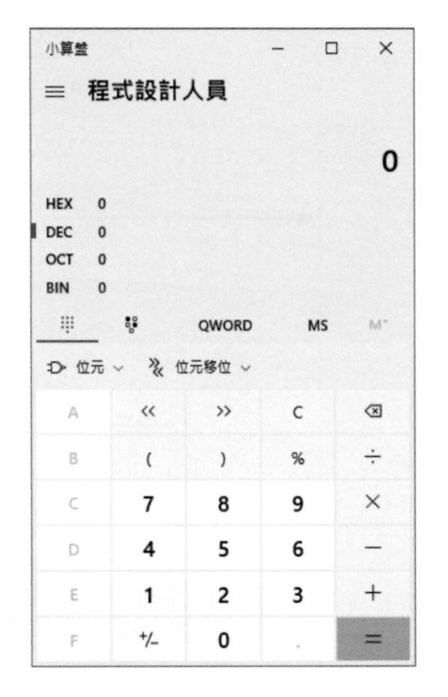

程式設計師

6-3 程式設計所需元件與方塊

元件介面使用方塊Label（標籤）、HorizontalArrangement（水平配置）、Button（按鈕）。

螢幕元件設定

Palette / object 元件面板 / 類別	Object 方塊物件	Properties 元件屬性	Contain 屬性內容
User Interface / Label	Label1	BackgroundColor FontSize Height Width	Gray 36 50 pixels Full parent
Layout / TableArrangement	TableArrangement1	Columns Rows	4 4
User Interface / Button	Button1~Button10	Text~Text	0~9
User Interface / Button	Cls ADD Minus Multi Div Equal	Text Text Text Text Text Text	C + - * / =

Blocks 內的 Built-in 方塊

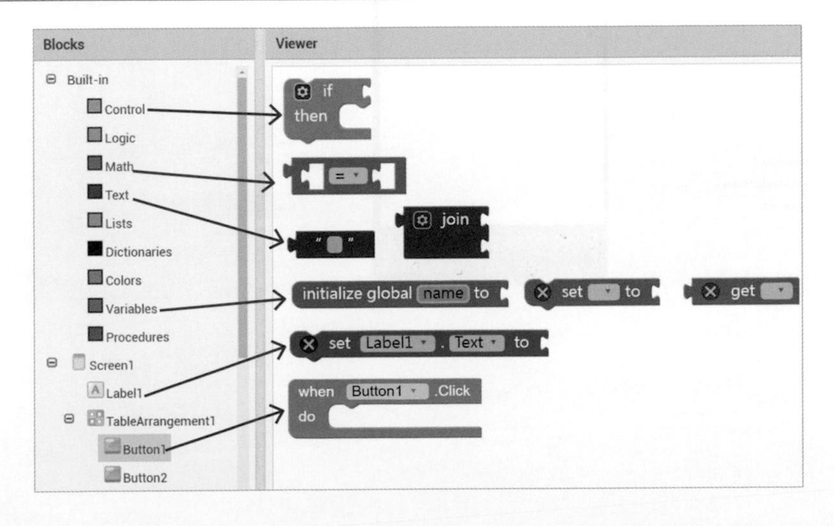

6-4 操作流程

元件的版面配置

建立此專案檔案，建立名稱請輸入**Calculator**名稱後，進入**Designer**工作區內，根據下圖進行元件布置與屬性設定。

»Step1　數字按鈕設定。

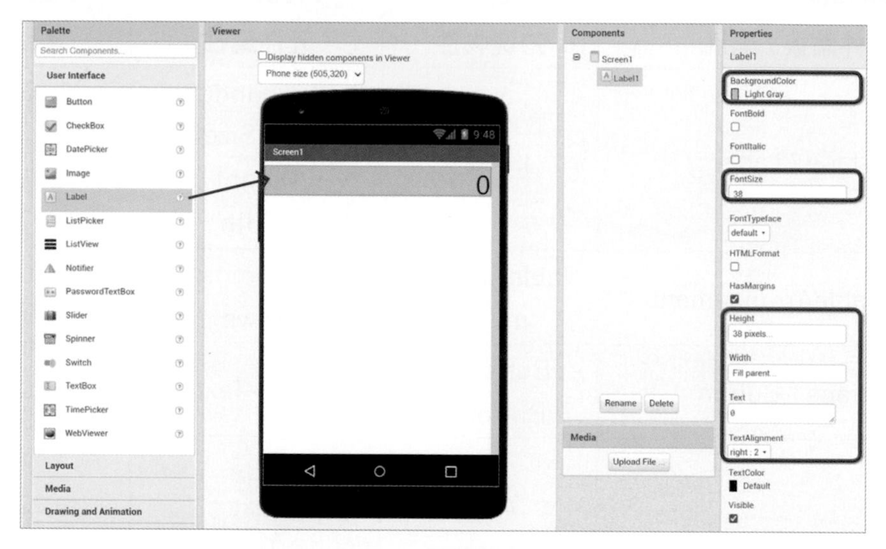

»Step2　建立4*4方陣元件配置。

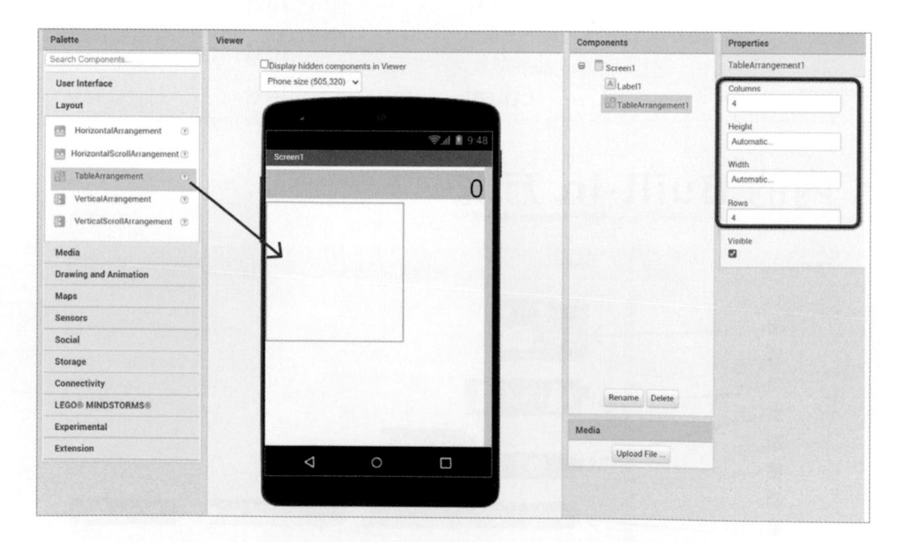

»Step3　依序拖曳Button按鈕至方陣元件中。

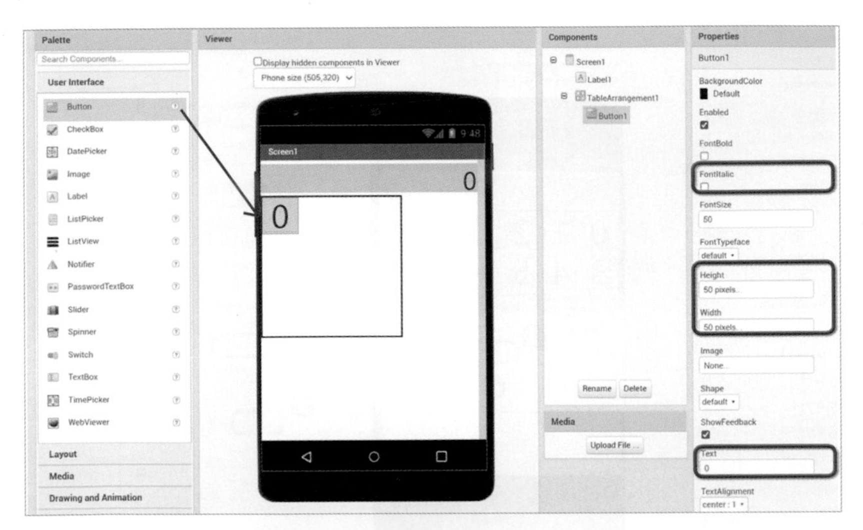

完成10個數字按鈕配置與屬性設定。

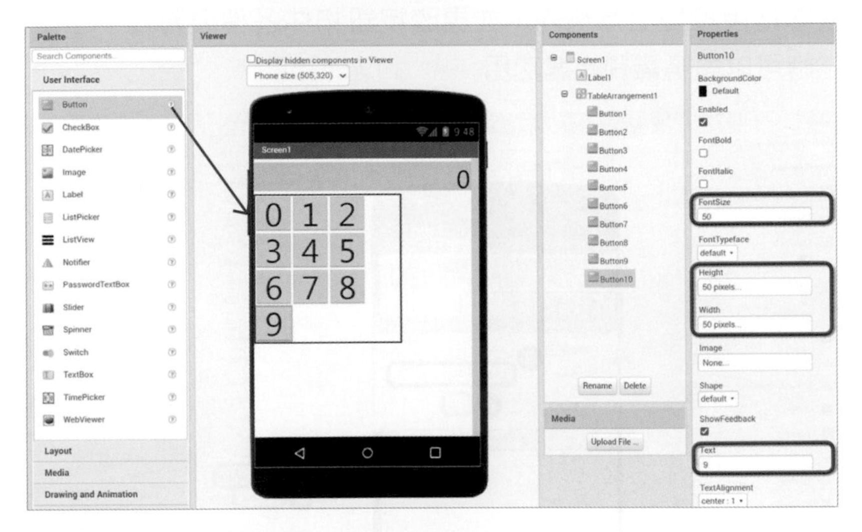

»Step4　設定清除按鈕及更換按鈕物件名稱。

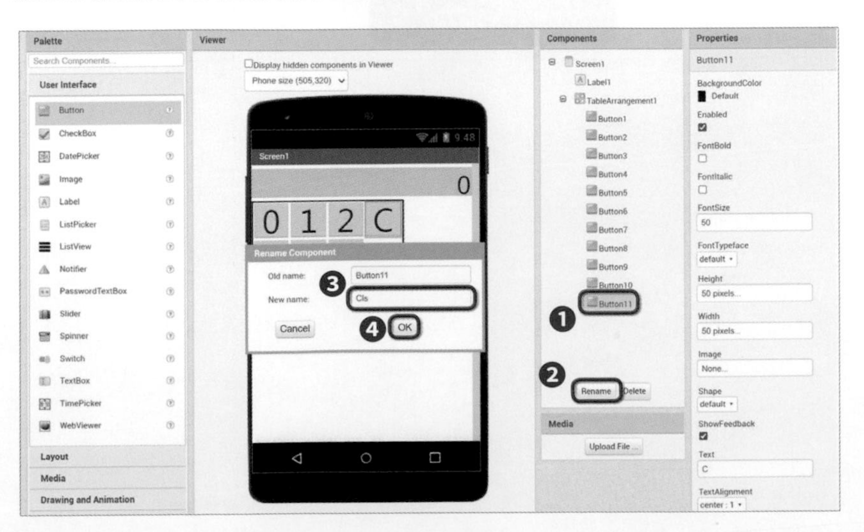

設定運算按鈕及更換按鈕物件名稱。

依序拖曳按鈕至方格內，並更改按鈕物件名稱與屬性，方便在程式設計之時可以對應識別方塊功用。

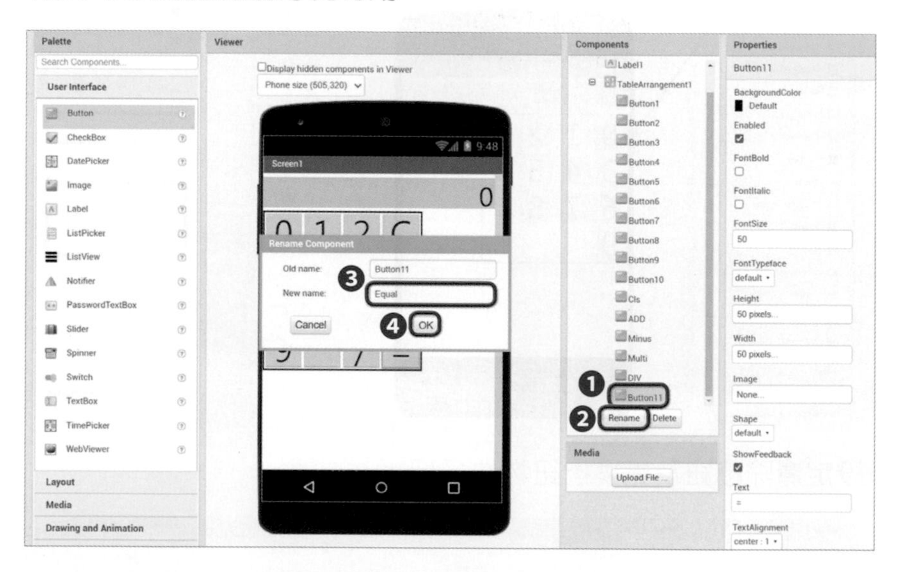

»Step5　設定整個按鈕元件置中。

程式方塊功能連結設定

直接點選Blocks左邊出現Built-in下方所列出紅色框線的一些方塊，可先拖曳至工作面板中準備之後邏輯連結。

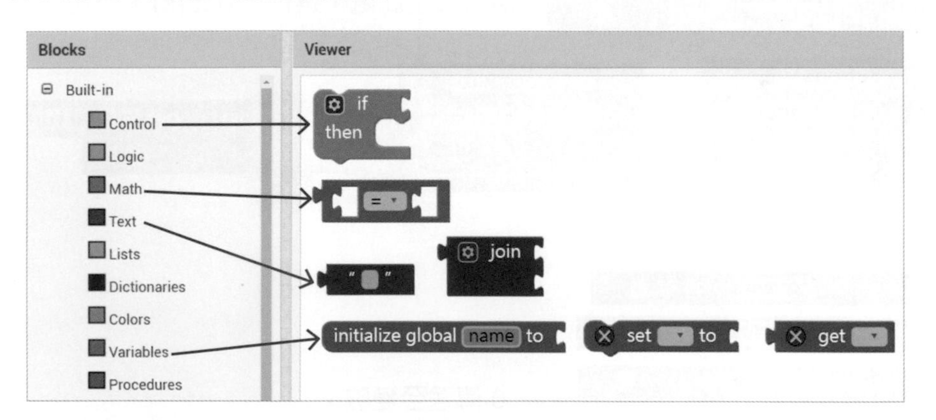

»Step1　方塊連結方法根據下圖完成，圖中如有先前未增加到的方塊，可以用複製或點選物件方式選出所需要功能方塊。

initialize global current to " "

initialize global prevalue to " "

initialize global operator to " "

when Button1 .Click
do set global current to join get global current
"0"

»Step2　加入副程序減少程式碼使用。

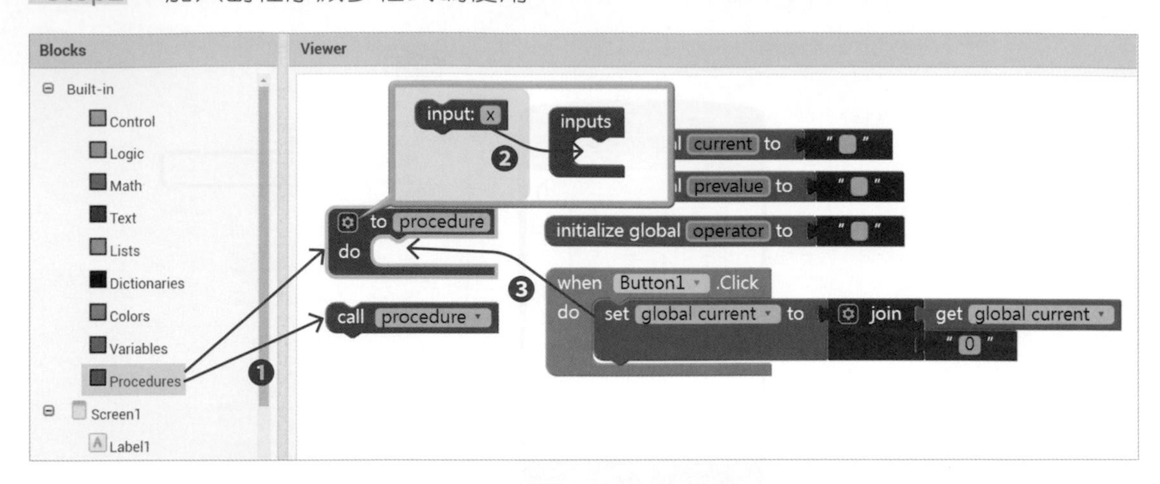

副程序傳遞參數的連結方塊使用方法，使得方塊在使用上可以減少，因此可以減少整個程式碼。

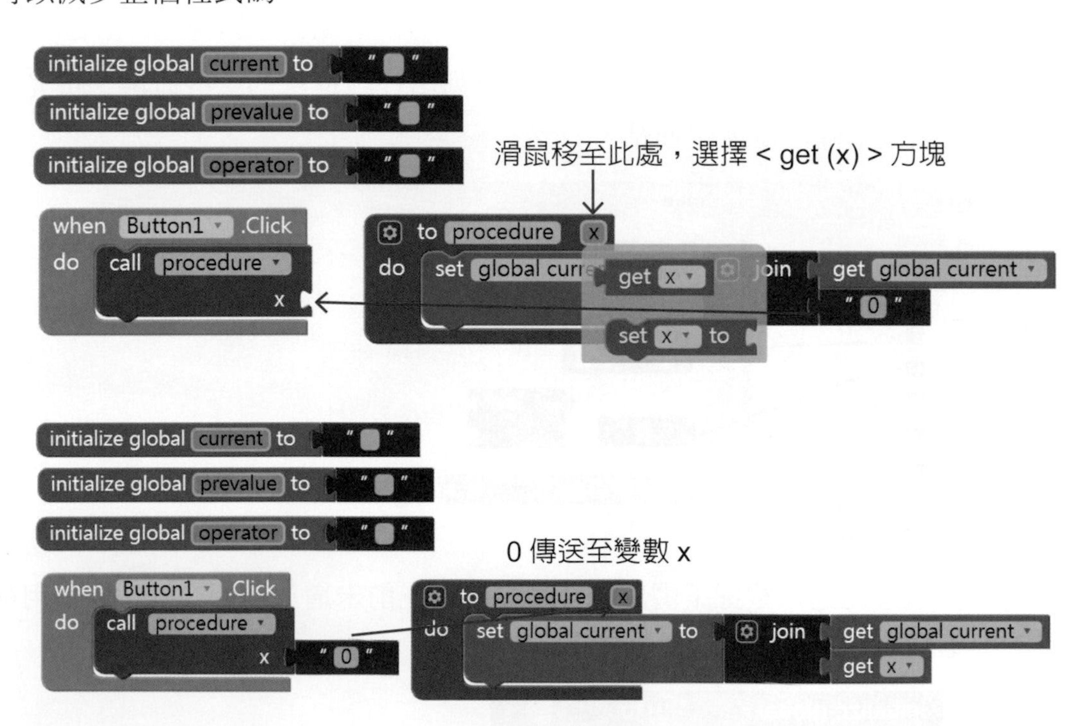

»Step3 利用複製Button1完成，依序產生10個數字按鈕的觸發事件與屬性設定，而每個數字在按壓的過程，會呼叫副程序依照按壓數字的順序記錄成字串，存入變數current，方塊複製方法與設定如下所示：

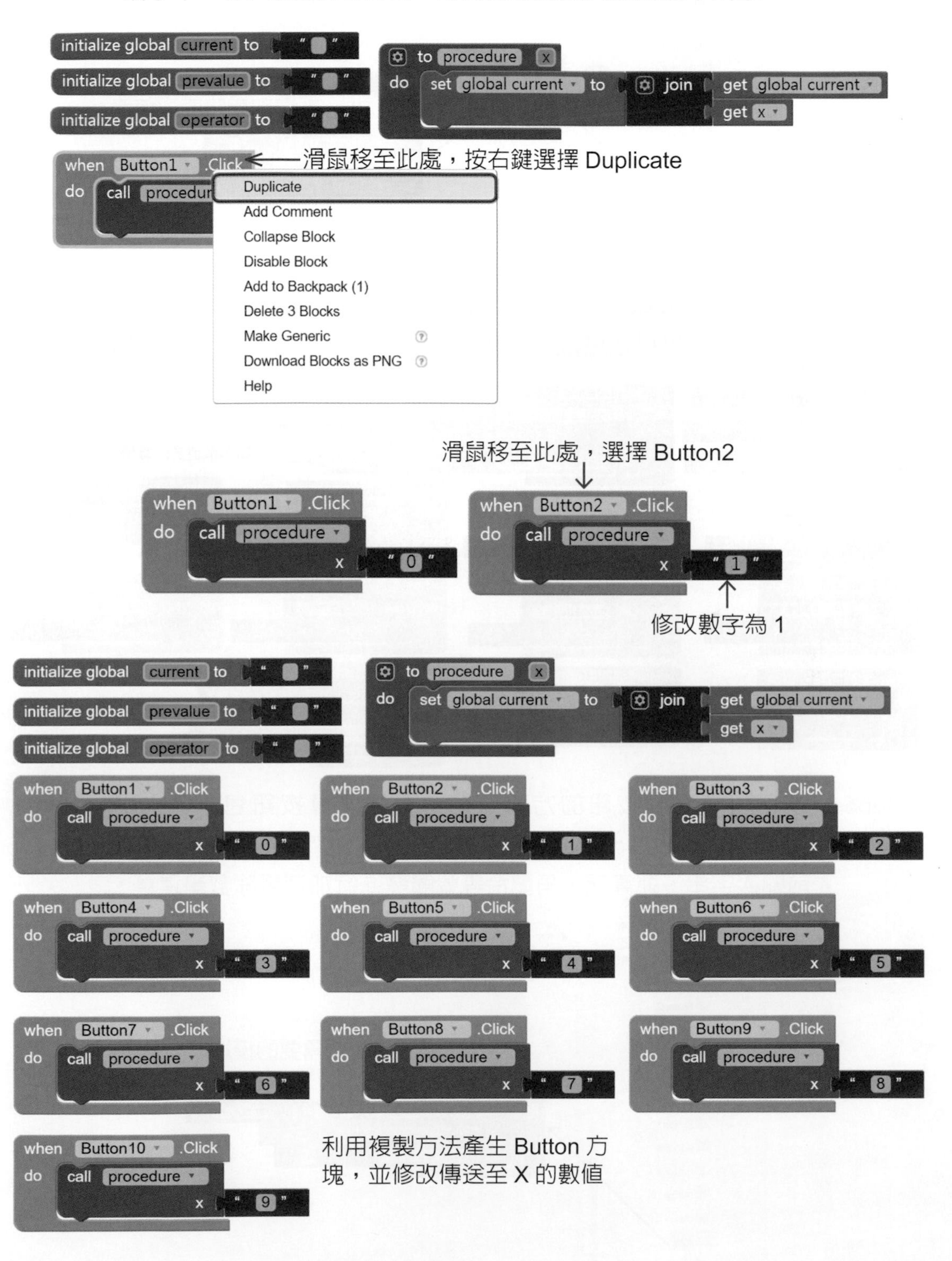

»Step4　設定C按鈕觸發方塊，清除數值螢幕顯示為0。

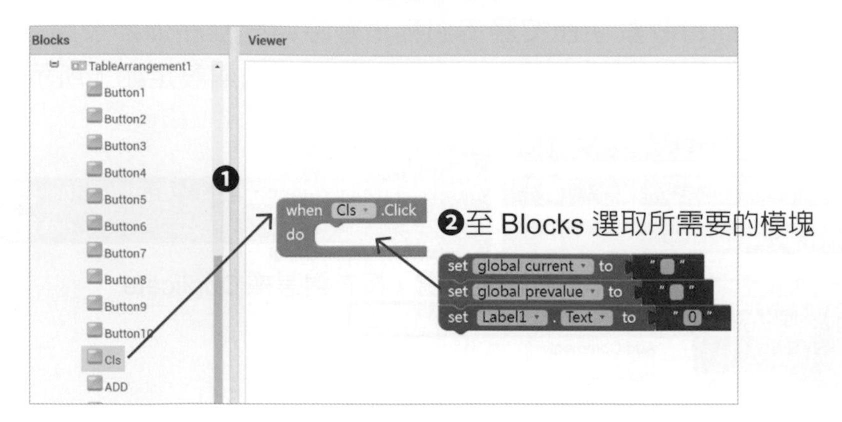

目前已完成大部分設定，還缺少輸入數字顯示功能，所以必須在副程序中加入顯示方塊，顯示出已按壓數字所形成的字串於長方塊螢幕中下圖所示。

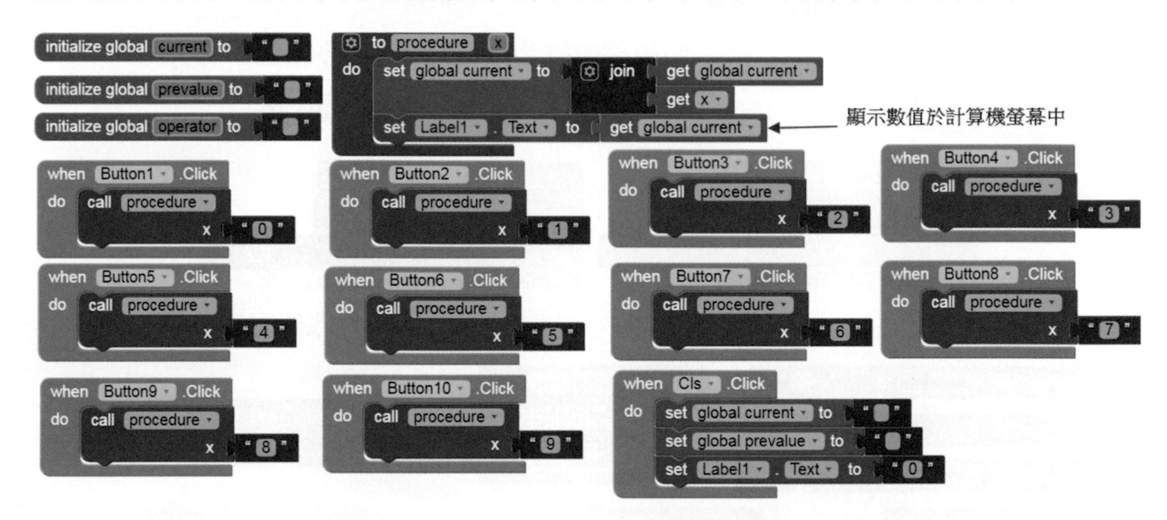

»Step5　設定加減乘除按鈕的方塊連結，每個運算按鈕包含global prevalue, global operator, global current三個儲存變數，這三個變數最主要記錄先前輸入字串、運算元，再配合等號觸發進行加減乘除數學運算。

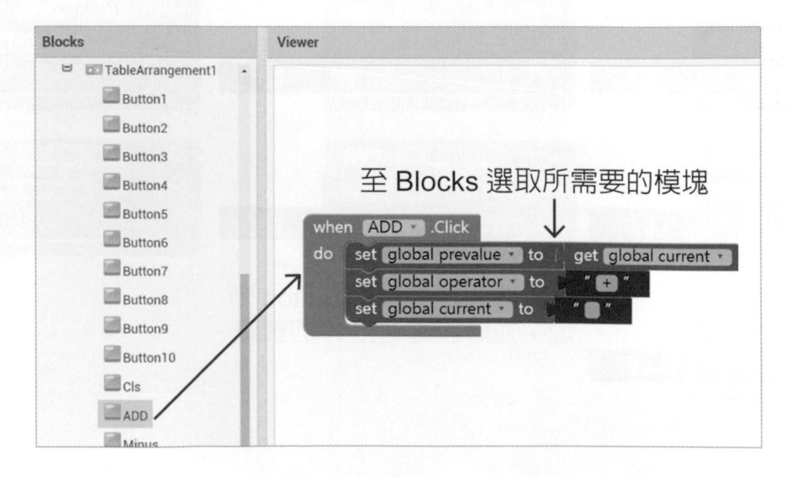

利用Duplicate（複製）功能進行方塊複製。

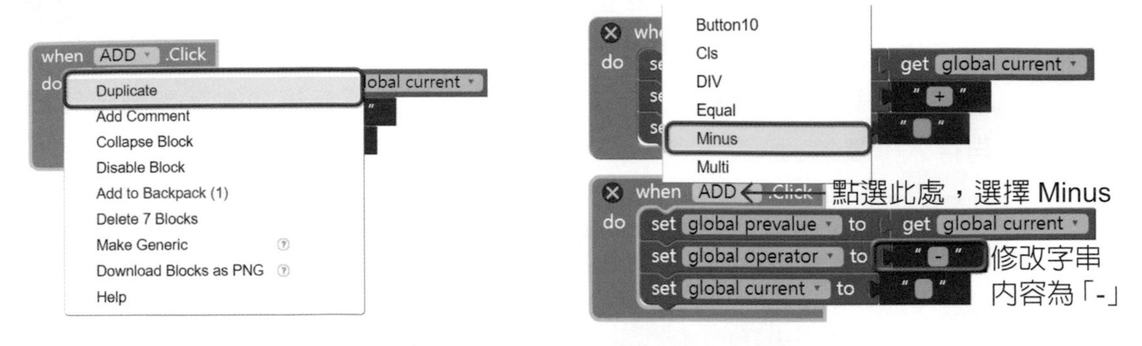

利用上述功能進行方塊複製修改如下所示：

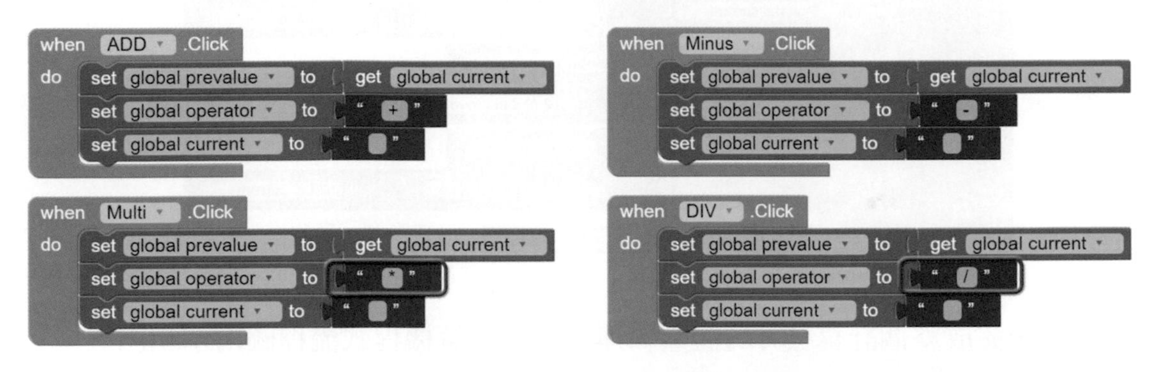

設定等號按鈕方塊的方塊連結，使用IF（如果）巢狀式方塊對變數operator進行判別需要執行哪種數學運算。

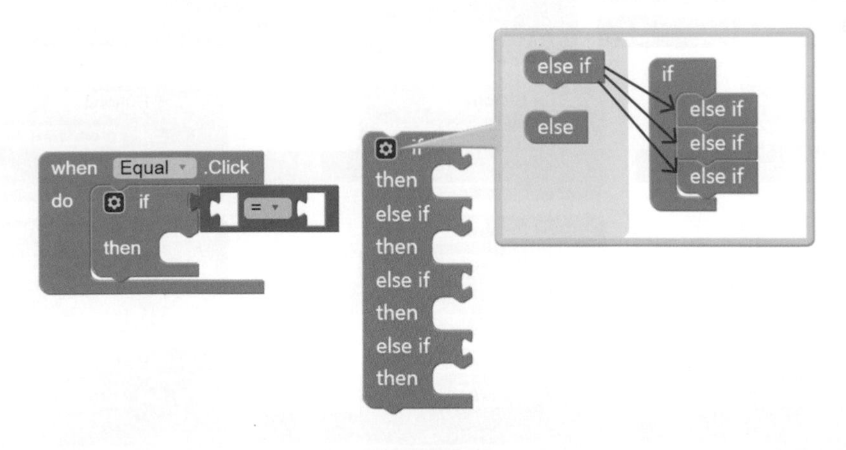

»Step6　當按下等號，會進行四則運算，整個運算程序是以字串進行數學運算，此時會先將內容轉換成數字再進行數學計算，如果輸入內容含有英文字母時會引起模擬器例外錯誤提示，所以輸入數值時要正確，最後兩個數字的運算結果存入標籤Label1.Text，經過四則運算後的數字會轉成字串再存入標籤.文字。

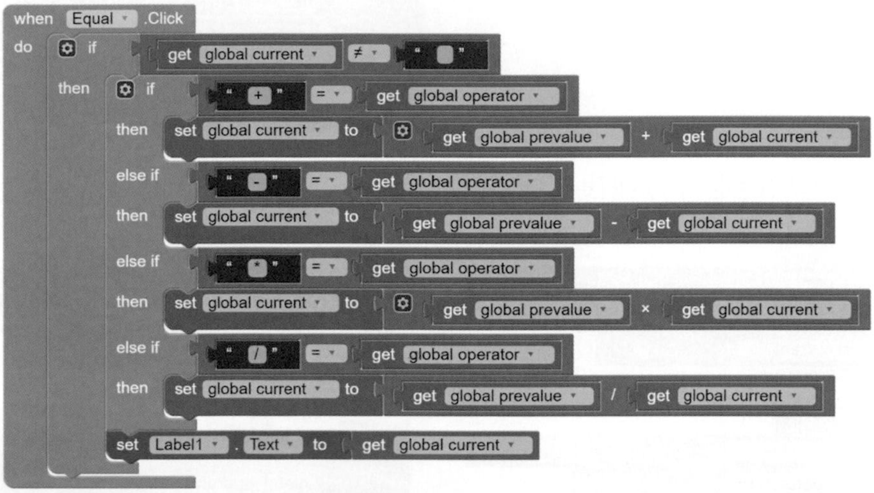

when Equal .Click
do if get global current ≠ " "
then if " + " = get global operator
then set global current to get global prevalue + get global current
else if " - " = get global operator
then set global current to get global prevalue - get global current
else if " * " = get global operator
then set global current to get global prevalue × get global current
else if " / " = get global operator
then set global current to get global prevalue / get global current
set Label1 . Text to get global current

最後完成整個計算機方塊體邏輯連結，與計算機程式流程圖所示相同。

initialize global current to " "
initialize global prevalue to " "
initialize global operator to " "
to procedure x
do set global current to join get global current get x
set Label1 . Text to get global current
when Button1 .Click do call procedure x "0"
when Button2 .Click do call procedure x "1"
when Button3 .Click do call procedure x "2"
when Button4 .Click do call procedure x "3"
when Button5 .Click do call procedure x "4"
when Button6 .Click do call procedure x "5"
when Button7 .Click do call procedure x "6"
when Button8 .Click do call procedure x "7"
when Button9 .Click do call procedure x "8"
when Button10 .Click do call procedure x "9"
when Cls .Click
do set global current to " "
set global prevalue to " "
set Label1 . Text to "0"

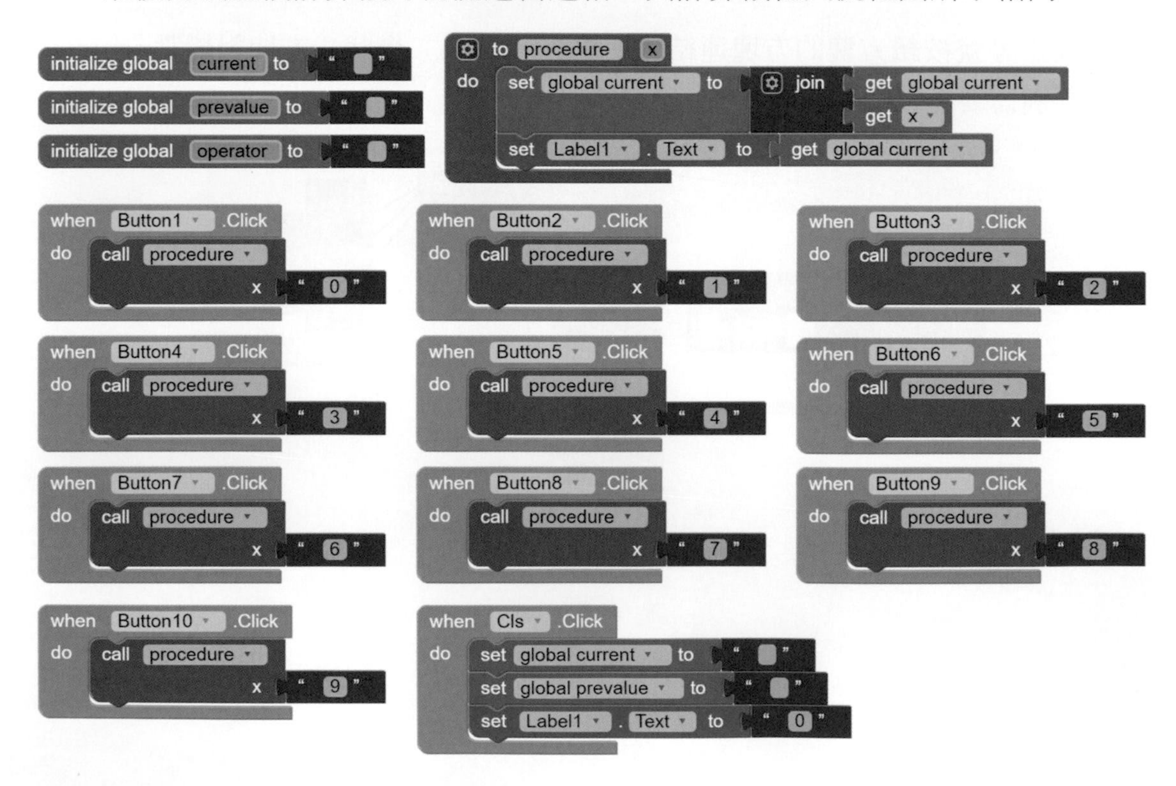

```
when ADD .Click
do  set global prevalue to  get global current
    set global operator to  " + "
    set global current to  "  "

when Minus .Click
do  set global prevalue to  get global current
    set global operator to  " - "
    set global current to  "  "

when Multi .Click
do  set global prevalue to  get global current
    set global operator to  " * "
    set global current to  "  "

when DIV .Click
do  set global prevalue to  get global current
    set global operator to  " / "
    set global current to  "  "

when Equal .Click
do  if  get global current ≠ "  "
    then  if  " + " = get global operator
          then  set global current to  get global prevalue + get global current
          else if  " - " = get global operator
          then  set global current to  get global prevalue - get global current
          else if  " * " = get global operator
          then  set global current to  get global prevalue × get global current
          else if  " / " = get global operator
          then  set global current to  get global prevalue / get global current
          set Label1 . Text to  get global current
```

6-5 執行程式與測試與功能改進

請先確認是否已啟動模擬器（**aiStarter**），再選用**連線→模擬器**。執行程式測試其按鈕顯示畫面有些問題如下圖：

這與當初在Screen1畫面設計顯示不一樣，因此，須至Designer修改此按鈕組件Height（高）的屬性為Automatic，這樣可以修正長度不正常狀況。請讀者耐心修改每個按鈕的Height屬性為Automatic。

修改後資料如下，整個Screen1畫面顯得有些奇怪，但執行至模擬器就可以正常顯示按鈕上的數字與符號。

測試程式結果能正確計算四則運算，但如果有鍵入數字，之後沒有按運算元按鈕，而直接按等號鍵計算會引起產生錯誤訊息狀況，修正此狀況如下：

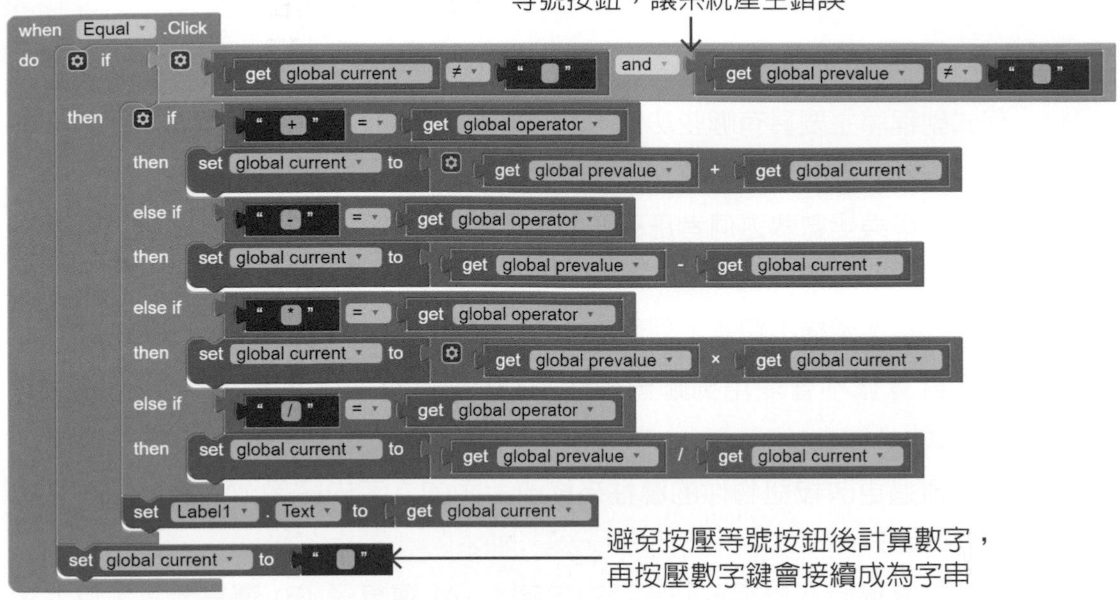

啓動模擬器（aiStarter）後，點選**連線→模擬器**。利用滑鼠點擊按鈕3選擇除法按鈕，再與點擊數字按鈕4，顯示結果爲0.75。此程式並不具備累加、連減功能以及先乘除後加減的功能，讀者可以思考看看，如何修正此計算機功能的不足之處。

自我評量

◈ 選擇題

(　) 1. 程式副程序主要具有哪些功能？ (A) 可以傳遞物件 (B) 可以傳送1 至數個參數 (C) 只能傳送1 個參數。

(　) 2. 下列字串與變數敘述何者正確？ (A) 字串可用數學符號相加 (B) 變數可轉換數值字串成為數字型態 (C) 字串不能串接而變數可以串接數值。

(　) 3. 電腦的基本架構不包含下列何者？ (A) ROM (B) RAM (C) Keyboard。

(　) 4. 實作計算機不會使用到哪個組件？ (A) 對話框 (B) 按鈕（Button）(C) 標籤（Label）。

(　) 5. 可以透過更改按鈕物件的屬性來修改上面的文字內容是 (A) 高度 (B) 文本 (C) 可視性。

(　) 6. 設計計算機時我們需要判別那些內容？ (A) 運算子 (B) 運算元 (C) 以上皆是。

(　) 7. 在運算子中，何者的優先權最高？ (A ＋、- (B) ×、÷ (C) 以上優先權相等。

(　) 8. 電腦可以儲存資料的是哪個部份？ (A) ROM (B) RAM (C) Keyboard。

(　) 9. 實作計算機不會使用到哪個組件？ (A) 對話框 (B) 按鈕（Button）(C) 標籤（Label）。

(　) 10. 兩個字串相加要選用哪個模組？ (A) If (B) Join (C) Get。

(　) 11. 副程式模板設定輸入參數要選擇哪個部分？ (A) call procedure (B) input: x (C) ⚙。

(　) 12. 運算子運算模板分類在哪裡？ (A) Compute (B) Math (C) Caculate。

◈ 實作題

1. 程式修改成具有連加功能及一般電子計算基本功能。
2. 分析上述計算機程式那些部分具有重複性，可再增加第二副程序簡化程式方塊使用。

命運輪盤（作業系統）-執行緒與繪圖元件

本章學習重點

- Clock（Timer）方塊（執行緒）
- 認識繪圖元件
- 如何使用變數當作開關

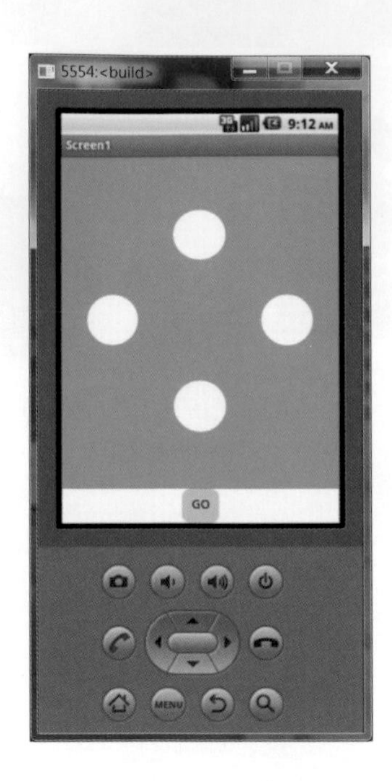

7-1 命運輪盤遊戲

利用作業系統分時處理原理執行Clock方塊，使得遊戲不會影響手機其他應用程式的執行效能。整個遊戲的設計觀念，是使用Canvas方塊繪出四個白色圓與單一紅色圓，達成紅色圓旋轉的目的。執行緒（Thread）是作業系統中很重要的一個概念，也是設計程式者必須知道的概念。目前的作業系統中，常利用多工（Multitask）機制，可以同時執行多個程式，讓這些程式不會產生干擾，充分發揮CPU與記憶體的效能。如果程式是執行在多顆CPU狀態下，則會透過作業系統的分配，執行於不同顆的CPU下，當然在編寫程式碼時要以執行緒的方式撰寫，讓電腦發揮最大的計算效能。執行緒在作業系統中又稱爲**輕量級行程**（Light Weight Process），包含程式計數器、暫存器、堆疊與變數空間。一般行程（Process）可以視作執行單一執行緒，行程與行程之間不能共用記憶體空間，也不能存取對方的變數，但是執行緒之間可以，當然要有控管機制，不可以隨便存取同一變數。

7-2 程式架構

輪盤遊戲程式設計流程

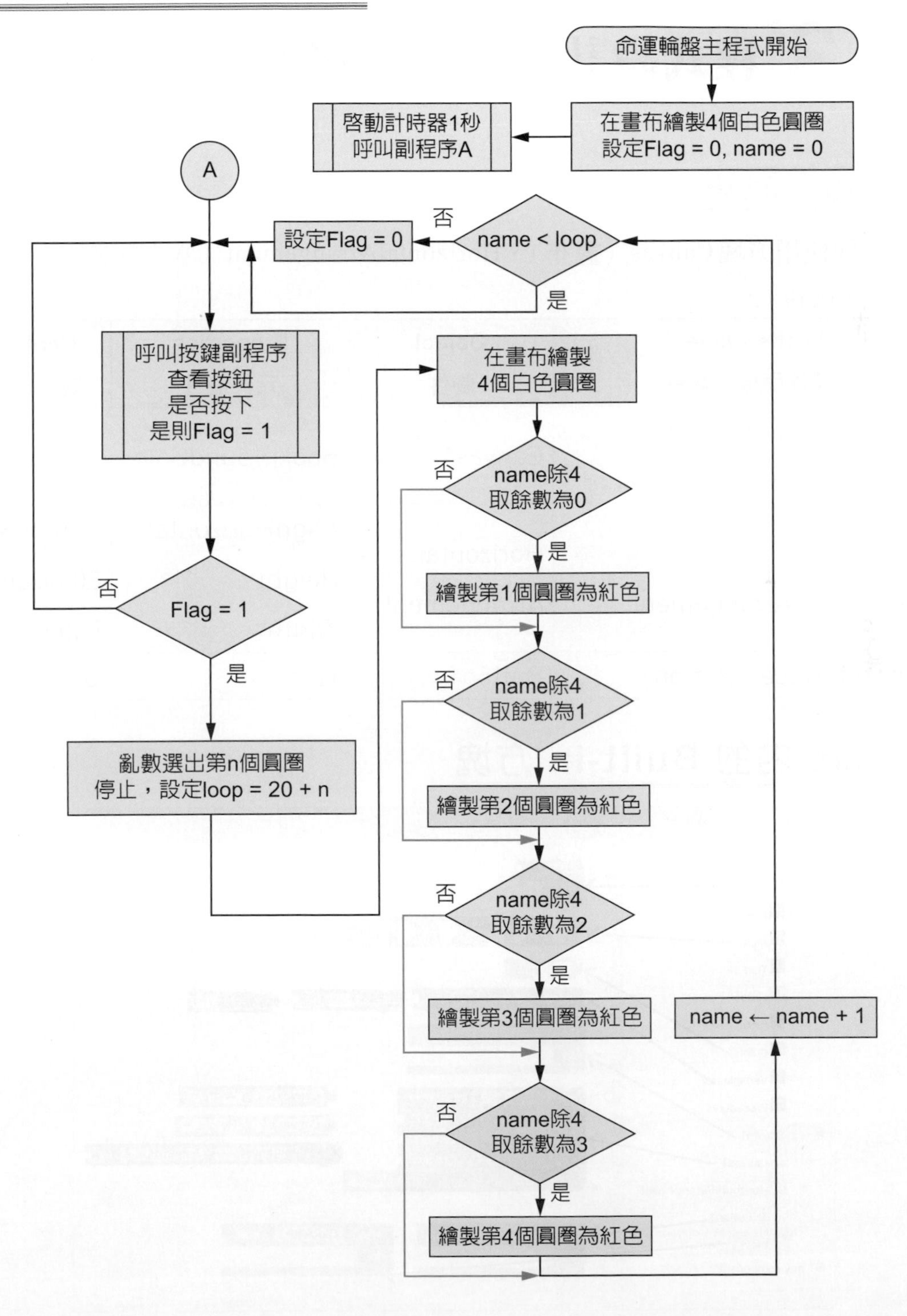

上述流程圖主要利用計時器方塊，每秒會執行此計時器方塊一次，利用這個啓動程序，控制IF方塊、Canvas的畫圓方塊繪製紅色圓而達成旋轉的功能。其中繪製四白色圓圈是呼叫副程序，以簡化初始與旋轉紅色圓需清除成白色的程式碼。

7-3 程式設計所需元件與方塊

螢幕元件設定

介面使用方塊Canvas（畫布）、HorizontalArrangement（水平配置）、Button（按鈕）。

Palette / object 元件面板 / 類別	Object 物件	Properties 元件屬性	Contain 屬性內容
Drawing and Animation / Canvas	Canvas1	BackgroundColor	Green
Layout / HorizontalArrangement	Horizontal Arrangement1	AlignHorizontal Height Width	Center:3 50 pixels Full parent
User Interface / Button	Button1	Text	GO

Blocks 內的 Built-in 方塊

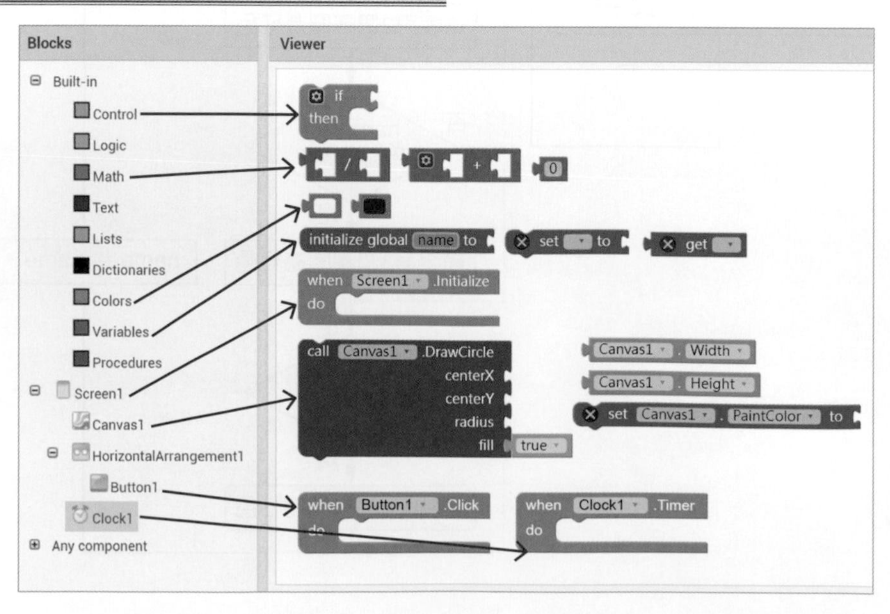

7-4 操作流程

使用方塊的版面配置

建立此專案檔案名稱請輸入**WheelGame**名稱後進入**Designer**工作區內，根據下圖進行方塊布局與屬性設定。

» Step1　拖曳Canvas物件至Screen畫面，設定顏色與大小。

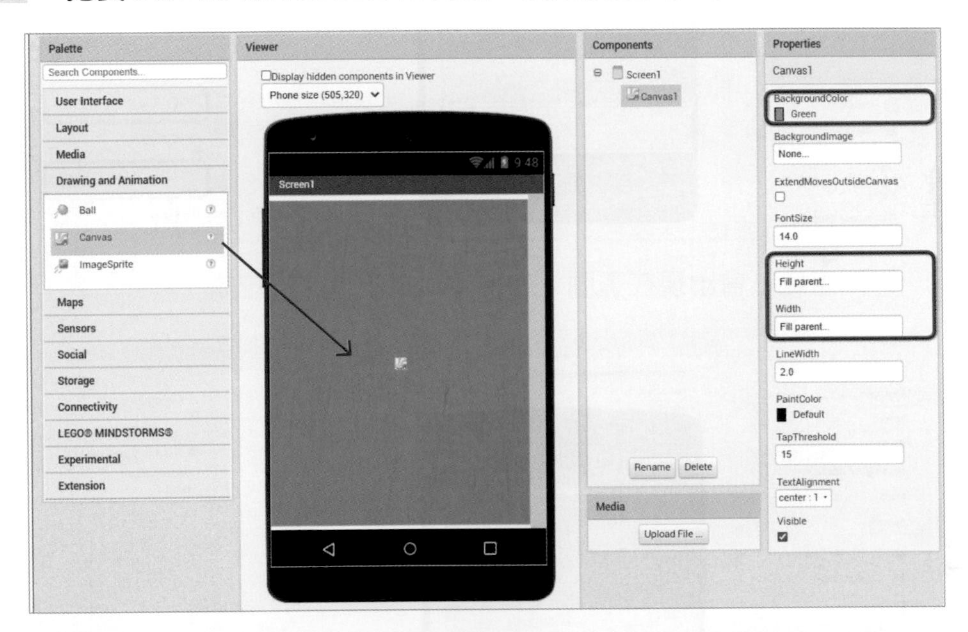

» Step2　設定水平版面配置。

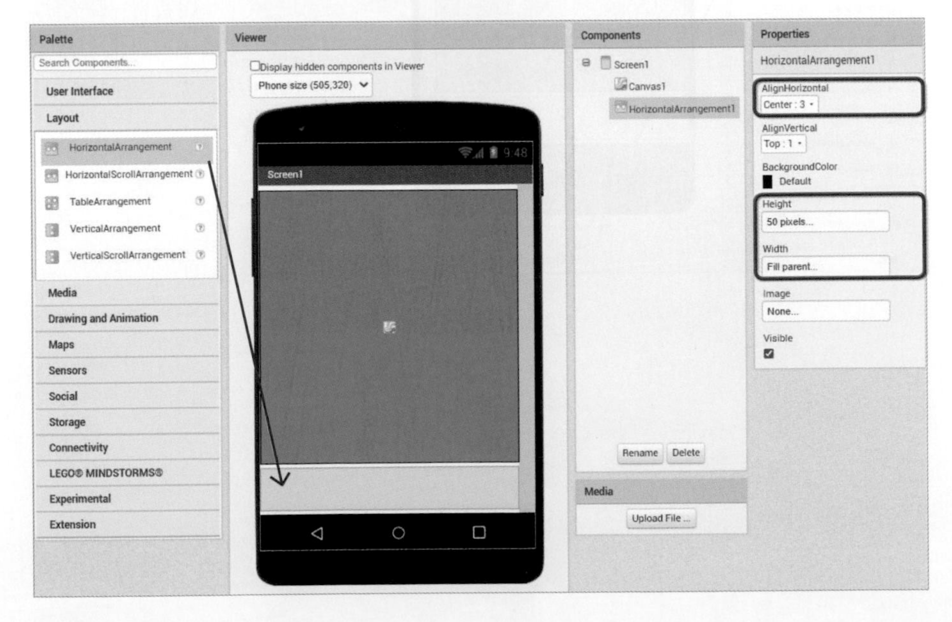

»Step3 增加按鈕方塊至水平配置物件內。

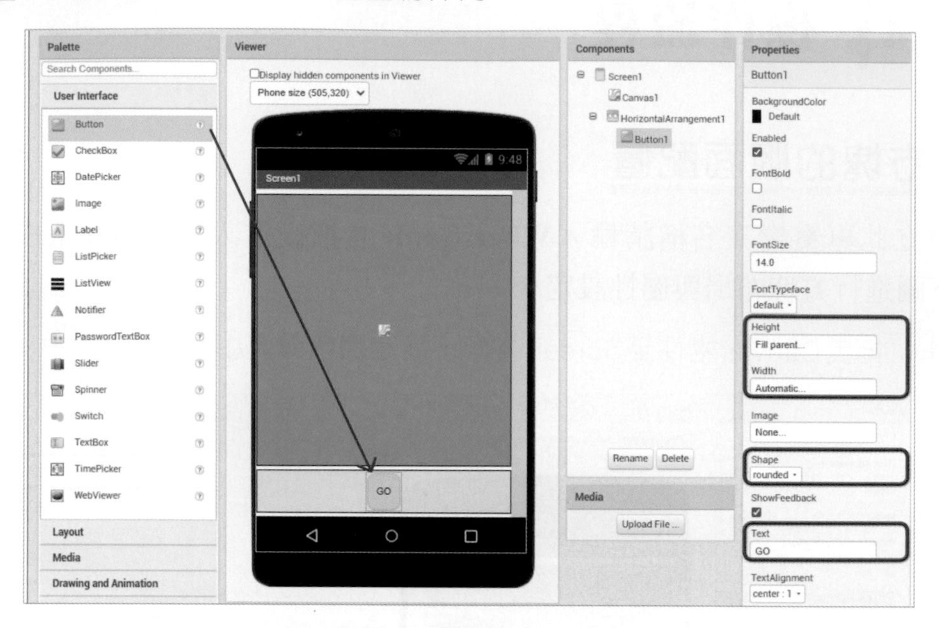

時間方塊不會出現在畫面，亦稱非可視方塊。

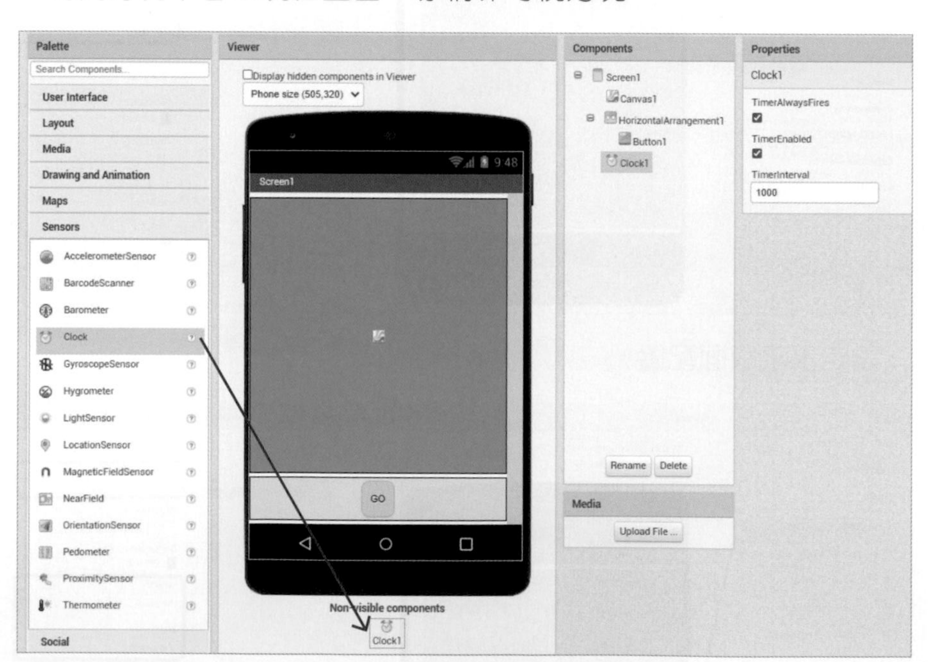

程式方塊功能連結設定

進入Blocks 工作面板進行程式設計，直接點選Blocks下方Built-in中所列出紅色框線的方塊，拖曳至工作面板中，準備之後的邏輯連結。未在Blocks（程式設計）工作區請切換至此工作區，操作如下：

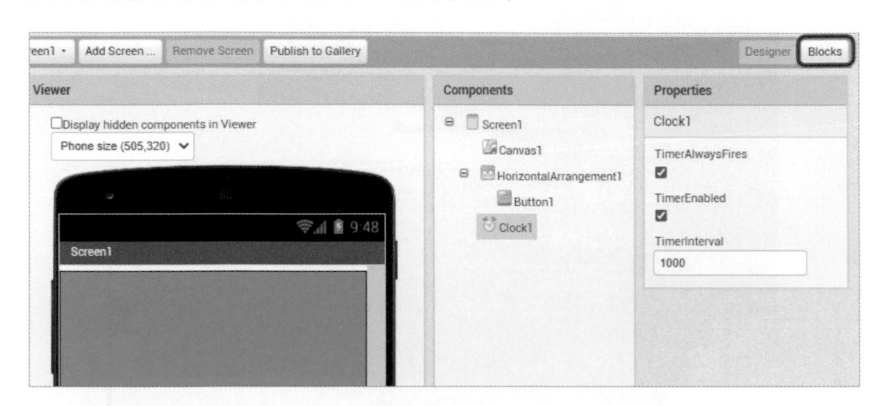

根據所需方塊先行拖曳至工作區。

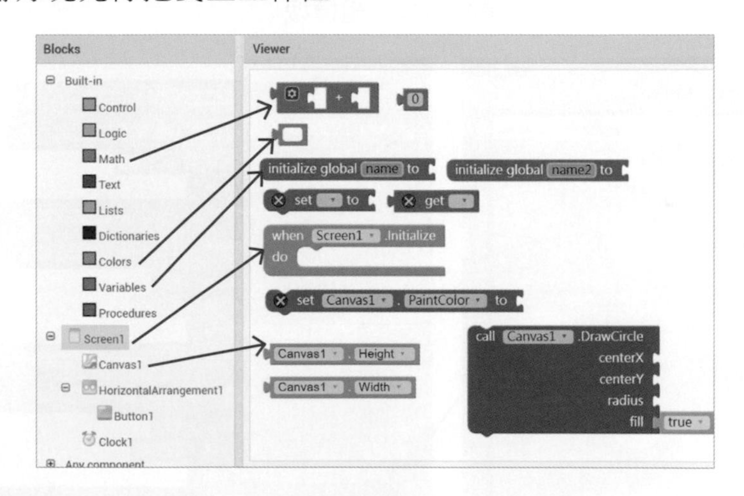

繪製出第一個白色圓圈，以Canvas畫布中心為基點。

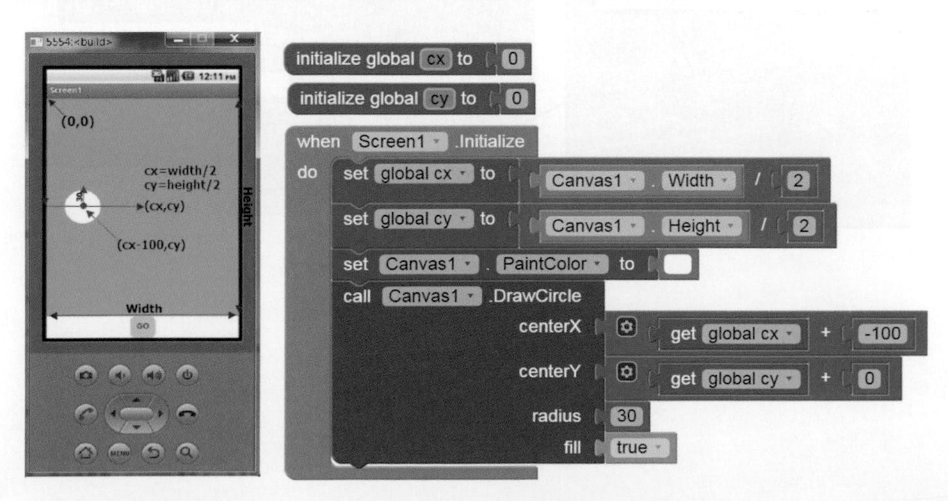

利用第一個白色方塊複製產生其他三個繪製白色圓方塊，而以Canvas畫布中心點繪製四個白色圓。

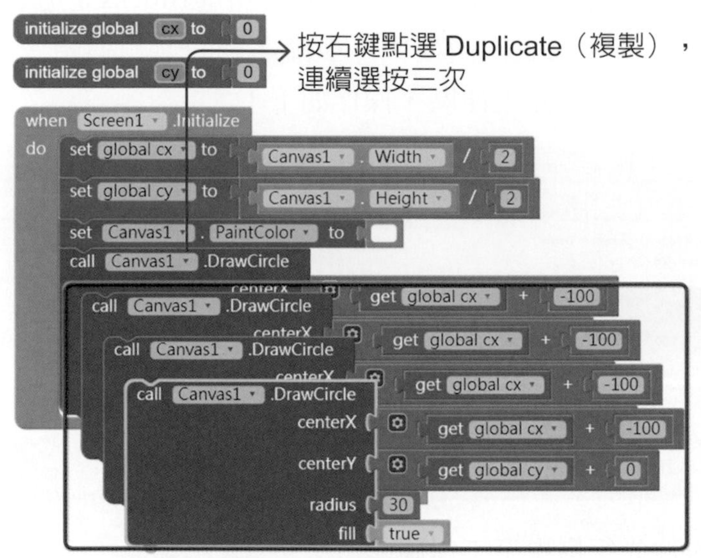

複製後有三組模塊

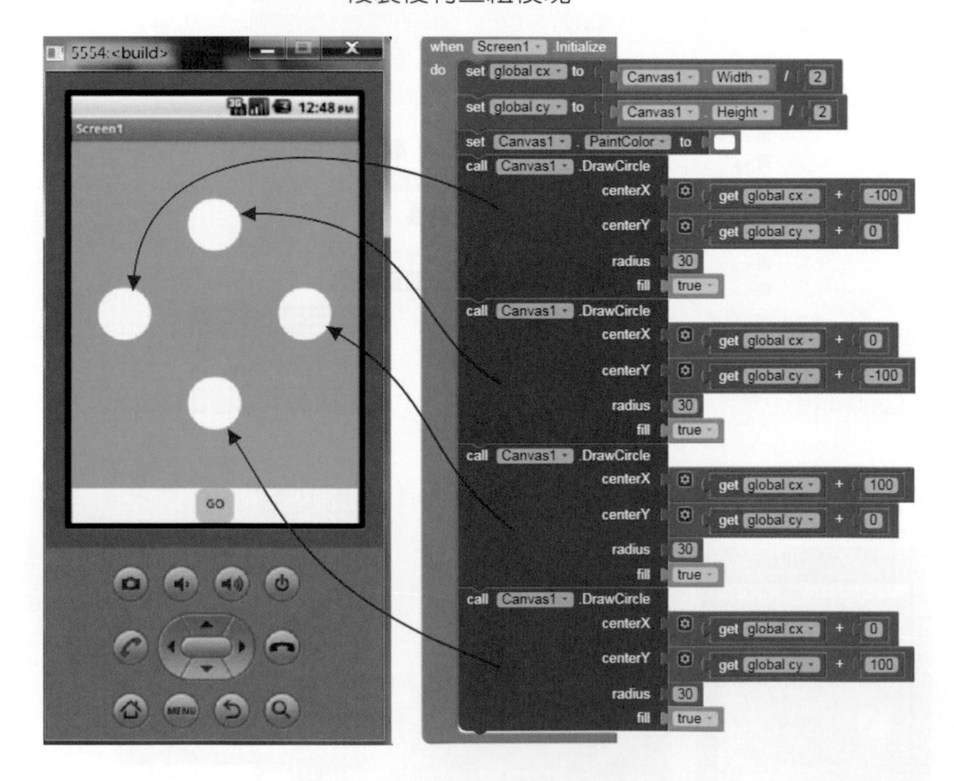

由於繪製四個白色圓圈，在畫面開始就要繪製出，也使用在清除紅色圓成爲白色，因此此段程式碼以副程序呈現減少方塊使用量，連接方法如下：

»Step1　利用副程式減少方塊使用量。

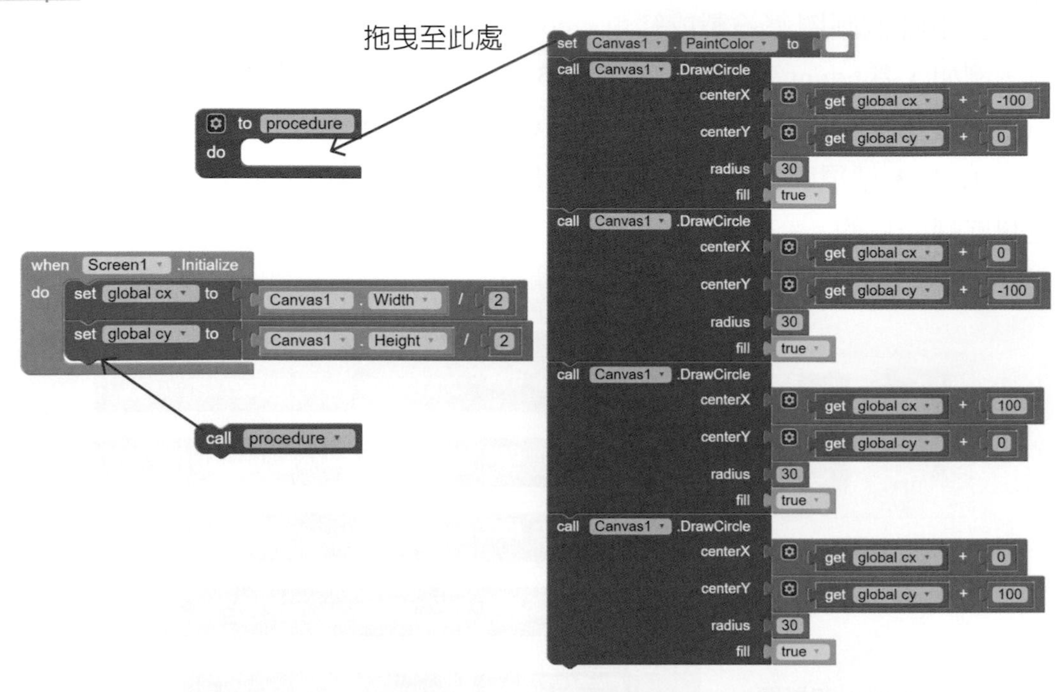

»Step2　完成設定各燈號顏色為白色。

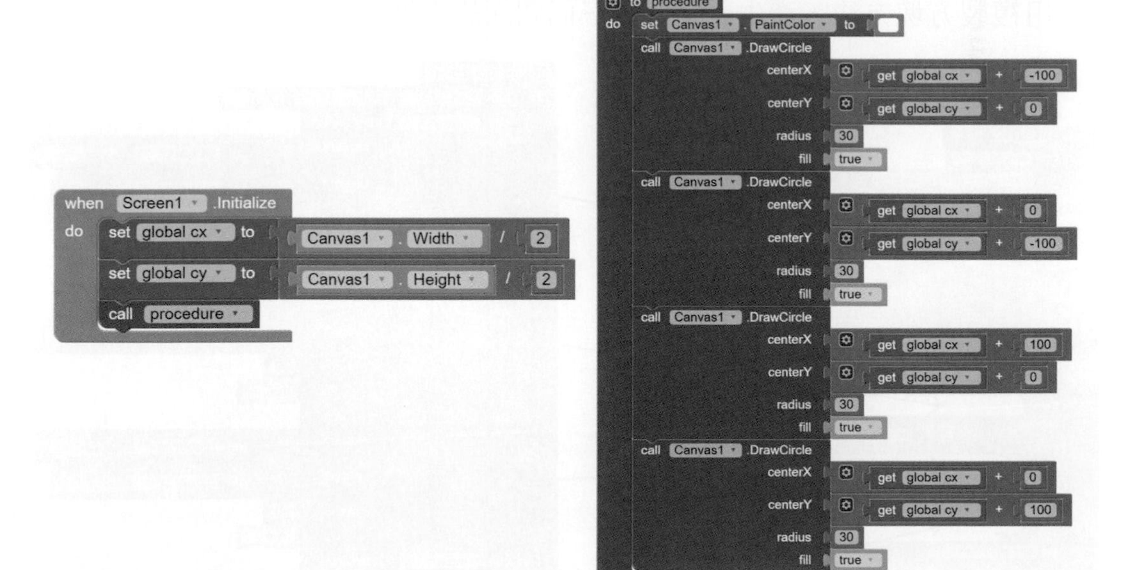

根據下圖拖曳方塊完成圖中的邏輯連結，此方塊的主要功能是由Timer方塊產生每1秒（預設值）執行這方塊內所含有的方塊，也就是說會執行一次count變數方塊累加1的計算（count←count+1），因此利用數學餘數方塊的計算與判斷式，產生哪個圓圈需繪製成紅色。count變數數值除以4取餘數運算後有四種數值，例如，當count等於0, 1, 2, 3, 4, 5, 6, 7, 8, 9, 10, 11,…產生累進1數值，則count數值經過除以4取餘數的運算數值會變成**0, 1, 2, 3, 0, 1, 2, 3, 0, 1, 2, 3,**…，具有**0, 1, 2, 3** 循環數字，因此可以使得紅色圓依照此循環數字進行繪製，達成紅色圓旋轉的目的。

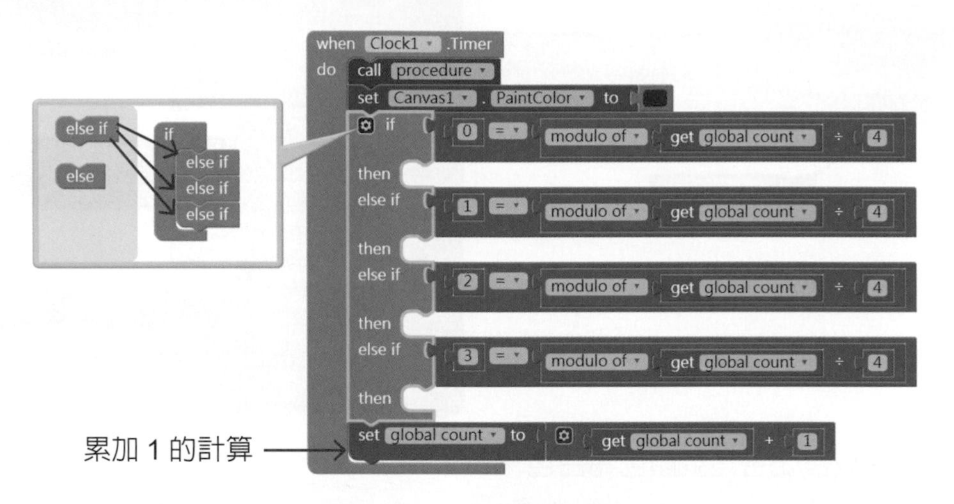

用複製方塊方法，產生需要繪製三個圓圈的方塊。

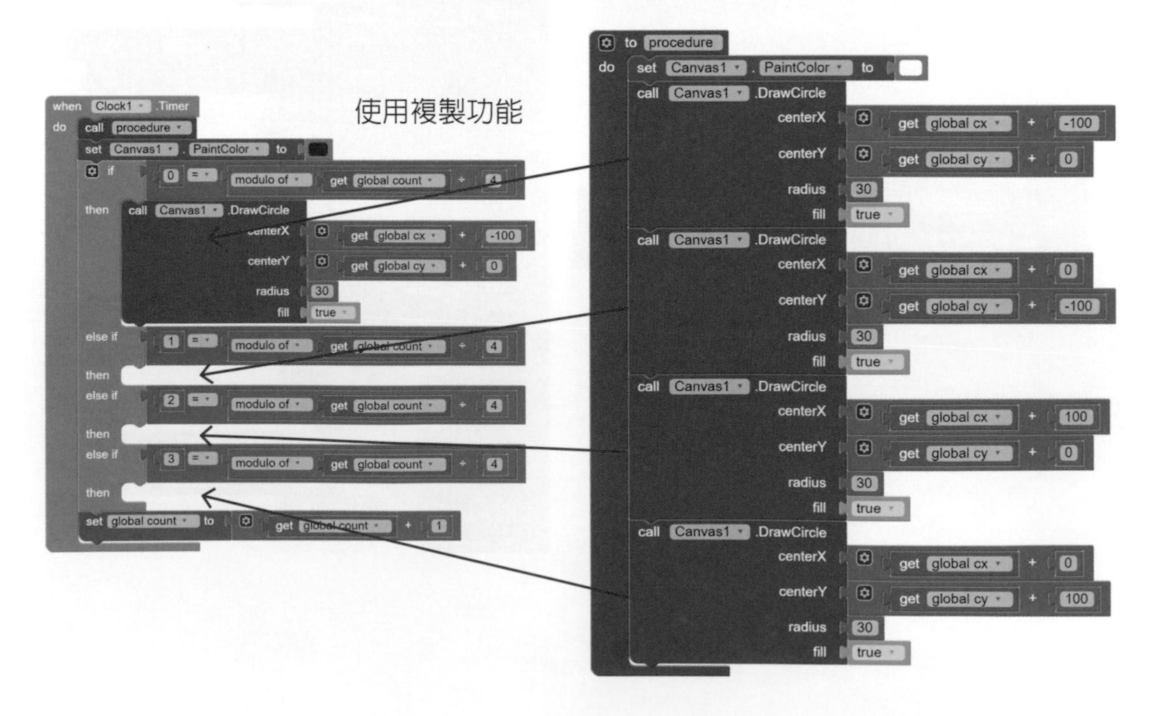

完成紅色圓旋轉功能的程式設計。

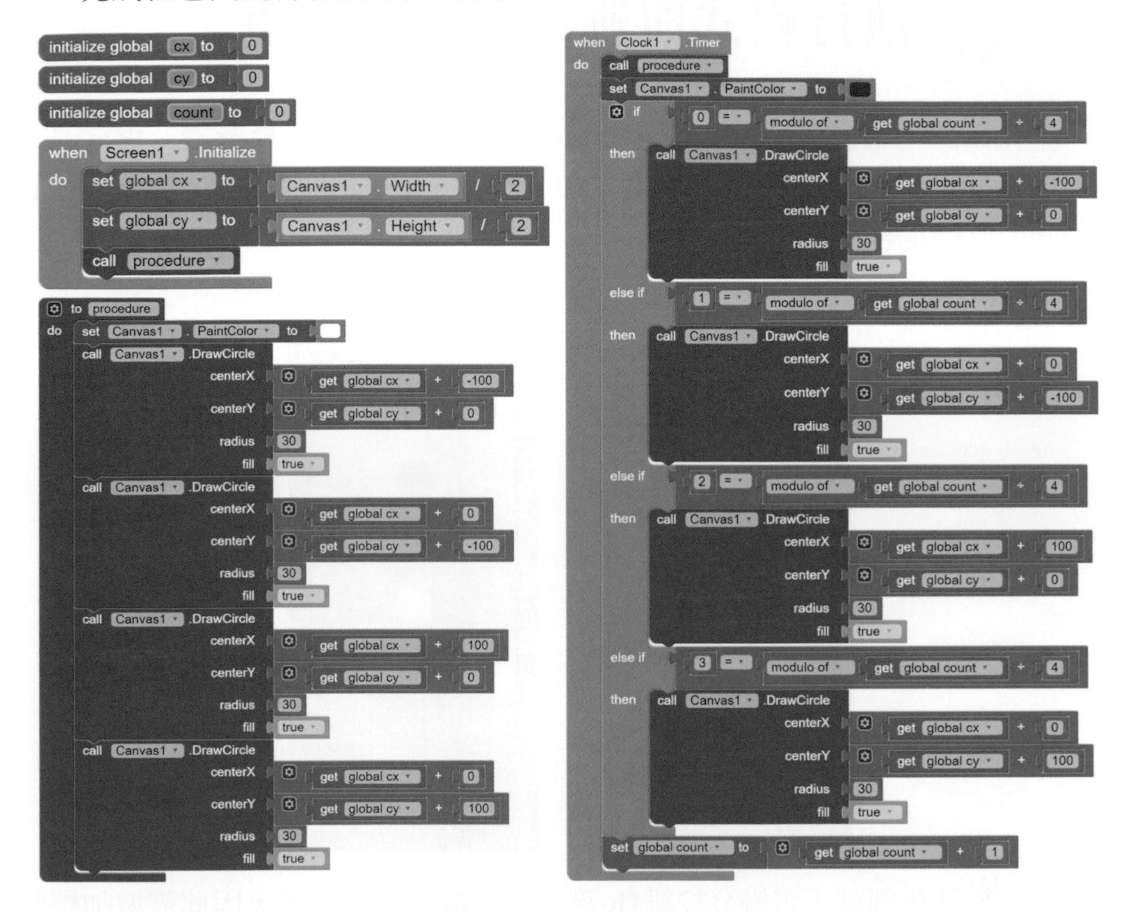

7-5 執行程式與測試與功能改進

請先確認是否已啓動模擬器（aiStarter）再選用**連線→模擬器**。程式執行畫面顯示是否1秒鐘旋轉一次紅色圓，如果沒有旋轉紅色圓請檢查Timer內繪製四個圓的座標是否正確。

測試結果畫面：

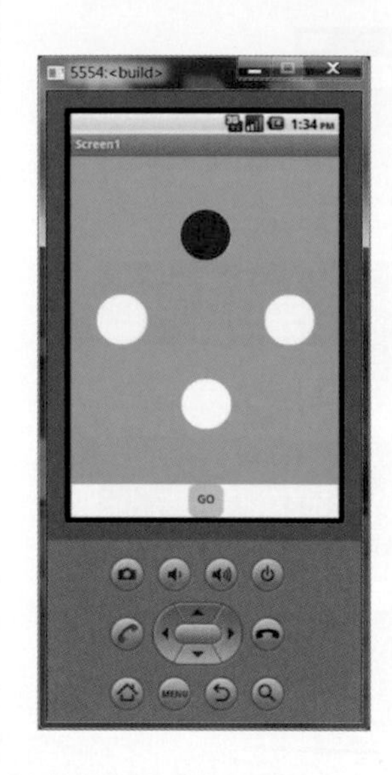

執行後紅色圓就不需觸發按鈕Go鍵就開始旋轉無法停下，因此需增加啓動按鈕具有開始與轉幾圈設定功能：

增加按鈕觸發方塊至工作畫面，以及亂數選定要停在哪個圓圈的位置。

»Step1　利用亂數設定紅色在哪個次數停止。

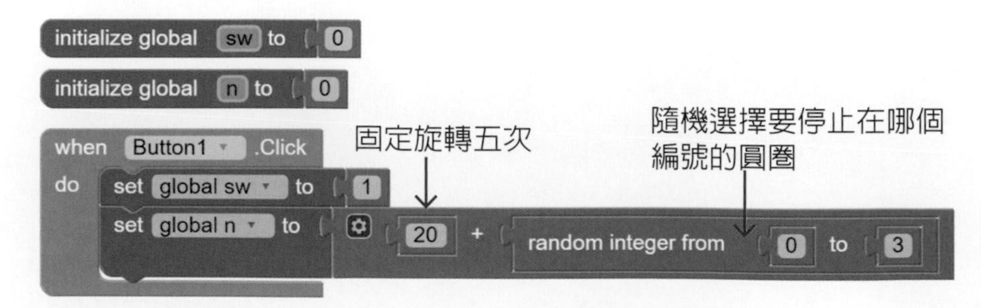

»Step2　選取整個模組拖曳至判別模板內，使得輪盤具有啟動與關閉功能。

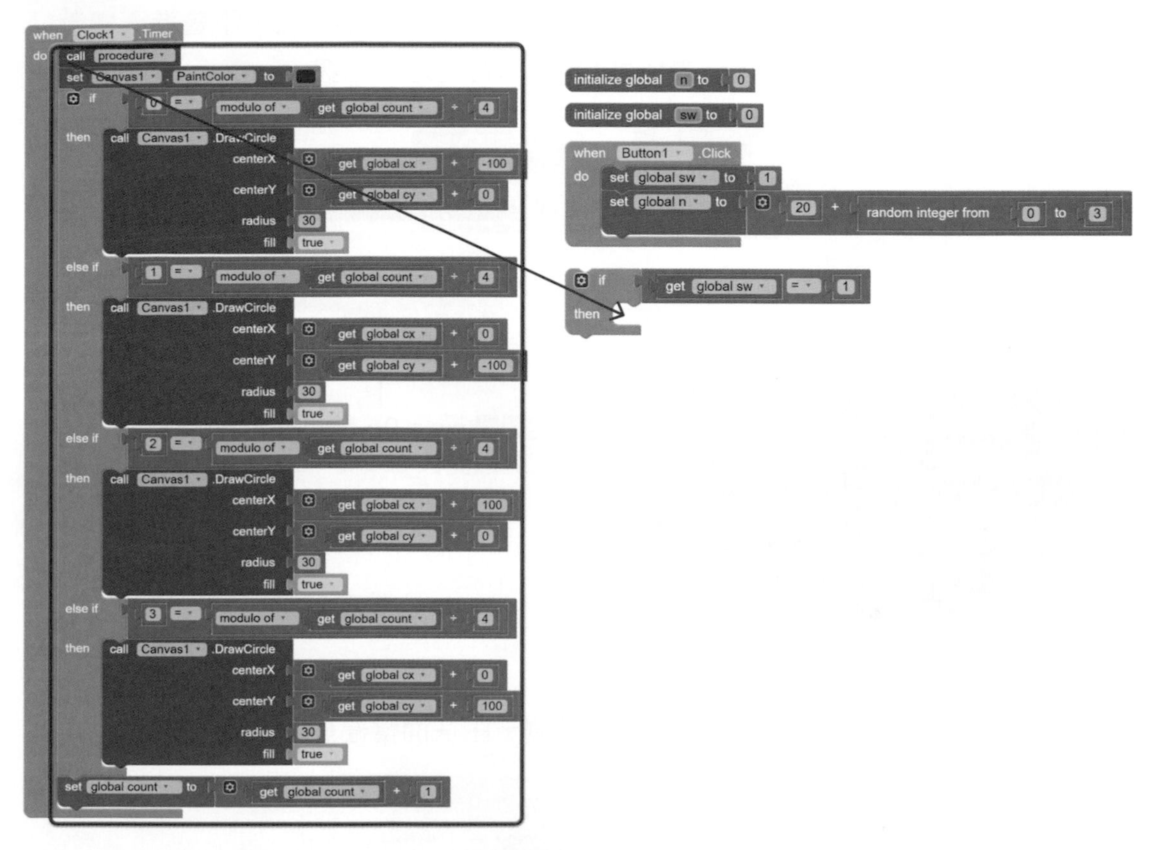

»Step3　之後整個模板移至Timer模組內。

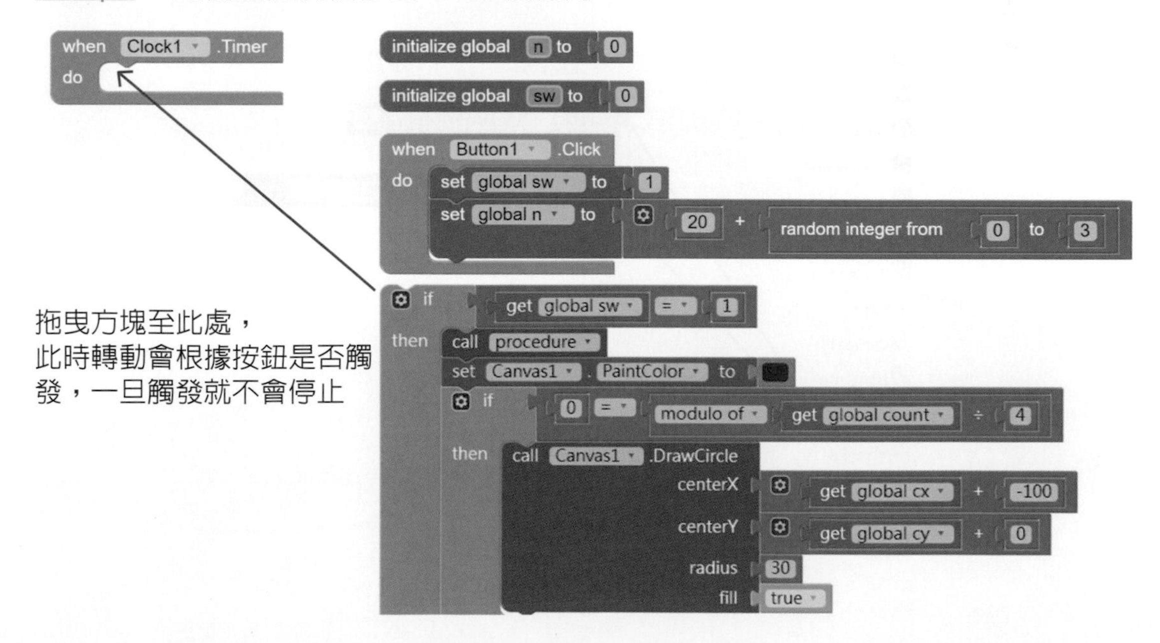

»Step4 當count變數累加的次數與亂數設定旋轉次數相同時，則設定變數sw=0，使得紅燈停止旋轉，停止原因是判別式不成立，不會進入繪製紅色圓方塊，但是Timer還是每1秒會執行此方塊一次。

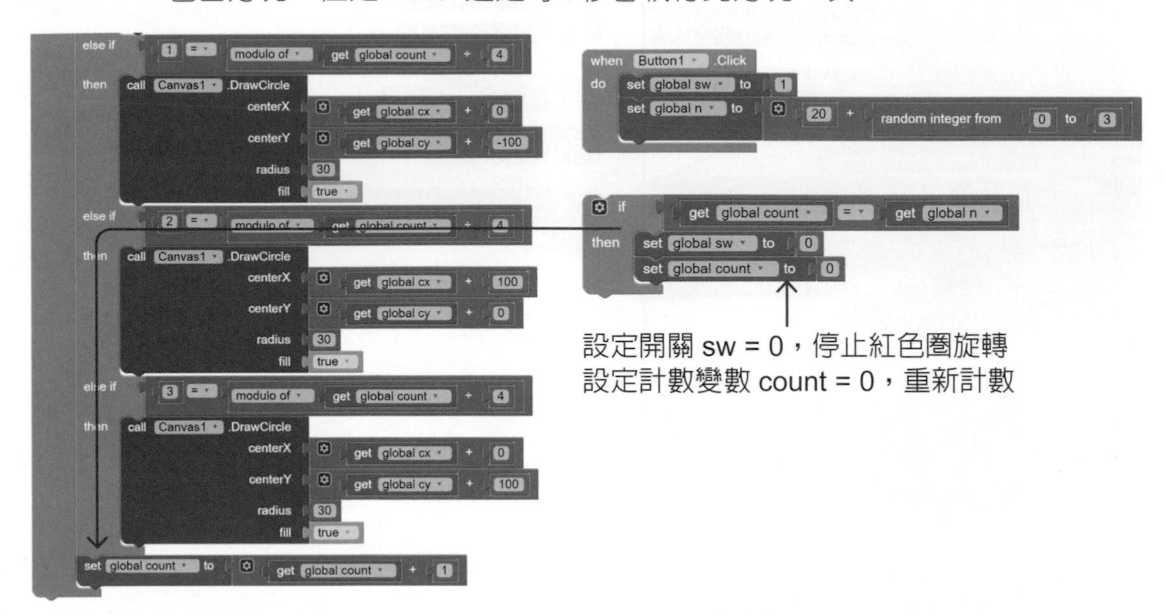

設定開關 sw = 0，停止紅色圈旋轉
設定計數變數 count = 0，重新計數

»Step5 設定timer方塊，可以動態改變速度，由快而慢停止。

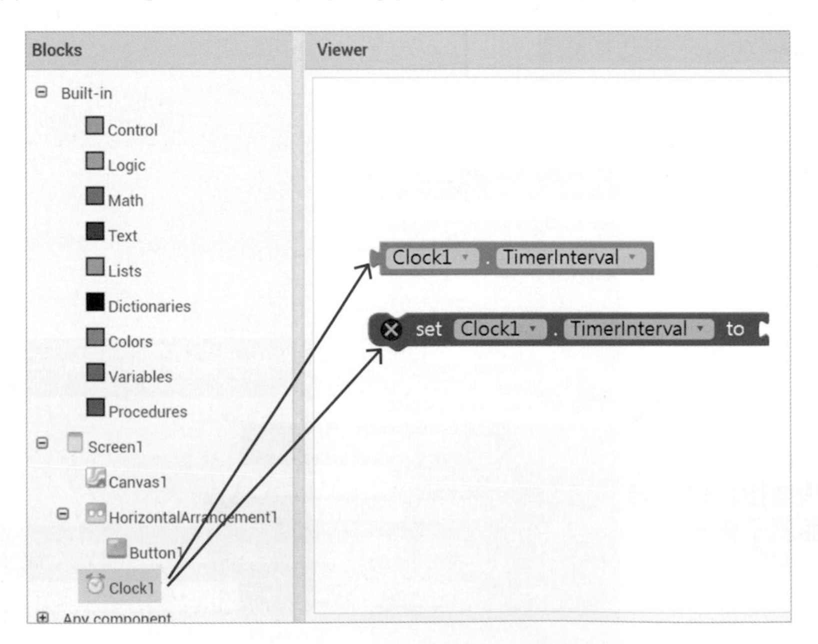

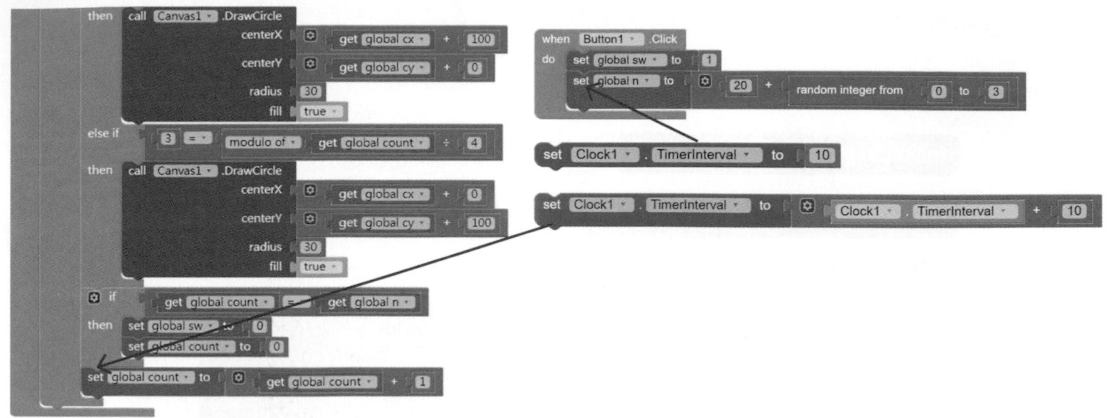
then call Canvas1 .DrawCircle
centerX get global cx + 100
centerY get global cy + 0
radius 30
fill true
else if 3 = modulo of get global count ÷ 4
then call Canvas1 .DrawCircle
centerX get global cx + 0
centerY get global cy + 100
radius 30
fill true
if get global count = get global n
then set global sw to 0
set global count to 0
set global count to get global count + 1
when Button1 .Click
do set global sw to 1
set global n to 20 + random integer from 0 to 3
set Clock1 . TimerInterval to 10
set Clock1 . TimerInterval to Clock1 . TimerInterval + 10

命運輪盤完整程式方塊：

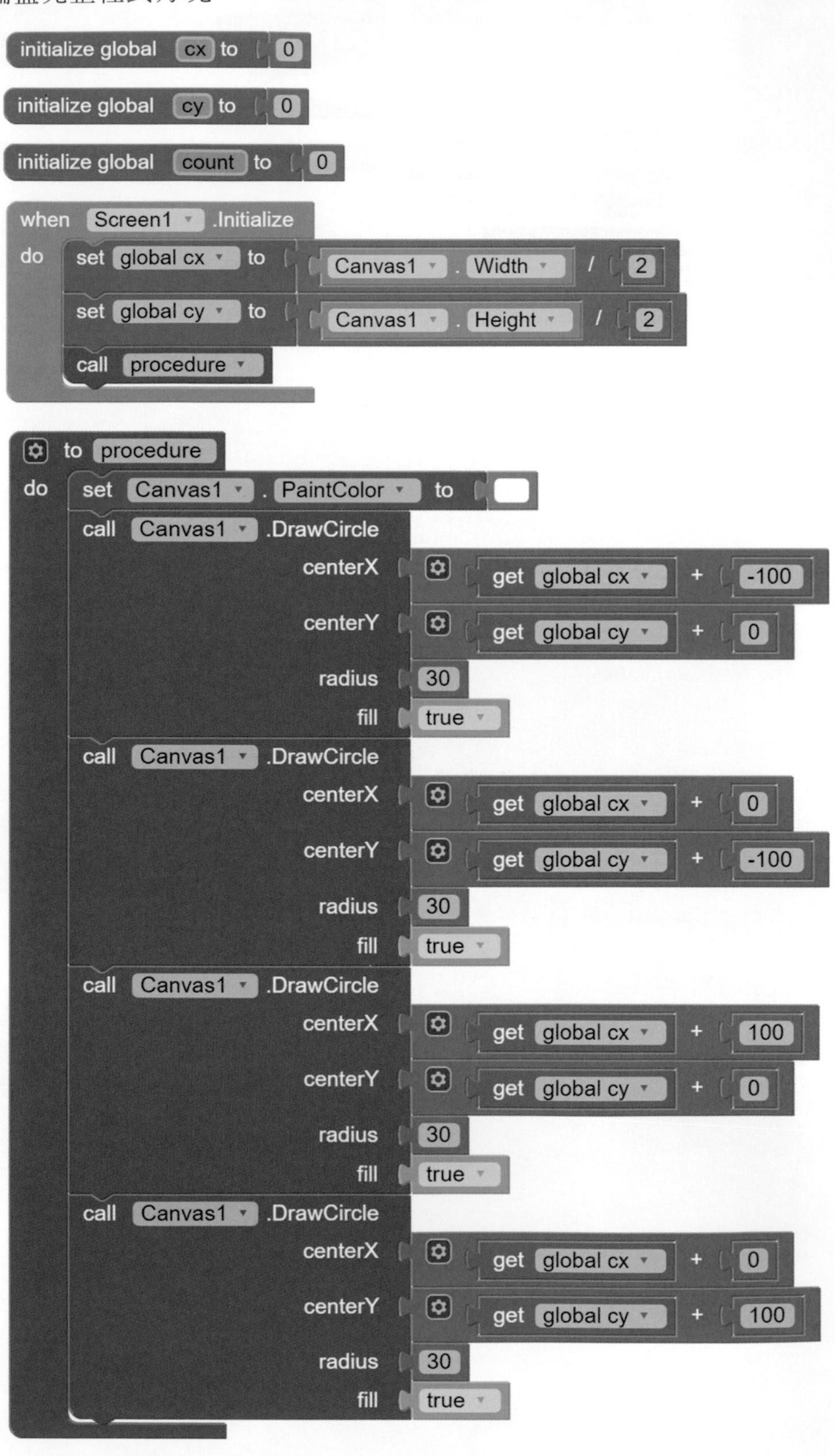
initialize global cx to 0
initialize global cy to 0
initialize global count to 0
when Screen1 .Initialize
do set global cx to Canvas1 . Width / 2
set global cy to Canvas1 . Height / 2
call procedure
to procedure
do set Canvas1 . PaintColor to
call Canvas1 .DrawCircle
centerX get global cx + -100
centerY get global cy + 0
radius 30
fill true
call Canvas1 .DrawCircle
centerX get global cx + 0
centerY get global cy + -100
radius 30
fill true
call Canvas1 .DrawCircle
centerX get global cx + 100
centerY get global cy + 0
radius 30
fill true
call Canvas1 .DrawCircle
centerX get global cx + 0
centerY get global cy + 100
radius 30
fill true

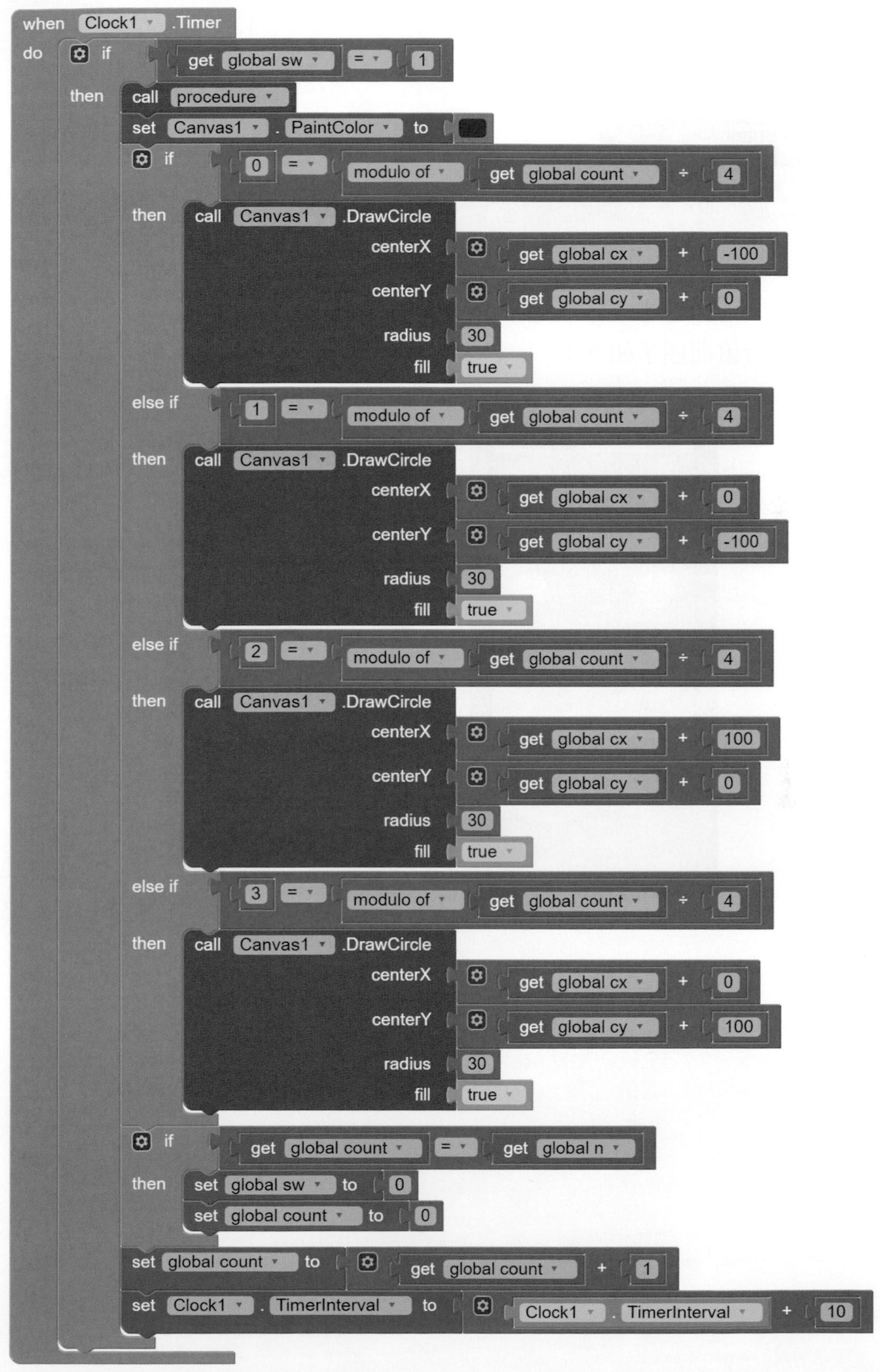
when Clock1 .Timer
do if get global sw = 1
then call procedure
set Canvas1 . PaintColor to
if 0 = modulo of get global count ÷ 4
then call Canvas1 .DrawCircle
centerX get global cx + -100
centerY get global cy + 0
radius 30
fill true
else if 1 = modulo of get global count ÷ 4
then call Canvas1 .DrawCircle
centerX get global cx + 0
centerY get global cy + -100
radius 30
fill true
else if 2 = modulo of get global count ÷ 4
then call Canvas1 .DrawCircle
centerX get global cx + 100
centerY get global cy + 0
radius 30
fill true
else if 3 = modulo of get global count ÷ 4
then call Canvas1 .DrawCircle
centerX get global cx + 0
centerY get global cy + 100
radius 30
fill true
if get global count = get global n
then set global sw to 0
set global count to 0
set global count to get global count + 1
set Clock1 . TimerInterval to Clock1 . TimerInterval + 10

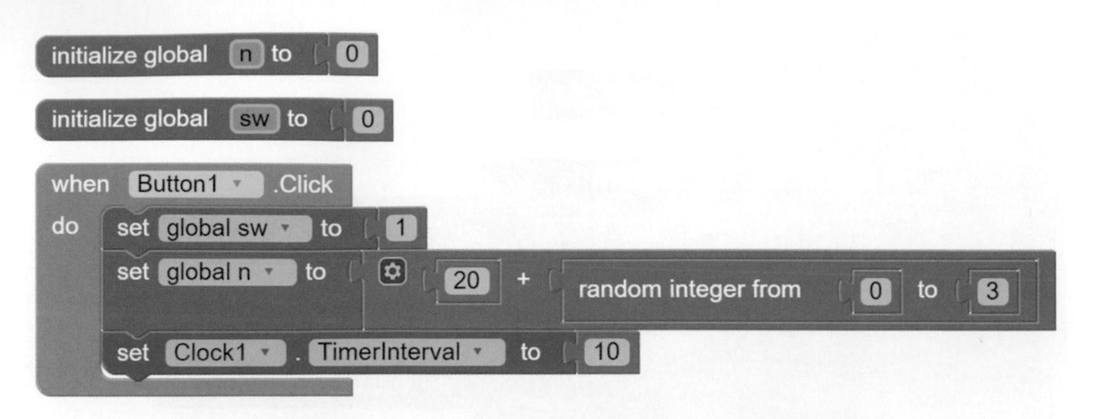
initialize global n to 0
initialize global sw to 0
when Button1 .Click
do set global sw to 1
set global n to 20 + random integer from 0 to 3
set Clock1 . TimerInterval to 10

最後執行畫面顯示如下：

5554:<build>
9:12 AM
Screen1
GO

5554:<build>
9:15 AM
Screen1
GO

◈ 選擇題

(　　) 1. 取出Canvas寬度當作x中心點座標是指？ (A) Canvas.Height (B) Canvas.Width (C) Canvas.Text。

(　　) 2. 可調整Timer時間是要改變哪個屬性的數值？ (A) Timerinterval (B) TimerEnable (C) TimerAlwayFires。

(　　) 3. 下列何者可以共用記憶體空間？ (A) Thread (B) Process (C) 以上皆非。

(　　) 4. 計時器組件為 (A) 可視元件 (B) 不可視元件 (C) 以上皆非。

(　　) 5. 繪製白色圓圈是使用哪個組件繪製？ (A) Label（標籤）(B) Canvas（畫布）(C) Button（按鈕）。

(　　) 6. 承上題，輪盤的循環是透過哪種運算做成？ (A) 加法運算 (B) 取模運算 (C) 除法運算。

(　　) 7. 在畫布組件中，如果需要得到非實心填充的圓，其fill應該放置？ (A) true (B) false (C) 不作放置。

(　　) 8. Clock方塊屬於哪個Palette ？ (A) Layout (B) Media (C) Sensors。

(　　) 9. 取出畫布長度使用哪個方塊？ (A) Canvas1 . Height
(B) Canvas1 . Width (C) set Canvas1 . PaintColor to 。

(　　) 10. 繪製白色圓圈是使用哪個方塊繪製？ (A) call Canvas1 .DrawCircle centerX centerY radius fill

(B) (C) 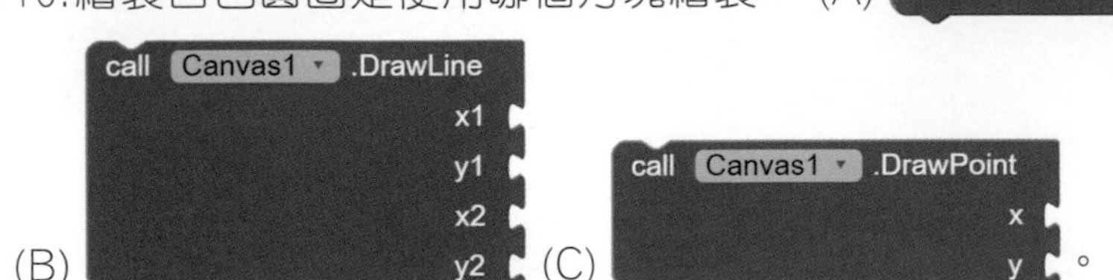

。

(　　) 11. If 使用在輪迴要用哪種方式？ (A) 單一判斷 (B) 雙判斷 (C) 巢狀判斷。

(　　) 12. 設定圓圈方塊是哪個參數？ (A) radius (B) fill (C) centerX。

◈ 實作題

1. 利用方塊觸發觀念增加你選取是哪個圓圈，並在圓圈上顯示編號發出聲音提示是否猜中，增加遊戲的趣味性。
2. 利用迴圈與數學sin函數以及cos函數方塊進行多個圓圈繪製設計。

NOTE

指針型時鐘(作業系統)–多執行緒與繪圖元件

本章學習重點

- 多個Clock（Timer）元件（多執行緒）
- 認識繪圖元件
- 學習三角函數使用

8-1 指針型時鐘

利用作業系統分時處理原理分別執行Clock元件，使得遊戲不會影響手機其他程式的運作效能，本章利用Canvas 元件繪出傳統時鐘，了解三角函數的原理。執行緒的執行是一個相當難懂的概念，如果CPU只有一個，會感覺到這兩個程式真的會同時執行，但真實情況的CPU只是輪流執行程式，程式的輪流執行則是透過作業系統排定，而非程式設計者自行安排。目前處理器也支援多執行緒，可透過硬體技術達成多執行緒技術。對稱多處理機系統具有多個處理器，所以具有真正同時執行多個執行緒的能力，可以分成兩種硬體執行方式，一種是利用額外晶片整合多個核心，具有真正的多執行緒能力；另外一種的技術則是依靠硬體切換執行緒，獲得更多執行的執行緒程能力，軟體的作業系統不再負責執行緒切換工作，因此可以提升作業系統執行能力。而微軟的Windows 2000 以後的作業系統皆支援CPU具有多執行緒與超執行緒的硬體技術。

08

8-2 程式架構

指針型時鐘式設計流程

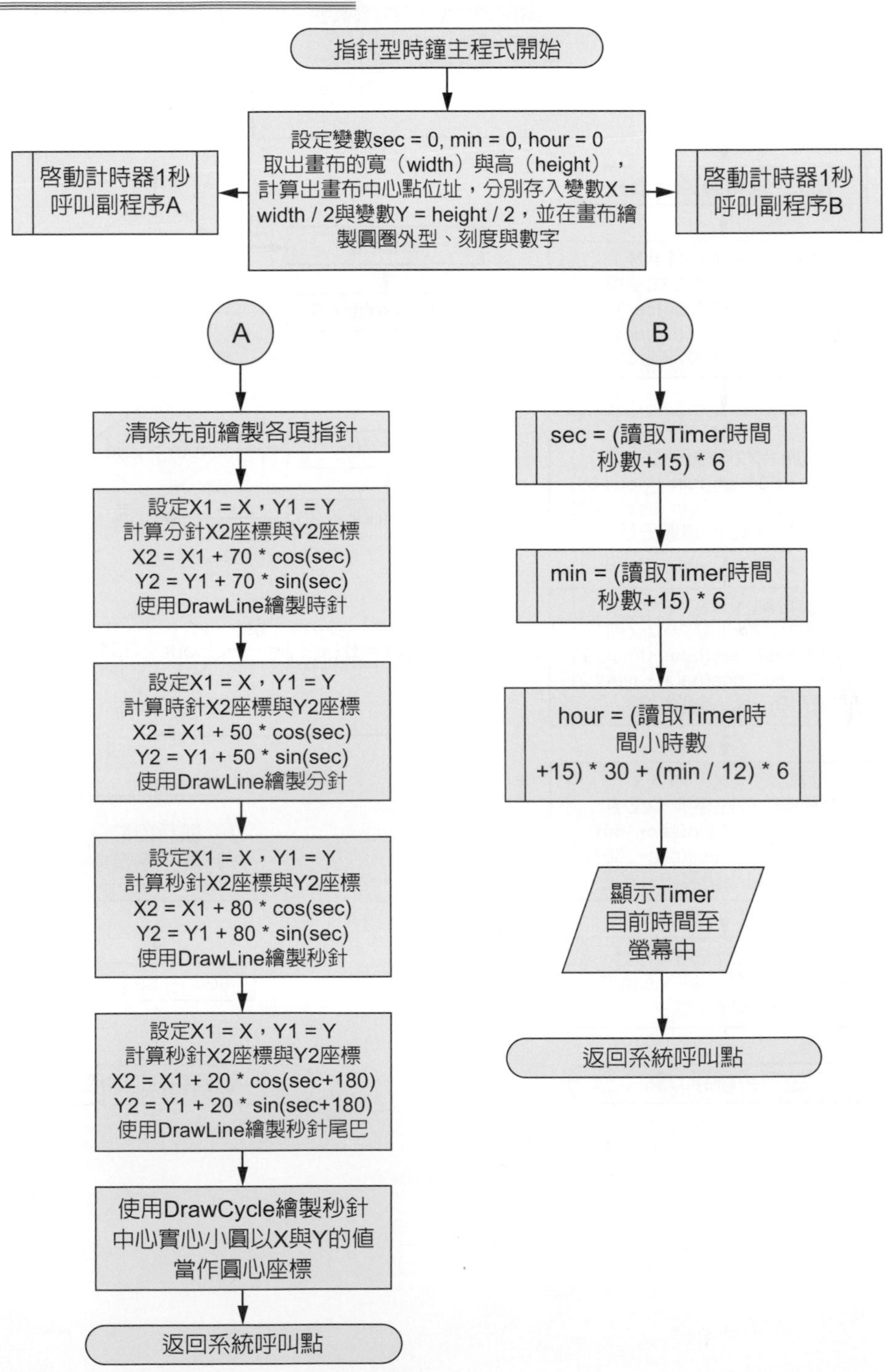
指針型時鐘主程式開始
設定變數sec = 0, min = 0, hour = 0
取出畫布的寬（width）與高（height），
計算出畫布中心點位址，分別存入變數X =
width / 2與變數Y = height / 2，並在畫布繪
製圓圈外型、刻度與數字
啓動計時器1秒
呼叫副程序A
啓動計時器1秒
呼叫副程序B
A
B
清除先前繪製各項指針
設定X1 = X，Y1 = Y
計算分針X2座標與Y2座標
X2 = X1 + 70 * cos(sec)
Y2 = Y1 + 70 * sin(sec)
使用DrawLine繪製時針
設定X1 = X，Y1 = Y
計算時針X2座標與Y2座標
X2 = X1 + 50 * cos(sec)
Y2 = Y1 + 50 * sin(sec)
使用DrawLine繪製分針
設定X1 = X，Y1 = Y
計算秒針X2座標與Y2座標
X2 = X1 + 80 * cos(sec)
Y2 = Y1 + 80 * sin(sec)
使用DrawLine繪製秒針
設定X1 = X，Y1 = Y
計算秒針X2座標與Y2座標
X2 = X1 + 20 * cos(sec+180)
Y2 = Y1 + 20 * sin(sec+180)
使用DrawLine繪製秒針尾巴
使用DrawCycle繪製秒針
中心實心小圓以X與Y的值
當作圓心座標
返回系統呼叫點
sec = (讀取Timer時間
秒數+15) * 6
min = (讀取Timer時間
秒數+15) * 6
hour = (讀取Timer時
間小時數
+15) * 30 + (min / 12) * 6
顯示Timer
目前時間至
螢幕中
返回系統呼叫點

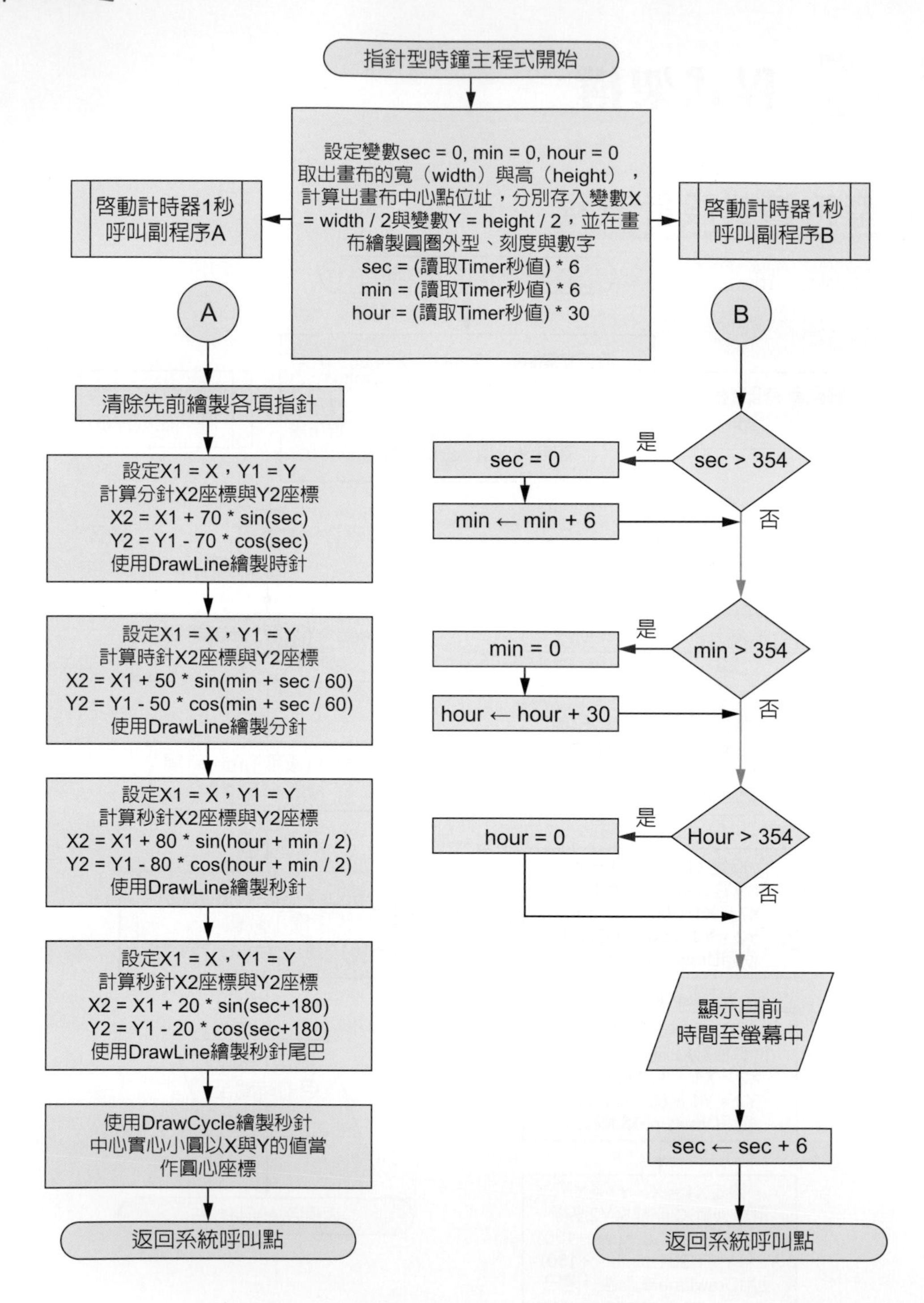
指針型時鐘主程式開始
設定變數sec = 0, min = 0, hour = 0
取出畫布的寬（width）與高（height），
計算出畫布中心點位址，分別存入變數X = width / 2與變數Y = height / 2，並在畫布繪製圓圈外型、刻度與數字
sec = (讀取Timer秒值) * 6
min = (讀取Timer秒值) * 6
hour = (讀取Timer秒值) * 30
啓動計時器1秒
呼叫副程序A
啓動計時器1秒
呼叫副程序B
A
清除先前繪製各項指針
設定X1 = X，Y1 = Y
計算分針X2座標與Y2座標
X2 = X1 + 70 * sin(sec)
Y2 = Y1 - 70 * cos(sec)
使用DrawLine繪製時針
設定X1 = X，Y1 = Y
計算時針X2座標與Y2座標
X2 = X1 + 50 * sin(min + sec / 60)
Y2 = Y1 - 50 * cos(min + sec / 60)
使用DrawLine繪製分針
設定X1 = X，Y1 = Y
計算秒針X2座標與Y2座標
X2 = X1 + 80 * sin(hour + min / 2)
Y2 = Y1 - 80 * cos(hour + min / 2)
使用DrawLine繪製秒針
設定X1 = X，Y1 = Y
計算秒針X2座標與Y2座標
X2 = X1 + 20 * sin(sec+180)
Y2 = Y1 - 20 * cos(sec+180)
使用DrawLine繪製秒針尾巴
使用DrawCycle繪製秒針
中心實心小圓以X與Y的值當
作圓心座標
返回系統呼叫點
B
sec > 354
是
否
sec = 0
min ← min + 6
min > 354
是
否
min = 0
hour ← hour + 30
Hour > 354
是
否
hour = 0
顯示目前
時間至螢幕中
sec ← sec + 6
返回系統呼叫點

第一張流程圖實現網路經常看到傳統指針實現範例，直接讀取系統指針、分針、時針等時間，再繪出指針、分針、時針位址。然而，每次的讀取系統時間會影響Timer執行，以致於不能正確地1秒鐘執行1次而產生延遲現象，這樣的延遲現象會使得秒針不能正確地1秒鐘跳動1格，畫面觀看指針有時會多跳兩格。因此本章節修正此延遲問題，利用第二張流程圖實現傳統時鐘，改善方法是利用控制Control的IF方塊、數學Math的加減乘除方塊產生60進制的運算。繪製時鐘可以分成兩部分，繪製分針刻度與時針刻度是透過呼叫副程序達成時鐘刻度的效果；繪製各指針移動的部分，則利用桌布Canvas與計時器Timer方塊達成此功能。

8-3 程式設計所需元件與方塊

介面使用方塊Canvas（畫布）、HorizontalArrangement（水平配置）、Label（標籤）。

螢幕元件設定

Palette / object 元件面板 / 類別	Object 元件物件	Properties 元件屬性	Contain 屬性內容
Drawing and Animation / Canvas	Canvas1	BackgroundColor Height Width	Green Full parent Full parent
Layout / HorizontalArrangement	HorizontalArrangement1	AlignHorizonta Height Width	Center:3 40 pixels Full parent
User Interface / Label	Label1	Text FonSize Height Width TextAlignment	0 30 Full parent Automatic Center:1

Blocks 內的 Built-in 方塊

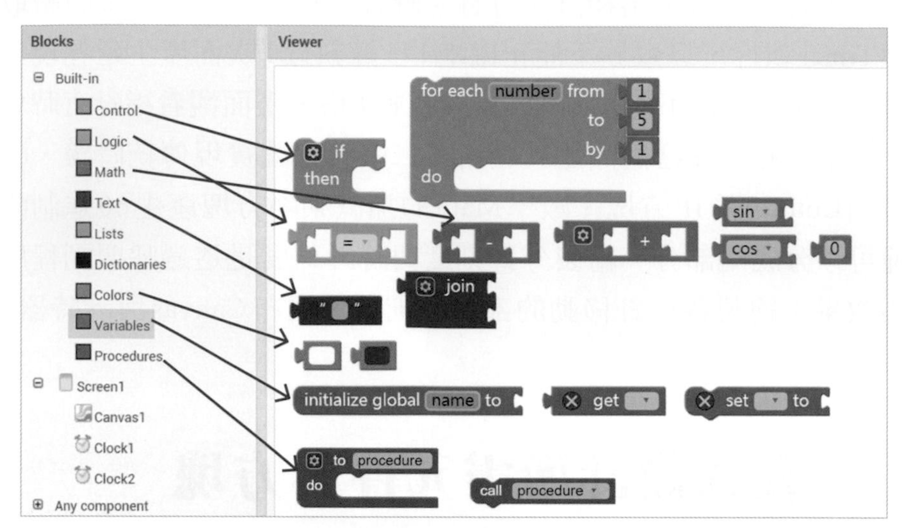

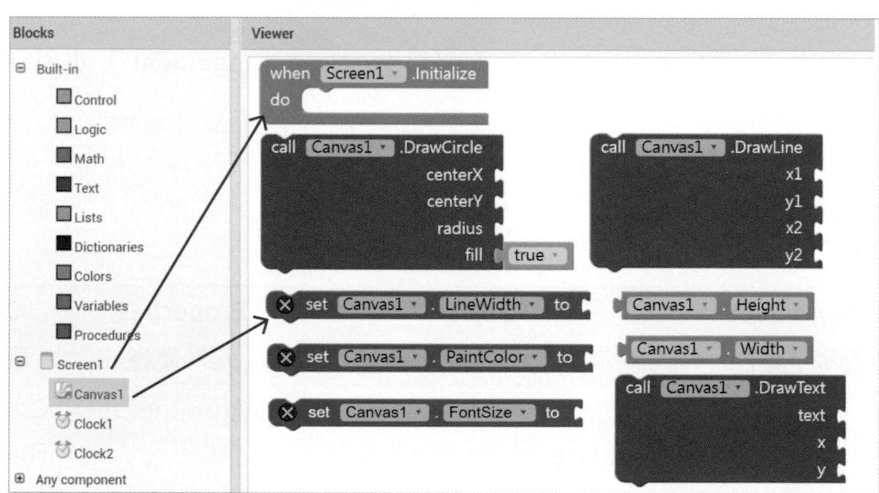

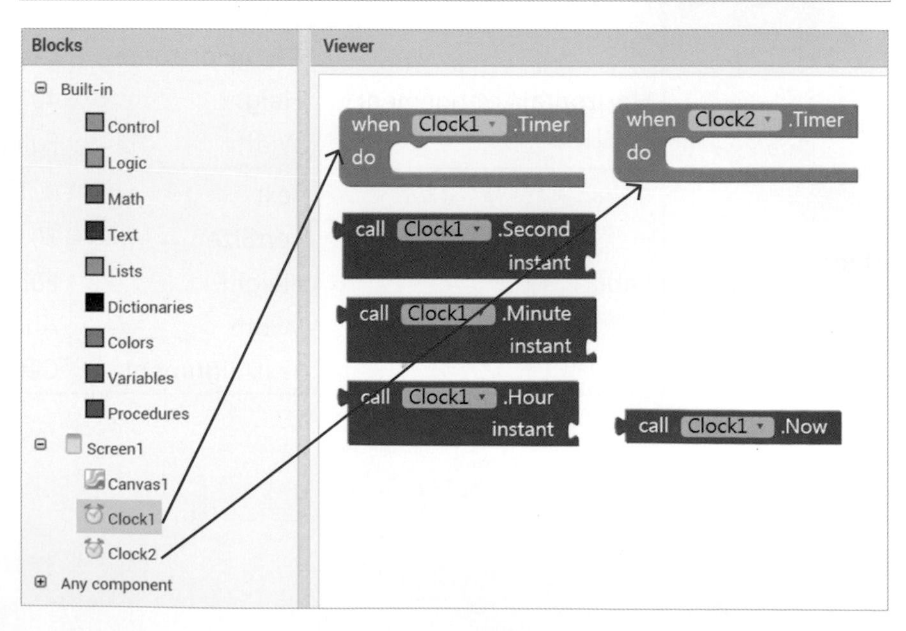

8-4 操作流程

使用元件的版面配置

建立此專案，建立名稱請輸入 **Clock** 名稱後進入 **Designer** 工作區內，根據下圖進行元件配置與屬性設定。

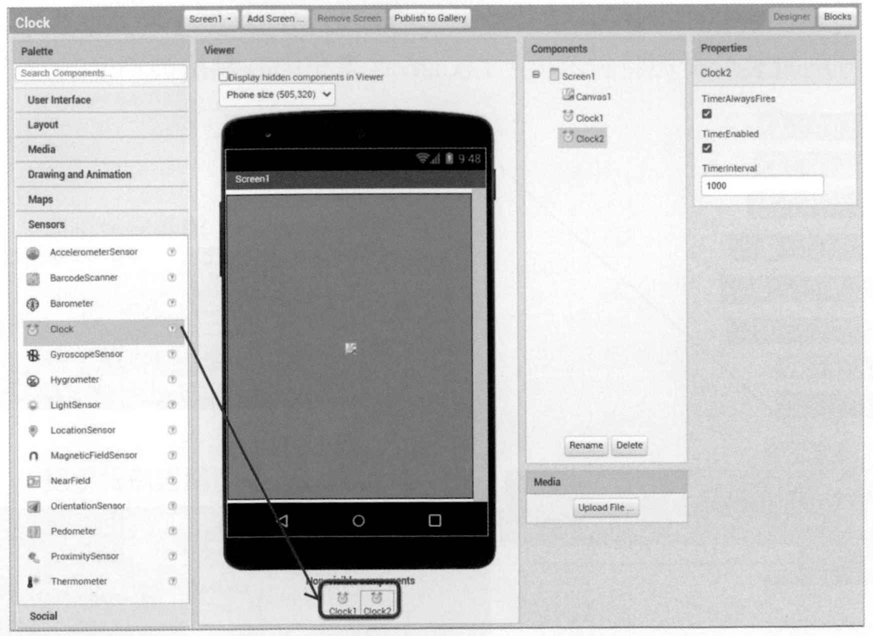

計時器元件不會出現在手機畫面，叫作非可視元件。

程式方塊功能連結設定

直接點選Blocks左邊出現Built-in下方所列出紅色框線的方塊，先行選擇拖曳至工作面板中，準備邏輯連結。依照下圖所示進行：

設定sec秒、min分、hour時、座標x以及座標y等變數其值爲零，另外設定s、m、h等字串變數爲空字串。

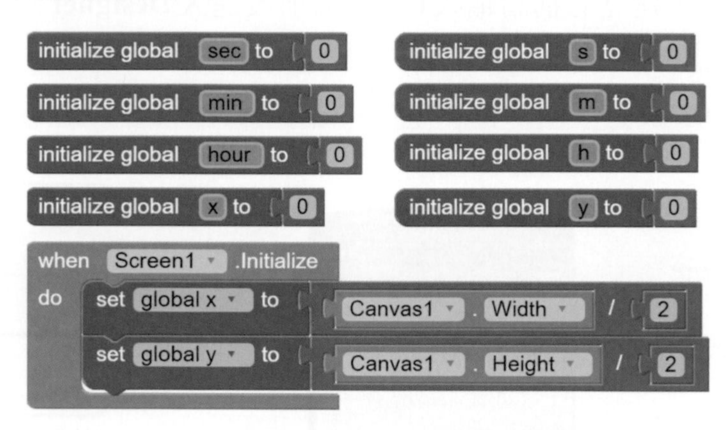

請依下圖完成繪製時鐘外觀與刻度，先前沒有增加至工作面板的方塊，以複製方式或進入Block 區域內選出所需要的方塊。利用< when (Screen1). Initialize >方塊分別初始化時針、分針刻度與時鐘數字，以< call (Canvas1). DrawLine >方塊與< call (Canvas1).DrawText >方塊進行繪製顯示。

先行計算「x=Canvas1.Width / 2」與「y = Canvas1.Height / 2」當作畫布的中心座標，呼叫shownum 副程式繪製外框與時鐘底色以及顯示時鐘（9, 12, 3, 6）數字，之後分別繪製分針與時針刻度。以Canvas 畫布中心點繪製刻度的方法如下：

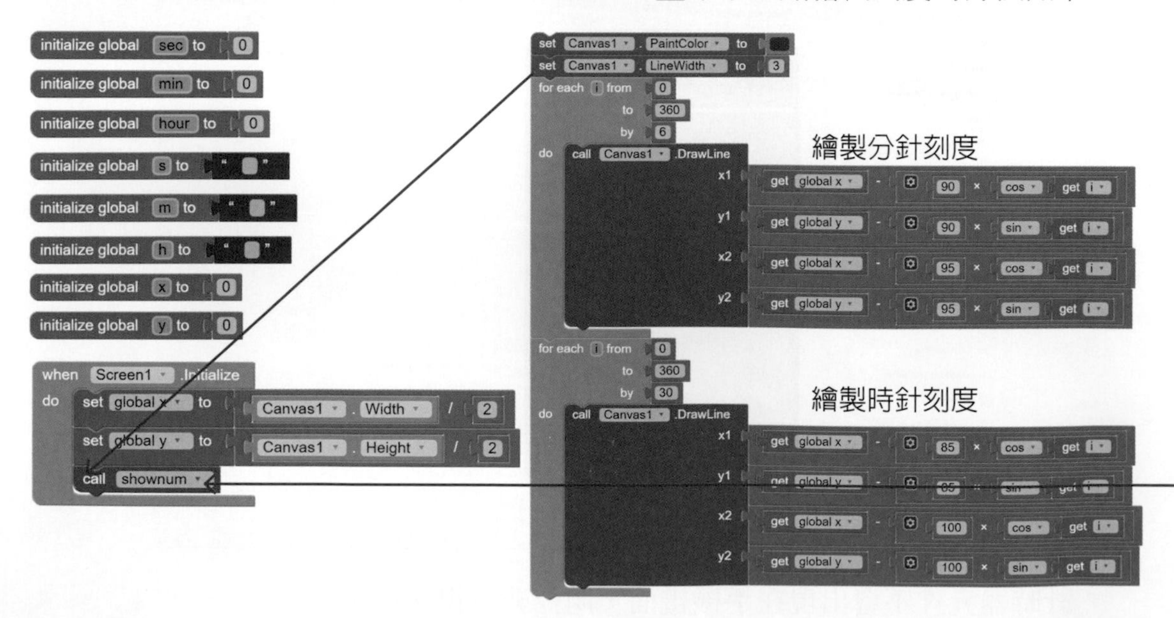

呼叫副程序

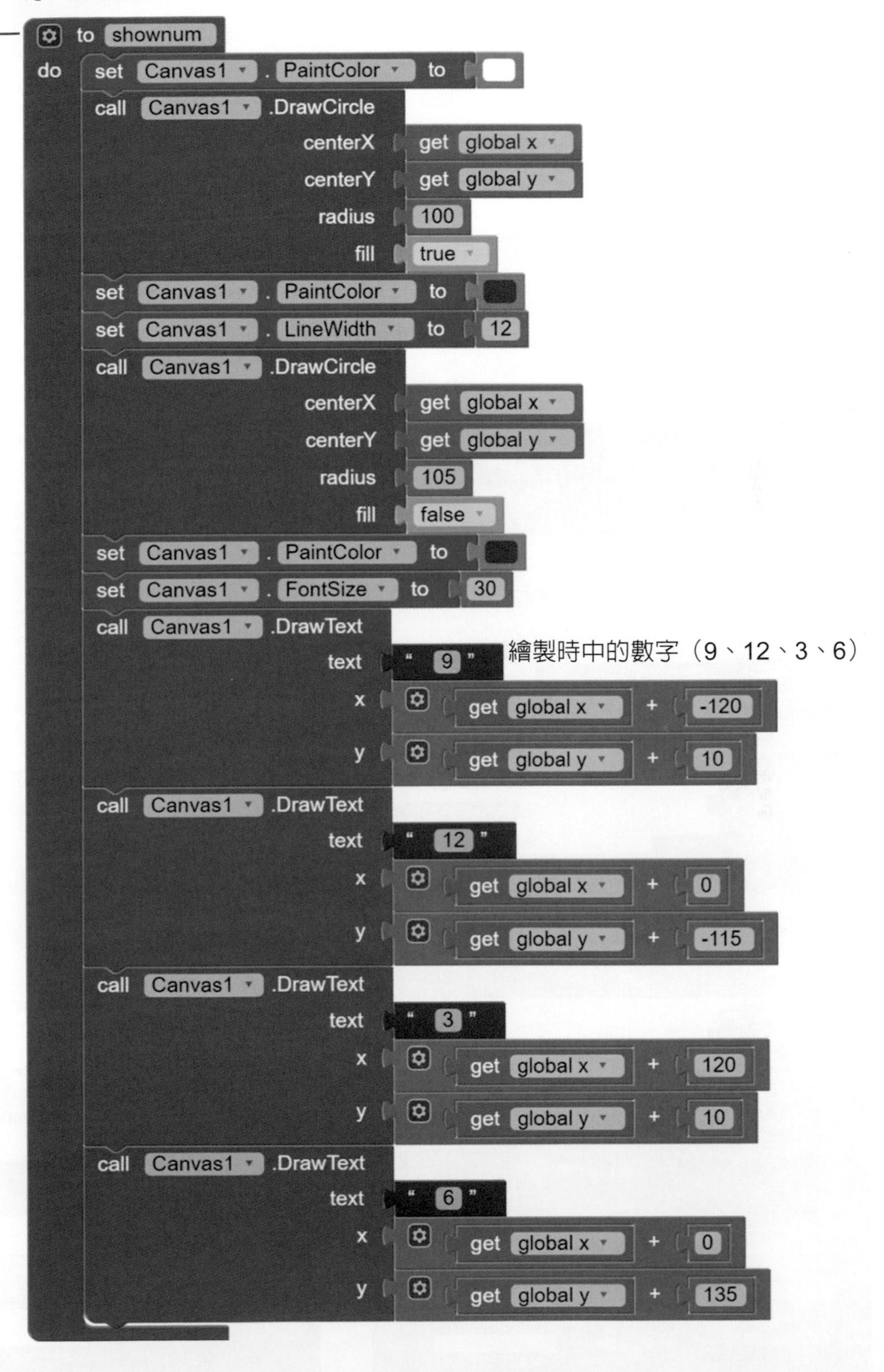
to shownum
do
set Canvas1 . PaintColor to
call Canvas1 .DrawCircle
centerX get global x
centerY get global y
radius 100
fill true
set Canvas1 . PaintColor to
set Canvas1 . LineWidth to 12
call Canvas1 .DrawCircle
centerX get global x
centerY get global y
radius 105
fill false
set Canvas1 . PaintColor to
set Canvas1 . FontSize to 30
call Canvas1 .DrawText
text " 9 "
x get global x + -120
y get global y + 10
call Canvas1 .DrawText
text " 12 "
x get global x + 0
y get global y + -115
call Canvas1 .DrawText
text " 3 "
x get global x + 120
y get global y + 10
call Canvas1 .DrawText
text " 6 "
x get global x + 0
y get global y + 135
繪製時中的數字（9、12、3、6）

讀取系統時間，當作類比時鐘的起始時間，並進行60進制的運算，不再讀取系統時間繪製秒針、分針與時針。

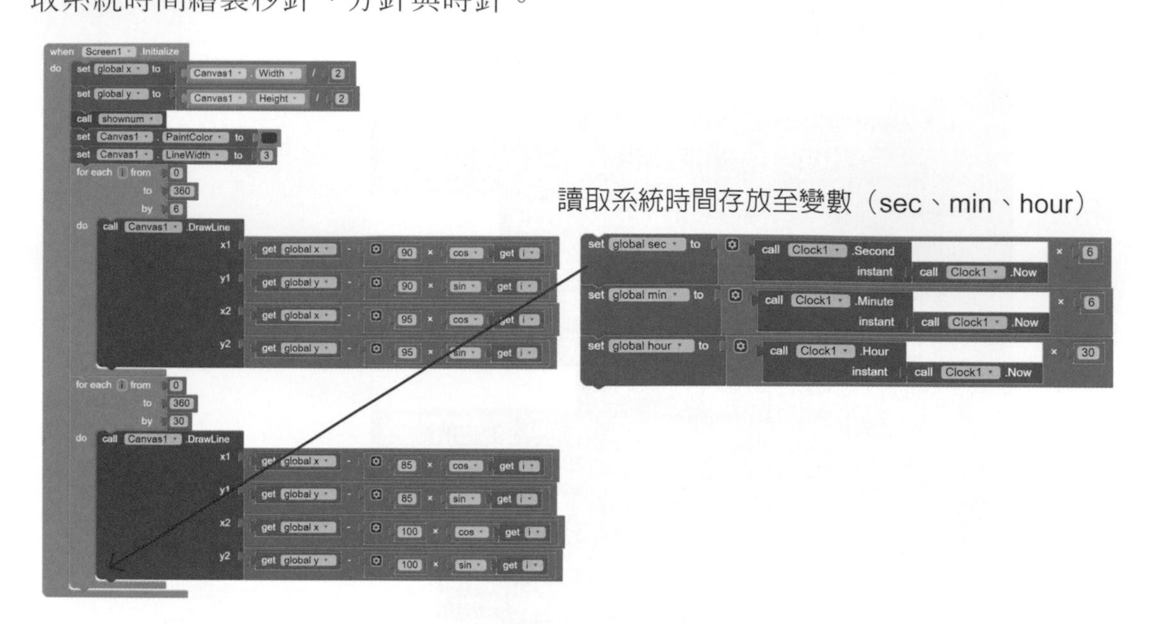
讀取系統時間存放至變數（sec、min、hour）

最後顯示整個時鐘外觀程式設計元件。

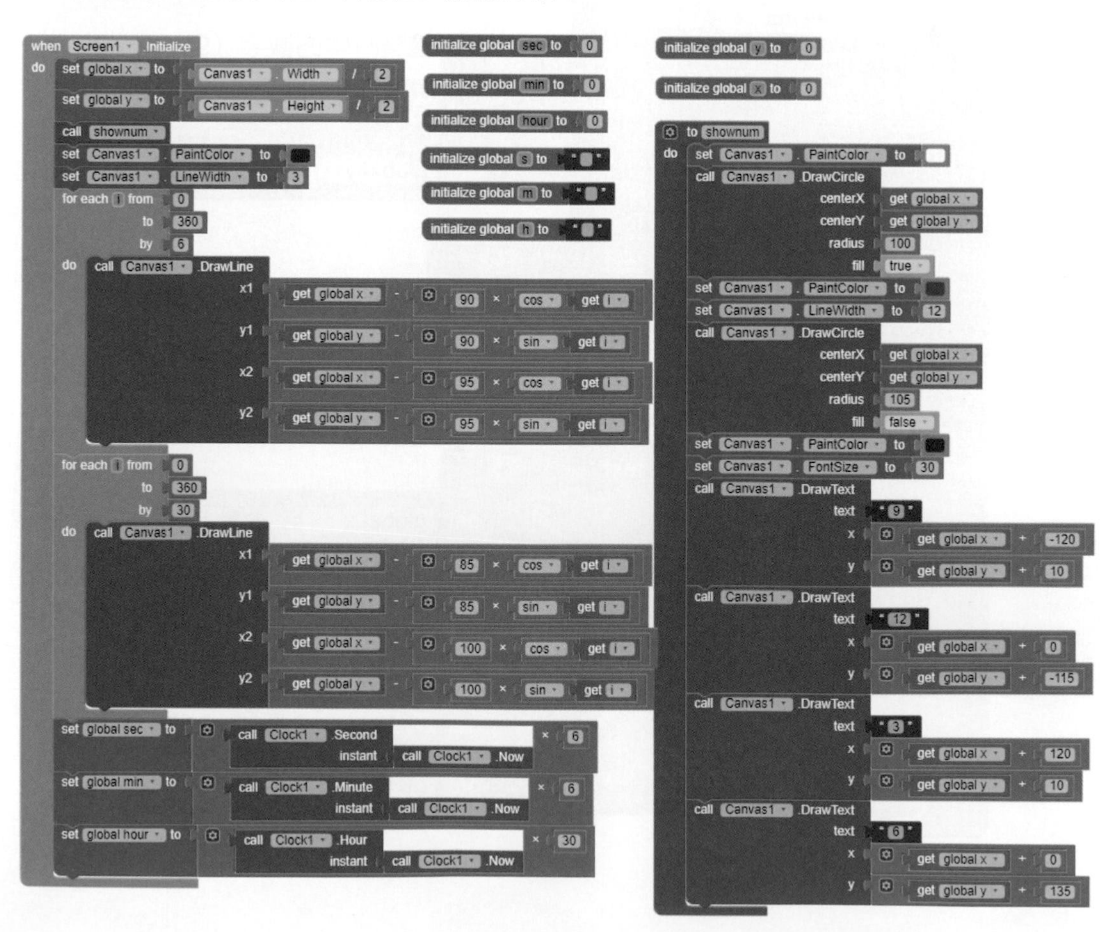

利用**< when (Clock1).Timer >**方塊在1秒內要完成之前繪製的各時針，需使用**< call (Canvas1).DrawCircle >**方塊清除底色爲白色及**< call Canvas1.DrawLine >**方塊繪製新的秒針、分針、時針。如先前沒有增加至工作面板的方塊，請用複製或點選物件的方式，選出所需的方塊進行連結。在**< call Canvas1.DrawLine >** 方塊內有 (x1,y1)、(x2,y2) 兩組座標。

模擬器顯示目前台灣正確時間需調整如下：

```
x1=x
y1=y
x2 = x + 50*sin(hour+8*30+min/12)
y2 = y – 50*cos(hour+8*30+min/12)
```

這裡的x,y代表Canvas的中心點座標，50則是時針長度，時針角度另外加上目前分針的所在位置，換算出時針前進多少角度（min/12），因爲時針實際上會跟隨分針移動，而非1小時動1次。例如7:30的時候，時針會移至7點與8點之間。**請注意執行於模擬器時會使用到標準時間，需加8小時才是台灣時間。換算移動角度則是（小時數+8)*30，但上述公式是hour+8*30 這是因爲變數已經事先轉換hour =小時數*30**。因此程式執行在實體手機上時，就不需要加 8修正，下載至實體手機執行時針計算方式如下頁：

```
x1=x
y1=y
x2 = x + 50*sin(hour+min/12)
y2 = y – 50*cos(hour+min/12)
```

繪製分針與時針移動偏移量計算方式的差別是與秒的位置有關，繪製分針時間累加6，因爲1小時需移動60格走完一圈剛好360度，1分鐘需轉6度，75代表秒針長度，x, y表示 Canvas的中心點。

```
x1=x
y1=y
X2 =x + 75*sin(min+sec/60)
Y2 =y – 75*cos(min+sec/60)
```

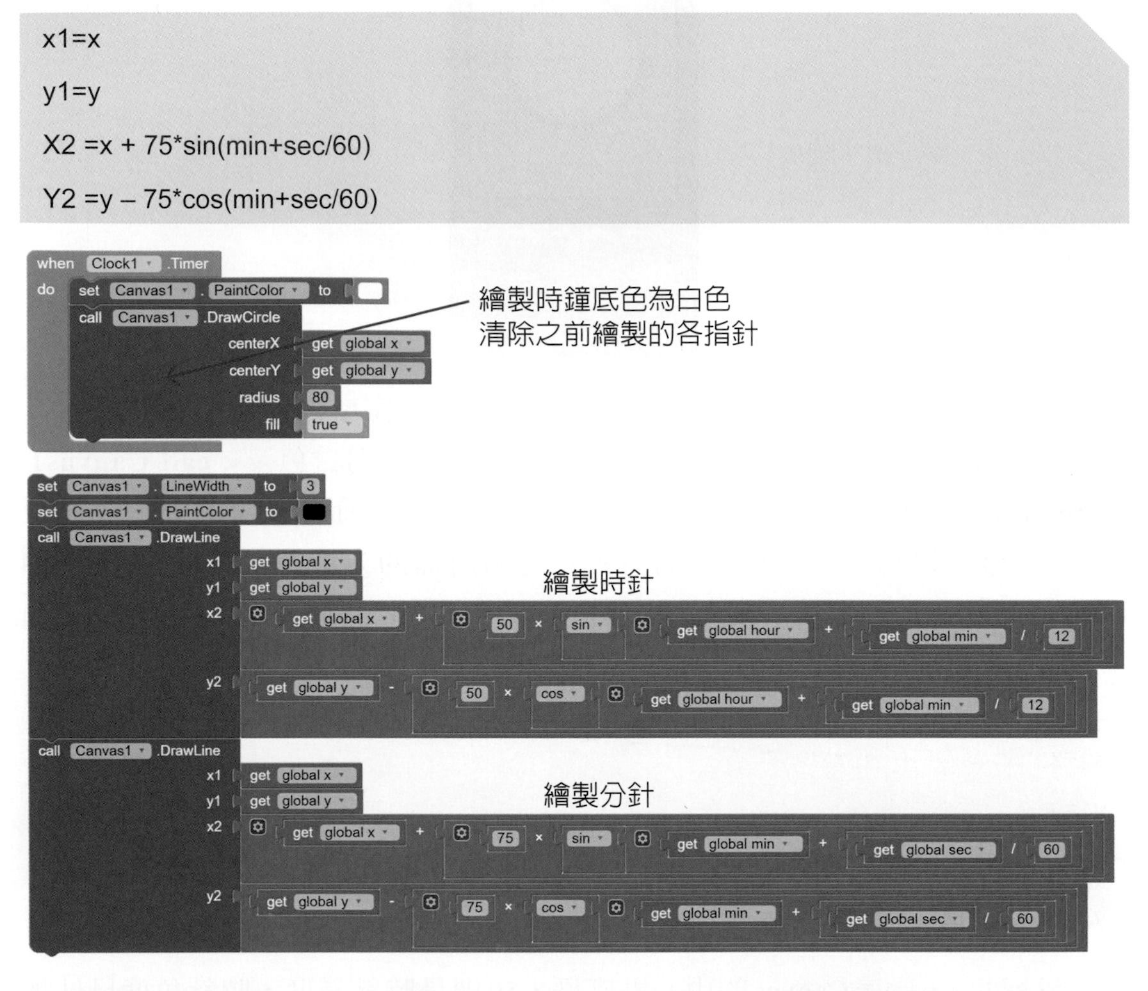

變數sec秒數累加6，剛好是1分鐘走完一圈360 度。換句話說1秒鐘需轉6度，80 代表秒針長度，可調整x2，y2以X, Y爲 Canvas的中心點。

```
x1=x
y1=y
X2 = x + 80*sin(sec)
Y2 = y – 80*cos(sec)
```

繪製秒針需要加繪製尾端，因此要反向繪製，角度加180度，秒針尾巴長度爲20，x, y代表 Canvas的中心點。

```
x1=x
y1=y
X2 =x + 20*sin( (sec+180)*100
Y2 =y – 20*cos( (sec+180)*100
```

```
set Canvas1 . PaintColor to [■]
set Canvas1 . LineWidth to 2
call Canvas1 .DrawLine
    x1  get global x
    y1  get global y
    x2  get global x + 80 × sin get global sec
    y2  get global y - 80 × cos get global sec
set Canvas1 . LineWidth to 3
call Canvas1 .DrawLine
    x1  get global x
    y1  get global y
    x2  get global x + 20 × sin get global sec + 180
    y2  get global y - 20 × cos get global sec + 180
set Canvas1 . LineWidth to 5
call Canvas1 .DrawCircle
    centerX  get global x
    centerY  get global y
    radius   3
    fill     true
```

繪製秒針

繪製秒針尾巴

繪製秒針中心圓點

請依下圖完成秒針、分針、時針隨著計數器進行秒針與分針每滿60累進處理進位，再處理時針進位與歸零問題。如先前沒有增加到方塊，請用複製或點選物件的方式，選出所需的方塊進行連結。

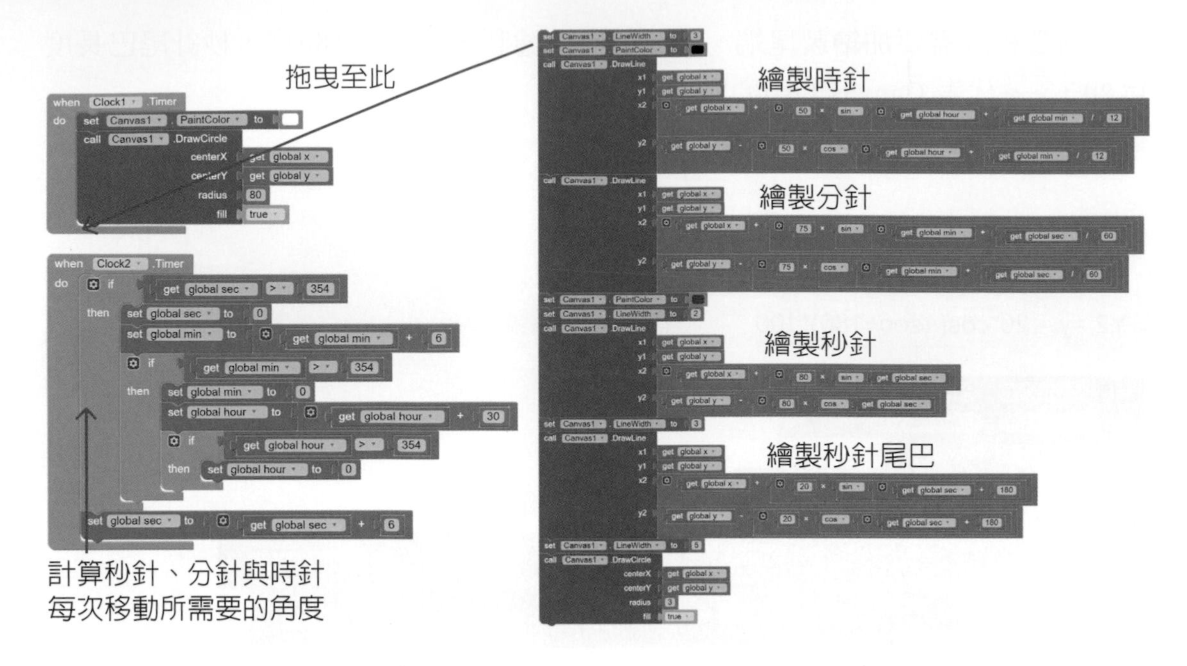

完成此指針時鐘的邏輯方塊。

8-5 執行程式與測試與功能改進

請先確認是否已啓動模擬器（**aiStarter**），再選用**連線→模擬器**。程式執行的顯示指針畫面是否正確顯示指針長度，如果沒有，請檢查各座標設定是否正確。

測試結果畫面：

執行結果畫面並沒有顯示數位時鐘時間，接續新增程式碼與畫面程序，步驟如下：

»Step1 設定水平配置模組。

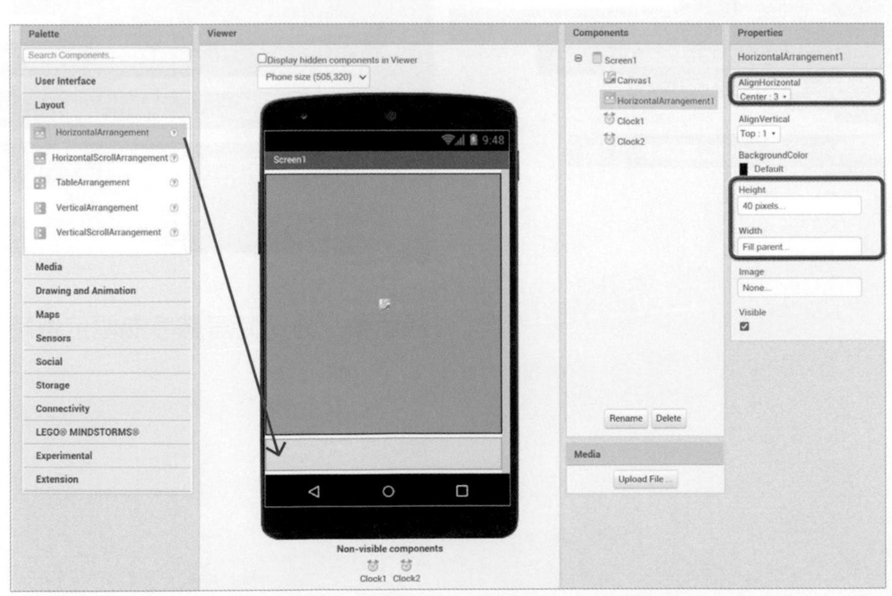

»Step2　設定label物件顯示數位時間。

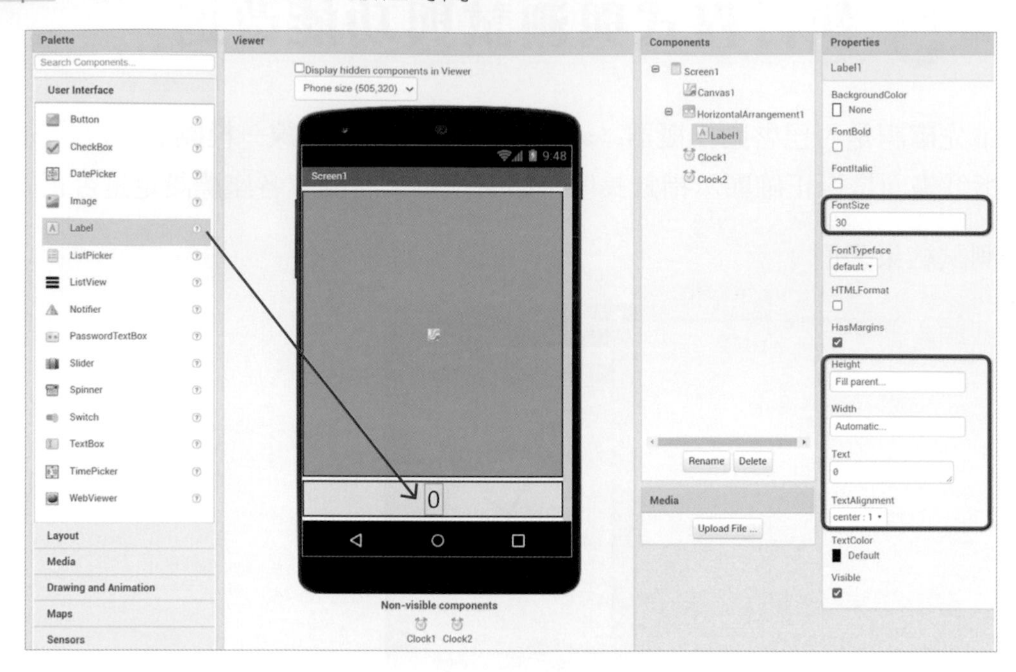

處理顯示兩位數字程序，也就是小於10位的數字，數字前面要多顯示0的字元。

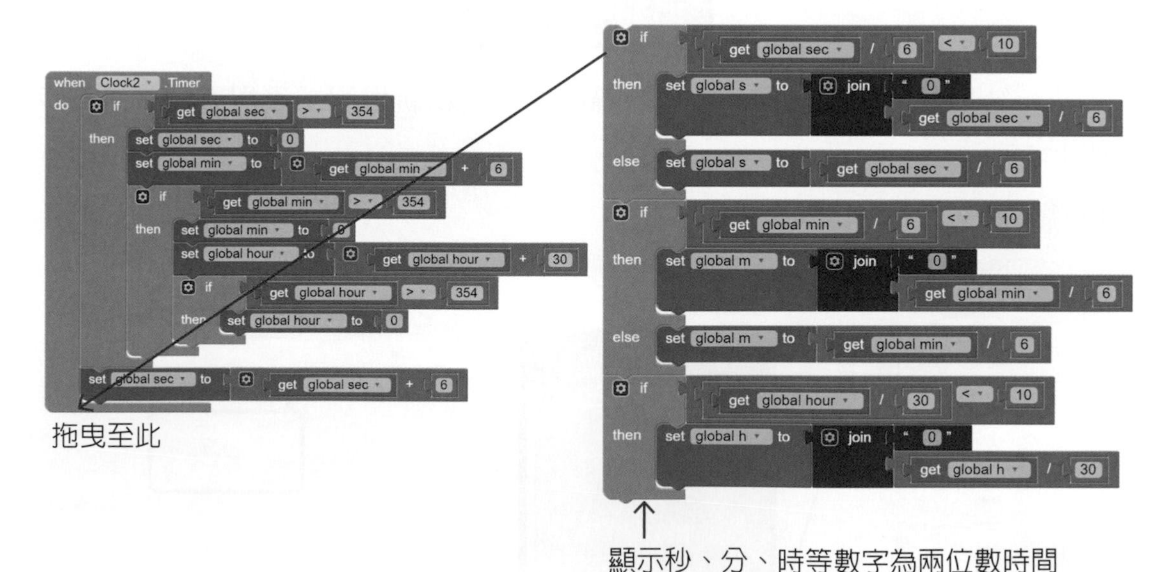

»Step3 最後利用Join方塊進行數字與冒號（：）字元串接設定。

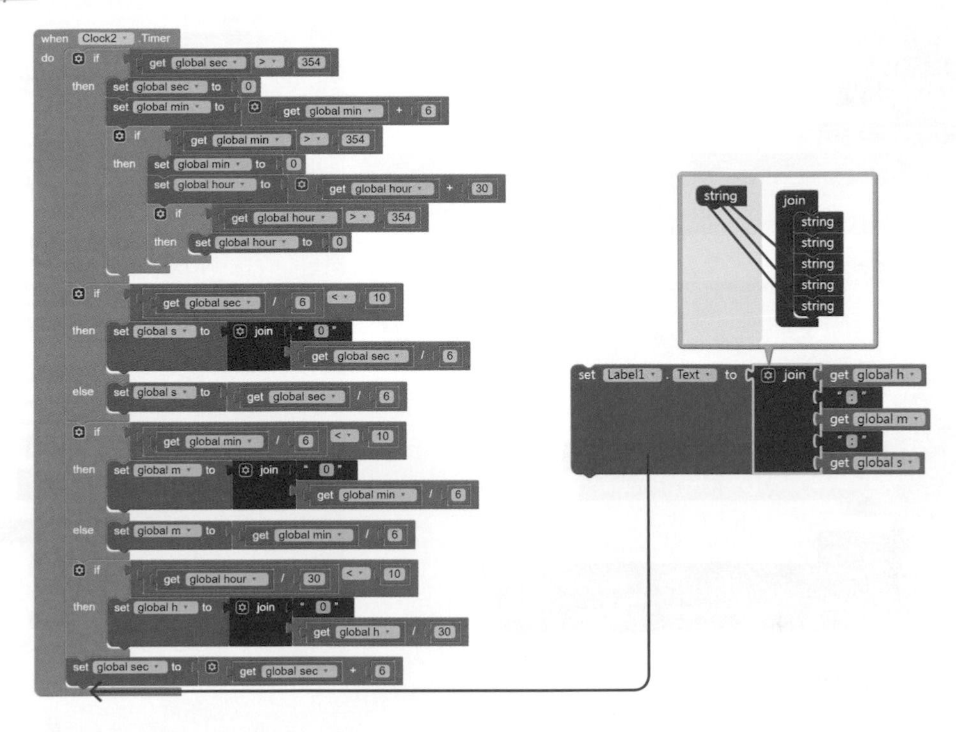

完整指針與數位時鐘的邏輯方塊。

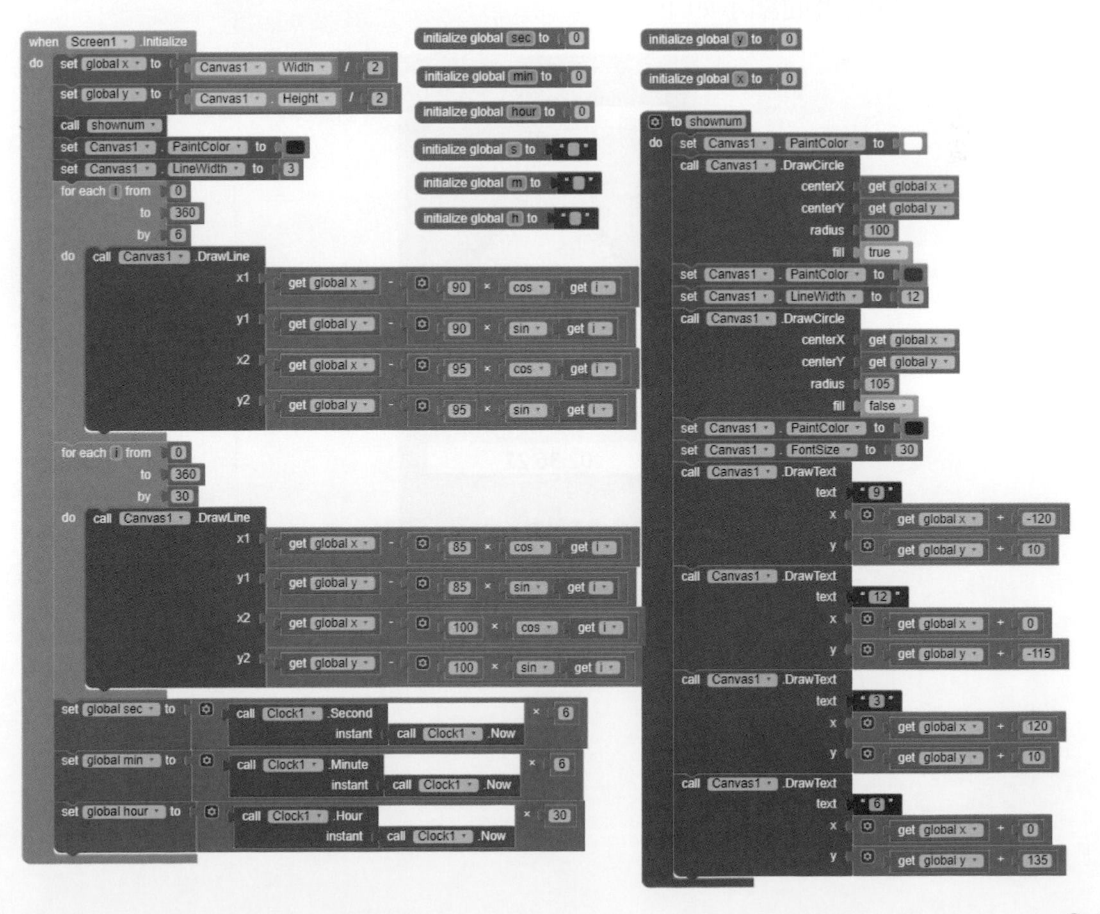

```
when Clock1.Timer
do  set Canvas1.PaintColor to [ ]
    call Canvas1.DrawCircle
         centerX  get global x
         centerY  get global y
         radius   80
         fill     true
    set Canvas1.LineWidth to 3
    set Canvas1.PaintColor to [ ]
    call Canvas1.DrawLine
         x1  get global x
         y1  get global y
         x2  get global x + 50 × sin (get global hour + get global min / 12)
         y2  get global y - 50 × cos (get global hour + get global min / 12)
    call Canvas1.DrawLine
         x1  get global x
         y1  get global y
         x2  get global x + 75 × sin (get global min + get global sec / 60)
         y2  get global y - 75 × cos (get global min + get global sec / 60)
    set Canvas1.PaintColor to [ ]
    set Canvas1.LineWidth to 2
    call Canvas1.DrawLine
         x1  get global x
         y1  get global y
         x2  get global x + 80 × sin get global sec
         y2  get global y - 80 × cos get global sec
    set Canvas1.LineWidth to 3
    call Canvas1.DrawLine
         x1  get global x
         y1  get global y
         x2  get global x + 20 × sin (get global sec + 180)
         y2  get global y - 20 × cos (get global sec + 180)
    set Canvas1.LineWidth to 5
    call Canvas1.DrawCircle
         centerX  get global x
         centerY  get global y
         radius   3
         fill     true
```

```
when Clock2.Timer
do  if   get global sec > 354
    then set global sec to 0
         set global min to get global min + 6
         if   get global min > 354
         then set global min to 0
              set global hour to get global hour + 30
              if   get global hour > 354
              then set global hour to 0
    if   get global sec / 6 < 10
    then set global s to join "0"
                              get global sec / 6
    else set global s to get global sec / 6
    if   get global min / 6 < 10
    then set global m to join "0"
                              get global min / 6
    else set global m to get global min / 6
    if   get global hour / 30 < 10
    then set global h to join "0"
                              get global hour / 30
    set global sec to get global sec + 6
    set Label1.Text to join get global h
                            ":"
                            get global m
                            ":"
                            get global s
```

最後執行測試畫面顯示如下：

◈ 選擇題

(　)1. 模擬器取出時間與手機時間是慢了幾小時 ？(A) 6 小時 (B) 7 小時 (C) 8 小時。

(　)2. 三角函數的角度限制數值是多少？ (A) 數值限定在 360 以內 (B) 數值限定在 180 以內 (C) 數值大小無限制。

(　)3. 在電腦中，程式的輪流執行由誰決定？ (A) 使用者 (B) OS (C) 程式本身。

(　)4. 繪製時鐘指針，秒針需要轉幾度？ (A) 6 度 (B) 8 度 (C) 10 度。

(　)5. 繪製時鐘指針，分針需要轉幾度？ (A) 6 度 (B) 8 度 (C) 10 度。

(　)6. Sin 函數使用哪種方式表示？ (A) 梯度 (B) 弧度 (C) 角度。

(　)7. 如果需要增加語音提醒功能，將會使用到 (A) Clock（計時器）(B) Context Switch（文本語音轉換器）(C) Camera（照相機）。

(　)8. 取出系統時鐘「秒」使用哪個模組？

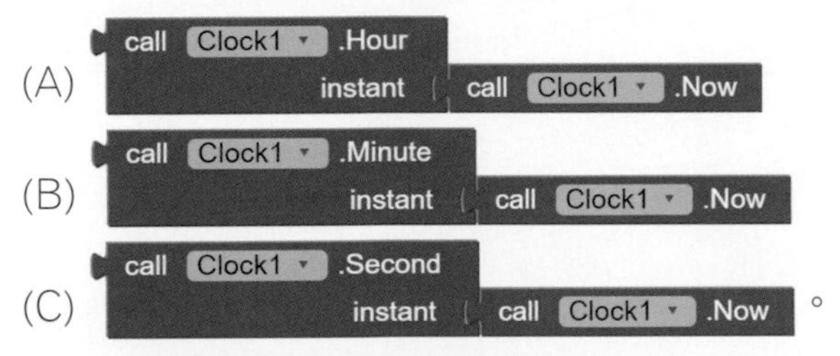

。

(　)9. 取出系統時鐘「分」使用哪個模組？

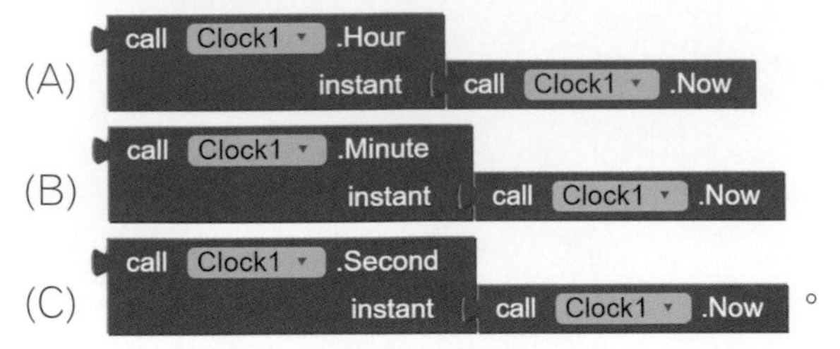

。

(　)10. 繪製時鐘指針，分針需要轉幾度？ (A) 11 度 (B) 12 度 (C) 13 度。

(　)11. 承上題，繪製時鐘上分針角度時，使用到的三角函數為何？ (A) sin、cos (B) cot、tan (C) sec、csc。

(　)12. 本語音轉換器使用要配合哪個模組才可以發音？ (A) length (B) " " (C) upcase。

◈ 實作題

1. 修改此程式新加入設定時間元件與按鈕元件，使得程式具有重新設定時間功能。
2. 修改此程式方塊具有鬧鐘的語音功能以增加此程式的實用性。

NOTE

打青蛙遊戲（資料結構）–物件資料串結與秀圖元件

本章學習重點

- Clock元件控制遊戲執行（多執行緒）
- 創建方塊列表進行資料串結（Link List）
- 了解ImageSprite元件的方塊層次

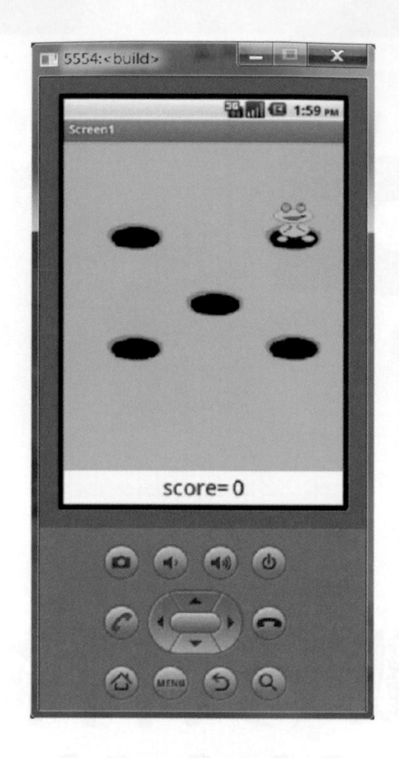

9-1 打青蛙遊戲

利用作業系統分時多工原理執行Clock元件，使得遊戲不會影響手機其他程式的運作效能，利用ImageSprite元件設計出敲打遊戲。遊戲的顯示介面將包含6個ImageSprites（5個不動的孔洞與1隻青蛙），青蛙將在孔洞的頂部移動。利用連結串列（Linked List）結構儲存資料，可以有效的動態對記憶體進行管理。在計算機科學中，連結串列是資料結構的一種基礎，可以用它生成其他類型的資料結構。連結串列結構由一連串節點（Node）組成，每個節點包含紀錄資料（Data Fields）與一個或二個指標用來指向上一個節點或下一個節點的位置連結（Links）。連結串列是一種自我指示資料類型，因爲它包含指向另一個相同類型的資料的指標，所以在存取連結串列資料必須透過檢索、添加、刪除等方法處理節點。本章利用App Inventor 2 的Lists 方塊對圖片資料進行串接，形成圖片連結形成串列結構，串列結構提供給亂數挑選圖片比較方便的方法。

9-2 程式架構

打青蛙遊戲設計流程

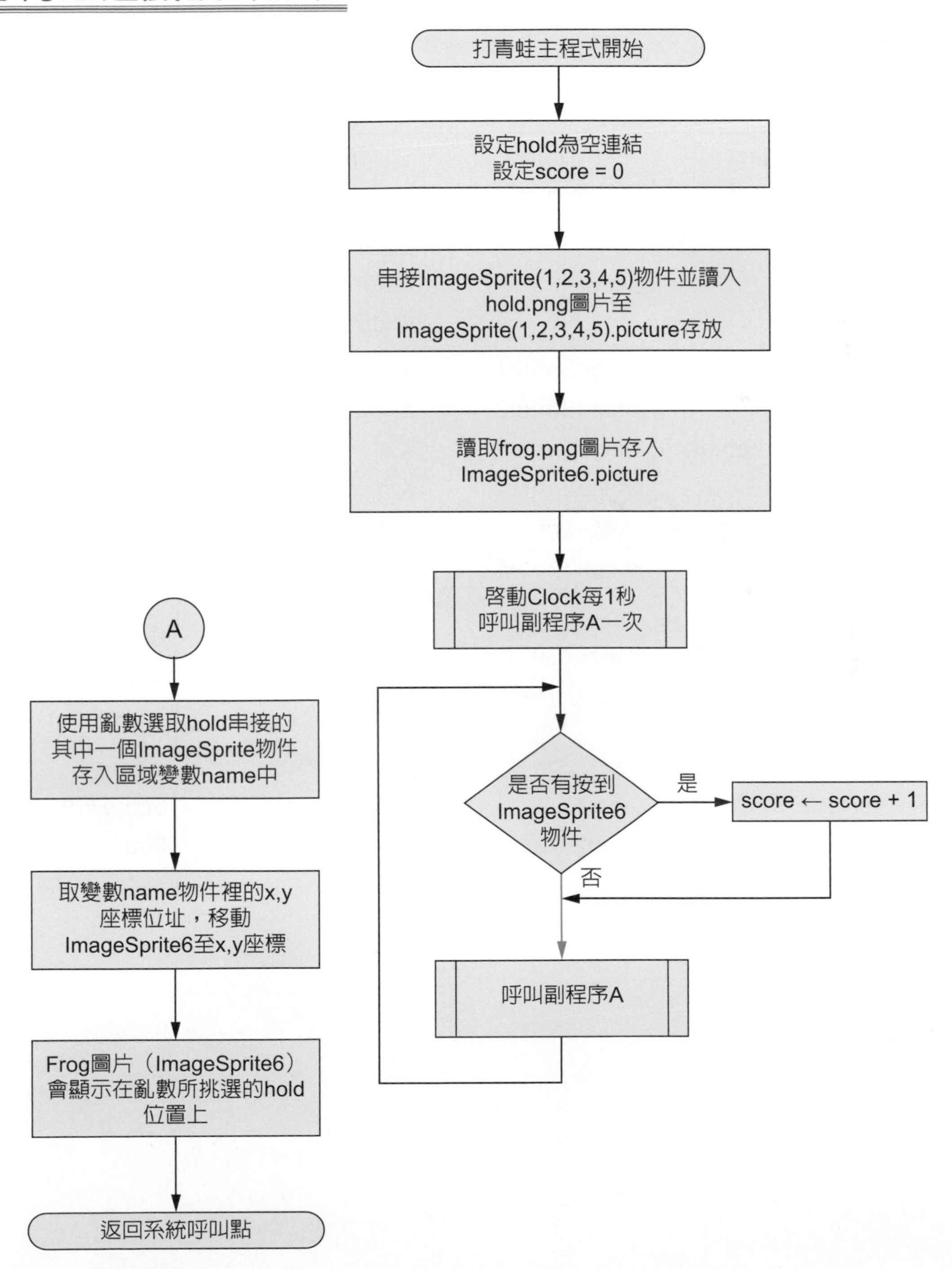

9-3 程式設計所需元件與方塊

介面使用方塊Canvas（畫布）、ImageSprite（圖像精靈）、HorizontalArrangement（水平配置）、Label（標籤）。

螢幕元件設定

Palette / object 元件面板 / 類別	Object 方塊物件	Properties 元件屬性	Contain 屬性內容
Drawing and Animation / Canvas	Canvas1	BackgroundColor Height Width	Blue Full parent Full parent
Drawing and Animation / ImageSprite	ImageSprite1 ImageSprite2 ImageSprite3 ImageSprite4 ImageSprite5 ImageSprite6	X, Y X, Y X, Y X, Y X, Y 不用設定	50,70 230,70 140,148 50,200 230,200 不用設定
Layout / HorizontalArrangement	Horizontal Arrangement1	AlignHorizontal Height Width	Center:3 40 pixels Full parent
User Interface / Label	Label1 Label2	Text Test TestColor	Score= 0 Red

Blocks 内的 Built-in 方塊

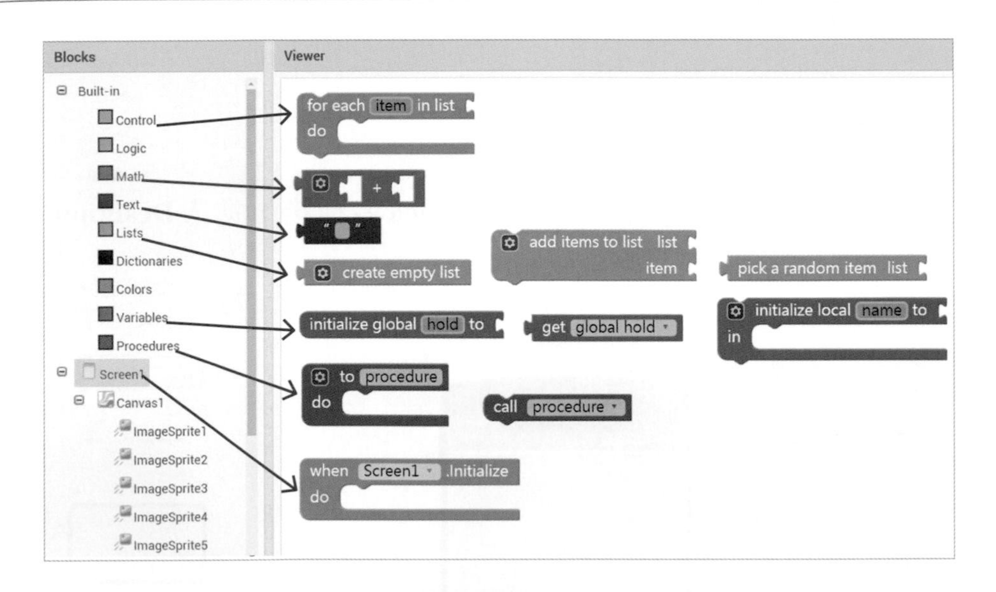

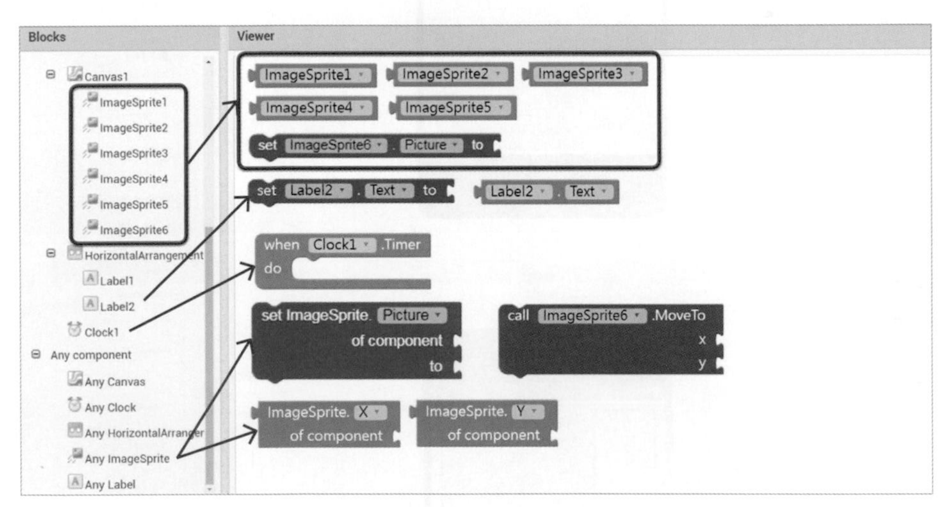

9-4 操作流程

使用元件的版面配置

建立此專案檔案，建立名稱請輸入**Clock**名稱後，進入**Designer**工作區內，根據下圖進行元件布局與屬性設定。

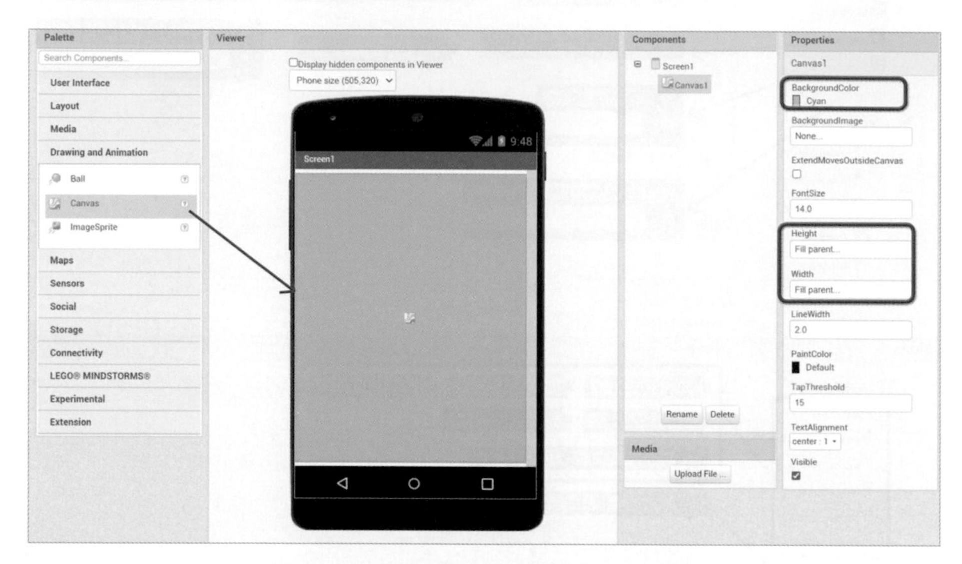

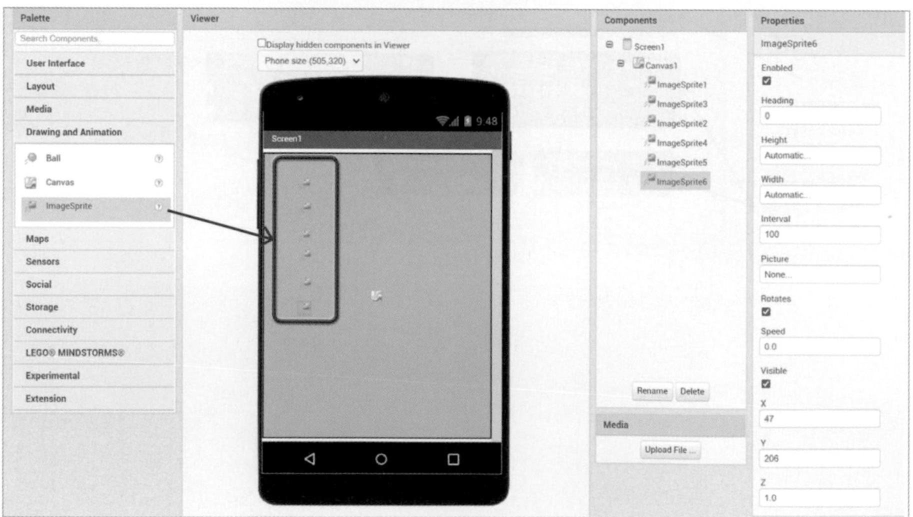

ImageSprite1、ImageSprite2、ImageSprite3、ImageSprite4、ImageSprite5等元件的屬性分別設定如下：

»Step1 設定 ImageSprite1 位置。

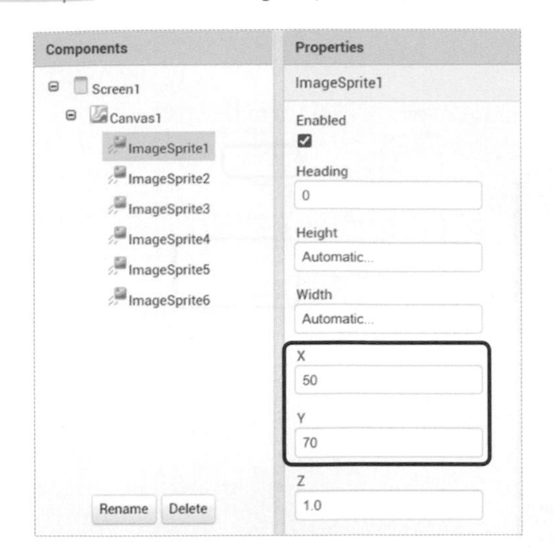

»Step2 設定 ImageSprite2 位置。

»Step3 設定 ImageSprite3 位置。

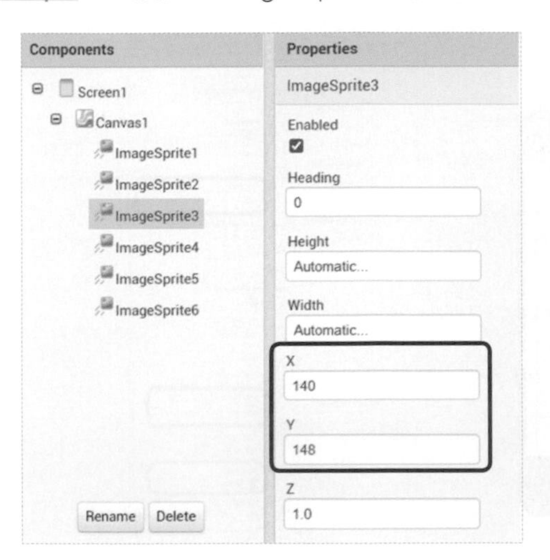

»Step4 設定 ImageSprite4 位置。

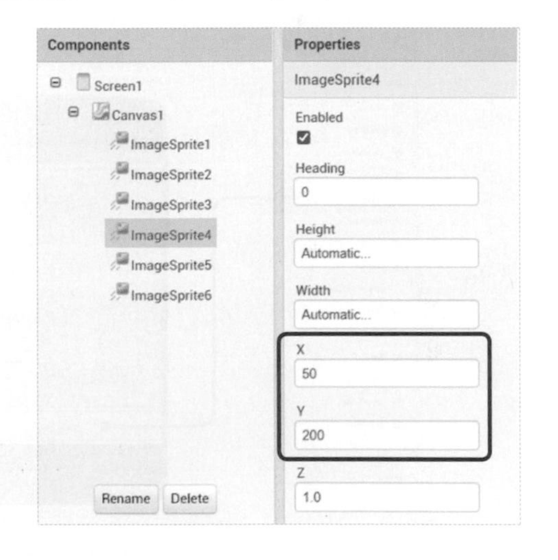

»Step5 設定 ImageSprite5 位置。

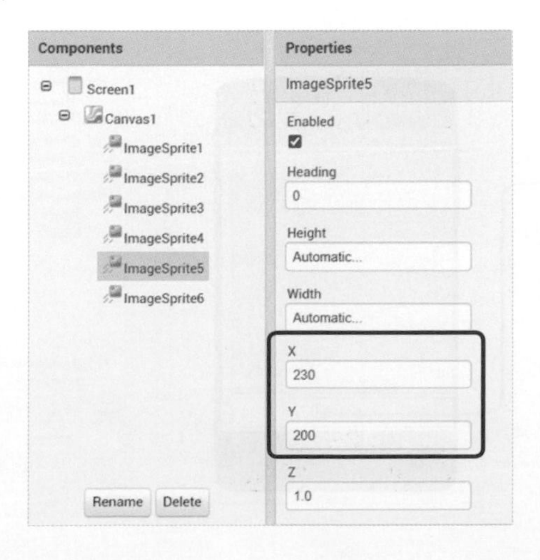

設定Layout元件與Label元件顯示敲擊計分

»Step1　設置水平配置方塊。

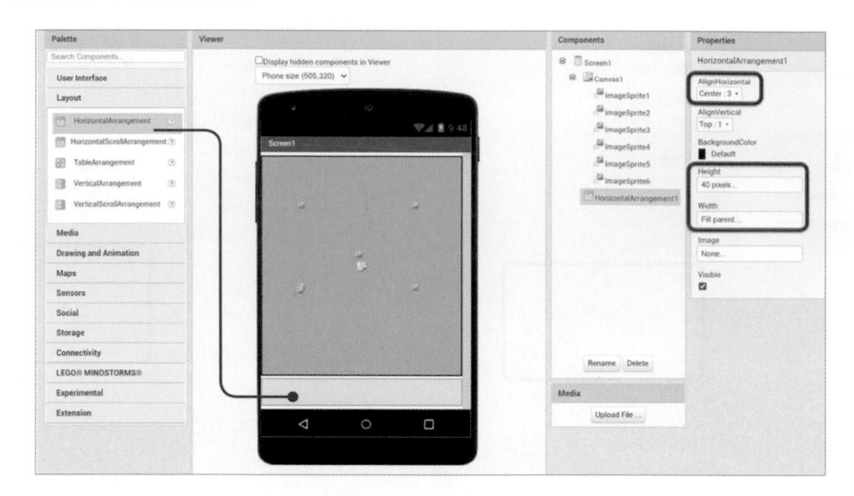

»Step2　拖曳標籤至水平配置方塊內，在Text屬性內修改字串為"score="。

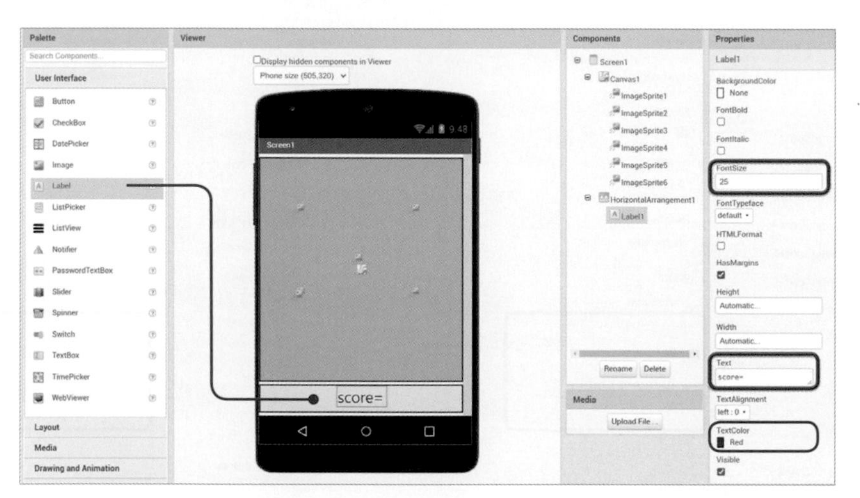

»Step3　拖曳按標籤至水平配置方塊內，在Text屬性內修改字串為"0"。

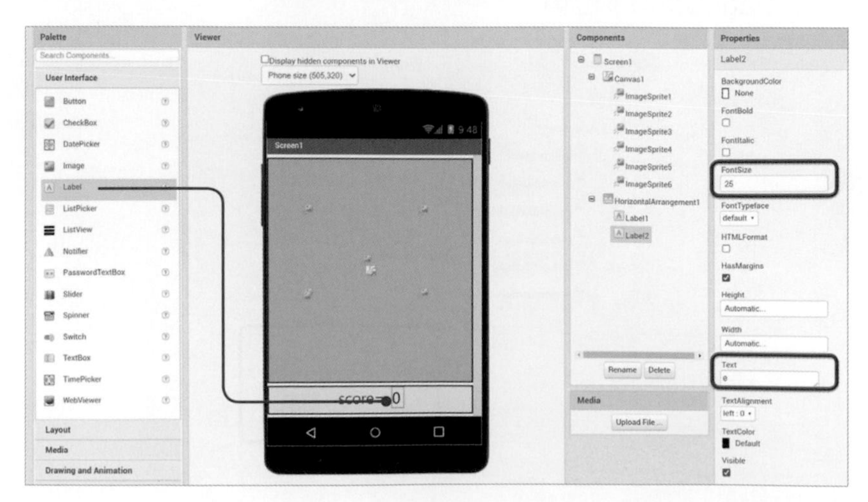

計時器元件不會出現在手機畫面，叫作非可視元件。

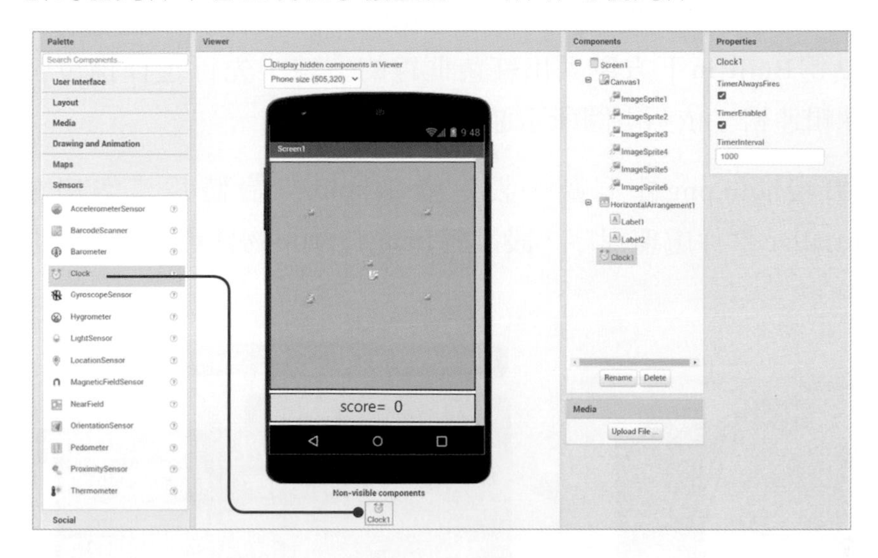

需上傳hold.png 與 frog.png 等圖片（60*60 pixels）至App Inventor 2 開發環境網站，上傳方法如下：

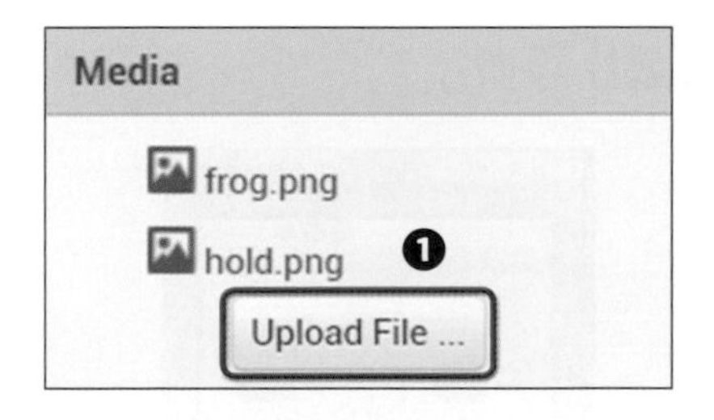

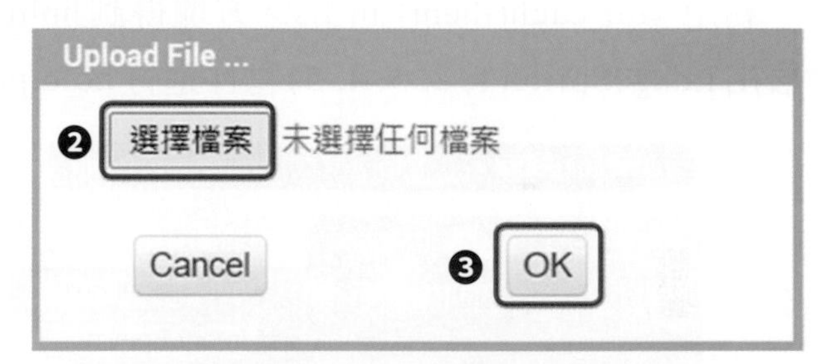

程式方塊功能連結設定

直接點選Built-in下方所列出紅色框線的方塊，先行選擇拖曳至工作面板中，準備邏輯連結。依照下圖所示進行：

創建串接hold.png孔洞圖。設定變數hold初始值爲“空串列”，利用Screen1.Initialize事件處理程序，設置各ImageSprite物件標頭名稱，加載至hold變數串列中。

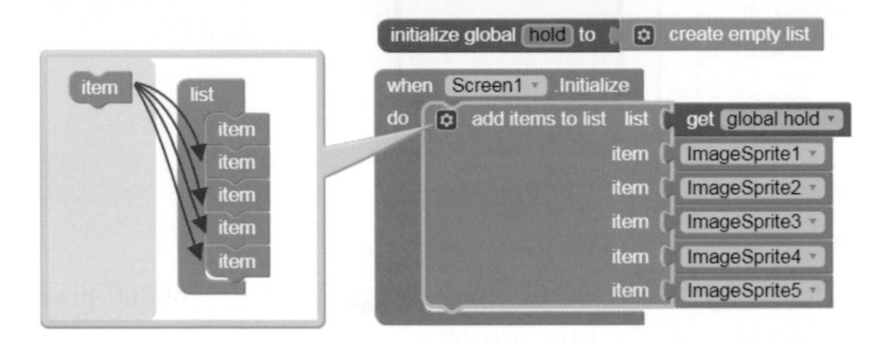

利用<for each(them) in list>方塊得到hold串列長度，透過item區域變數依序取出ImageSprite(1, 2, 3, 4, 5)物件進行hold.png圖片設置：

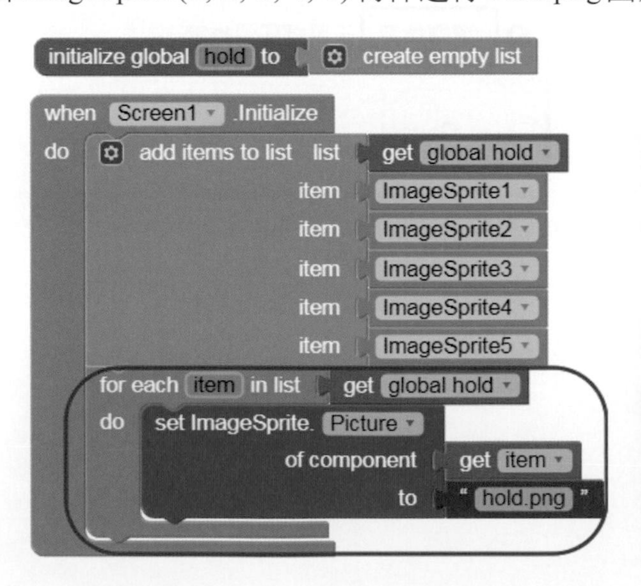

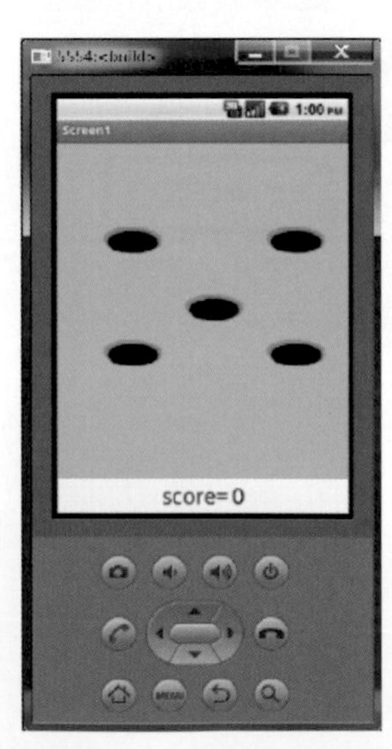

建立移動青蛙圖片（ImageSprite6）的副程序，可以在初始螢幕畫面使用，與依照Clock時間設定移動青蛙，副程序處理事件內容：1.透過亂數選出哪個ImageSprite(1, 2, 3, 4, 5)物件放入變數name中，2.取出變數name所儲存ImageSprite的X，Y座標位置，設置於青蛙圖片（ImageSprite6）的X，Y座標，因此青蛙物件會移動至亂數所選的地洞位址。

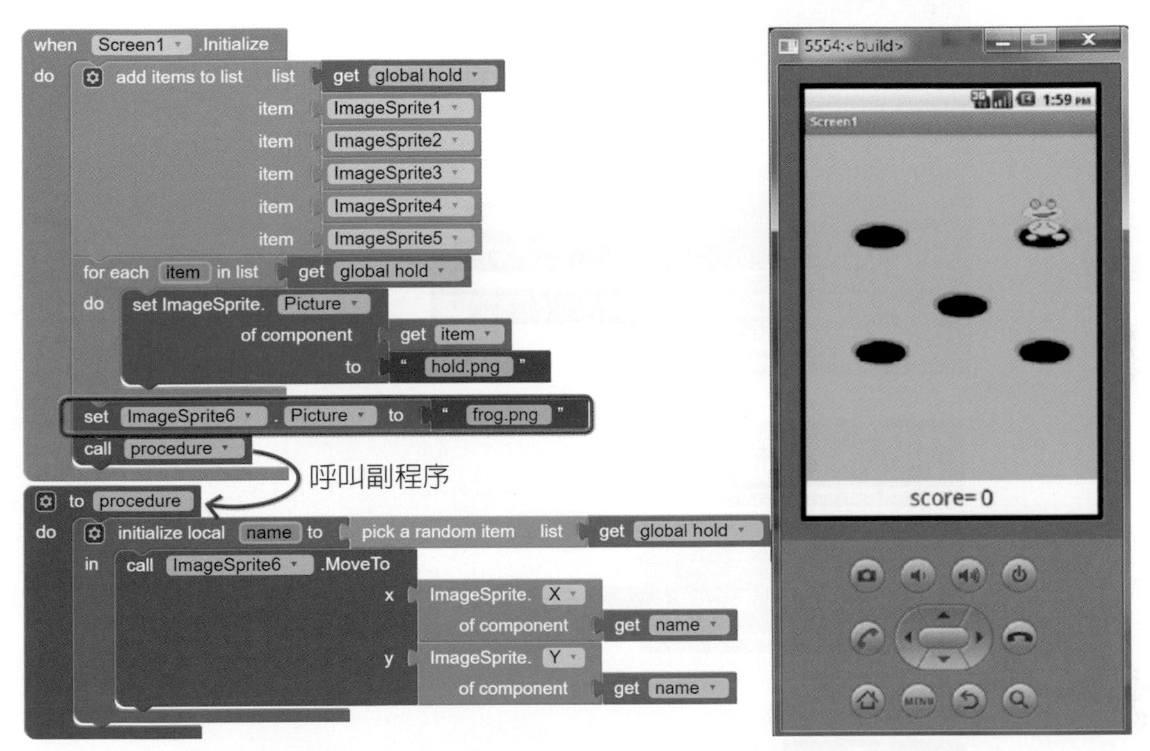

設定青蛙移動副程序至Clock1.Timer方塊內，使用滑鼠點選ImageSprite6方塊，選出<when (ImageSprite6).Touched>進行分數計分功能，如下：

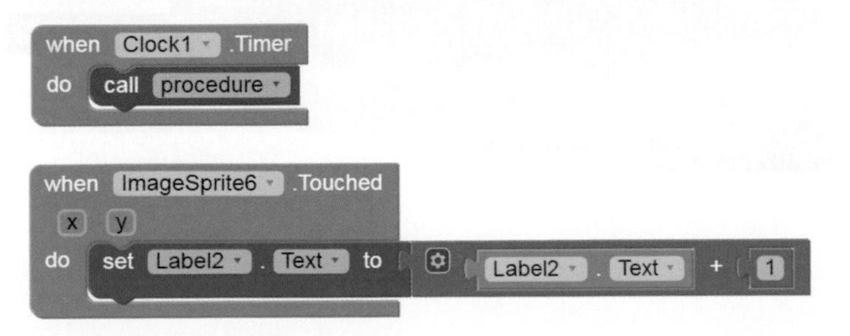

打青蛙完整邏輯方塊：

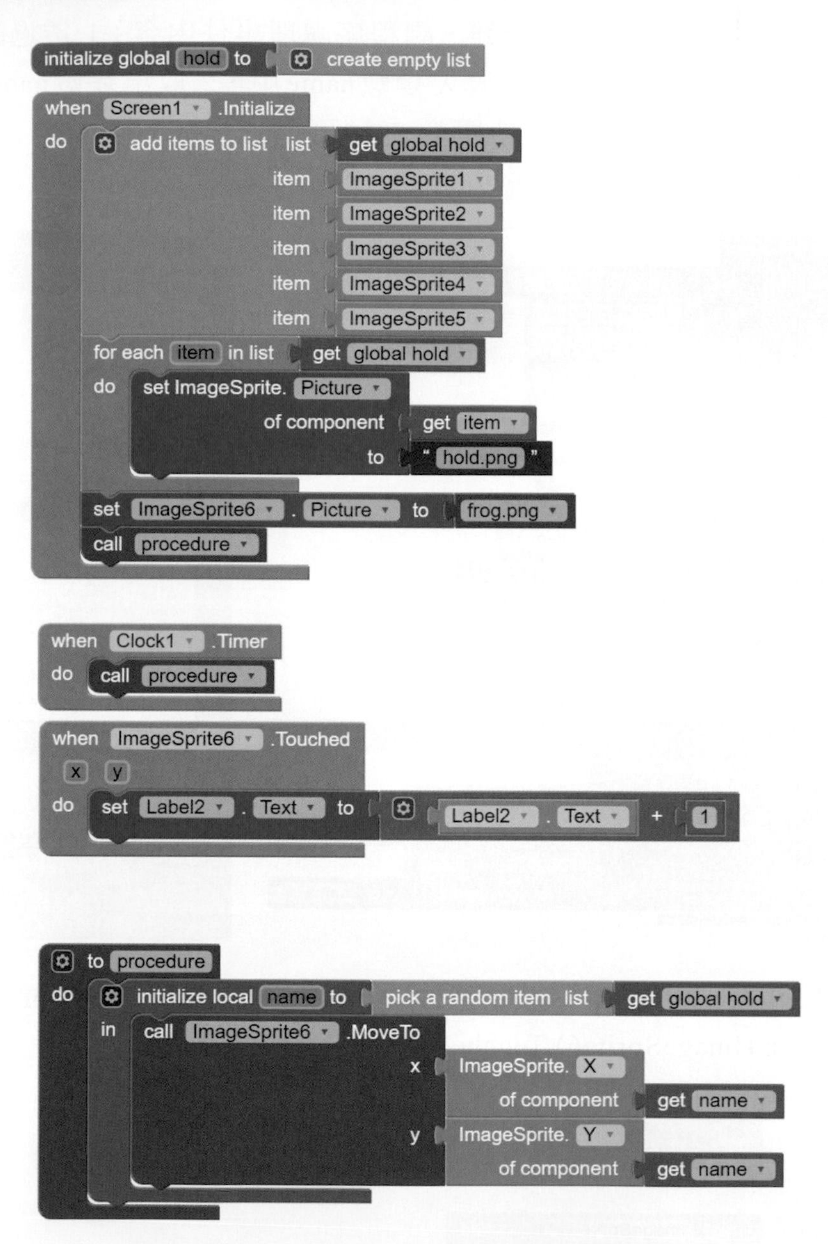
initialize global hold to create empty list
when Screen1 .Initialize
do add items to list list get global hold
item ImageSprite1
item ImageSprite2
item ImageSprite3
item ImageSprite4
item ImageSprite5
for each item in list get global hold
do set ImageSprite. Picture
of component get item
to " hold.png "
set ImageSprite6 . Picture to frog.png
call procedure
when Clock1 .Timer
do call procedure
when ImageSprite6 .Touched
x y
do set Label2 . Text to Label2 . Text + 1
to procedure
do initialize local name to pick a random item list get global hold
in call ImageSprite6 .MoveTo
x ImageSprite. X
of component get name
y ImageSprite. Y
of component get name

9-5 執行程式與測試與功能改進

請先確認是否已啟動模擬器（aiStarter）再選用**連線→模擬器**。

測試結果畫面：

這樣執行結果只有顯示分數並沒有發出聲音，因此新增此功能程序如下：

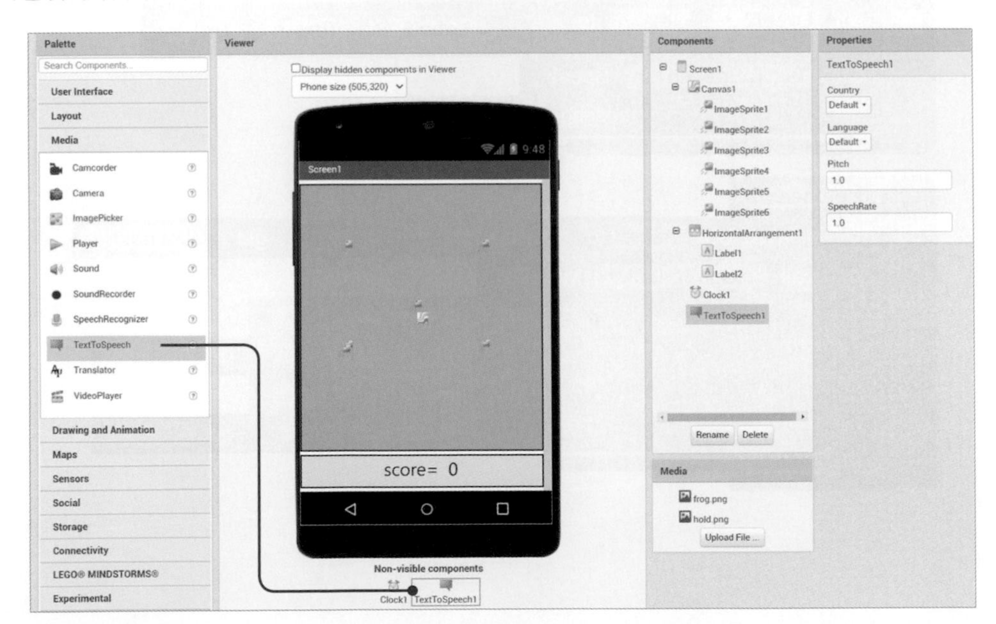

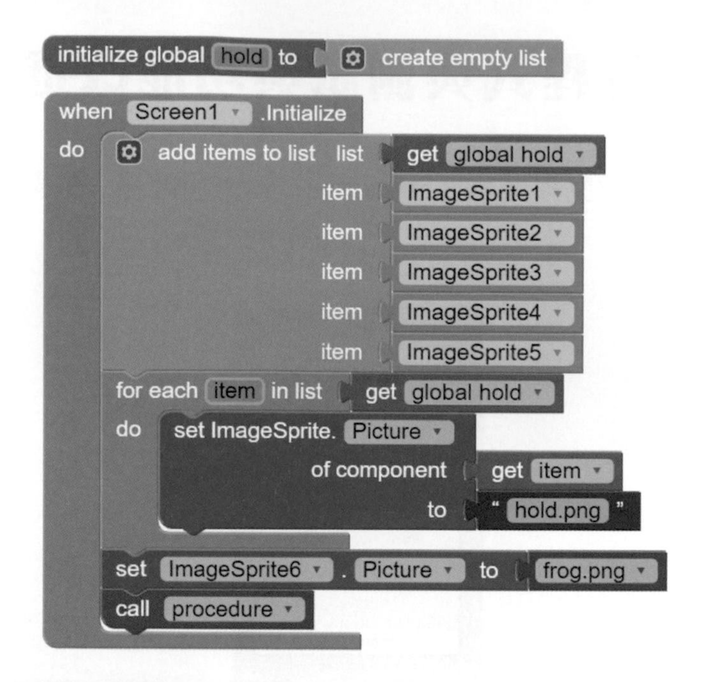
initialize global hold to create empty list
when Screen1 .Initialize
do add items to list list get global hold
item ImageSprite1
item ImageSprite2
item ImageSprite3
item ImageSprite4
item ImageSprite5
for each item in list get global hold
do set ImageSprite. Picture
of component get item
to " hold.png "
set ImageSprite6 . Picture to frog.png
call procedure

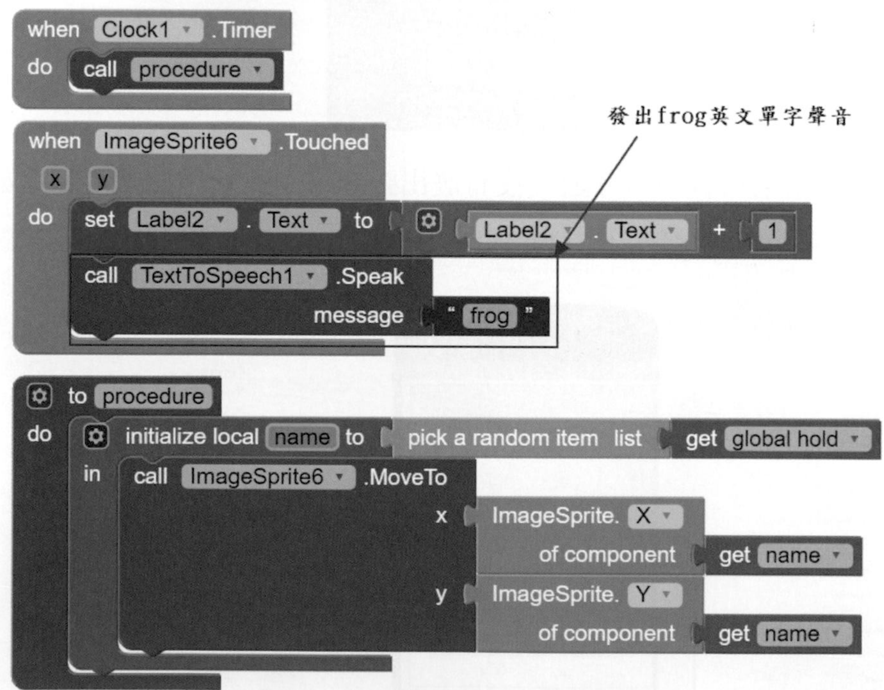
when Clock1 .Timer
do call procedure
發出frog英文單字聲音
when ImageSprite6 .Touched
x y
do set Label2 . Text to Label2 . Text + 1
call TextToSpeech1 .Speak
message " frog "
to procedure
do initialize local name to pick a random item list get global hold
in call ImageSprite6 .MoveTo
x ImageSprite. X
of component get name
y ImageSprite. Y
of component get name

自我評量

◈ 選擇題

(　　) 1. 使用 List 方塊儲存的內容限制為？ (A) 整數 (B) 任意型式類別 (C) 字串。

(　　) 2. Set ImageSprite(Picture)of component 方塊是屬於？ (A) Any ImageSprite 方塊內 (B) ImageSprite6 方塊內 (C) 在 Canvers 元件內。

(　　) 3. 哪個是調整組件的屬性？ (A) FontSize (B) Text (C) 以上皆是。

(　　) 4. 計時器模塊於組件面板裡的 (A) Social 社交應用 (B) Sensors 感測器 (C) User Interface 用戶介面。

(　　) 5. 本章圖片是利用哪個模塊進行串接？ (A) Lists 列表 (B) Control 控制 (C) Math 數學。

(　　) 6. 打到青蛙計分是使用哪個模塊？ (A) 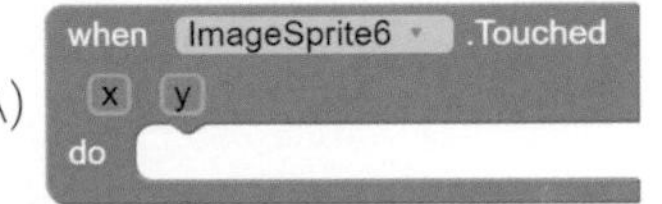

(B) 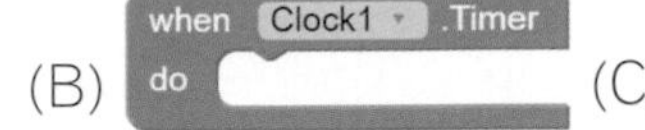

(C) 

。

(　　) 7. 哪個為不可視組件？ (A) Clock 計時器 (B) TextToSpeech 文本語音轉換器 (C) 以上皆是。

(　　) 8. ImageSprite 方塊位置調整那個屬性？ (A) FontSize (B) X (C) Text。

(　　) 9. 計時器模塊調整時間屬性？ (A)TimeEnabled (B) TimeInterval (C) TimerAlwayFree。

(　　) 10. 增加串接數目是增加哪個模塊敘述？ (A) empty list (B) list (C) item。

(　　) 11. 設定圖片至 Imagesprite 使用哪個模塊？ (A) 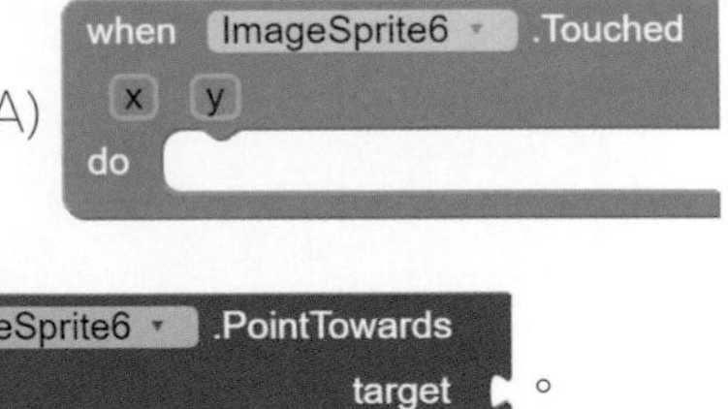

(B) (C) 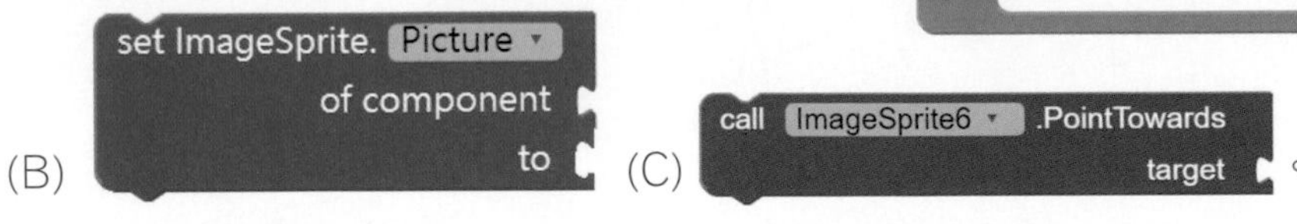

。

(　　) 12. 初始串接變數是選用哪個模塊？ (A) Clock (B) Initialize (C) Create empty list。

◈ 實作題

1. 修改此程式，使其具有敲中青蛙會顯現另外一張受傷青蛙圖片的功能。
2. 加入每打中五十次青蛙移動速度變快，使得遊戲更具娛樂的效果。

NOTE

猜數字遊戲I（軟體工程）-字串處理

本章學習重點

- 學習字串處理
- 了解程式設計目標的訂定
- 學習邏輯判斷

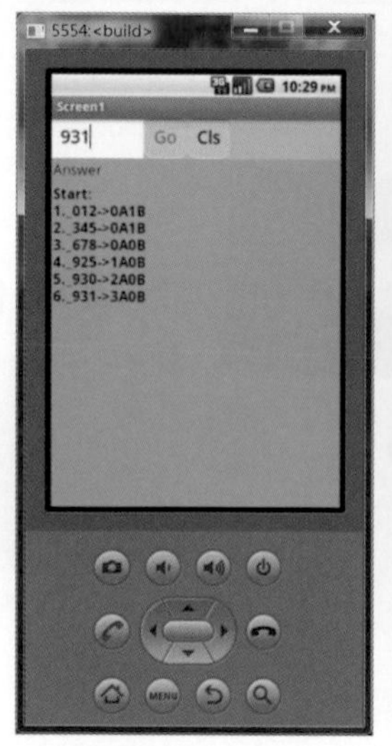

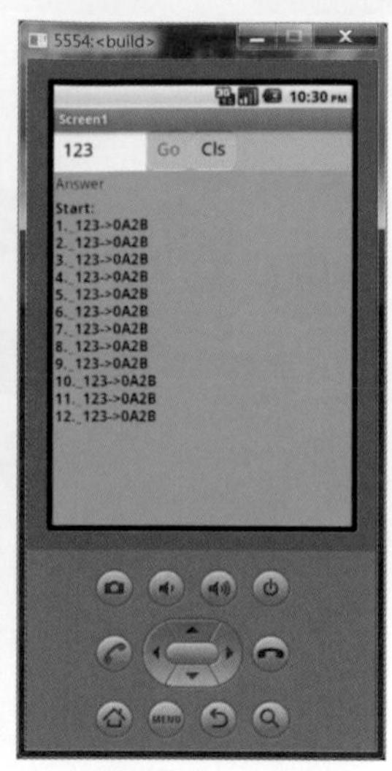

10-1 猜數字遊戲 I

軟體設計採用健全原則，以便獲得可靠且高效率的實作方法。將猜數字遊戲分成兩部分設計，一是使用者猜測電腦所出的數字，二是電腦猜測使用者數字等功能，以滿足使用者的需求，最後透過使用者操作與測試回饋問題進行維護，對程式有系統化的設計。猜數字遊戲可分為3位數字或是4位數字設計，本章節先以猜3位數字進行遊戲設計。透過電腦使用亂數選出不重複的3個數字，使用者操作猜測數字經由電腦比對答案，回答是幾A幾B。幾A表示猜測數字與位置都正確的數目，幾B表示猜測數字正確但位置不對的數目，例如：

電腦答案：376

玩家猜測：12**3**　0A1B

45**6**　1A0B

789　0A1B

367　1A2B

2**76**　2A0B

10-2 程式架構

猜數字遊戲的設計流程，包含需求、分析、設計、驗證、上線與維護等流程。如下：

- ◈ 需求：猜數字遊戲有三種需求：1. 玩家猜電腦所出的數字 2. 電腦猜測玩家的數字 3. 兩者功能都有的遊戲需求。
- ◈ 分析：撰寫程式是要利用字串處理方式，還是利用數字處理方式進行撰寫。
- ◈ 設計：如果需求選擇兩者都具備的功能遊戲，則需思考這兩個程式最後如何合併與銜接等問題。
- ◈ 驗證：功能分別測試，再進行整合驗證。
- ◈ 上線：給使用者測試。
- ◈ 維護：使用者回饋問題，對程式進行修改。

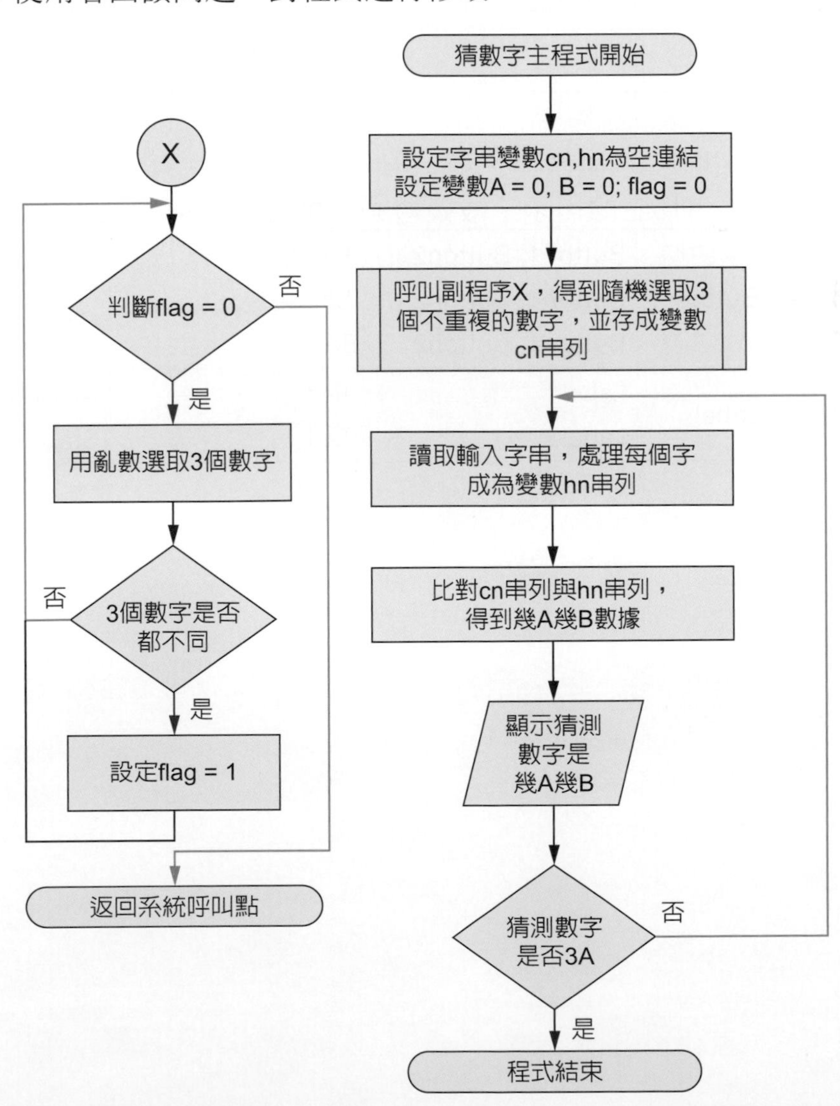

10-3 程式設計所需元件與方塊

介面使用方塊Label（標籤）、HorizontalArrangement（水平配置）、TextBox（文字輸入盒）、Button（按鈕）。

螢幕元件設定

Palette / object 元件面板 / 類別	Object 方塊物件	Properties 元件屬性	Contain 屬性內容
Screen	Screen1	BackgruondColor	Green
Layout / HorizontalArrangement	Horizontal Arrangement1	Height Width	Automatic Full parent
User Interface / TextBox	TextBox1	FontSize Width Hint	20 100pixels 012
User Interface / Button	Button1, Button2 Button1, Button2 Button1, Button2	FontSize Shape Text	20 Rounded Go， Cls
User Interface / Label	Label1 Label2	Text Text	Answer Start

Blocks 內的 Built-in 方塊

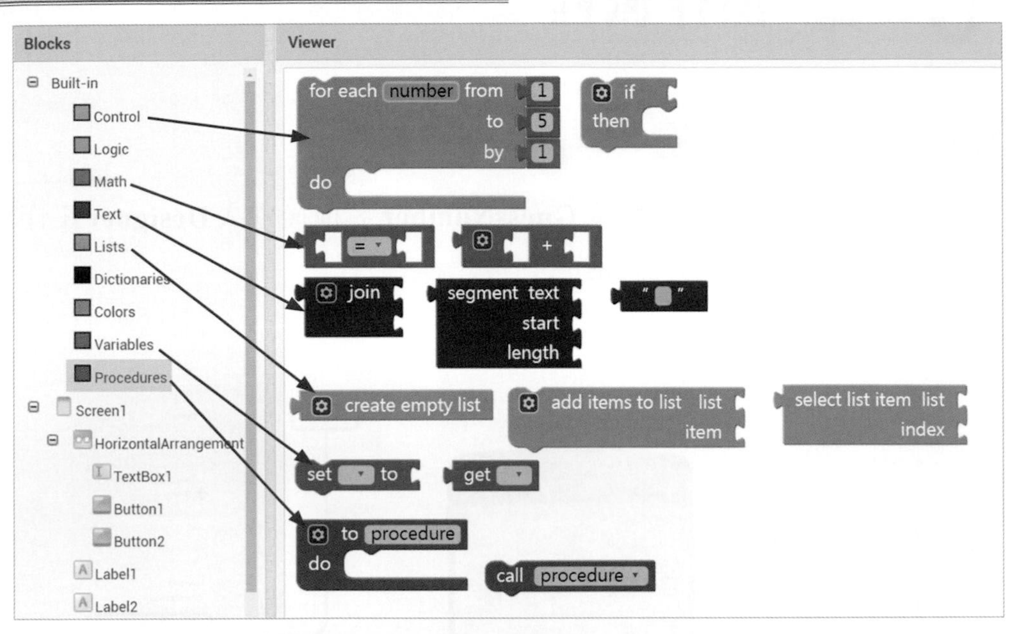

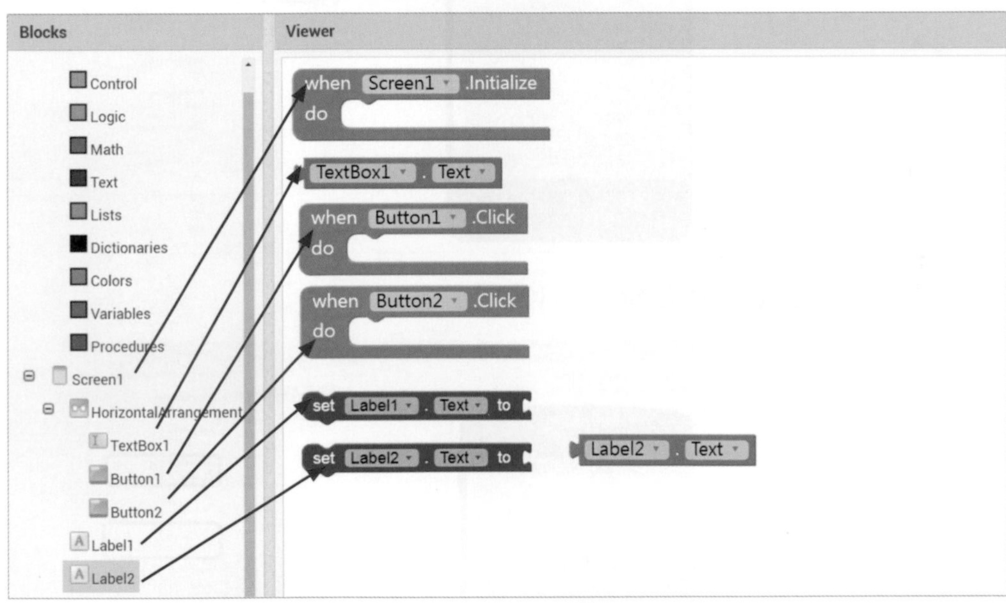

10-4 操作流程

使用元件的版面配置

建立此專案，建立名稱請輸入 **GuessNumber** 名稱後進入 **Designer** 工作區內根據下圖進行元件布置與屬性設定。

»Step1　設定Screen1顏色為綠色。

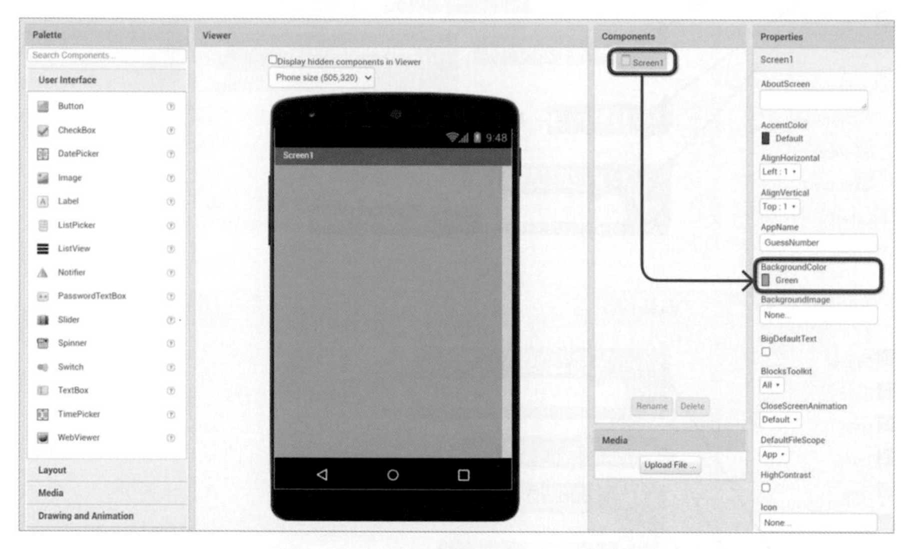

»Step2　拖曳水平配置方塊至Screen1畫面上。

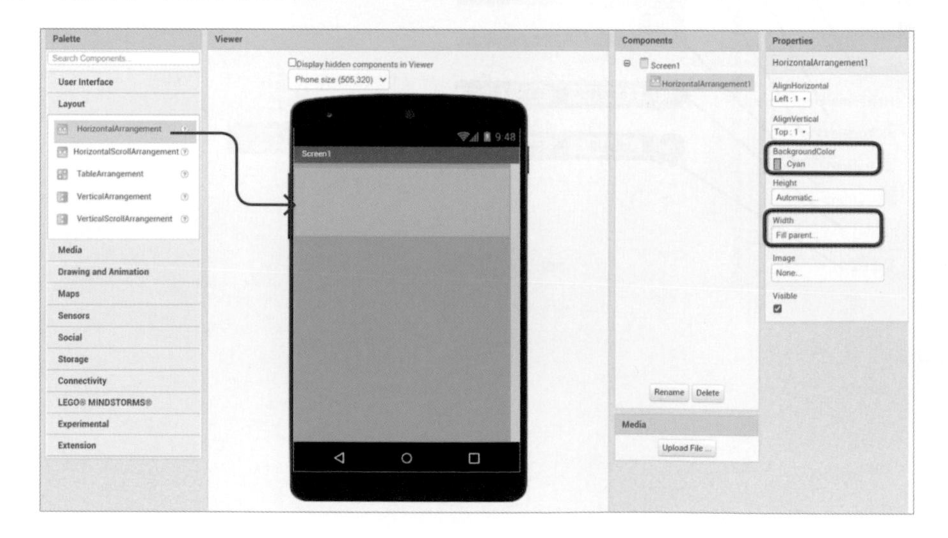

»Step3　拖曳TextBox物件至水平配置方塊內。

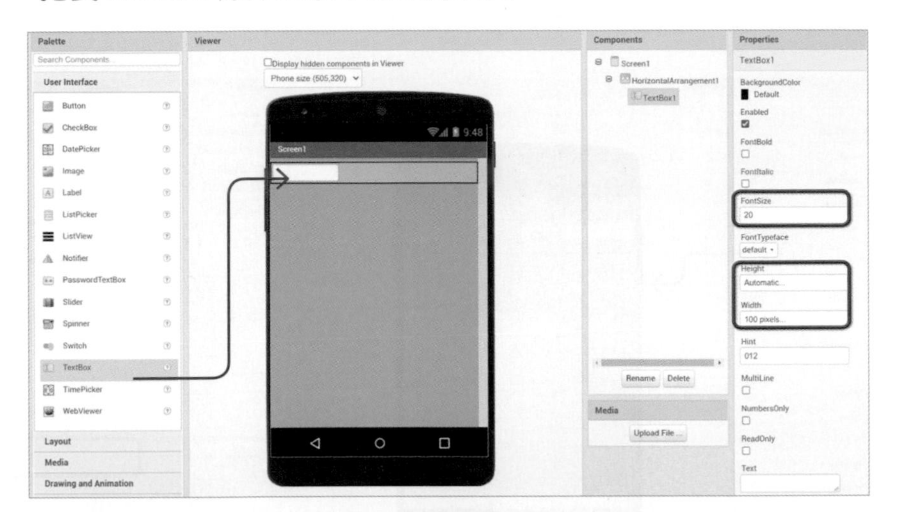

»Step4　再拖曳按鈕物件至水平配置方塊內。

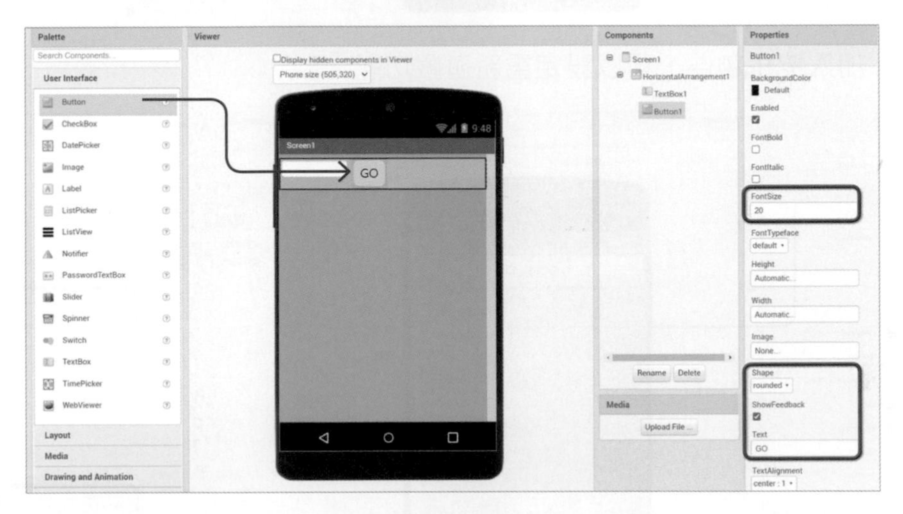

»Step5　用滑鼠拖曳Label（標籤物件）至Screen1畫面（顯示電腦最後答案）。

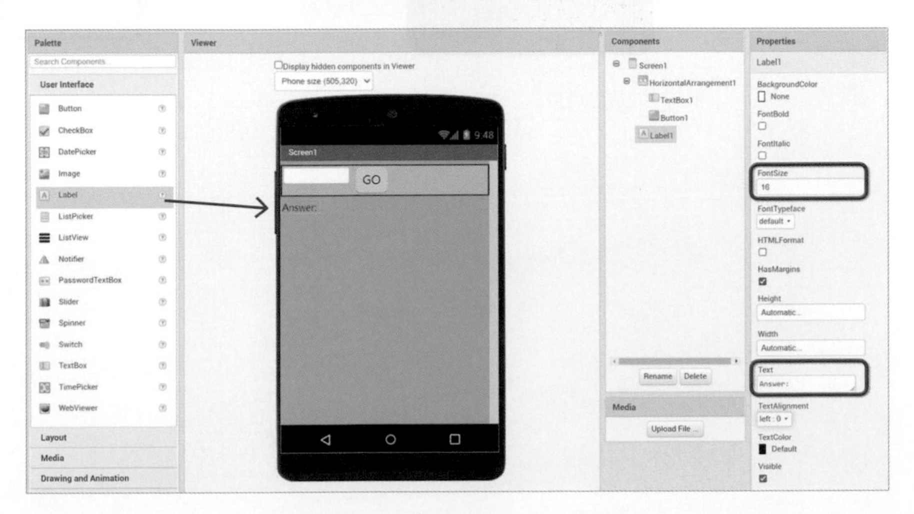

»Step6 再次用滑鼠拖曳Label（標籤物件）至Screen1畫面（電腦回答是幾A幾B）。

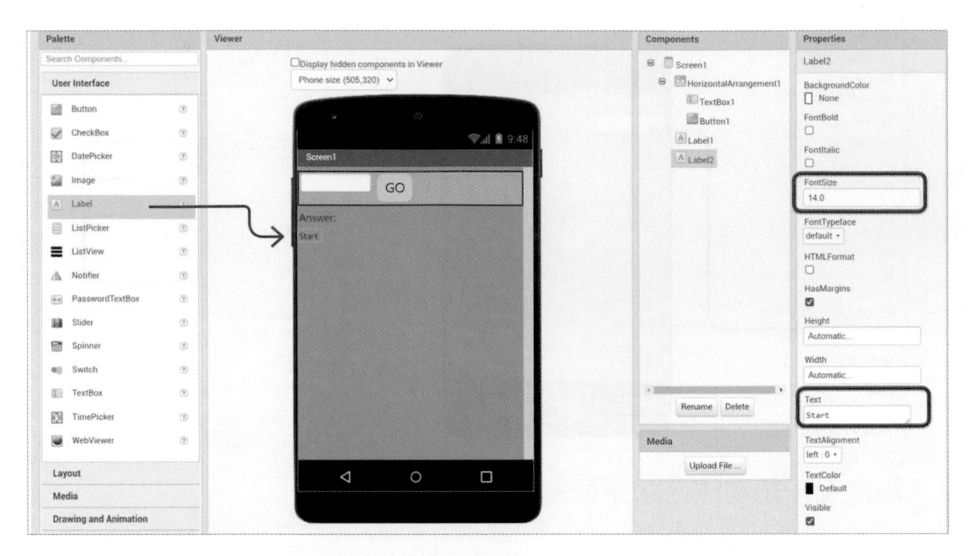

»Step7 加入按鈕物件，可以設定重新遊戲功能。

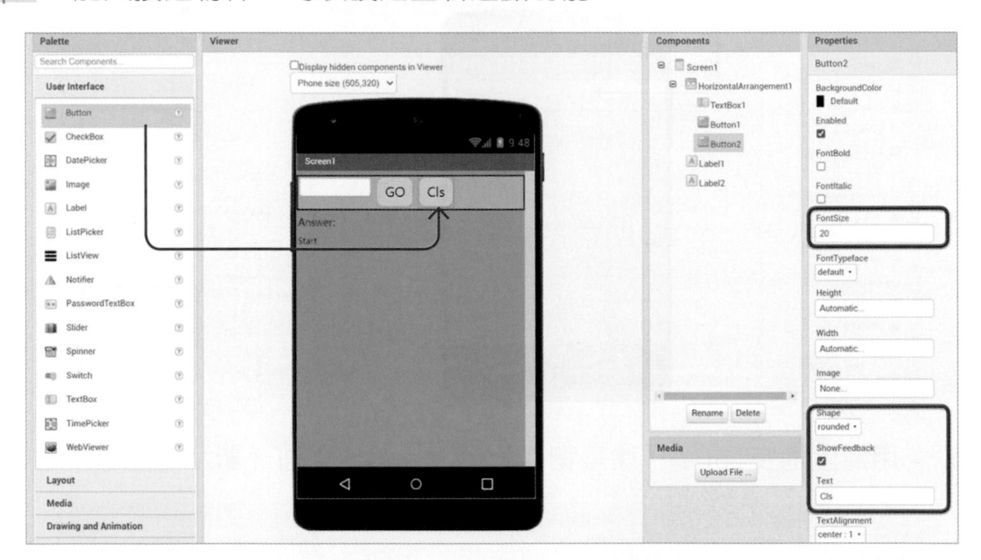

程式方塊功能連結設定

直接點選Built-in下需使用的方塊，拖曳至工作面板中，準備邏輯連結。依照下圖所示進行：

設定變數A=0，B=0，cn為空串接，hn為空串接與變數flag=0。

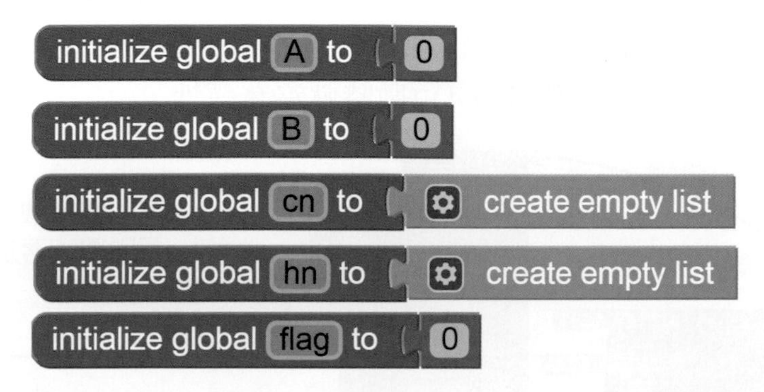

利用<when(Screen1).Initialize>方塊執行procedure副程序，藉由亂數方塊，選出3個不重複的數字，存入cn串列中。

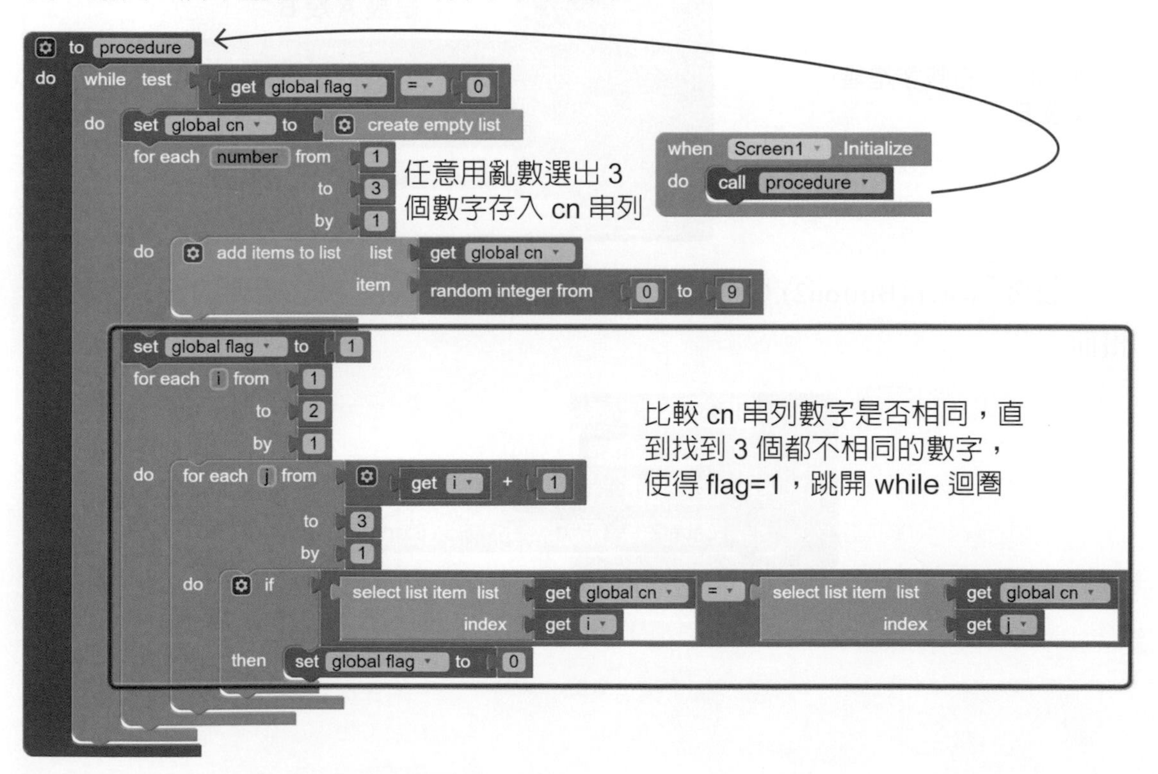

按壓按鈕Go會觸發< when(Button1).Click >方塊，執行procdure2 副程序，判別透過< TextBox1.Text >輸入的字串，與電腦選好要猜的數字進行比對。比對兩字串的結果，具有相同數字者，則進入下階段判別，如果位址相同則存入變數A，否則存入變數B。比對方式採用全面比較，例如：3位數與3位數須進行9次比較，才能得到幾A幾B數據，因此程式採用兩個for迴圈方塊進行比對，以後要更改成4位數字時能很快地修改程式碼，而不撰寫9個獨立判斷方塊進行，這種比對方法日後要修改成4位數時就沒有彈性。

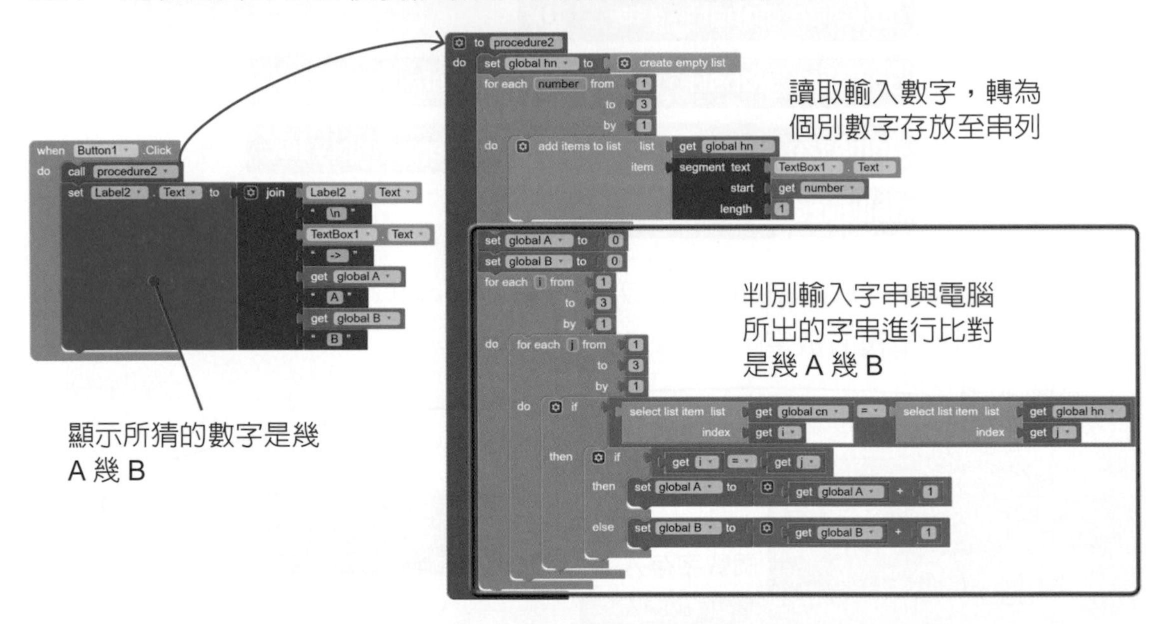

觸發<when(Button2).Click>方塊，可以重新讓電腦選出要猜的數字與清除畫面。

```
when Button2 .Click
do  call procedure
    set Label1 . Text to " Answer "
    set Label2 . Text to " Start: "
```

最後完成初步猜數字遊戲邏輯方塊。

```
initialize global A to 0
initialize global B to 0
initialize global cn to create empty list
initialize global hn to create empty list
initialize global flag to 0

to procedure
do  while test  get global flag = 0
    do  set global cn to create empty list
        for each number from 1 to 3 by 1
        do  add items to list  list get global cn
                               item random integer from 0 to 9
        set global flag to 1
        for each i from 1 to 2 by 1
        do  for each j from get i + 1 to 3 by 1
            do  if  select list item list get global cn index get i = select list item list get global cn index get j
                then set global flag to 0

when Button1 .Click
do  call procedure2
    set Label2 . Text to join  Label2 . Text
                               "\n"
                               TextBox1 . Text
                               "->"
                               get global A
                               "A"
                               get global B
                               "B"

when Screen1 .Initialize
do  call procedure

when Button2 .Click
do  call procedure
    set Label1 . Text to "Answer"
    set Label2 . Text to "Start"

to procedure2
do  set global hn to create empty list
    for each number from 1 to 3 by 1
    do  add items to list  list get global hn
                           item segment text TextBox1 . Text
                                        start get number
                                        length 1
    set global A to 0
    set global B to 0
    for each i from 1 to 3 by 1
    do  for each j from 1 to 3 by 1
        do  if  select list item list get global cn index get i = select list item list get global hn index get j
            then  if get i = get j
                  then set global A to get global A + 1
                  else set global B to get global B + 1
```

10-5 執行程式與測試與功能改進

請先確認是否已啓動模擬器（**aiStarter**），再選用**連線→模擬器**。程式執行顯示需玩家輸入數字的畫面，在白色框輸入要猜測的數字，接續按Go按鈕執行，畫面會顯示剛輸入的數字是幾A幾B。

測試結果畫面：

測試結果是不論猜錯次數多少次都會執行，猜對後狀況也一樣可以繼續執行按鈕功能不會停下，改善方法新增下列方塊與邏輯方塊，連接程序如下：

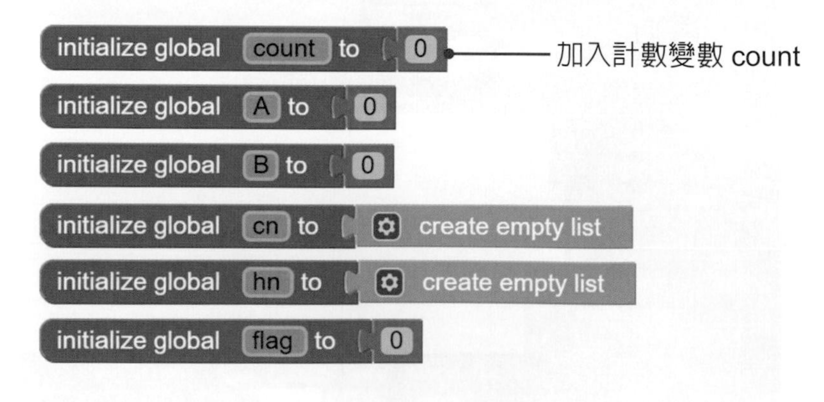

最後利用 Join 方塊增加顯示變數 count 數目與 " .- " 字元進行顯示字的串接設定。

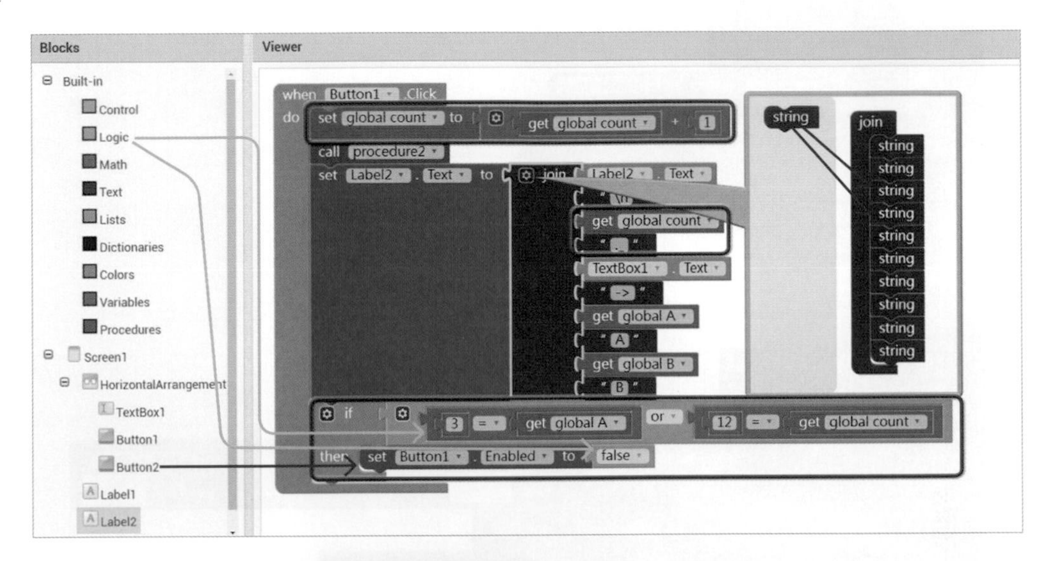


```
when Button2 .Click
do  call procedure
    set Label1 . Text to " Answer "
    set Label2 . Text to " Start: "
    set Button1 . Enabled to true
    set global count to 0
```

最後完成整體方塊邏輯連結程式。

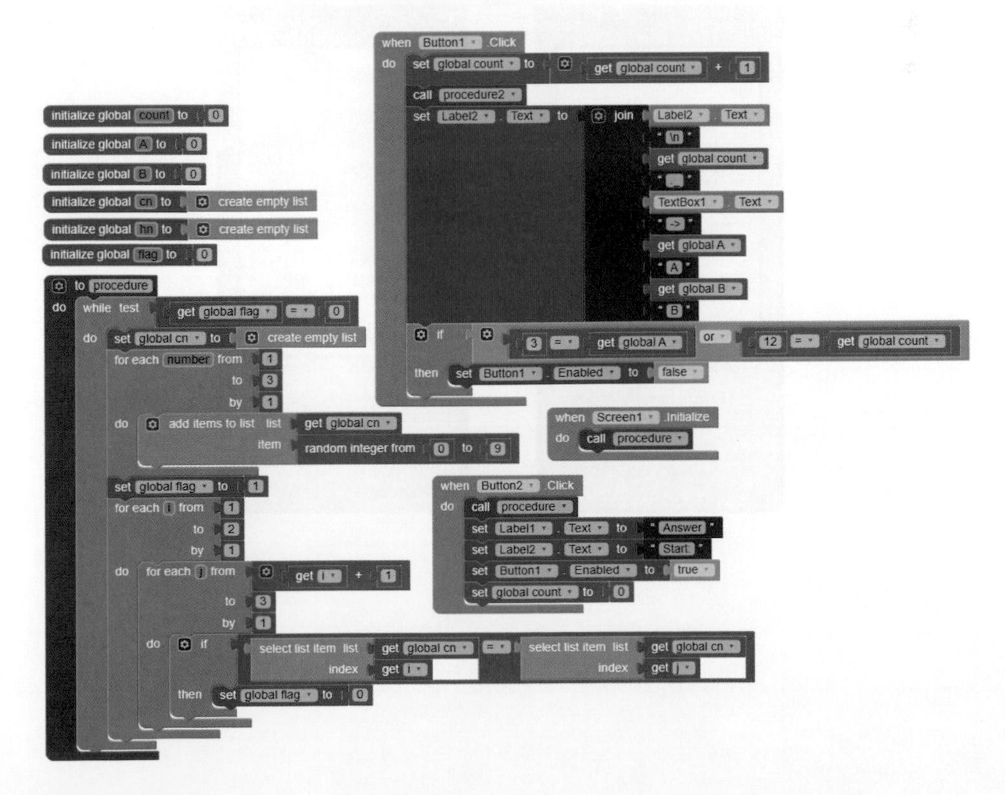

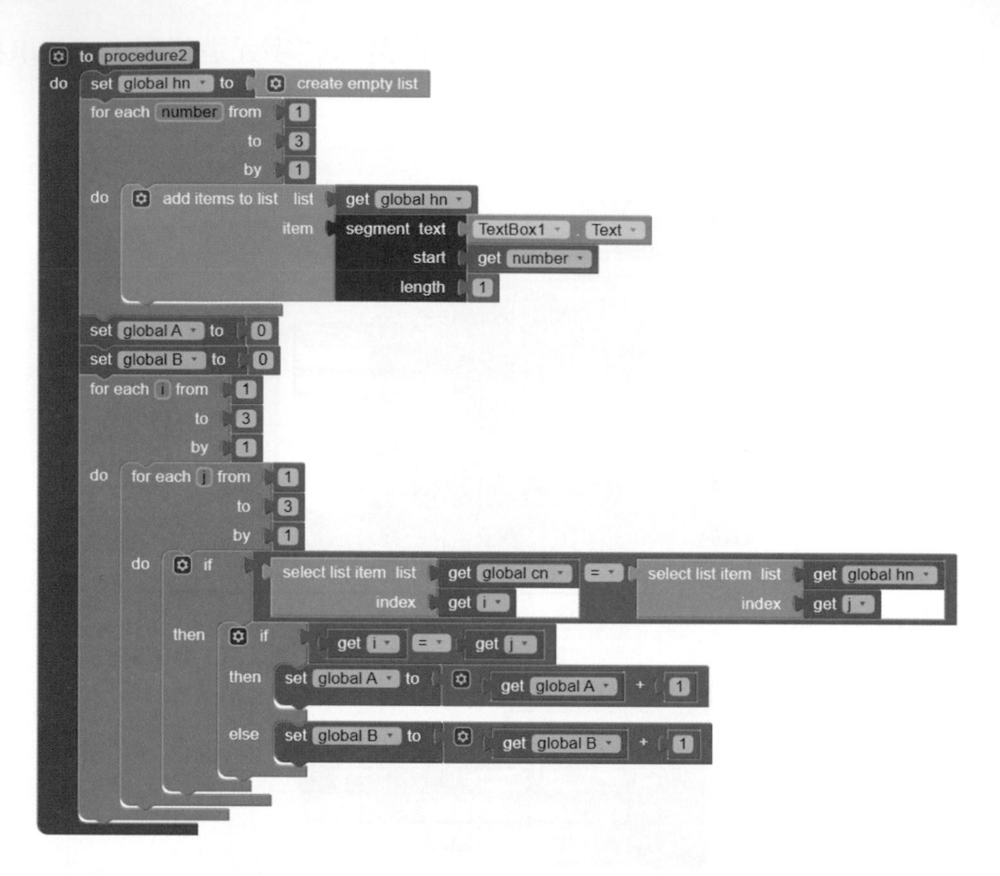

最後執行測試畫面顯示如下：

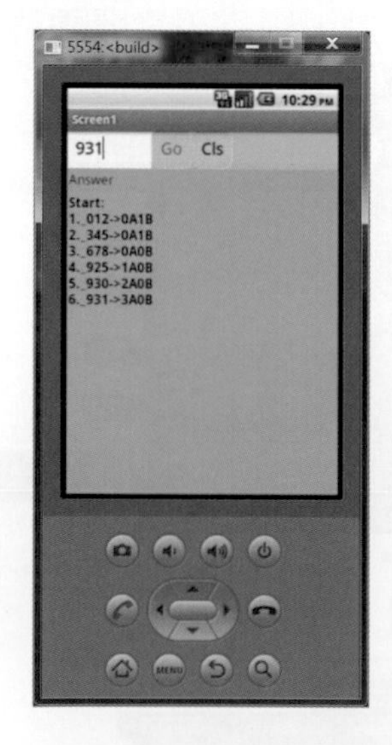

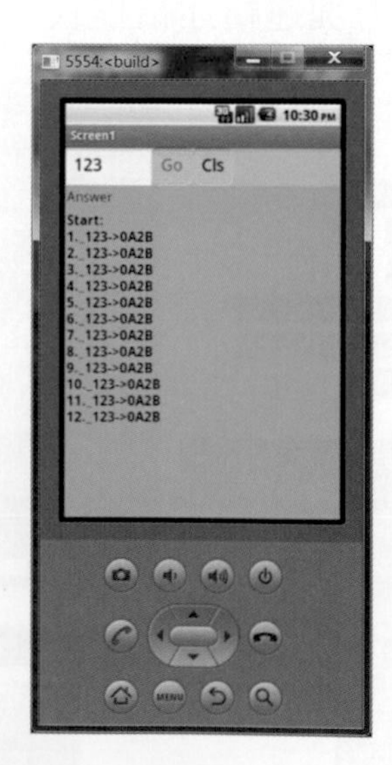

◈ 選擇題

( ) 1. 需要對程式撰寫方式進行考量是在哪階段？ (A) 分析 (B) 需求 (C) 設計。

( ) 2. 選取具有切割字串方塊是在哪裡選擇？ (A) 數學（Math）方塊 (B) 串列（List）方塊 (C) 文字（Text）基本方塊

( ) 3. 撰寫程式要利用字串處理方式還是利用數字處理方式進行撰寫，為哪個設計流程？ (A) 需求 (B) 分析 (C) 設計。

( ) 4. Label組件的主要功能是什麼？ (A) 可用來顯示文字 (B) 輸入文字 (C) 顯示影像圖片。

( ) 5. TexBox組件的主要功能是什麼？ (A) 可用來顯示文字 (B) 輸入文字 (C) 時間選取。

( ) 6. 使用者回饋問題，對程式進行修改，為哪個設計流程？ (A) 設計 (B) 驗證 (C) 維護。

( ) 7. 哪個模組將多個指令集合在一起後，能透過呼叫使用這些指令？

( ) 8. 如果需求選擇兩者都具備的功能遊戲，則需思考這兩個程式最後如何合併與銜接等問題？ (A) 需求 (B) 分析 (C) 設計。

( ) 9. Label組件顯示字串的可上下分段能力是使用哪個字串？ (A) \next (B) \n (C) \x。

( ) 10. 幾A幾B的判別需要幾個迴圈？ (A) 1 (B) 2 (C) 3。

( ) 11. 選出不同數字需要哪種迴圈方塊？ (A) while test方塊 (B) for each方塊 (C) if 方塊。

( ) 12. 檢查選出三個數字是否有重複則需透過flag變數設定為？ (A) 1 (B) 2 (C) 0。

◈ 實作題

1. 增加方塊修改此程式具有猜測次數如果超過12次，顯示正確答案在螢幕畫面。
2. 加入選擇按鈕可以轉換3位數與4位數的猜數字遊戲，以增加此程式的挑戰性。

NOTE

猜數字遊戲II（資料結構）-陣列

本章學習重點

- 學習陣列處理
- 排列如何用程式方塊產生
- 陣列複製方塊

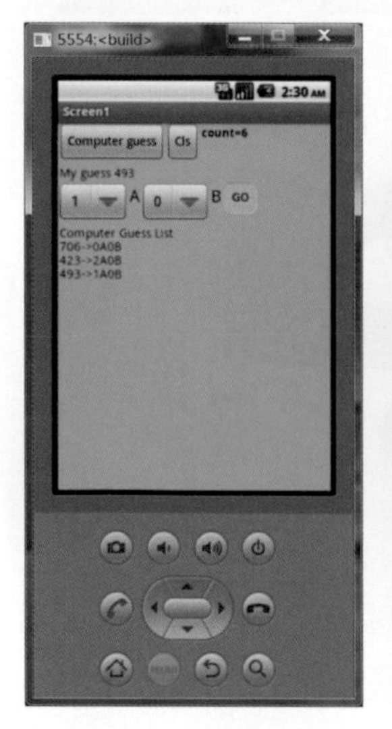

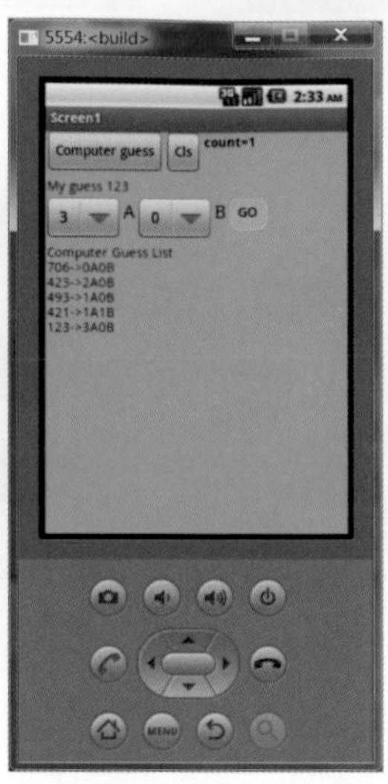

11-1 猜數字遊戲 II

在第十章已完成玩家猜測電腦所出的數字，接下來先完成電腦猜測玩家所出的數字等功能，以滿足使用者的需求，最後透過玩家操作與測試回饋問題進行維護，對程式有系統化的設計。猜測玩家數字遊戲可分為3位數字或是4位數字設計，本章節目標先以猜3位數字進行遊戲設計。第一次電腦猜測玩家數字使用亂數選出一組不重複的3個數字，玩家根據電腦提示輸入幾A 幾B，電腦再根據此數據進行符合資料的篩選，最後猜測出玩家所出的數字。數字排列主要使用「P(n,r)=n!/(n-r)!」公式計算排列數，階乘其實是很簡單的數學符號，用「n!=n*(n-1)*(n-2)*----*2*1」表示的連乘積，叫做n的階乘，注意0!=1。那電腦又是如何建立此排列數字的呢？利用三個For迴圈與一個判斷式，就可以產生P(10,3)=10!/(10-3)!=720組的排列數字。

11-2 程式架構

整個猜測玩家數字遊戲設計流程與前章節相同，包含需求、分析、設計、驗證、上線、維護等流程。

- 需求：只針對電腦與玩家進行數字猜測遊戲功能。
- 分析：撰寫程式是要利用字串處理方式進行撰寫。
- 設計：完成此電腦猜測玩家數字功能，合併前章所撰寫方塊的銜接等問題。
- 驗證：功能分別測試，再進行整合驗證。
- 上線：給玩家測試。
- 維護：玩家回饋問題，對程式進行修改。

電腦猜測玩家程式設計流程

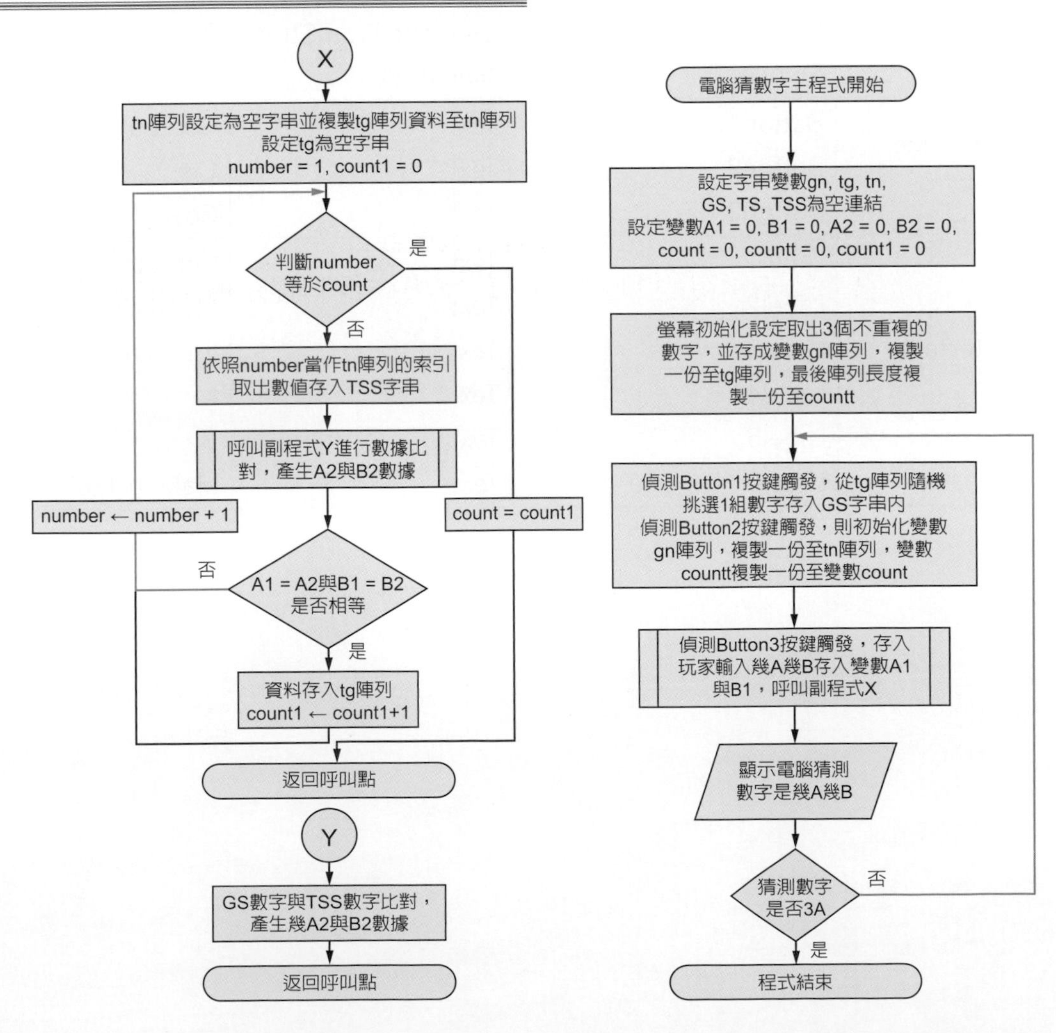

11-3 程式設計所需元件與方塊

元件介面使用方塊Label（標籤）、HorizontalArrangement（水平配置）、Spinner（下拉式選單）、Button（按鈕）。

螢幕元件設定

Palette / object 元件面板 / 類別	Object 方塊物件	Properties 元件屬性	Contain 屬性內容
Screen	Screen1	BackgruondColor	Green
Layout / Horizontal Arrangement	HorizontalArrangement1 HorizontalArrangement2 HorizontalArrangement3	Height Width	Automatic Full parent
User Interface / Spinner	Spinner1 Spinner2	ElementsFromString Selection	0,1,2,3 0
User Interface / Button	Button1 Button2 Button3	Text Text Text	Computer guess Cls Go
User Interface / Label	Label1 Label2 Label3 Label4 Label5 Label6	Text Text Text Text Text Text	Computer Guess list My guess number A B Making Table

Blocks 內的 Built-in 方塊

直接點選Built-in下方，所列出圖不是紅色直線所對應的方塊。

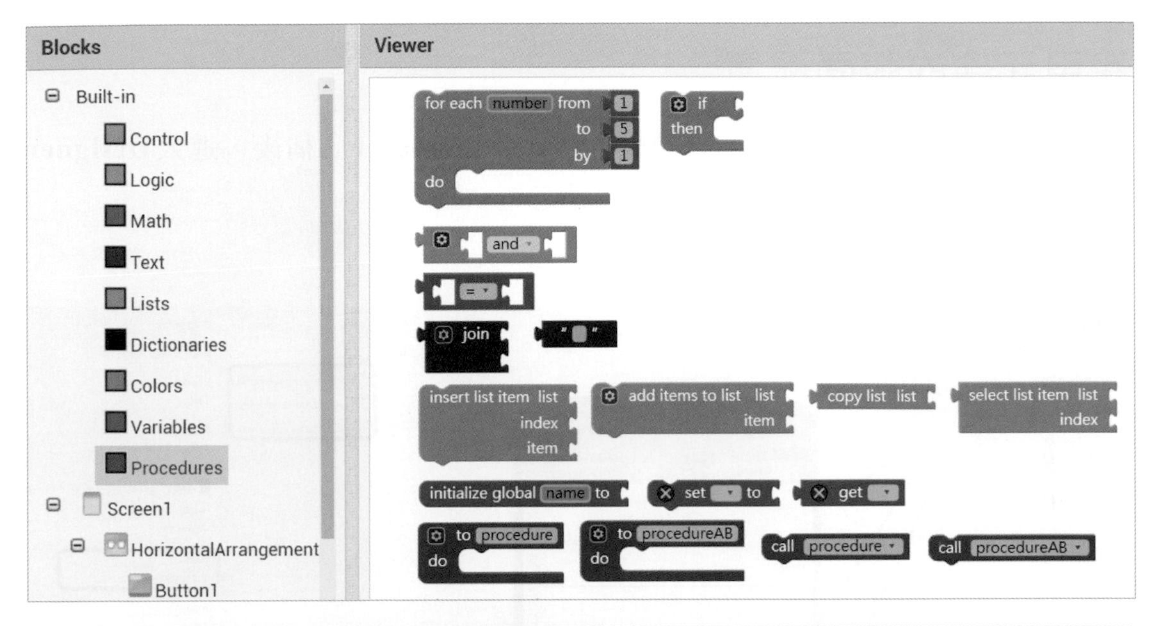

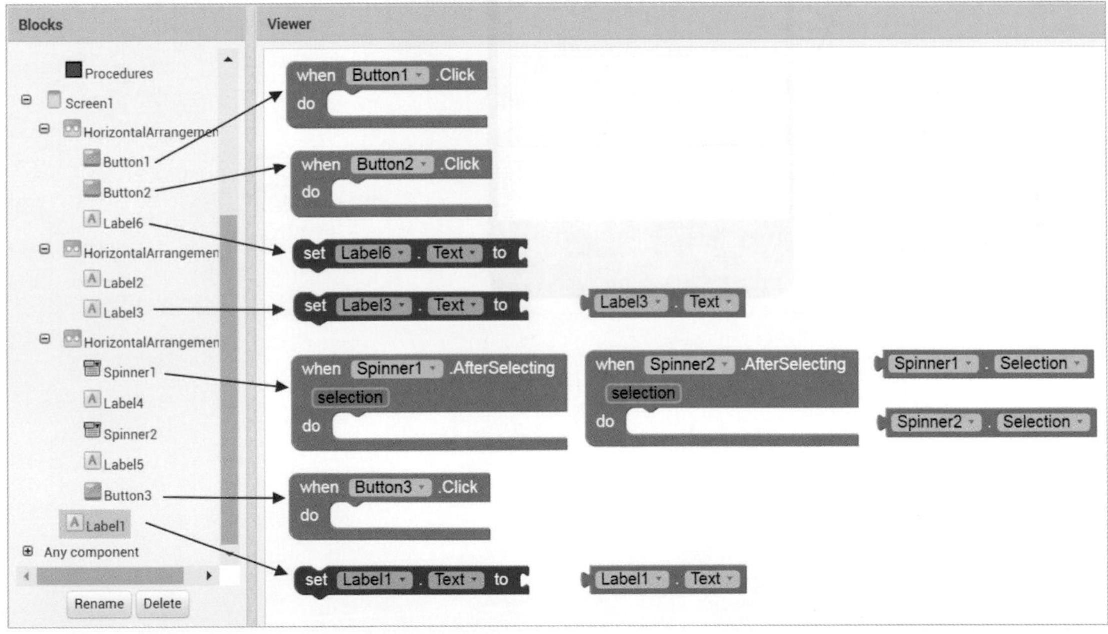

11-4 操作流程

使用元件的版面配置

建立此專案檔案，建立名稱請輸入**GuessNumberII**名稱後，進入**Designer**工作區內根據下圖進行方塊佈置與屬性設定。

»Step1　拖曳3個水平配置方塊。

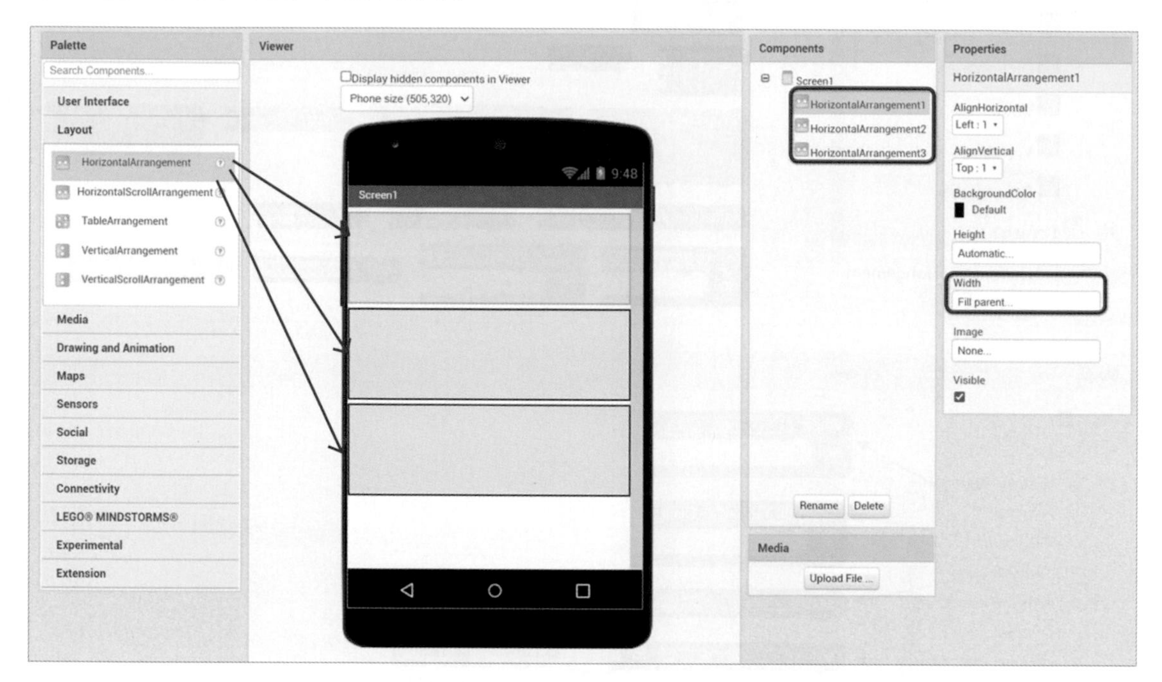

»Step2　分別拖曳Button（按鈕）、Label（標籤）物件以及Spinner（選單）物件至手機Screen1。

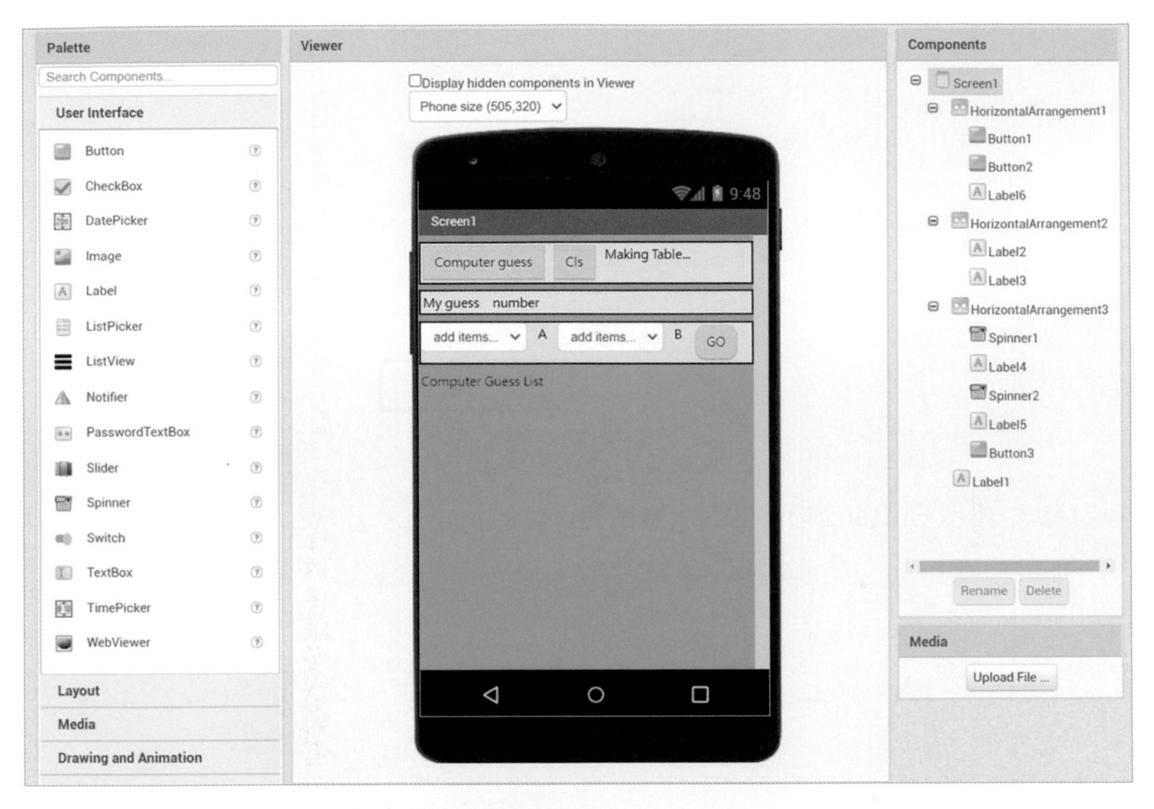

»»Step3　設定Screen1背景顏色為綠色。

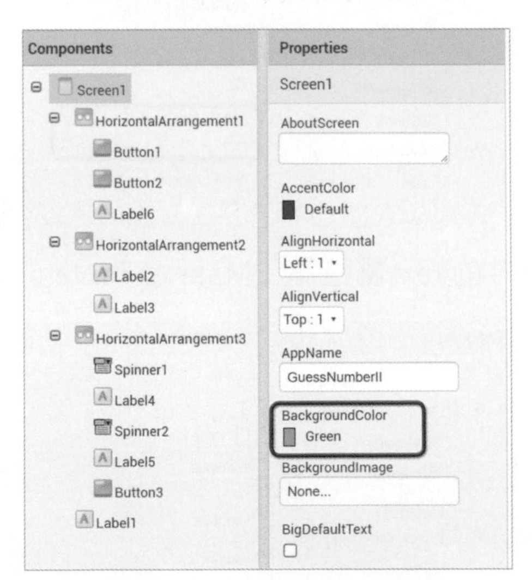

»Step4　修改Button1物件的Text屬性為「Computer guess」。

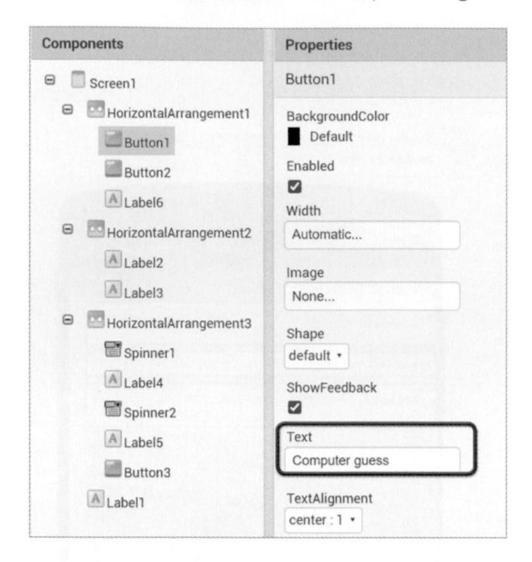

»»Step5　修改Button2物件的Text屬性為「Cls」。

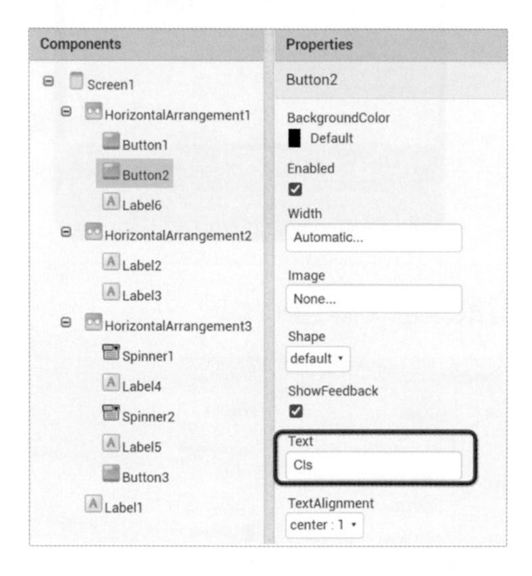

»Step6　修改Label6物件的Text屬性為「Making Table」。

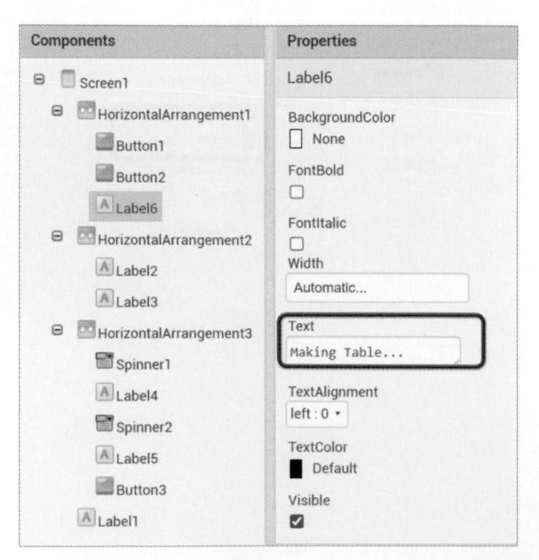

»Step7 分別修改Label2、3、4、5物件的Text屬性為「My guess」，「number」、「A」、「B」，最後修改Label1的Text屬性為「Computer Guess List」。

Properties	Properties	Properties	Properties
Label2	Label3	Label4	Label5
BackgroundColor None	BackgroundColor None	BackgroundColor None	BackgroundColor None
Text My guess	Text number	Text A	Text B

»»Step8 修 改Spinner1與Spinner2物 件 的ElementsFromString與Selection屬性。

Properties	Properties
Spinner1	Spinner2
ElementsFromString 0,1,2,3	ElementsFromString 0,1,2,3
Width Automatic...	Width Automatic...
Prompt	Prompt
Selection 0	Selection 0
Visible	Visible

»Step9 修改Button3物件的Text屬性為「GO」。

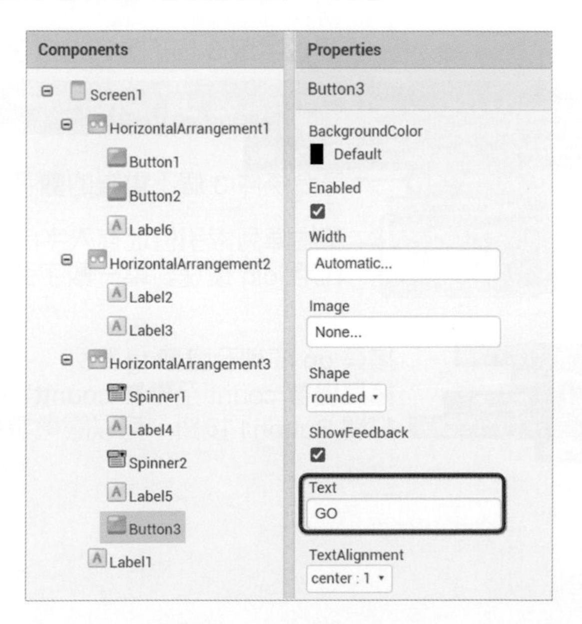

程式方塊功能連結設定

直接點選Built-in下方需使用的方塊，拖曳至工作面板中，準備邏輯連結。依照下圖所示進行：

如下圖設定各變數初始值。

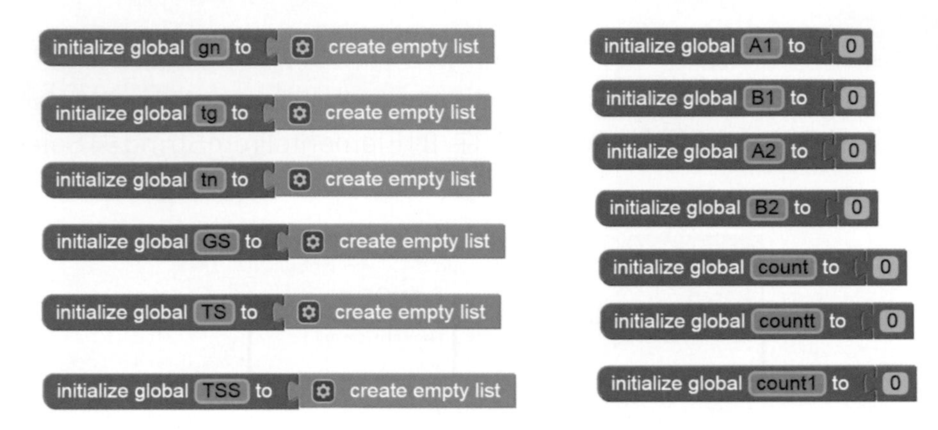

利用<when(Screen1).Initialize>方塊執行3位數的排列，存入gn陣列中並複製一份至tg陣列。

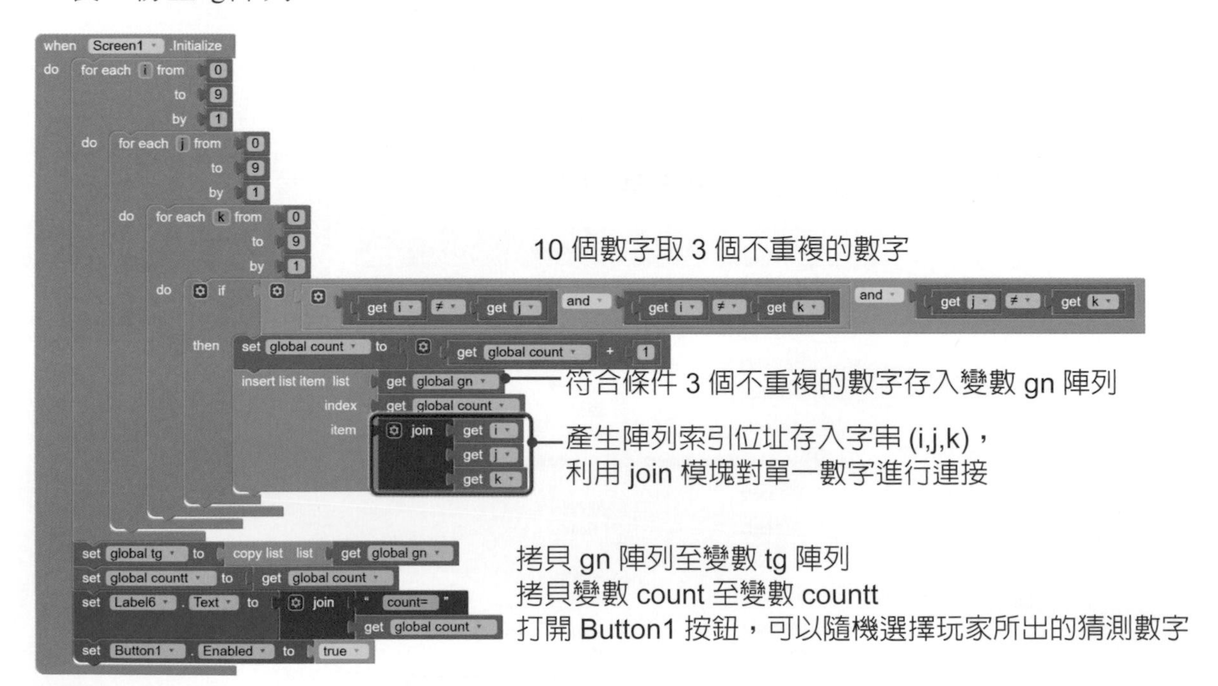

按壓按鈕Computer guess會觸發<when(Button1).Click>方塊，執行使用亂數取出tg陣列其中一項數值當作玩家所要猜測數值存入Label3.Text。如果按壓按鈕Cls會觸發<when(Button2).Click>方塊，可以重新開始新一次電腦猜測玩家的數字遊戲。

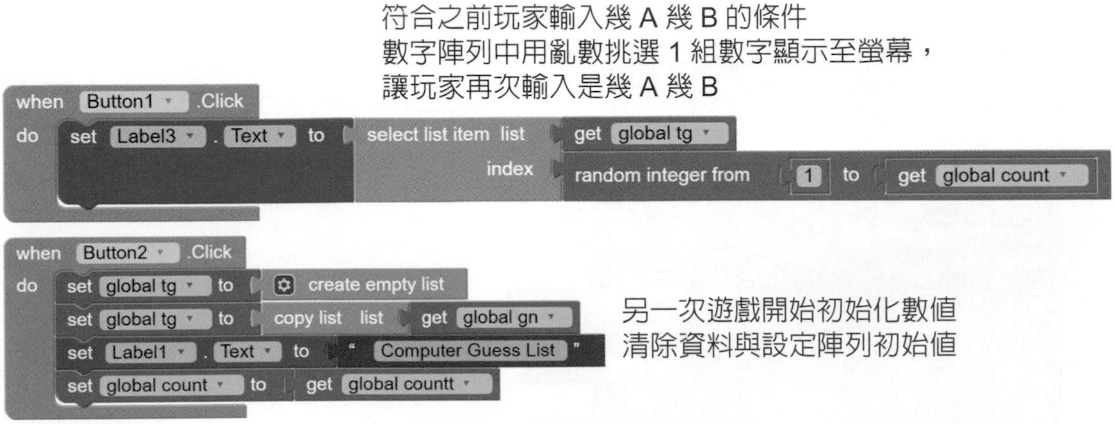

符合之前玩家輸入幾 A 幾 B 的條件
數字陣列中用亂數挑選 1 組數字顯示至螢幕，
讓玩家再次輸入是幾 A 幾 B

```
when Button1 .Click
do  set Label3 . Text to  select list item list  get global tg
                                          index  random integer from 1 to get global count

when Button2 .Click
do  set global tg to  create empty list
    set global tg to  copy list list  get global gn
    set Label1 . Text to  " Computer Guess List "
    set global count to  get global countt
```

另一次遊戲開始初始化數值
清除資料與設定陣列初始值

按鈕GO會觸發<when(Button3).Click>方塊，先儲存使用者所輸入A1與B1數值，再呼叫procedure副程序處理，Label3.Text內容轉換成單一字於GS串列存放，如下圖所示逐次對tn陣列進行資料比對，最後產生新的tg陣列，當中也呼叫procedureAB副程式比對兩字串是幾A幾B存入A2、B2，這副程序得到兩字串結果，與A1及B1相同符合條件則存入tg陣列。副程式procedureAB於前章節已經詳述如何判別GS與TSS兩字串是幾A幾B的數據。

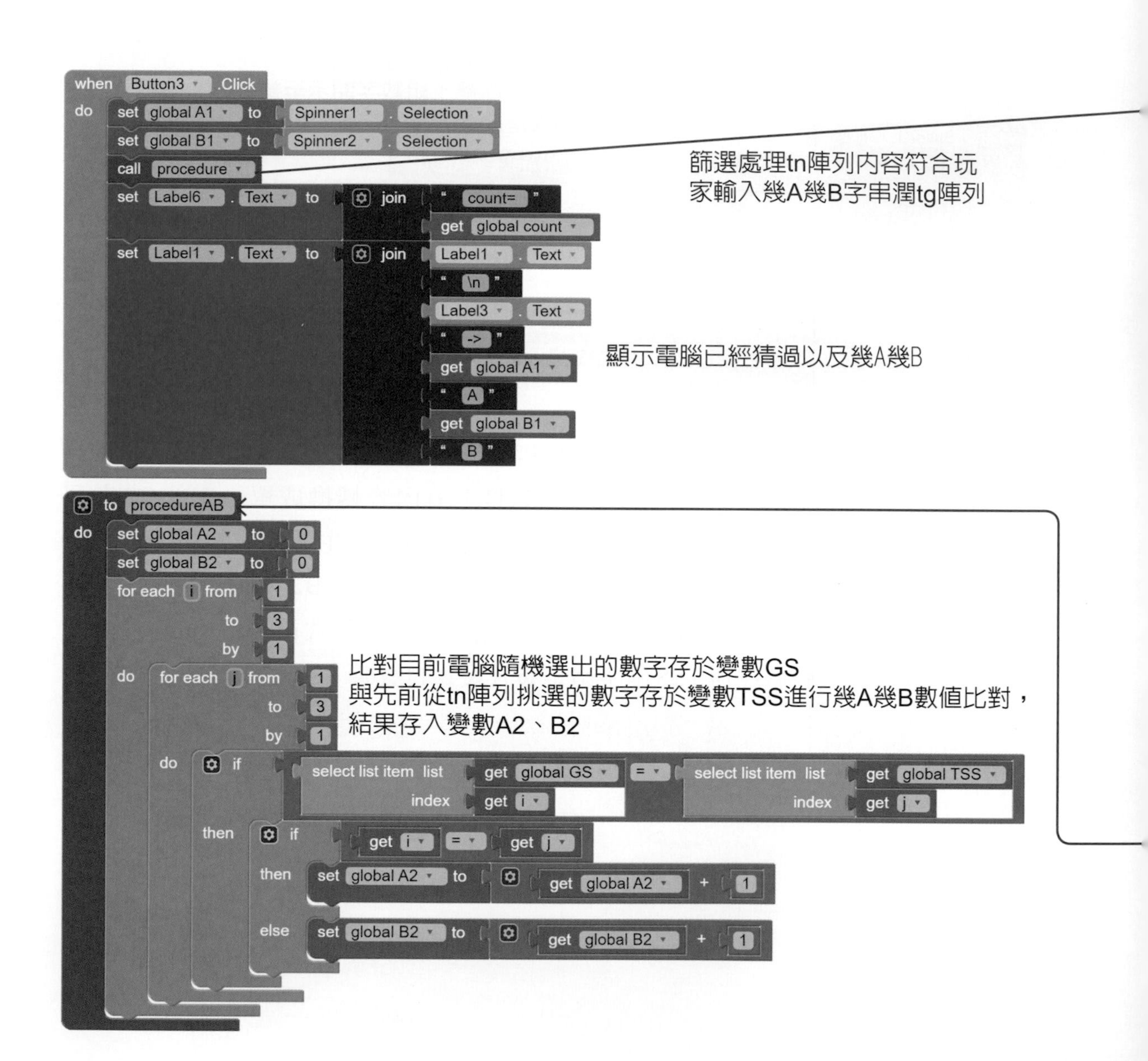
when Button3 .Click
do set global A1 to Spinner1 . Selection
set global B1 to Spinner2 . Selection
call procedure
set Label6 . Text to join " count= "
get global count
set Label1 . Text to join Label1 . Text
" \n "
Label3 . Text
" -> "
get global A1
" A "
get global B1
" B "
篩選處理tn陣列內容符合玩
家輸入幾A幾B字串潤tg陣列
顯示電腦已經猜過以及幾A幾B
to procedureAB
do set global A2 to 0
set global B2 to 0
for each i from 1
to 3
by 1
do for each j from 1
to 3
by 1
do if select list item list get global GS index get i = select list item list get global TSS index get j
then if get i = get j
then set global A2 to get global A2 + 1
else set global B2 to get global B2 + 1
比對目前電腦隨機選出的數字存於變數GS
與先前從tn陣列挑選的數字存於變數TSS進行幾A幾B數值比對，
結果存入變數A2、B2

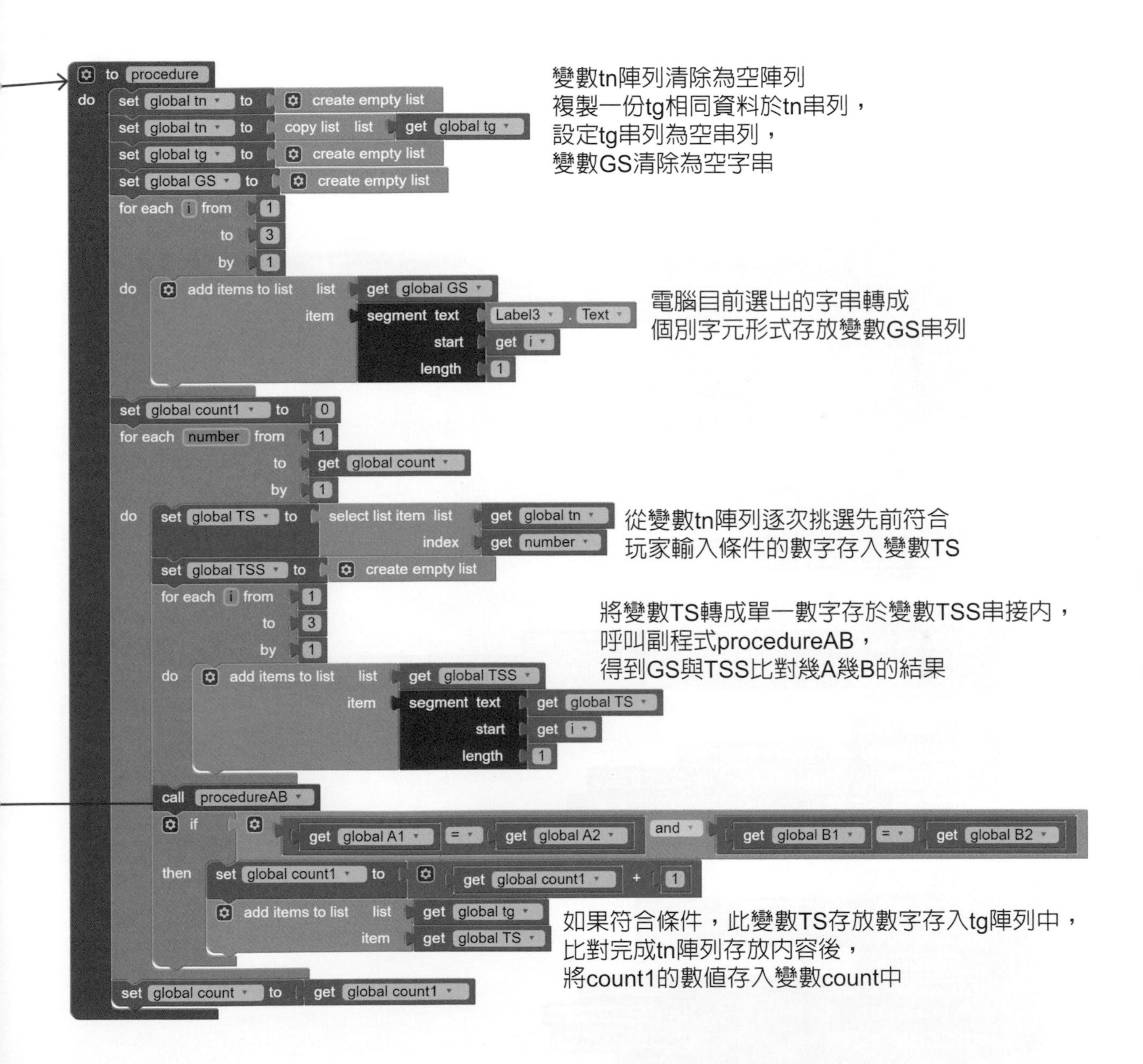
to procedure
do
set global tn to create empty list
set global tn to copy list list get global tg
set global tg to create empty list
set global GS to create empty list
for each i from 1 to 3 by 1
do add items to list list get global GS
item segment text Label3 . Text start get i length 1
set global count1 to 0
for each number from 1 to get global count by 1
do set global TS to select list item list get global tn index get number
set global TSS to create empty list
for each i from 1 to 3 by 1
do add items to list list get global TSS
item segment text get global TS start get i length 1
call procedureAB
if get global A1 = get global A2 and get global B1 = get global B2
then set global count1 to get global count1 + 1
add items to list list get global tg item get global TS
set global count to get global count1
變數tn陣列清除為空陣列
複製一份tg相同資料於tn串列，
設定tg串列為空串列，
變數GS清除為空字串
電腦目前選出的字串轉成
個別字元形式存放變數GS串列
從變數tn陣列逐次挑選先前符合
玩家輸入條件的數字存入變數TS
將變數TS轉成單一數字存於變數TSS串接內，
呼叫副程式procedureAB，
得到GS與TSS比對幾A幾B的結果
如果符合條件，此變數TS存放數字存入tg陣列中，
比對完成tn陣列存放內容後，
將count1的數值存入變數count中

最後完成初步猜數字遊戲邏輯方塊。

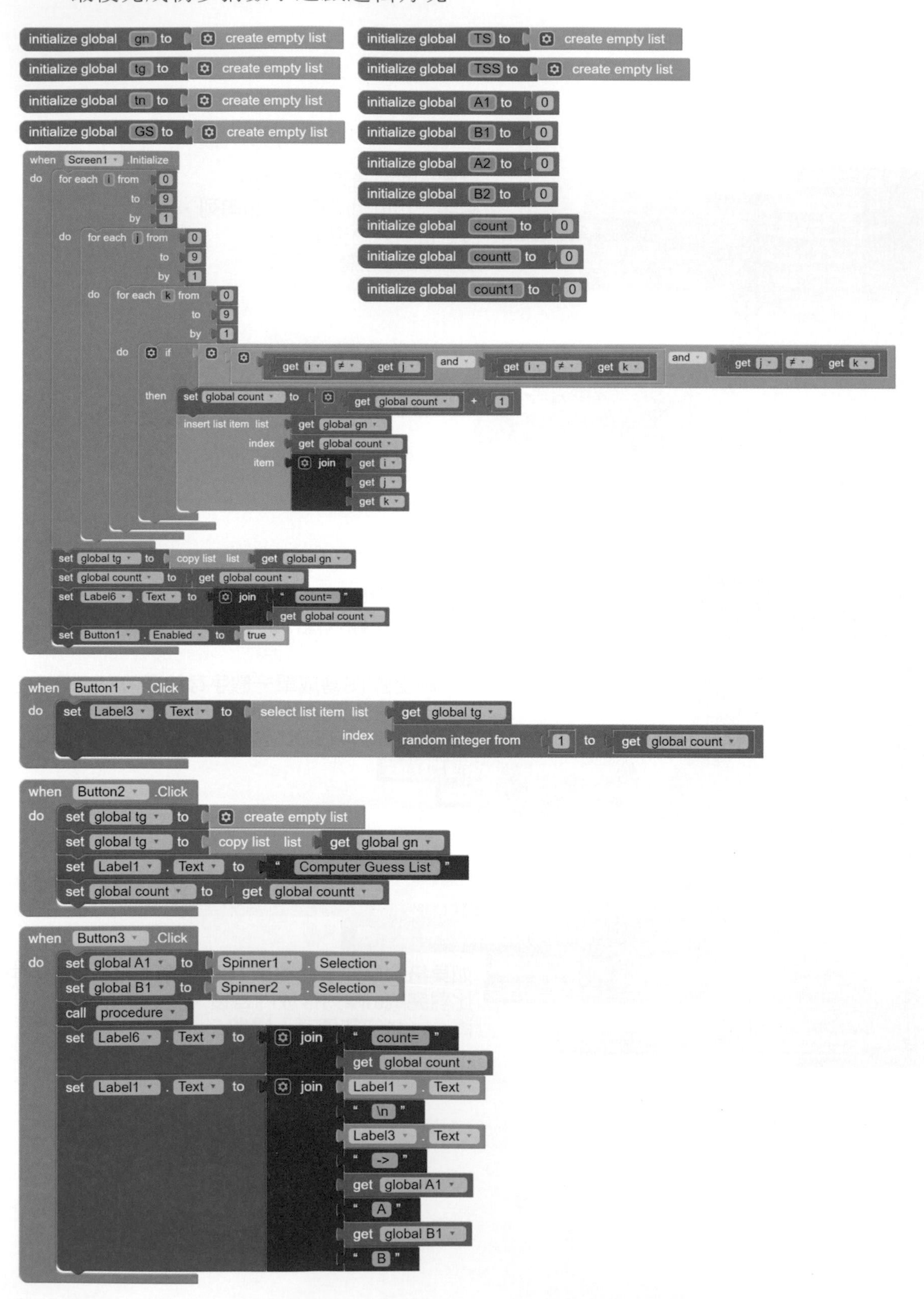

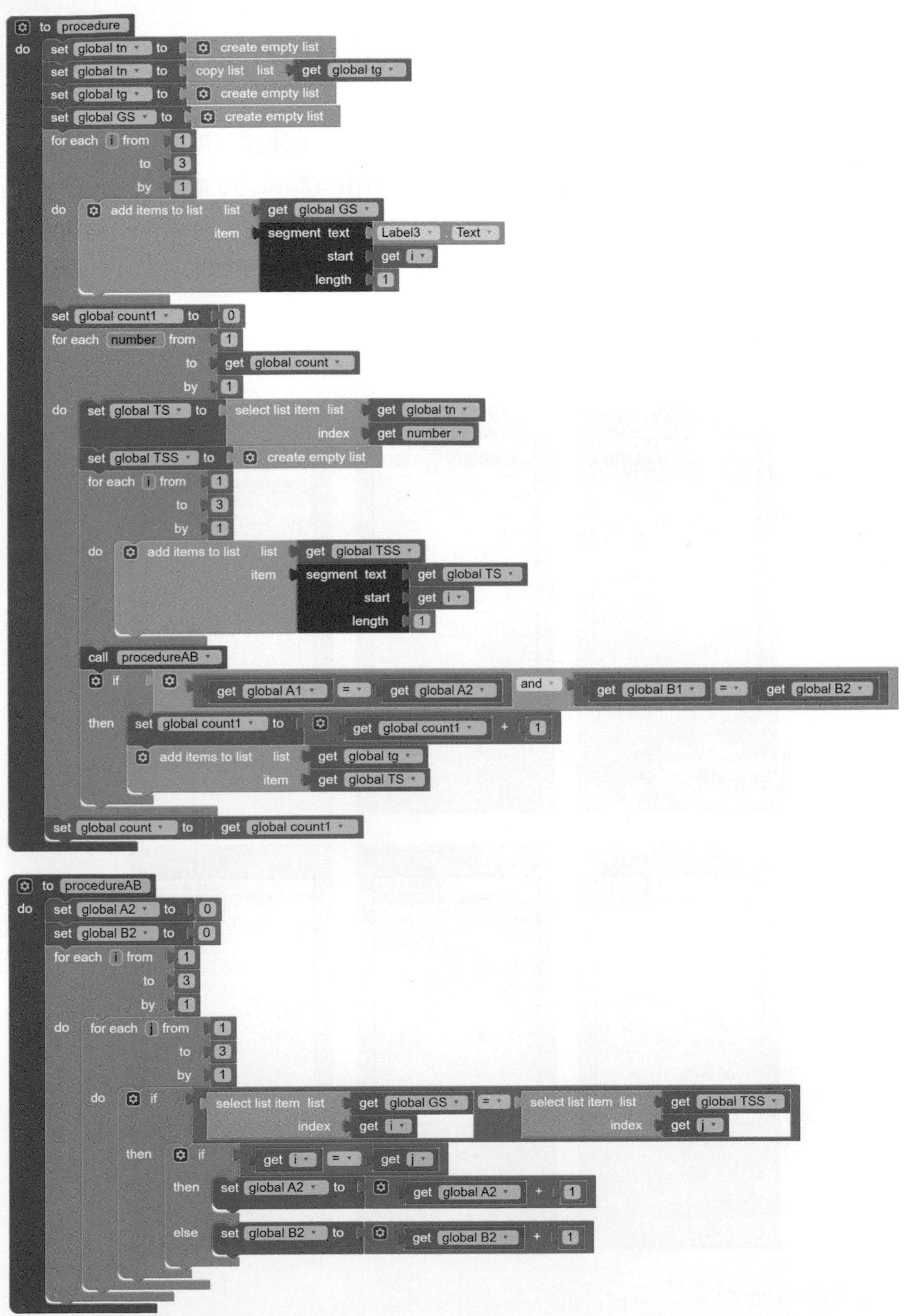
to procedure
do
set global tn to create empty list
set global tn to copy list list get global tg
set global tg to create empty list
set global GS to create empty list
for each i from 1
to 3
by 1
do add items to list list get global GS
item segment text Label3 . Text
start get i
length 1
set global count1 to 0
for each number from 1
to get global count
by 1
do set global TS to select list item list get global tn
index get number
set global TSS to create empty list
for each i from 1
to 3
by 1
do add items to list list get global TSS
item segment text get global TS
start get i
length 1
call procedureAB
if get global A1 = get global A2 and get global B1 = get global B2
then set global count1 to get global count1 + 1
add items to list list get global tg
item get global TS
set global count to get global count1
to procedureAB
do
set global A2 to 0
set global B2 to 0
for each i from 1
to 3
by 1
do for each j from 1
to 3
by 1
do if select list item list get global GS
index get i
= select list item list get global TSS
index get j
then if get i = get j
then set global A2 to get global A2 + 1
else set global B2 to get global B2 + 1

11-5 執行程式與測試與功能改進

請先確認是否已啓動模擬器（**aiStarter**），再選用**連線→模擬器**。程式執行顯示電腦猜數字畫面，先按Computer guess按鈕由電腦選出3位數字，玩家依據這數字使用選擇器回答幾A幾B，接續按GO按鈕執行，畫面會顯示剛輸入數字是幾A幾B。由於使用模擬器第一次要比對720次數據資料所需等約1分多鐘時間，之後會越來越快，因爲符合條件越來越少。

測試結果畫面：

測試結果如果是玩家不老實回答，都會執行資料篩選，最後使得手機程式執行產生錯誤，錯誤原因是電腦找不到哪一組是玩家所出的數字，改善方法是新增下列判別方塊，連接程序如下：

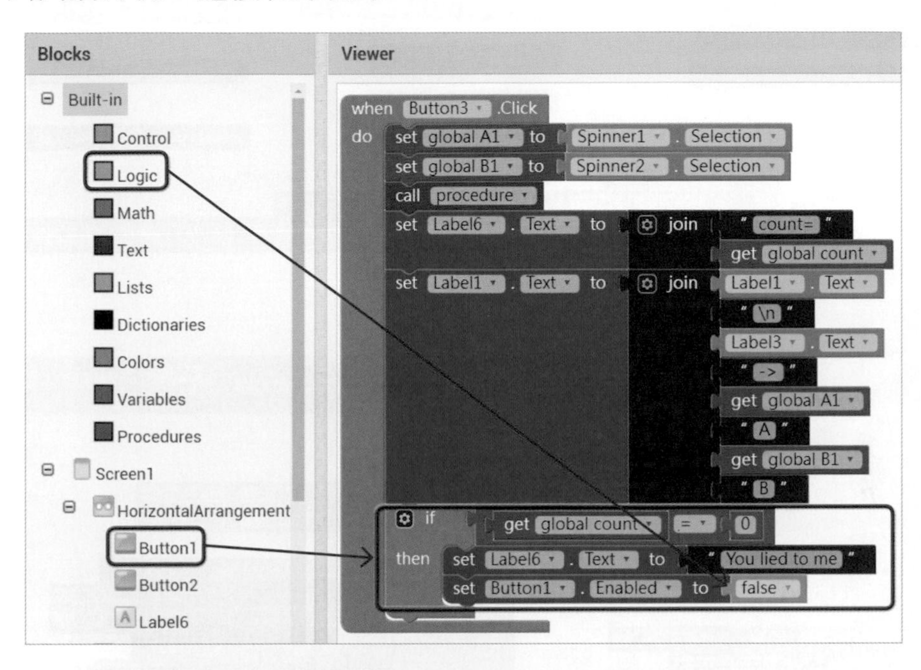


```
when Button2 .Click
do  set global tg to create empty list
    set global tg to copy list list get global gn
    set Label1 . Text to " Computer Guess List "
    set global count to get global countt
    set Button1 . Enabled to true
```

最後完成整體方塊邏輯連結程式。

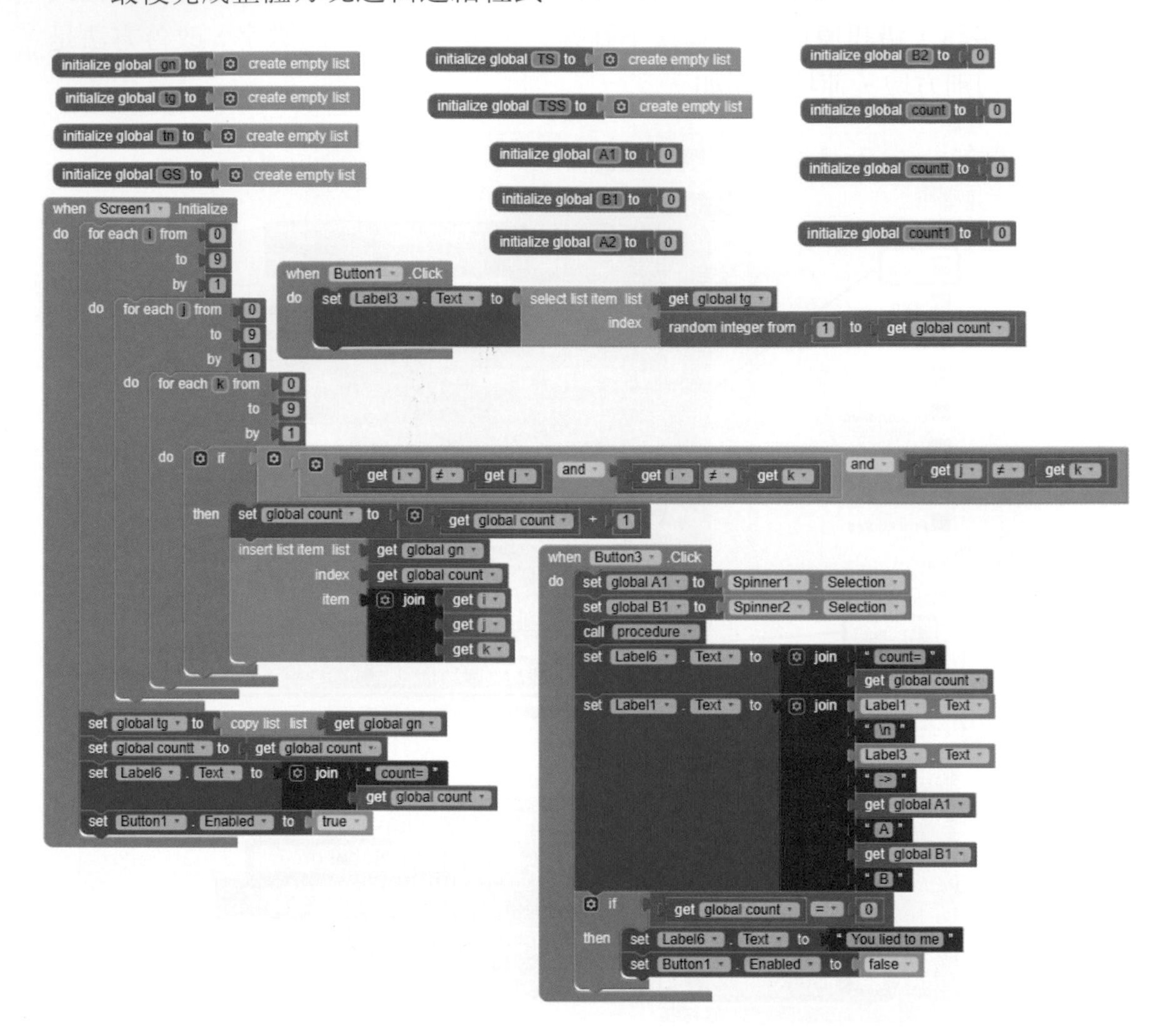

```
to procedure
do  set global tn to create empty list
    set global tn to copy list list get global tg
    set global tg to create empty list
    set global GS to create empty list
    for each i from 1
               to 3
               by 1
    do  add items to list list get global GS
                          item segment text Label3 . Text
                                       start get i
                                       length 1
    set global count1 to 0
    for each number from 1
                    to get global count
                    by 1
    do  set global TS to select list item list get global tn
                                          index get number
        set global TSS to create empty list
        for each i from 1
                   to 3
                   by 1
        do  add items to list list get global TSS
                              item segment text get global TS
                                           start get i
                                           length 1
        call procedureAB
        if  get global A1 = get global A2 and get global B1 = get global B2
        then set global count1 to get global count1 + 1
             add items to list list get global tg
                               item get global TS
    set global count to get global count1

to procedureAB
do  set global A2 to 0
    set global B2 to 0
    for each i from 1
               to 3
               by 1
    do  for each j from 1
                   to 3
                   by 1
        do  if  select list item list get global GS = select list item list get global TSS
                                 index get i                           index get j
            then if get i = get j
                 then set global A2 to get global A2 + 1
                 else set global B2 to get global B2 + 1

when Button2 .Click
do  set global tg to create empty list
    set global tg to copy list list get global gn
    set Label1 . Text to " Computer Guess List "
    set global count to get global countt
    set Button1 . Enabled to true
```

最後執行測試畫面顯示如下：

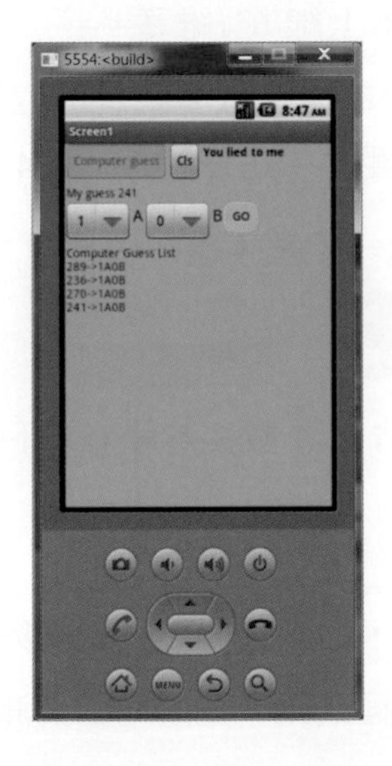

自我評量

◈ 選擇題

( )1. 產生三個數字具有不重複且跟位置有關的數字稱為？ (A) 組合 (B) 排列 (C) 排列組合。

( )2. 可以複製串列方塊是哪個方塊？ (A) Join 方塊 (B) List 方塊 (C) 文字（Text）基本方塊。

( )3. 數字排列主要使用公式計算排列數為 (A) (B) (C) 。

( )4. 當 階乘數值表示為 (A) 0 (B) 1 (C) 以上皆不是。

( )5. 猜測玩家數字遊戲可分為3 位數字或是4 位數字，3位數字有720組的排列數字，那4位數字有幾組？ (A) 720 (B) 1024 (C) 5040。

( )6.「給玩家測試」為哪個設計流程？ (A) 上線 (B) 驗證 (C) 維護。

( )7.「可將多個組件從左到右橫向排列」為哪個組件？ (A) Horizontal-Arrangement (B) TableArrangement (C) VerticalArrangement。

( )8. 玩家回饋問題，對程式進行修改 (A) 上線 (B) 驗證 (C) 維護。

( )9. 給玩家測試 (A) 驗證 (B) 上線 (C) 維護。

( )10.猜測玩家數字遊戲可分為3 位數字或是4 位數字，3位數字有720組的排列數字，那4位數字有幾組？ (A) 720 (B) 1024 (C) 5040。

( )11.從數字排列串列中取出一組數字用哪個方塊？ (A) select list item list index

(B) 

(C) 。

( )12.Spinner方塊有何功能？ (A) 數字選單 (B) 下拉選單 (C) 字串選單。

◈ 實作題

1. 利用本章與前章節所提程式，合併這兩組程式碼完成電腦與玩家互猜遊戲。
2. 改善程式加入具有發音功能程式碼，完成電腦猜測玩家數字遊戲。

飛行蛙遊戲(演算法)-認識物件碰撞

本章學習重點

- 學習物件碰撞
- 了解多執行序執行
- 認識Notifier方塊

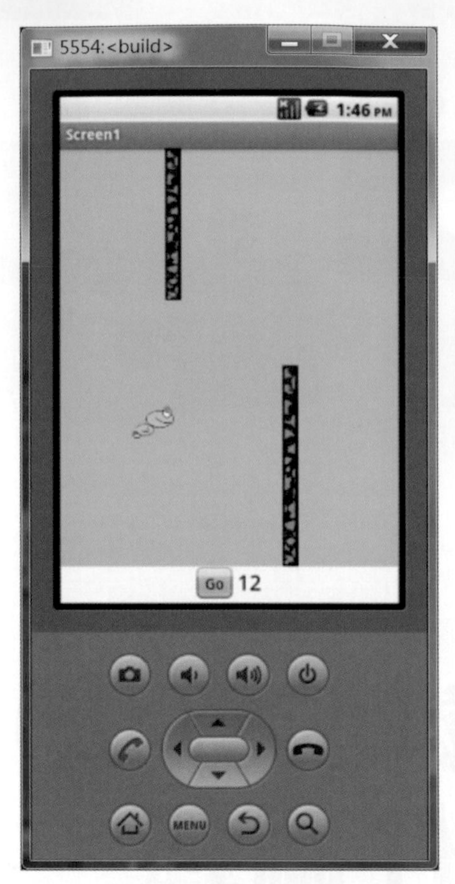

12-1 飛行蛙遊戲

數學和電腦科學演算法（Algorithm）為一個執行運算的具體步驟，常用於資料處理和自動推理。事實上，演算法是一個處理事情有限的程序步驟，利用此遊戲說明碰撞時如何處理步驟程序及程式如何運作。演算法基本上可以分成三個部分組成，分別是「輸入」、「計算步驟」、「輸出」。

1. 輸入：通常是硬碟所儲存的檔案或者是藉由鍵盤裝置輸入文字或數字。
2. 計算步驟：一連串數學計算的指令。
3. 輸出：最後的運算結果顯示至螢幕或是硬體儲存體存放。

一般演算法可以用虛擬碼來記錄，或是使用流程圖來記載一個演算法（如下頁的飛行蛙程式流程圖），但是大多數演算法表示方式通常會加入文字、圖片進行輔助說明。

12-2 程式架構

飛行蛙遊戲程式設計流程

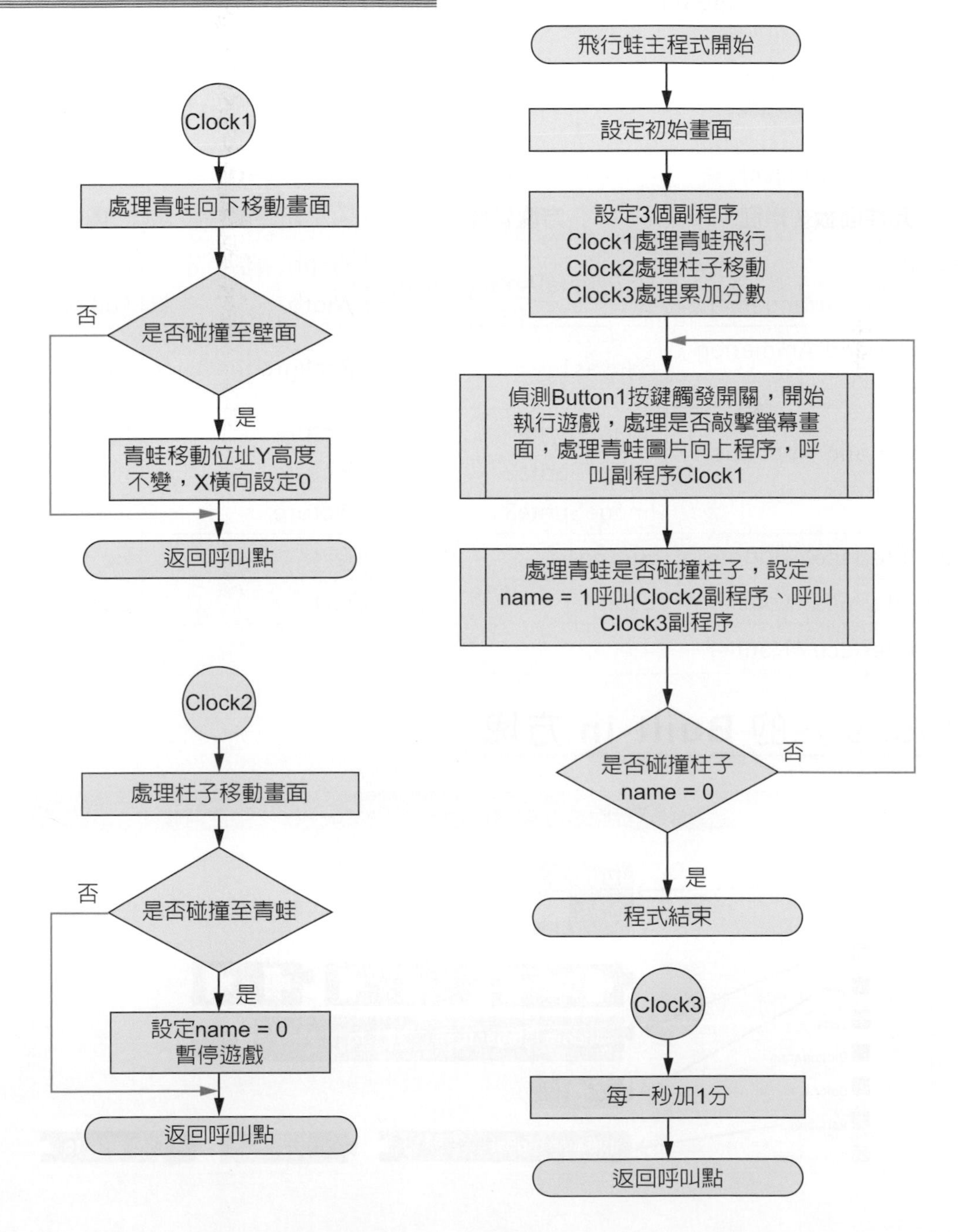

12-3 程式設計所需元件與方塊

元件介面使用方塊Label（標籤）、HorizontalArrangement（水平配置）、Canvas（畫布）、ImageSprite（圖片精靈）、Button（按鈕）、Notifier（對話框）。

螢幕元件設定

Palette / object 元件面板 / 類別	Object 方塊物件	Properties 元件屬性	Contain 屬性內容
Layout / HorizontalArrangement	HorizontalArrangement1	Height Width	Automatic Full parent
Drawing and Animation / Canvas	Canvas1	BackgroundColor	Cyan
Drawing and Animation / ImageSprite	ImageSprite1 ImageSprite2 ImageSprite3	Picture Picture Picture	fly1 fly2 wbar
User Interface / Button	Button1	Text	Go
User Interface / Label	Label1	Text	Score
User Interface / Notifier			

Blocks 內的 Built-in 方塊

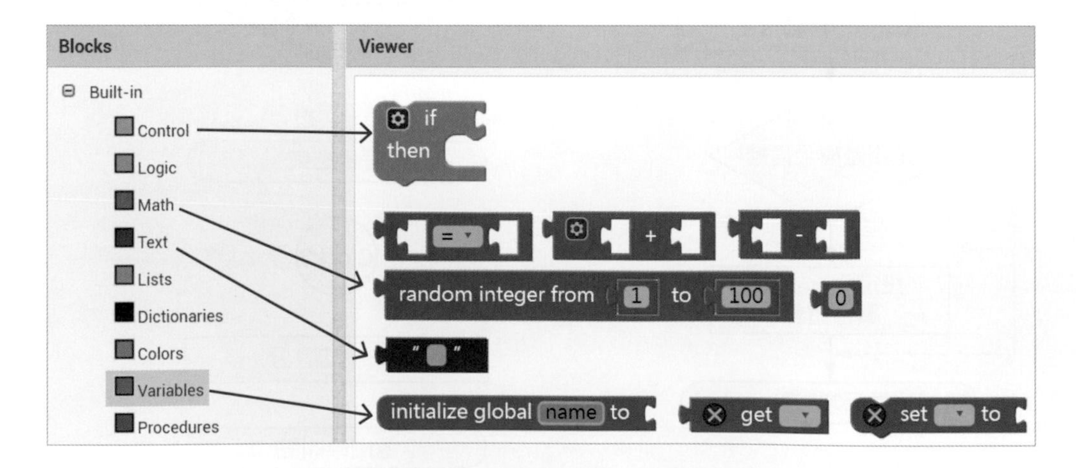

12

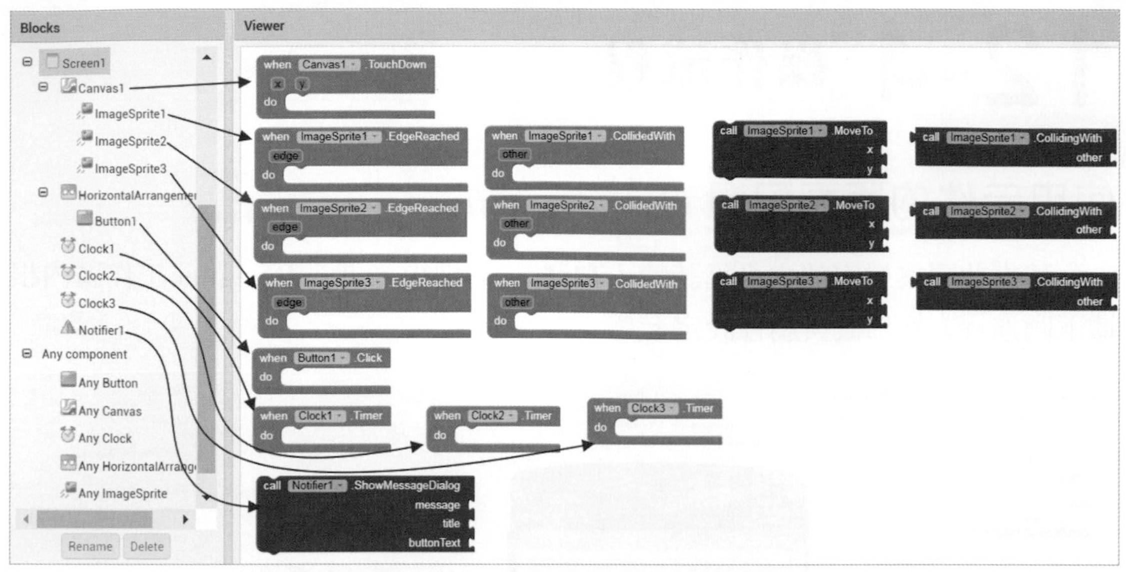
Blocks
Viewer
Screen1
Canvas1
ImageSprite1
ImageSprite2
ImageSprite3
HorizontalArrangement1
Button1
Clock1
Clock2
Clock3
Notifier1
Any component
Any Button
Any Canvas
Any Clock
Any HorizontalArrange
Any ImageSprite
Rename
Delete
when Canvas1 .TouchDown
x y
do
when ImageSprite1 .EdgeReached
edge
do
when ImageSprite1 .CollidedWith
other
do
call ImageSprite1 .MoveTo
x
y
call ImageSprite1 .CollidingWith
other
when ImageSprite2 .EdgeReached
when ImageSprite2 .CollidedWith
call ImageSprite2 .MoveTo
call ImageSprite2 .CollidingWith
when ImageSprite3 .EdgeReached
when ImageSprite3 .CollidedWith
call ImageSprite3 .MoveTo
call ImageSprite3 .CollidingWith
when Button1 .Click
when Clock1 .Timer
when Clock2 .Timer
when Clock3 .Timer
call Notifier1 .ShowMessageDialog
message
title
buttonText

12-4 操作流程

使用元件的版面配置

建立此專案檔案建立名稱請輸入**Flyfrog**名稱後，進入**Designer**工作區內根據下圖進行方塊佈置與屬性設定。

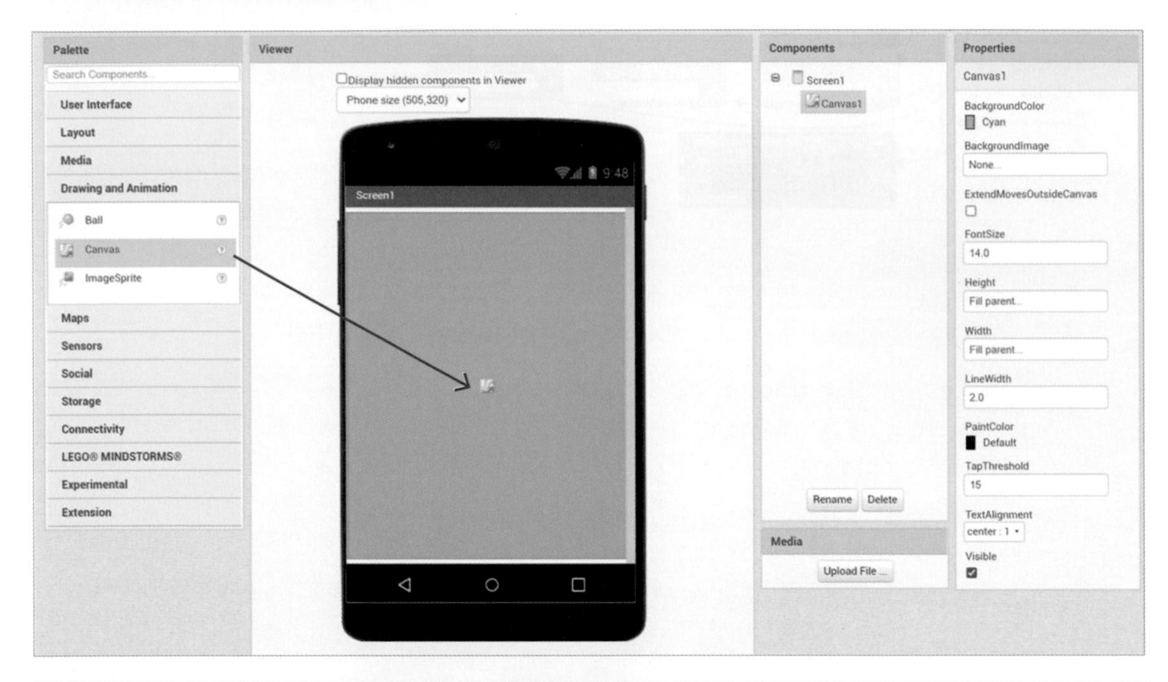

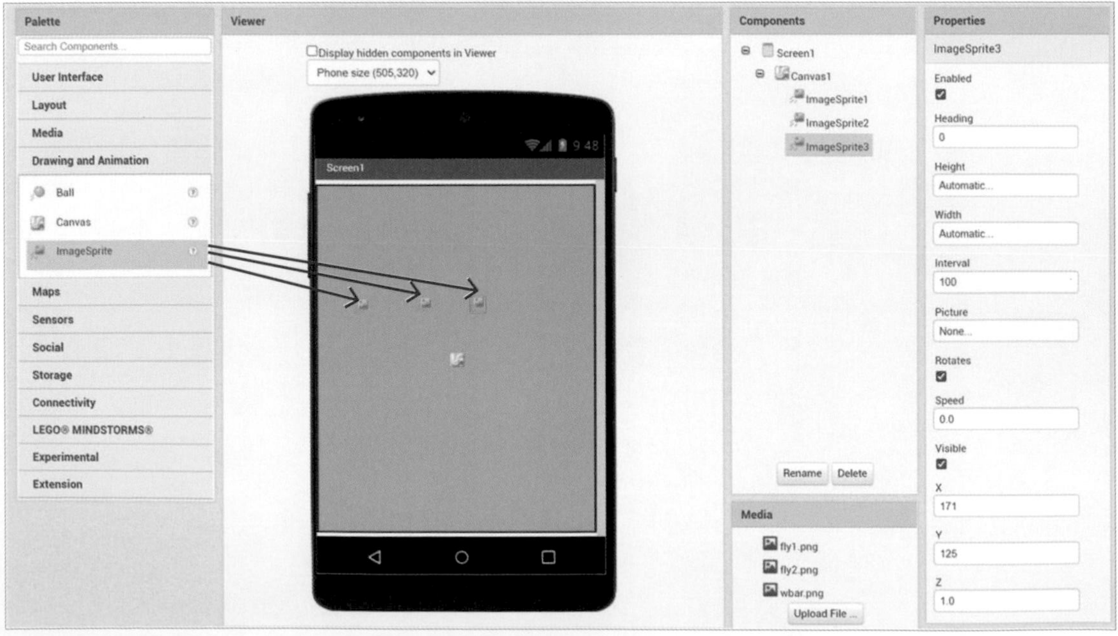

請上傳下面三個圖檔如下。

設定各圖片精靈屬性

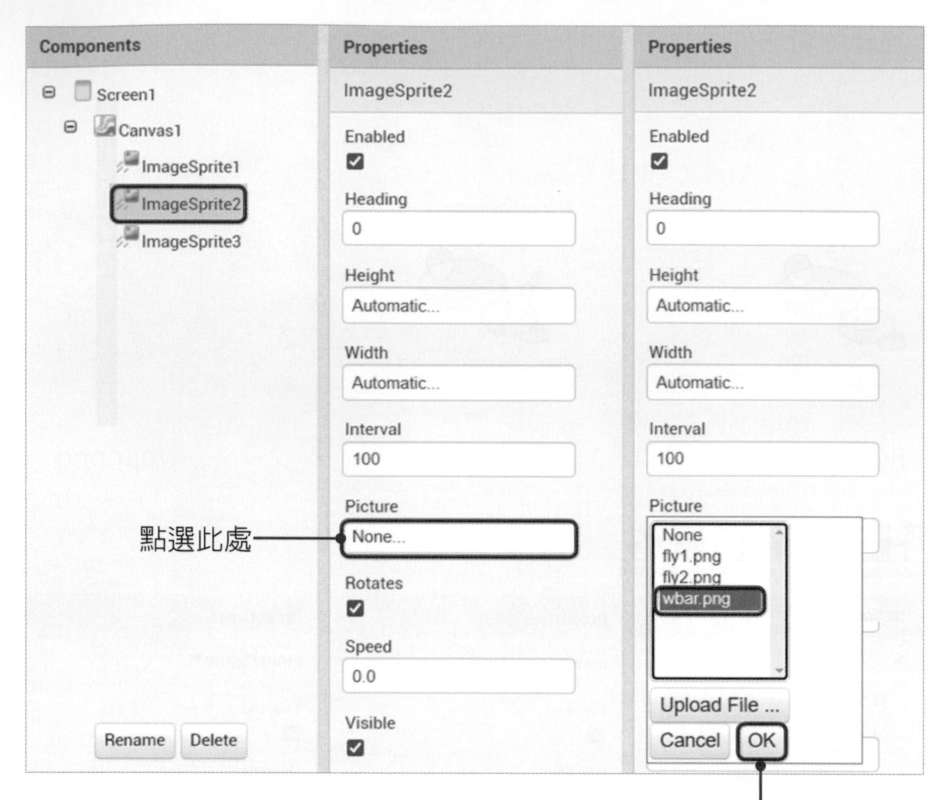
Components
Screen1
Canvas1
ImageSprite1
ImageSprite2
ImageSprite3
Rename
Delete
Properties
ImageSprite2
Enabled
Heading
0
Height
Automatic...
Width
Automatic...
Interval
100
Picture
None...
Rotates
Speed
0.0
Visible
點選此處
None
fly1.png
fly2.png
wbar.png
Upload File ...
Cancel
OK
選擇 wbar.png 名稱

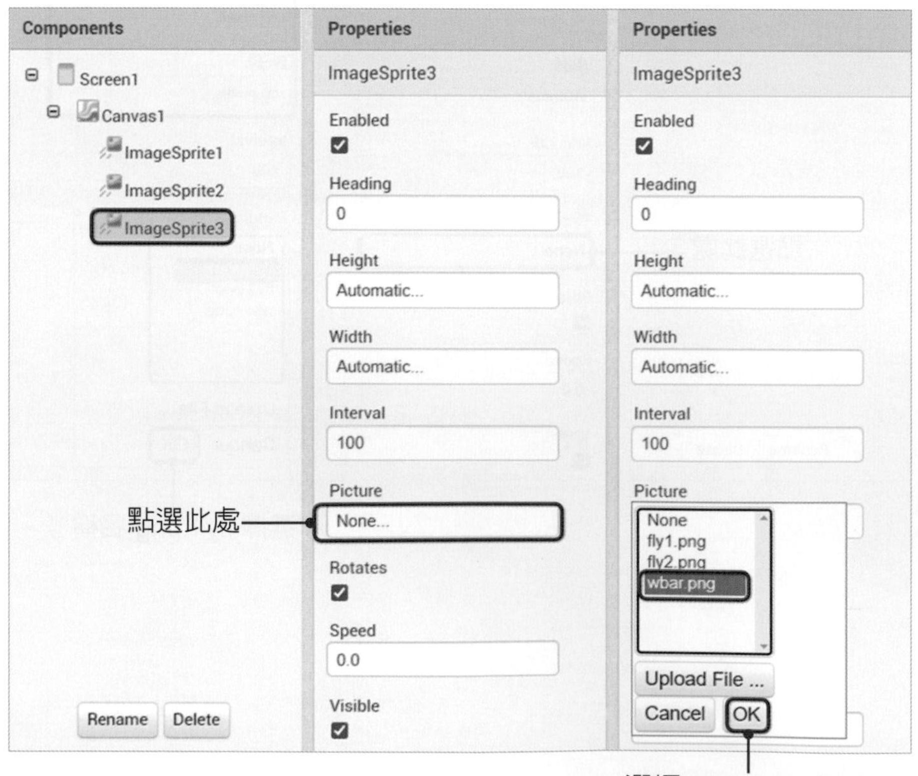
Components
Screen1
Canvas1
ImageSprite1
ImageSprite2
ImageSprite3
Rename
Delete
Properties
ImageSprite3
Enabled
Heading
0
Height
Automatic...
Width
Automatic...
Interval
100
Picture
None...
Rotates
Speed
0.0
Visible
點選此處
None
fly1.png
fly2.png
wbar.png
Upload File ...
Cancel
OK
選擇 wbar.png 名稱

版面配置按鈕元件

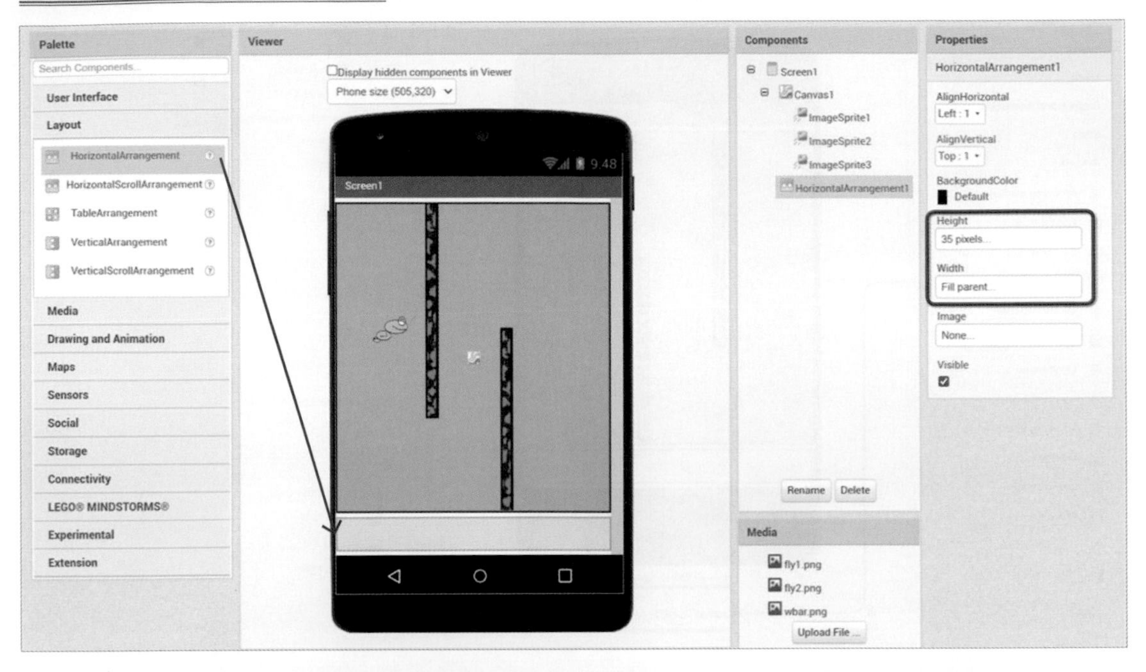

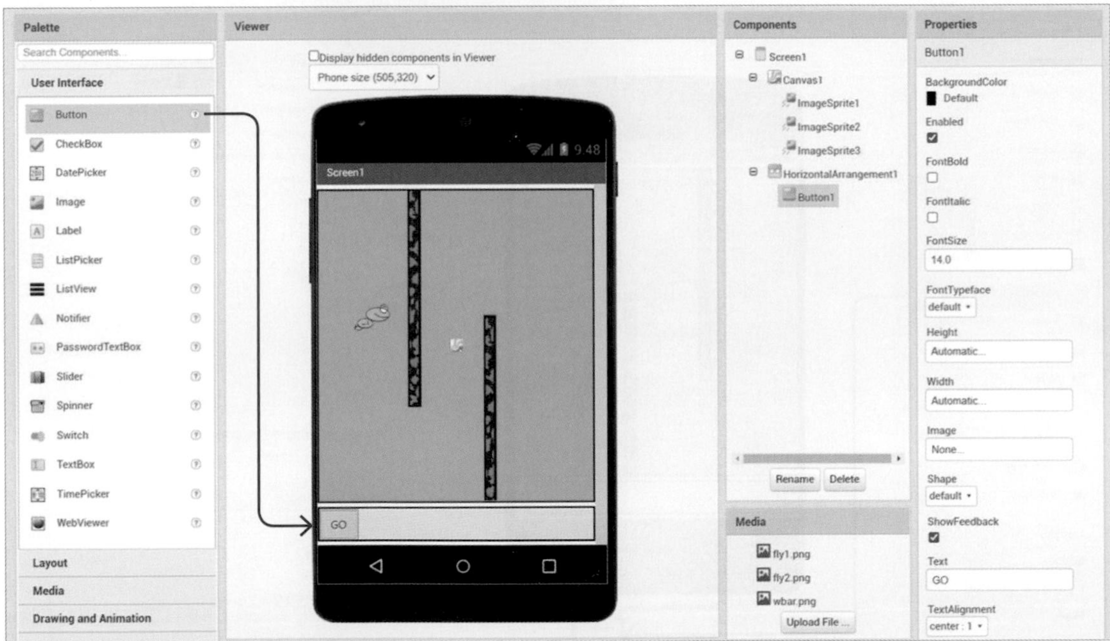

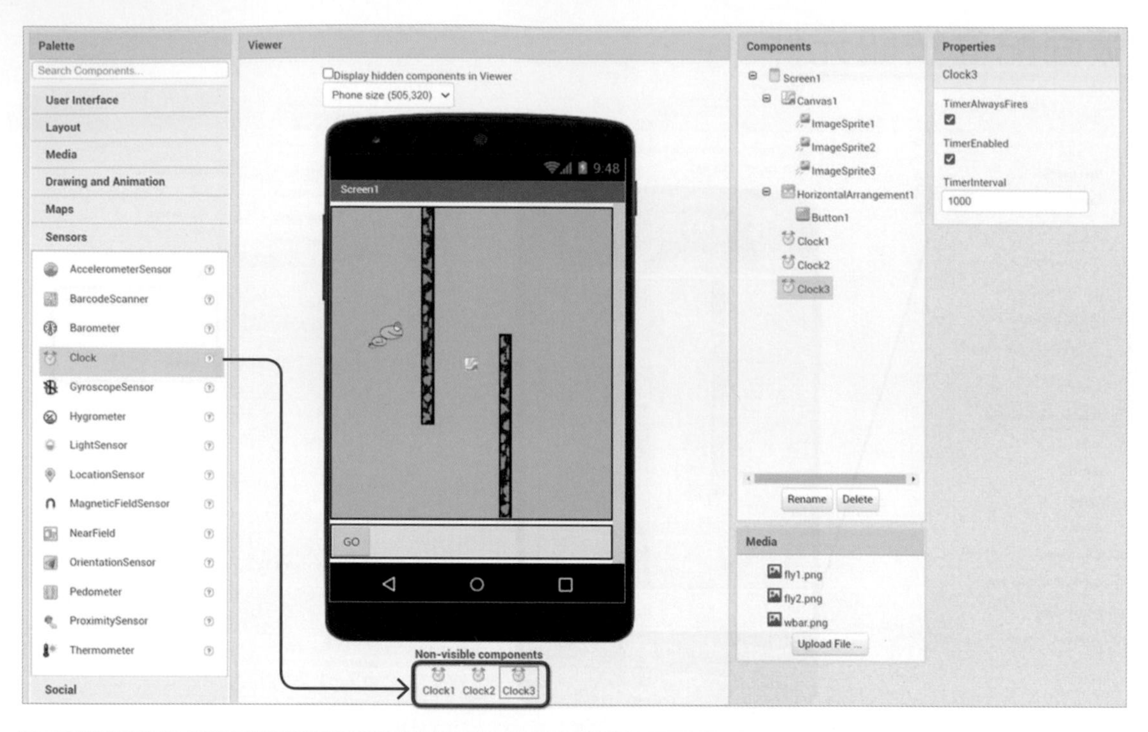
Palette
Search Components...
User Interface
Layout
Media
Drawing and Animation
Maps
Sensors
AccelerometerSensor
BarcodeScanner
Barometer
Clock
GyroscopeSensor
Hygrometer
LightSensor
LocationSensor
MagneticFieldSensor
NearField
OrientationSensor
Pedometer
ProximitySensor
Thermometer
Social
Viewer
Display hidden components in Viewer
Phone size (505,320)
9:48
Screen1
GO
Non-visible components
Clock1
Clock2
Clock3
Components
Screen1
Canvas1
ImageSprite1
ImageSprite2
ImageSprite3
HorizontalArrangement1
Button1
Clock1
Clock2
Clock3
Rename
Delete
Media
fly1.png
fly2.png
wbar.png
Upload File ...
Properties
Clock3
TimerAlwaysFires
TimerEnabled
TimerInterval
1000

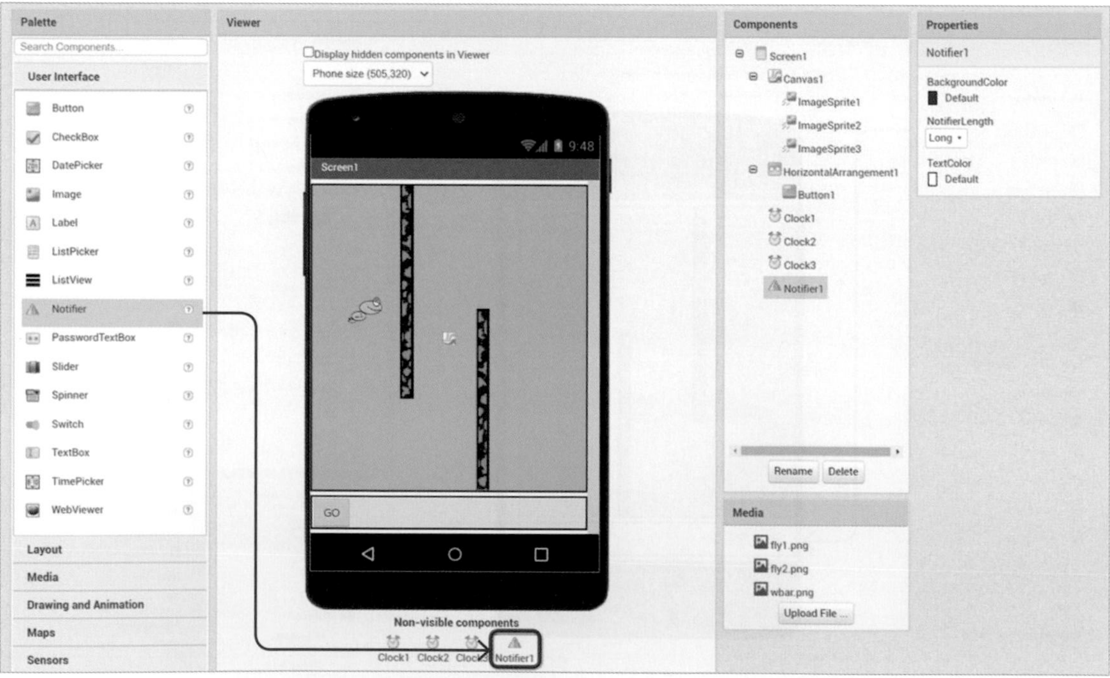
Palette
Search Components...
User Interface
Button
CheckBox
DatePicker
Image
Label
ListPicker
ListView
Notifier
PasswordTextBox
Slider
Spinner
Switch
TextBox
TimePicker
WebViewer
Layout
Media
Drawing and Animation
Maps
Sensors
Viewer
Display hidden components in Viewer
Phone size (505,320)
9:48
Screen1
GO
Non-visible components
Clock1
Clock2
Notifier1
Components
Screen1
Canvas1
ImageSprite1
ImageSprite2
ImageSprite3
HorizontalArrangement1
Button1
Clock1
Clock2
Clock3
Notifier1
Rename
Delete
Media
fly1.png
fly2.png
wbar.png
Upload File ...
Properties
Notifier1
BackgroundColor
Default
NotifierLength
Long
TextColor
Default

設置各Clock方塊屬性設定

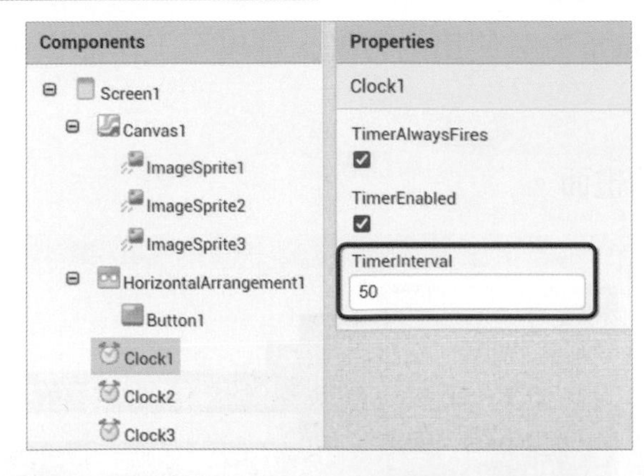

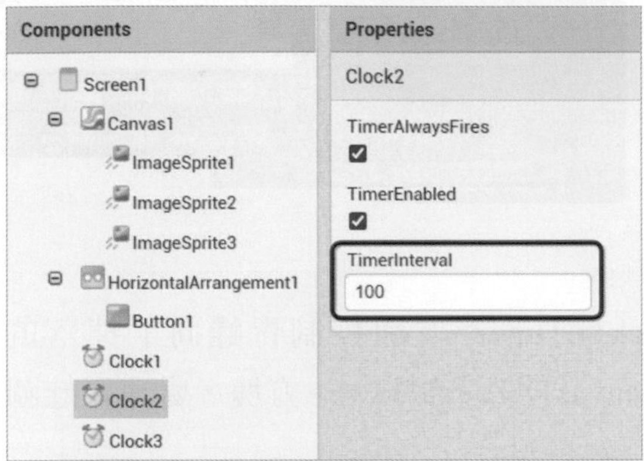

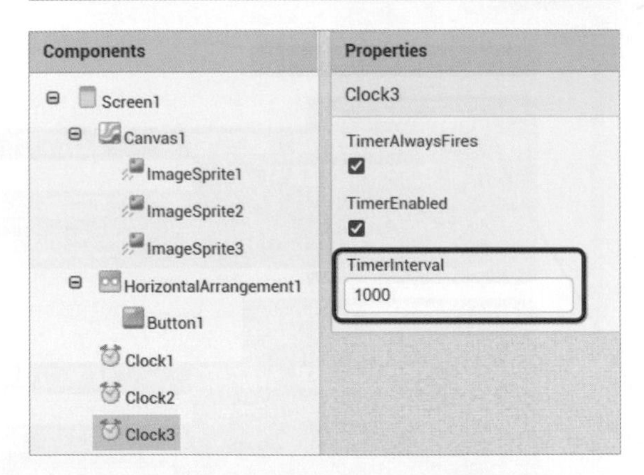

程式方塊功能連結設定

直接點選Built-in下方需使用的方塊，拖曳至工作面板中，準備邏輯連結。依照下圖所示進行：

如下圖設定初始畫面。

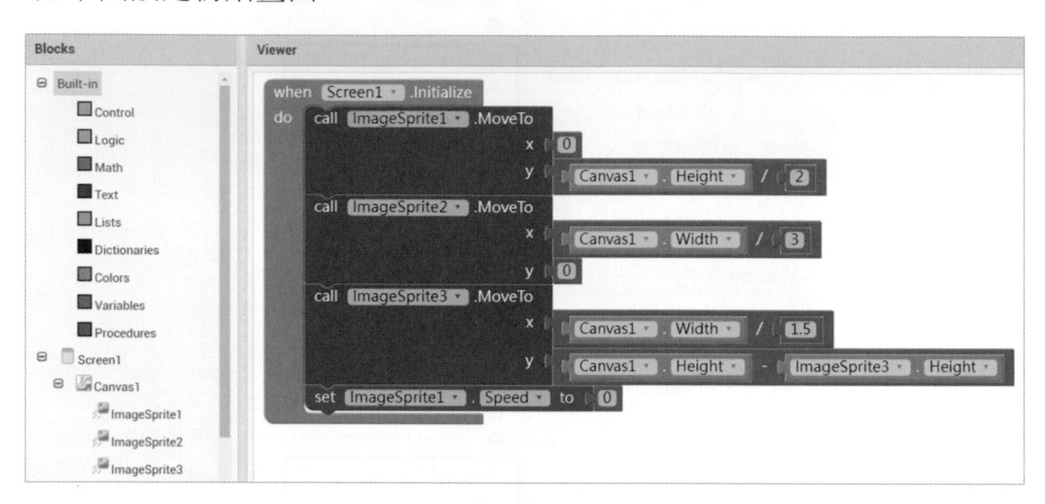

利用<when(Clock1).Timer>方塊控制青蛙向下掉落的動畫，當觸擊畫面時，會觸發<when(Canvas1).TouchDown>方塊，處理青蛙圖片向上移動程序。

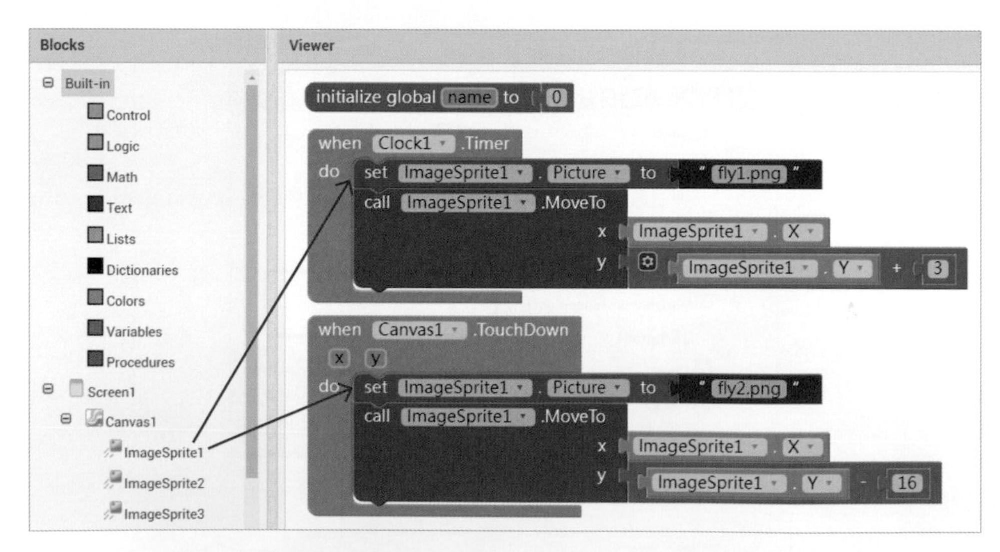

利用when(Clock2).Timer方塊，執行上下柱子移動處理程序。

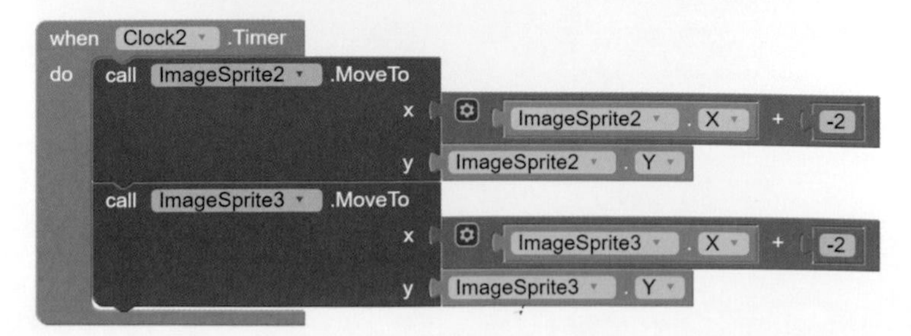

各ImageSprite1、ImageSprite2、ImageSprite3 圖片精靈方塊，分別處理碰撞至牆面的處理程序。

處理ImageSprite2（上柱圖片）與ImageSprite3（下柱圖片）精靈方塊碰撞至ImageSprite1（青蛙圖片）等程序如下。

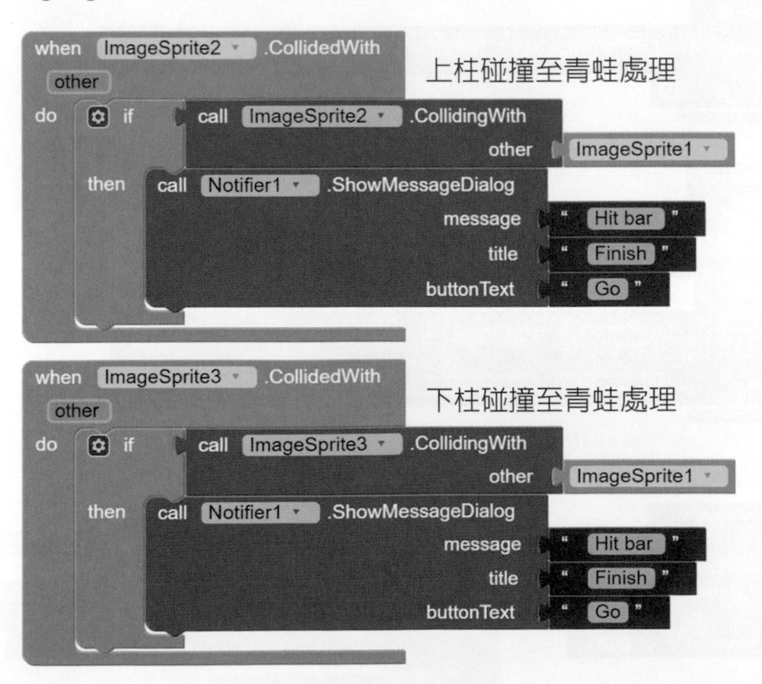

最後完成初步飛行蛙遊戲邏輯方塊。

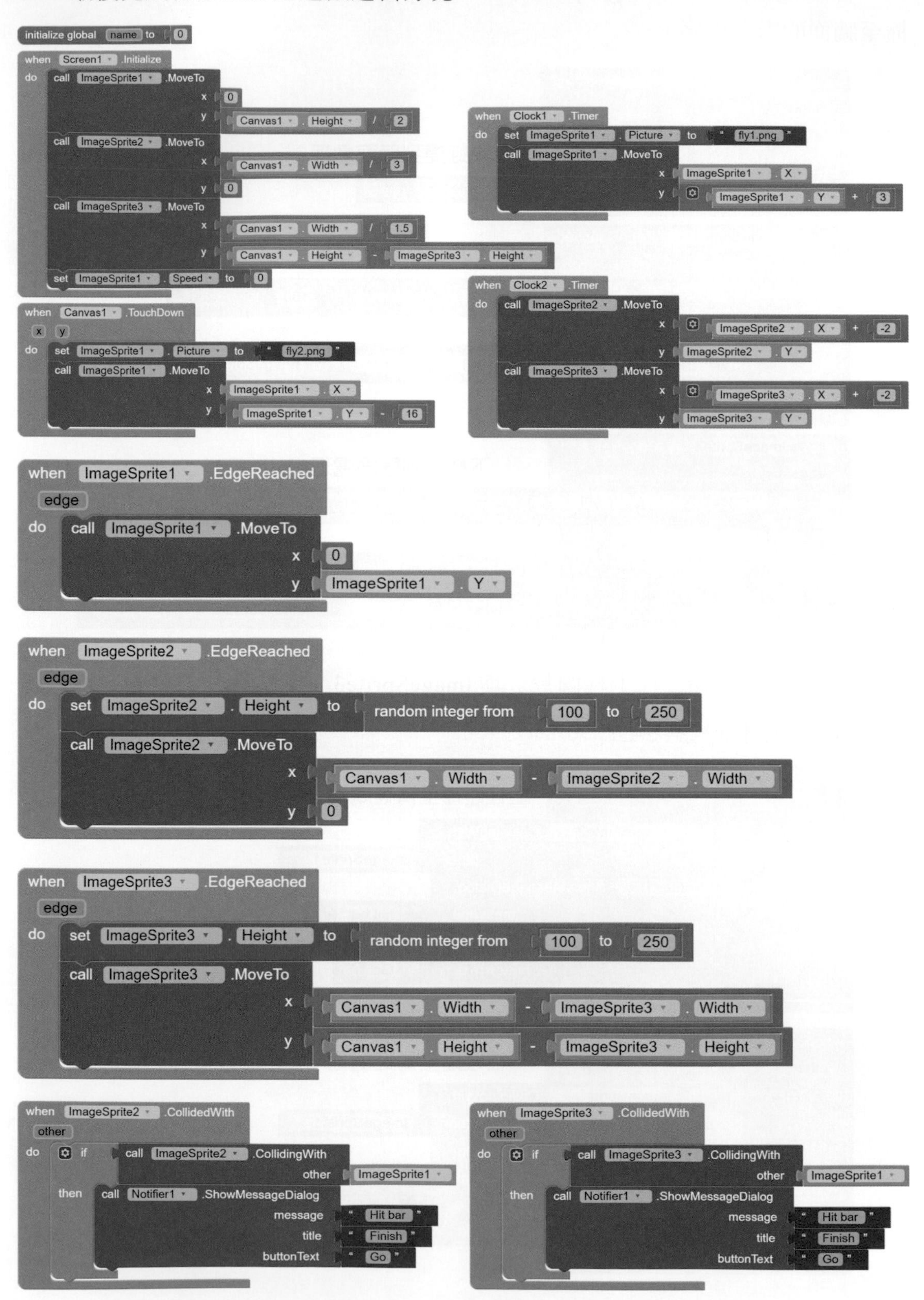

12-5 執行程式與測試與功能改進

請先確認是否已啓動模擬器（**aiStarter**），再選用**連線→模擬器**。程式執行顯示飛行蛙畫面，先按Go按鈕啓動遊戲，使用滑鼠敲擊畫面的次數越快，青蛙上升速度越快。

測試結果畫面：

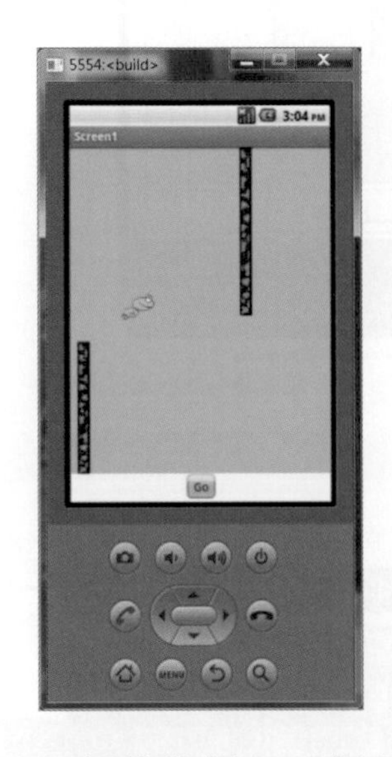

測試結果遊戲碰撞至柱子有暫停的提示，但是無法暫停遊戲，若要使分數歸零等程序，改進方法如下：

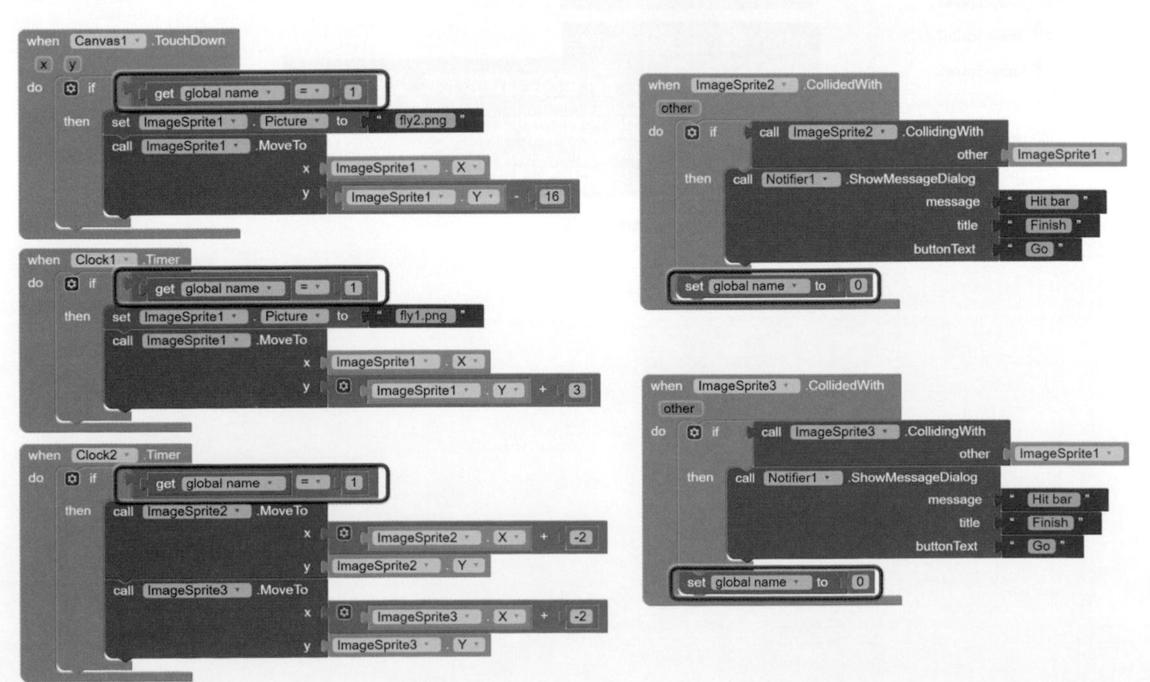

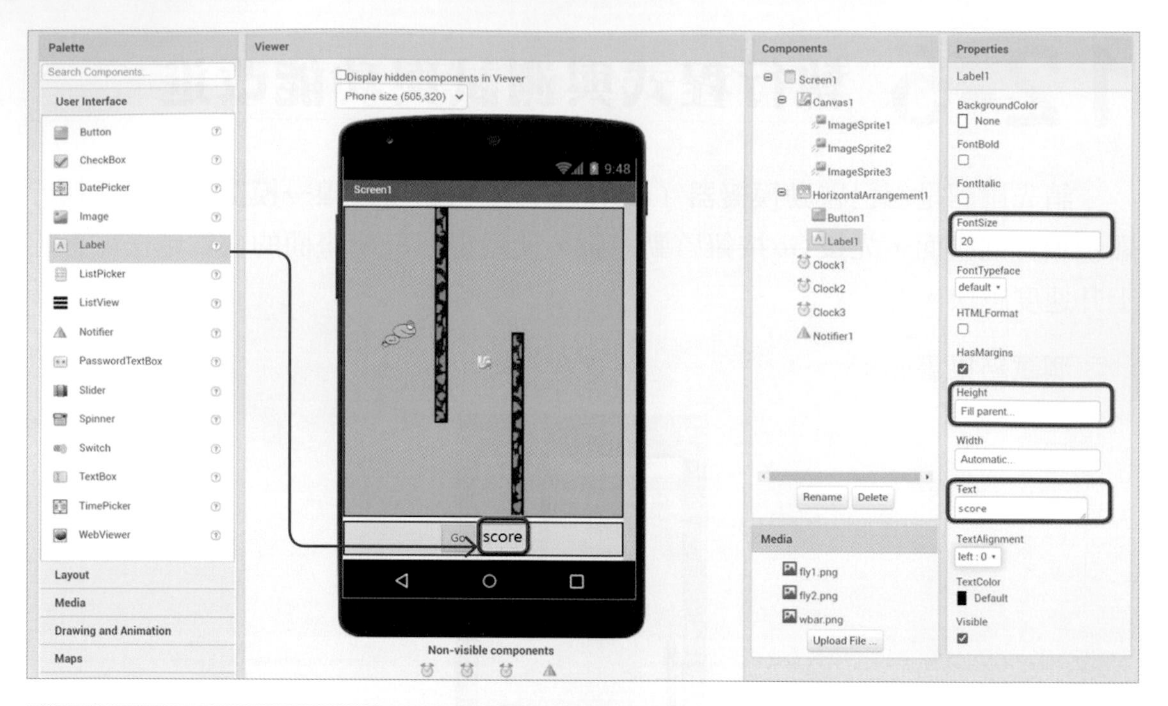
Palette
User Interface
Button
CheckBox
DatePicker
Image
Label
ListPicker
ListView
Notifier
PasswordTextBox
Slider
Spinner
Switch
TextBox
TimePicker
WebViewer
Layout
Media
Drawing and Animation
Maps
Viewer
Display hidden components in Viewer
Phone size (505,320)
Screen1
score
Non-visible components
Components
Screen1
Canvas1
ImageSprite1
ImageSprite2
ImageSprite3
HorizontalArrangement1
Button1
Label1
Clock1
Clock2
Clock3
Notifier1
Rename
Delete
Media
fly1.png
fly2.png
wbar.png
Upload File ...
Properties
Label1
BackgroundColor
None
FontBold
FontItalic
FontSize
20
FontTypeface
default
HTMLFormat
HasMargins
Height
Fill parent...
Width
Automatic...
Text
score
TextAlignment
left : 0
TextColor
Default
Visible

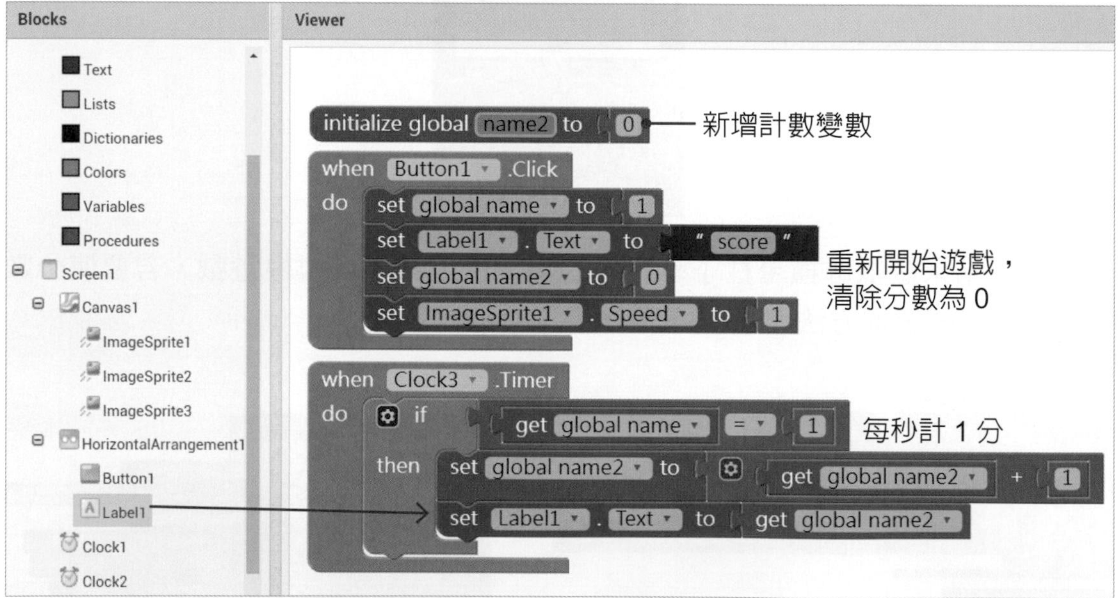
Blocks
Text
Lists
Dictionaries
Colors
Variables
Procedures
Screen1
Canvas1
ImageSprite1
ImageSprite2
ImageSprite3
HorizontalArrangement1
Button1
Label1
Clock1
Clock2
Viewer
initialize global name2 to 0
新增計數變數
when Button1 .Click
do set global name to 1
set Label1 . Text to " score "
set global name2 to 0
set ImageSprite1 . Speed to 1
重新開始遊戲，
清除分數為 0
when Clock3 .Timer
do if get global name = 1
then set global name2 to get global name2 + 1
set Label1 . Text to get global name2
每秒計 1 分

最後完成整體方塊邏輯連結程式。

```
initialize global name to 0

when Screen1.Initialize
do  call ImageSprite1.MoveTo
        x 0
        y Canvas1.Height / 2
    call ImageSprite2.MoveTo
        x Canvas1.Width / 3
        y 0
    call ImageSprite3.MoveTo
        x Canvas1.Width / 1.5
        y Canvas1.Height - ImageSprite3.Height
    set ImageSprite1.Speed to 0

when Clock1.Timer
do  if get global name = 1
    then set ImageSprite1.Picture to "fly1.png"
         call ImageSprite1.MoveTo
             x ImageSprite1.X
             y ImageSprite1.Y + 3

when Canvas1.TouchDown
x y
do  if get global name = 1
    then set ImageSprite1.Picture to "fly2.png"
         call ImageSprite1.MoveTo
             x ImageSprite1.X
             y ImageSprite1.Y - 16

when Clock2.Timer
do  if get global name = 1
    then call ImageSprite2.MoveTo
             x ImageSprite2.X + -2
             y ImageSprite2.Y
         call ImageSprite3.MoveTo
             x ImageSprite3.X + -2
             y ImageSprite3.Y

when ImageSprite1.EdgeReached
edge
do  call ImageSprite1.MoveTo
        x 0
        y ImageSprite1.Y

when ImageSprite2.EdgeReached
edge
do  set ImageSprite2.Height to random integer from 100 to 250
    call ImageSprite2.MoveTo
        x Canvas1.Width - ImageSprite2.Width
        y 0

when ImageSprite3.EdgeReached
edge
do  set ImageSprite3.Height to random integer from 100 to 250
    call ImageSprite3.MoveTo
        x Canvas1.Width - ImageSprite3.Width
        y Canvas1.Height - ImageSprite3.Height
```

```
when ImageSprite2.CollidedWith
other
do  if call ImageSprite2.CollidingWith
           other ImageSprite1
    then call Notifier1.ShowMessageDialog
             message "Hit bar"
             title "Finish"
             buttonText "Go"
    set global name to 0
    set ImageSprite1.Speed to 0

when ImageSprite3.CollidedWith
other
do  if call ImageSprite3.CollidingWith
           other ImageSprite1
    then call Notifier1.ShowMessageDialog
             message "Hit bar"
             title "Finish"
             buttonText "Go"
    set global name to 0
    set ImageSprite1.Speed to 0

initialize global name2 to 0

when Button1.Click
do  set global name to 1
    set global name2 to 0
    set ImageSprite1.Speed to 1
    set Label1.Text to "score"

when Clock3.Timer
do  if get global name = 1
    then set global name2 to get global name2 + 1
         set Label1.Text to get global name2
```

最後執行測試畫面顯示如下：

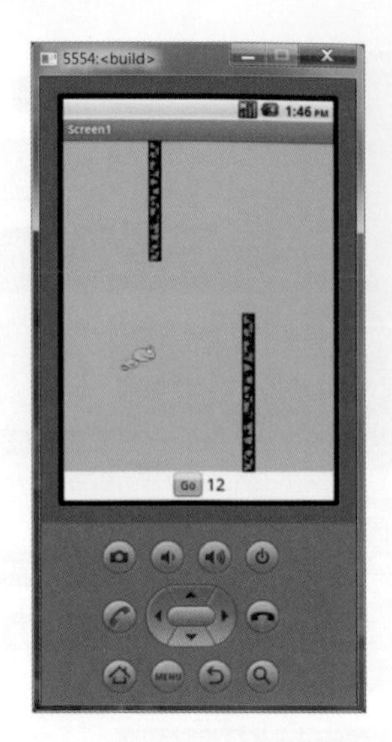

◈ 選擇題

(　　) 1. 可以中斷程式執行與產生提示是哪個方塊？ (A) Label. (B) ImageSprite (C) Notifier

(　　) 2. 執行運算的具體步驟，常用於資料處理和自動推理稱之為？ (A) 演算法 (B) 方法 (C) 步驟。

(　　) 3. 演算法基本上可分成幾個部分組成？ (A) 2 (B) 3 (C) 4。

(　　) 4. Canvas組件的主要功能是什麼？ (A) 可執行繪畫等觸碰動作或設定動畫 (B) 可產生一個計時器，定期發起某個事件 (C) 可用來播放較短的音效檔或使裝置震動。。

(　　) 5. 本章Clock組件的主要功能是什麼？ (A) 亂數產生 (B) 控制青蛙的動畫 (C) 顯示時間。

(　　) 6. 處理青蛙碰撞邊緣模塊為 (A) call ImageSprite1 .Bounce edge

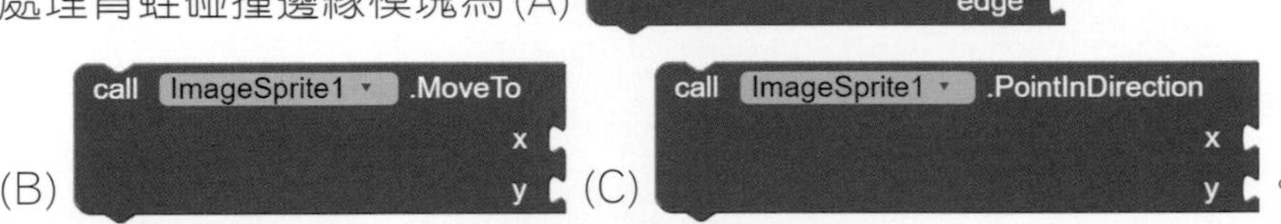

。

(　　) 7. 可在程式中顯示特定的訊息為哪個組件？ (A) Notifier對話框 (B) Control控制 (C) Math數學。

(　　) 8. 「藉由鍵盤裝置輸入文字或是數字」在演算法的哪個步驟？ (A) 計算步驟 (B) 輸入 (C) 輸出。

(　　) 9. 「一連串數學計算的指令」在演算法那個步驟？ (A) 計算步驟 (B) 輸入 (C) 輸出

(　　) 10. 判別物件相撞是那個模塊？ (A) call ImageSprite1 .Bounce edge

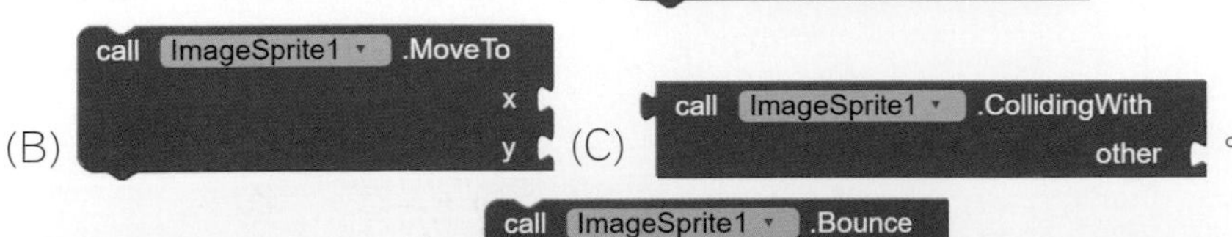

。

(　　) 11. 處理青蛙移動模塊為 (A) call ImageSprite1 .Bounce edge

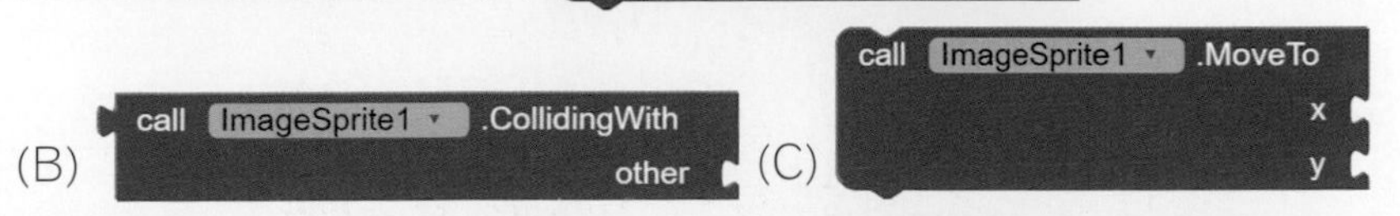

。

(　　) 12. 改變青蛙移動速度是哪個模塊？ (A) set global name to

(B) set Label1 . Text to (C) set ImageSprite1 . Speed to 。

自我評量

◈ 實作題

1. 修改程式，增加當分數為滿100分，可以加快柱子移動速度提高遊戲挑戰難度。
2. 修改程式，再增加一個柱子，提高遊戲過關難度。

旋轉輪盤（資料處理）－認識圖形物件處理

本章學習重點

- 凱薩密碼加解密過程
- 如何繪製輪盤
- 如何使圖片旋轉

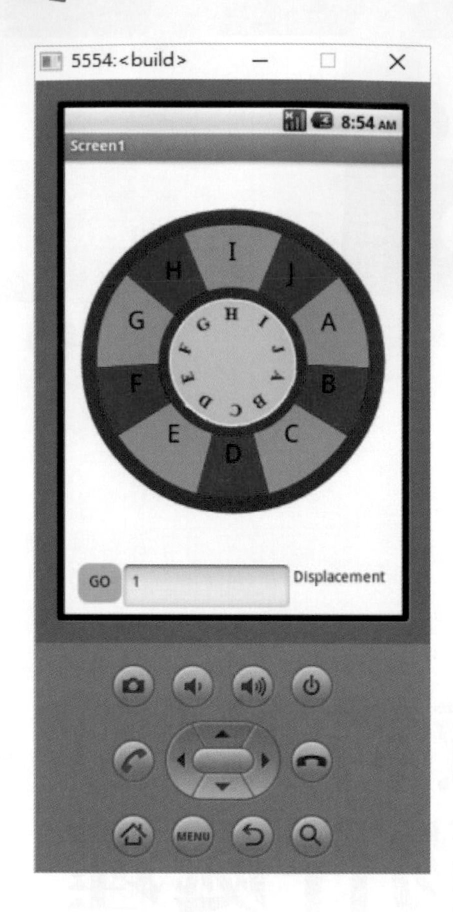

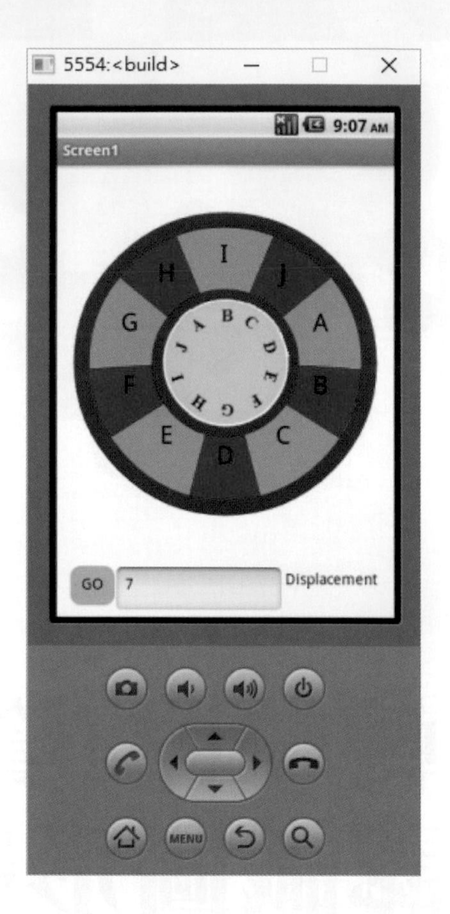

13-1 凱薩密碼

資料傳輸時，如果使用同一把密鑰進行資料加密和解密，即稱爲「對稱加密」。在密碼學中，最簡單的對稱式加密演算法爲凱薩加密演算法，凱薩加密演算法是在羅馬時期以凱薩的名字命名，當年凱薩利用此方法與將軍進行聯繫。此加密方法是在明文中將所有的字母透過字母表向後或向前轉換，以固定的數目偏移後被替換成密文；反之解密方法則與加密方法相同。例如，當偏移量爲6的時候，所有的字母A將被替換成G，而字母B變成H。這裡的偏移量可以當作加解密的Key（密鑰）。由於凱薩加密演算法僅利用字母表進行替換加密技術，導致資料容易被破解，在實際通訊應用中，就無法絕對保證通信的安全。

13-2 凱薩密碼加解密過程

凱薩密碼的加密、解密過程，以取餘數的數學方法進行計算。首先字母用數字代替，A=0，B=1，Z=25，此時偏移量爲key值。

◈ 加密方法：E{x}=(x + key) mod 26。

◈ 解密方法：D{x}=(x - key) mod 26，這裡x是指字母所代替的數字。

資料加解密流程

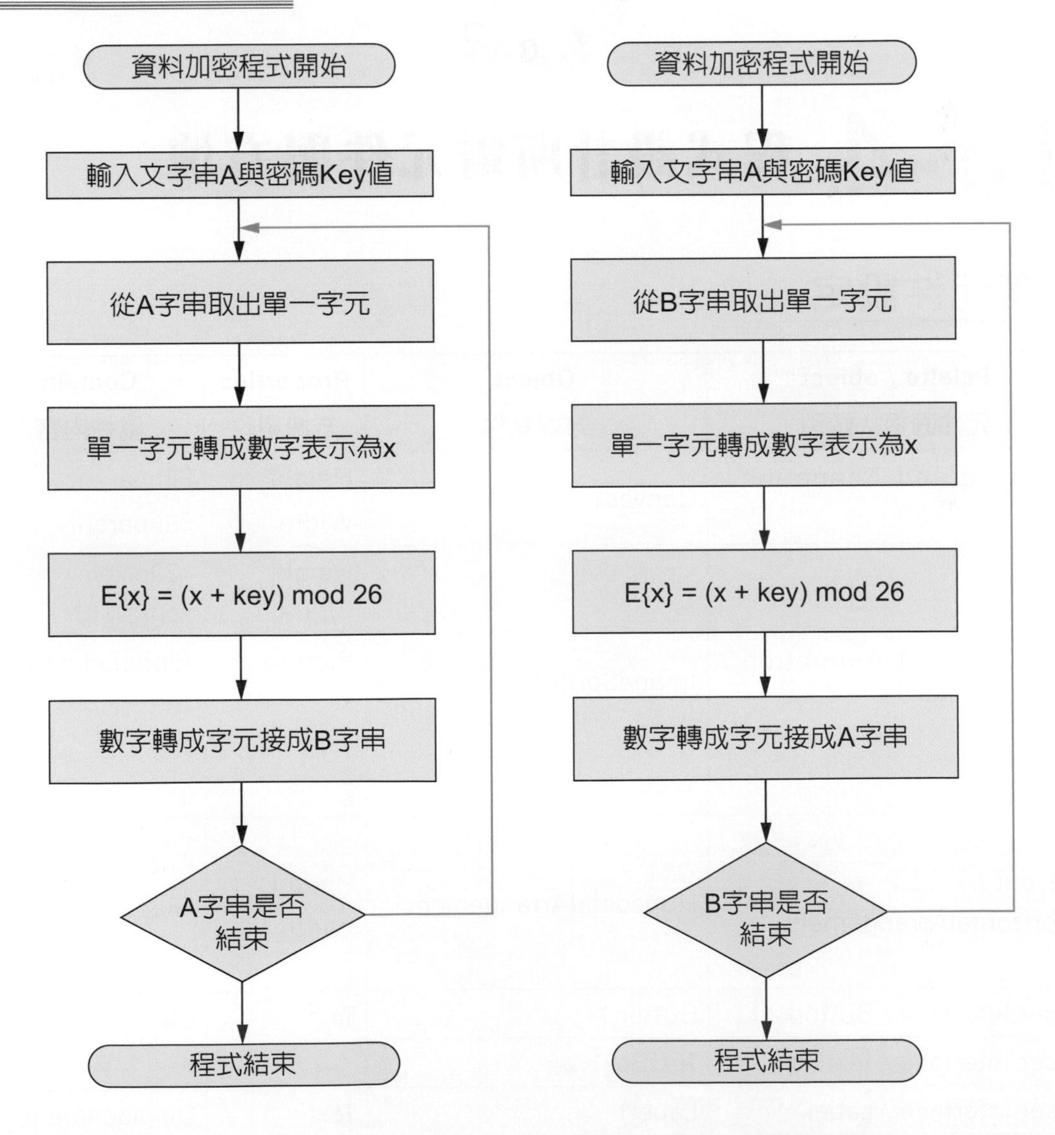

13-3 程式架構

本章節將凱薩密碼加密於輪盤進行演示，為了配合輪盤的設計，將原先26個英文字母A~Z範圍縮小為10個英文字母A~J，讓讀者藉由偏移量能輕易地瞭解凱薩密碼的加密程序。

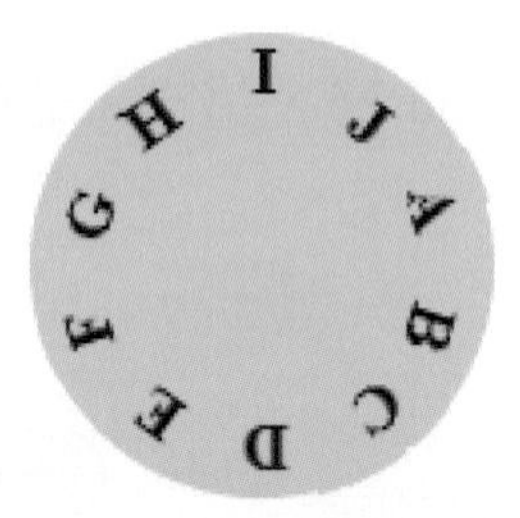

13-4 程式設計所需元件與方塊

螢幕元件設定

Palette / object 元件面板 / 類別	Object 方塊物件	Properties 方塊屬性	Contain 屬性內容
Drawing and Animation / Canvas	Canvas1	Height Width	Fill parent Fill parent
Drawing and Animation / ImageSprite	ImageSprite1	Height Width Picture X Y Z	120pixels 120pixels Alphabet.png 100 130 0
Layout / HorizontalArrangement	HorizontalArrangement1	Height Width	Automatic Fill parent
User Interface / Button	Button1	Text	GO
User Interface / TextBox	TextBox1		7
User Interface / Label	Label1	Text	Displacement

Blocks內的Built-in方塊

直接點選Built-in下方所列出的紅色線所對應的方塊。

»Step1

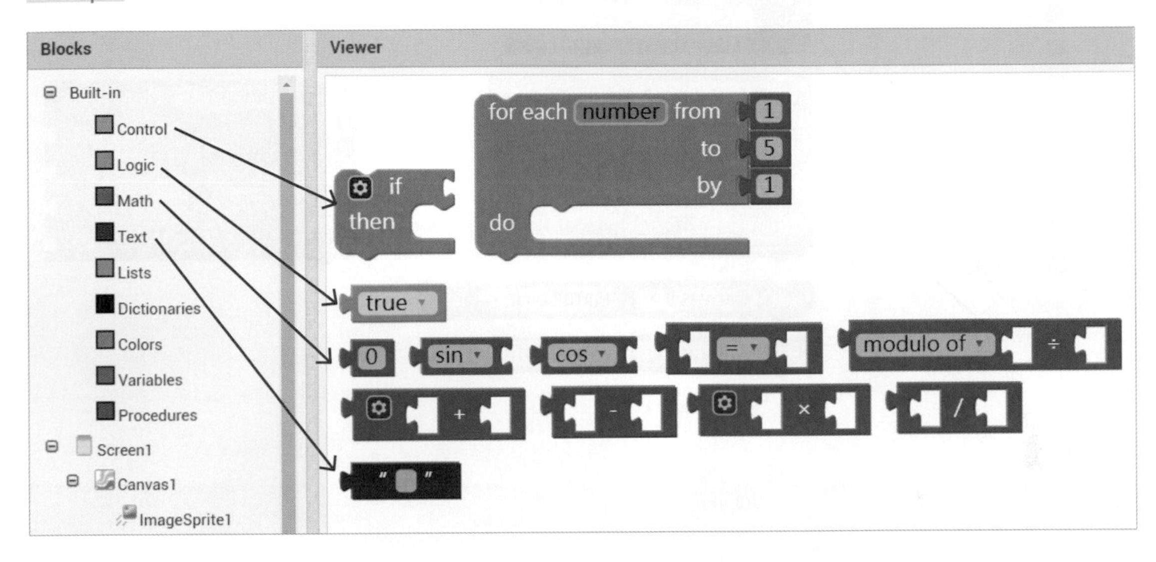

»Step2

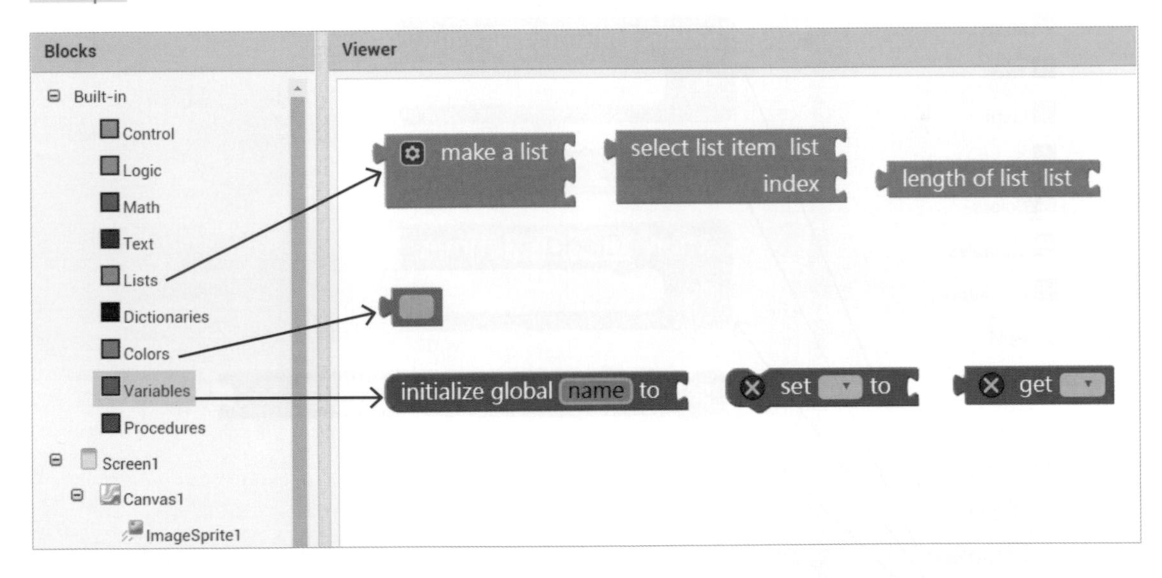

»Step3

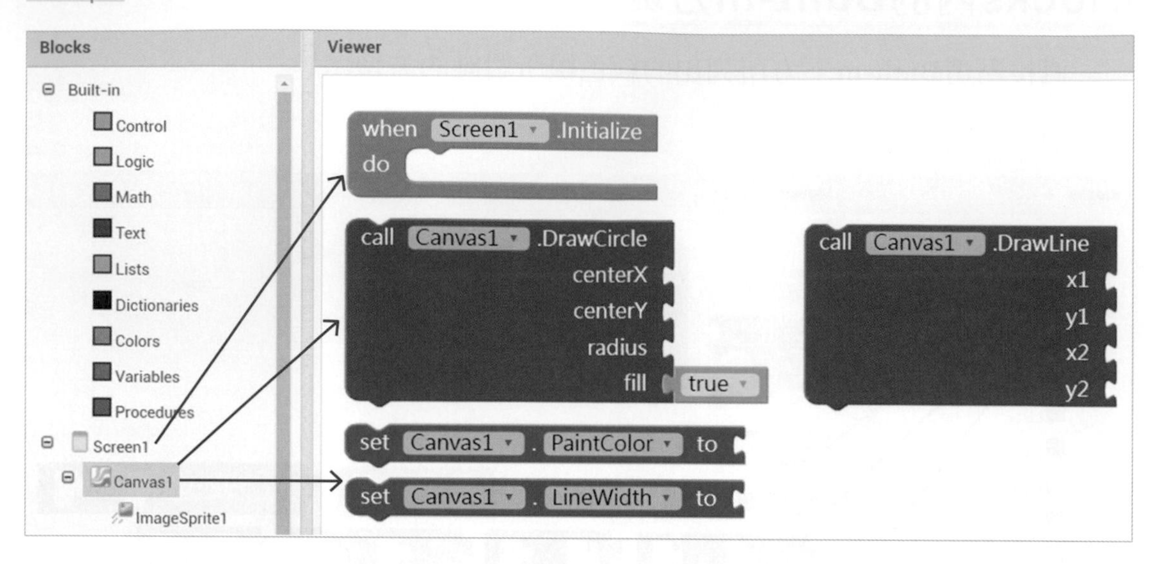
Blocks
Viewer
Built-in
Control
Logic
Math
Text
Lists
Dictionaries
Colors
Variables
Procedures
Screen1
Canvas1
ImageSprite1
when Screen1 .Initialize
do
call Canvas1 .DrawCircle
centerX
centerY
radius
fill true
call Canvas1 .DrawLine
x1
y1
x2
y2
set Canvas1 . PaintColor to
set Canvas1 . LineWidth to

»Step4

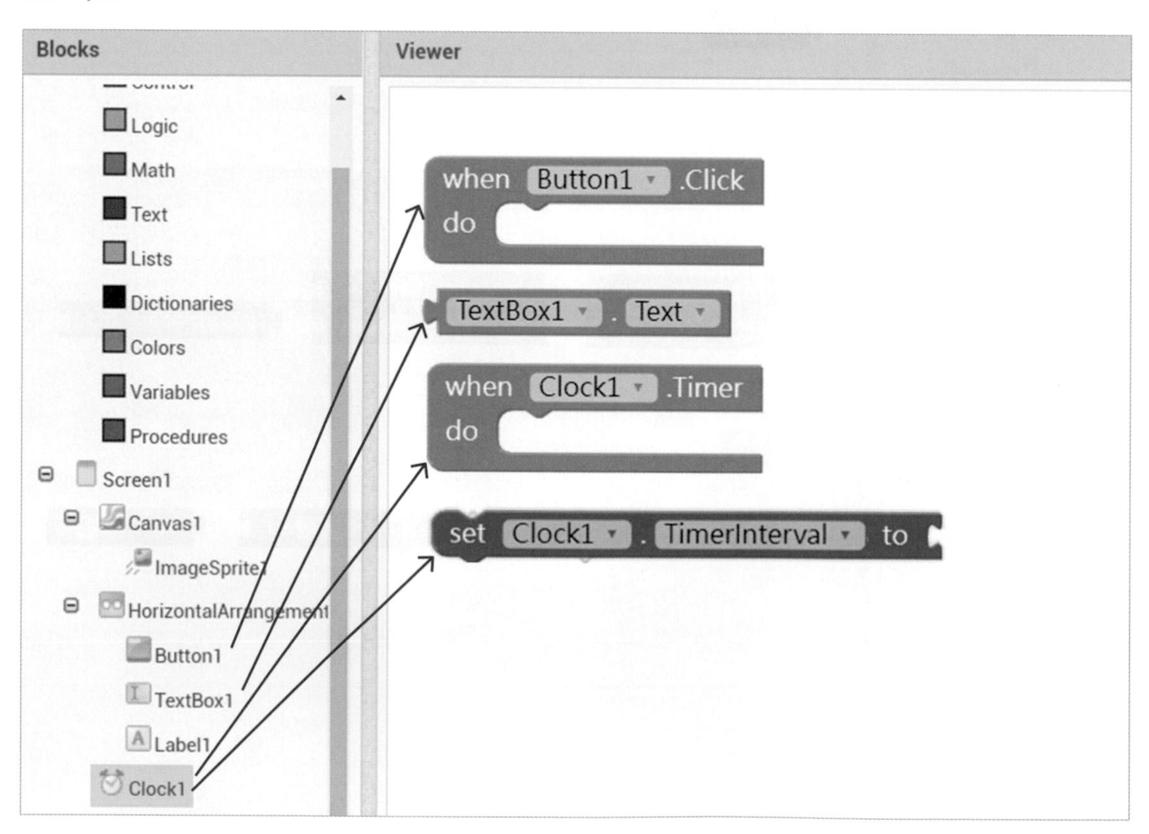
Blocks
Viewer
Logic
Math
Text
Lists
Dictionaries
Colors
Variables
Procedures
Screen1
Canvas1
ImageSprite1
HorizontalArrangement1
Button1
TextBox1
Label1
Clock1
when Button1 .Click
do
TextBox1 . Text
when Clock1 .Timer
do
set Clock1 . TimerInterval to

13-5 操作流程

使用元件的版面配置

建立此專案檔案，建立名稱請輸入 **Caesarcipher** 名稱後，進入 **Designer** 工作區內，根據下圖進行方塊佈置與屬性設定。

»Step1 設定Canvas的Height與Width屬性。

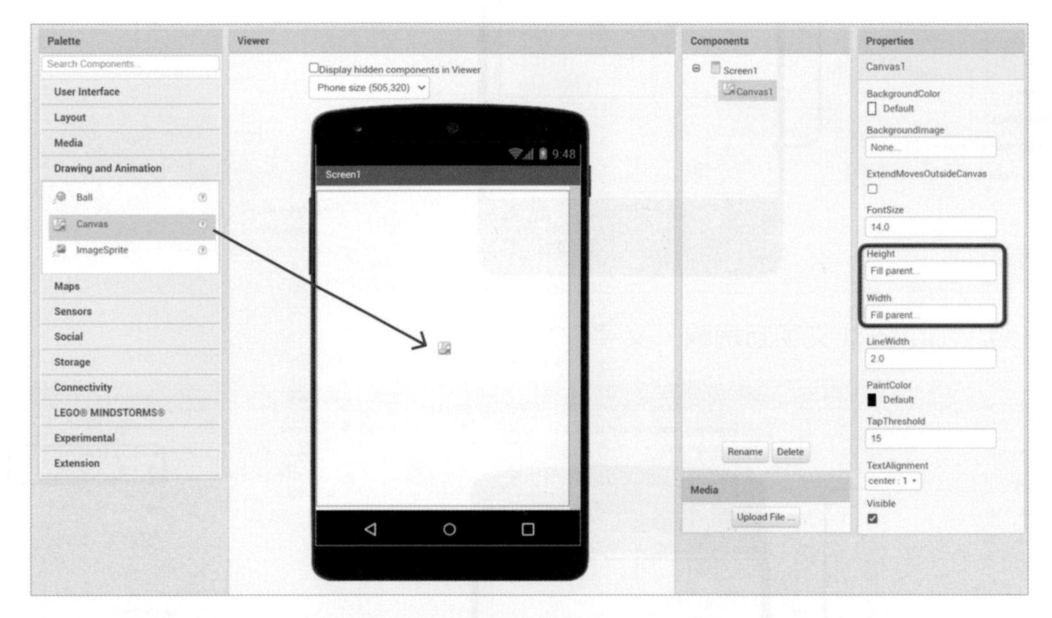

»Step2 上傳圖片「Alphabet.png」後，進行圖片的Height、Width、Picture與座標設定。

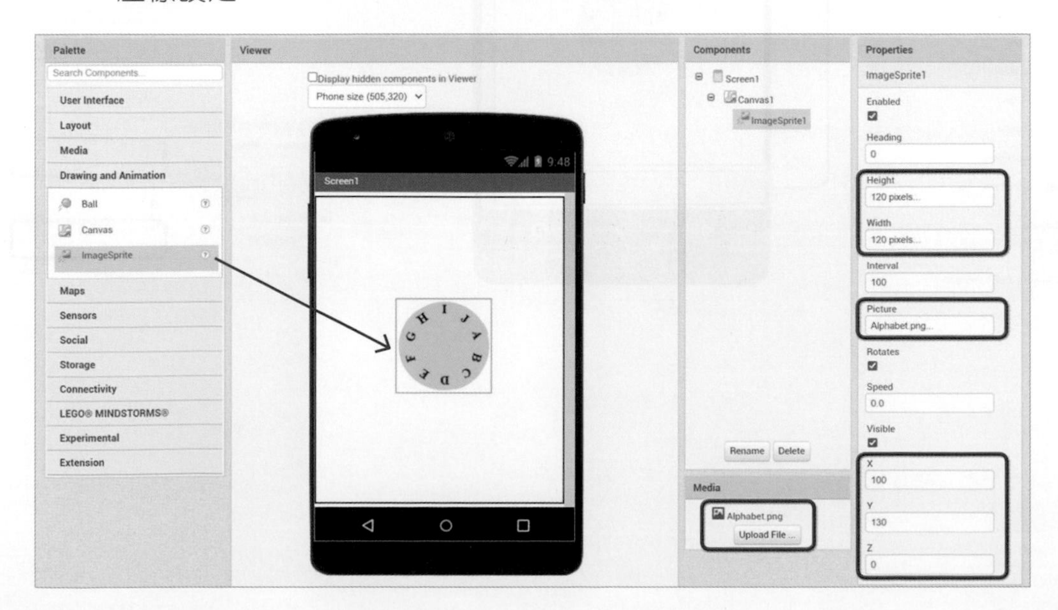

»Step3　設定HorizontalArrangement的Height與Width屬性。

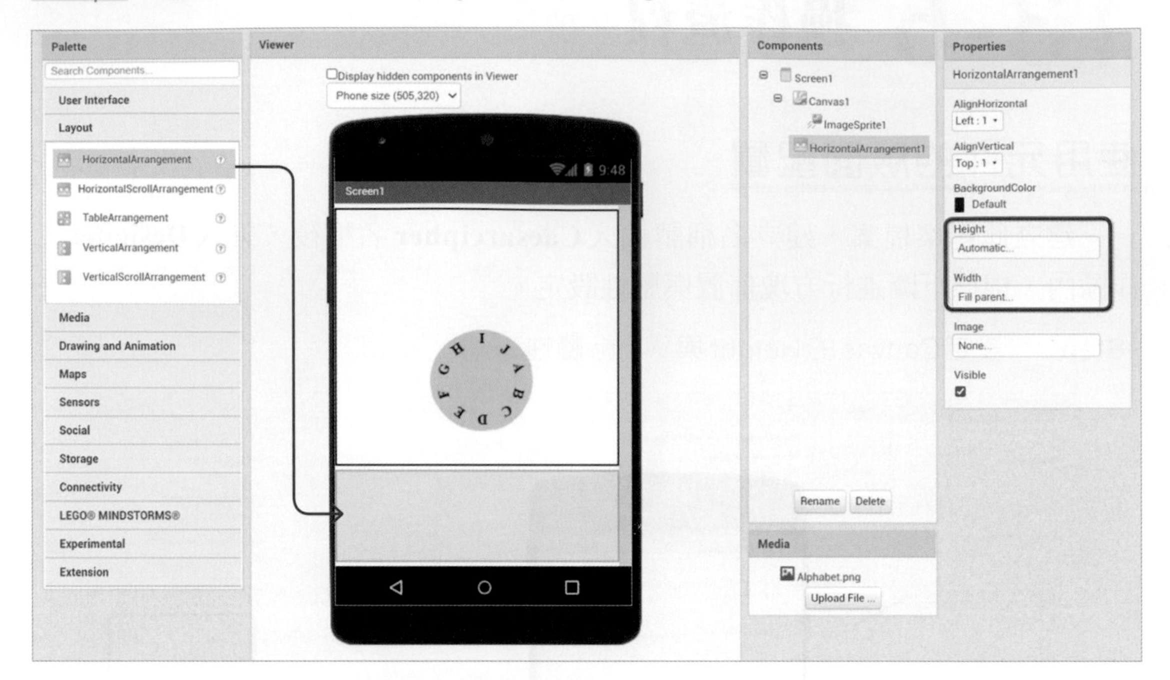

»Step4　Button1文字方塊輸入文字GO。

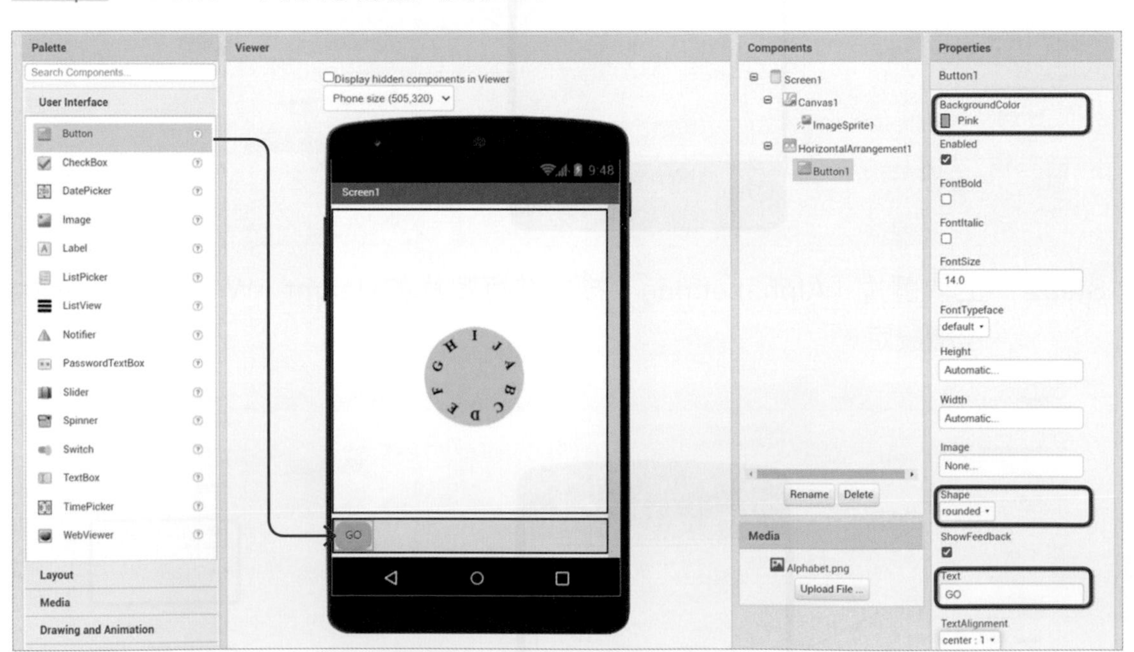

»Step5 Text1 文字方塊為預設偏移量（key），可自由輸入預設文字。

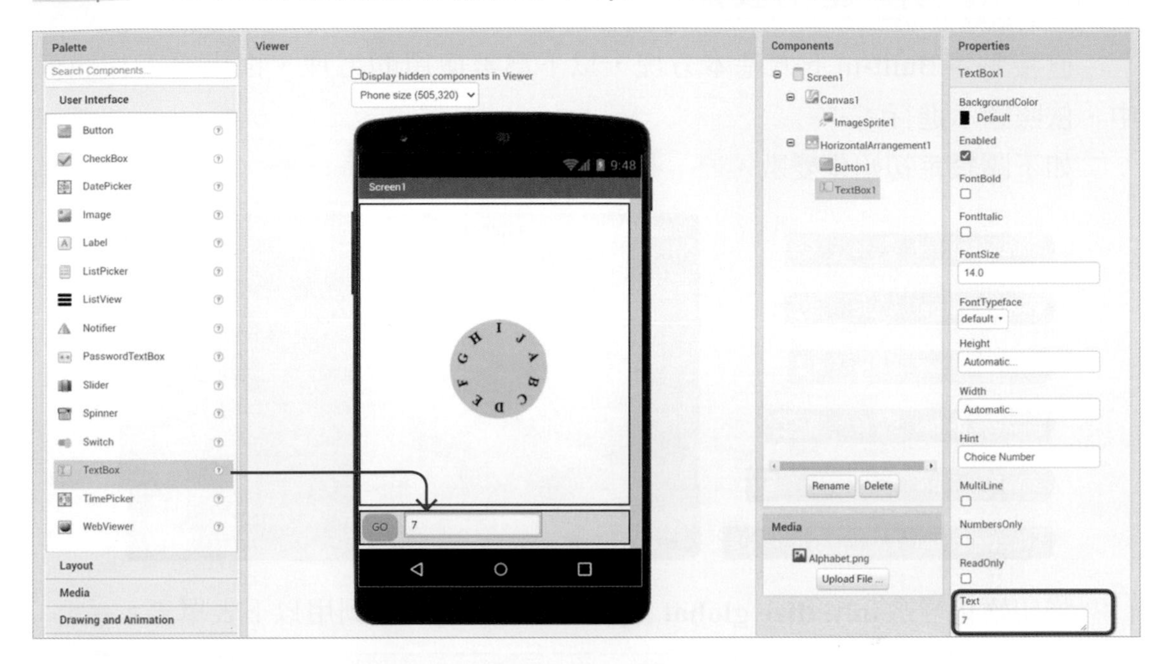

»Step6 Label1 文字方塊輸入文字 Displacement。

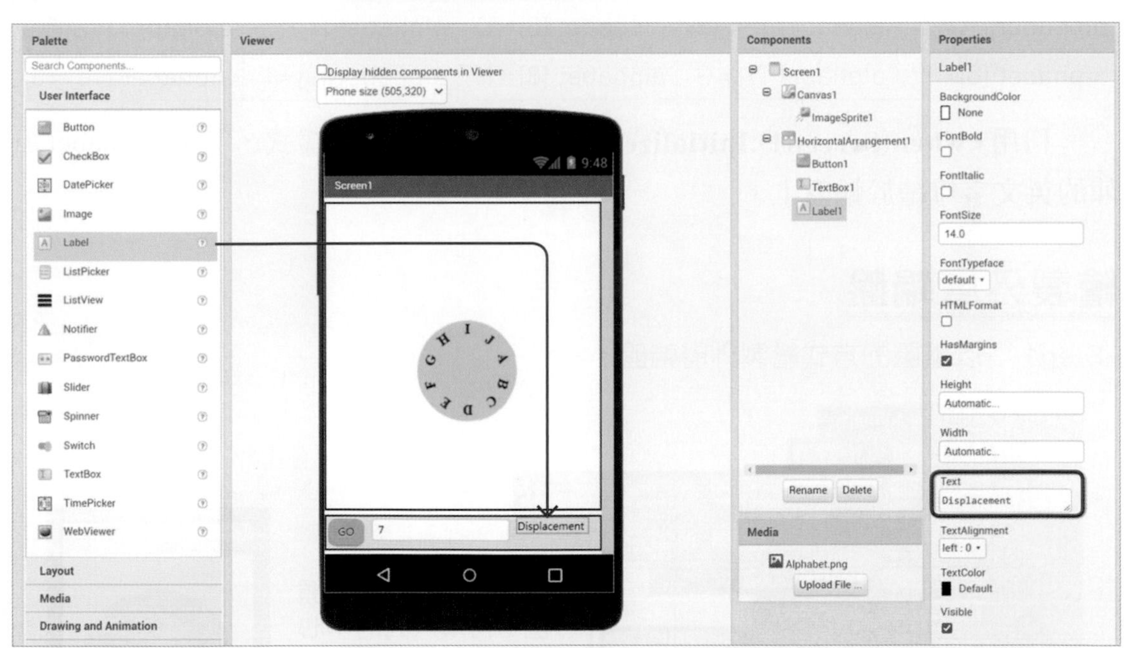

程式方塊功能連結設定

直接點選Built-in下方基本方塊，以下爲需使用的方塊，拖曳至工作版面中，依照圖示進行：

如下圖設定初始化變數。

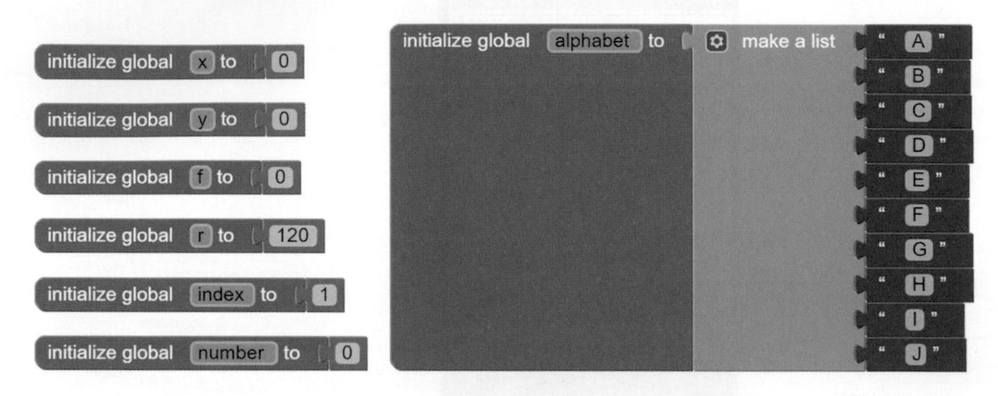

將初始化變數**initialize global alphabet**所產生的陣列用以下表單表示。

alphabet []陣列字元內容				
alphabet [1]=A	alphabet [2]=B	alphabet [3]=C	alphabet [4]=D	alphabet [5]=E
alphabet [6]=F	alphabet [7]=G	alphabet [8]=H	alphabet [9]=I	alphabet [10]=J

利用**<when(Screen1).Initialize>**方塊繪製外層輪盤樣式，且將alphabet矩陣的英文字母繪於輪盤上。

繪製外層輪盤

»Step1　以畫圓的方式繪製外層輪盤。

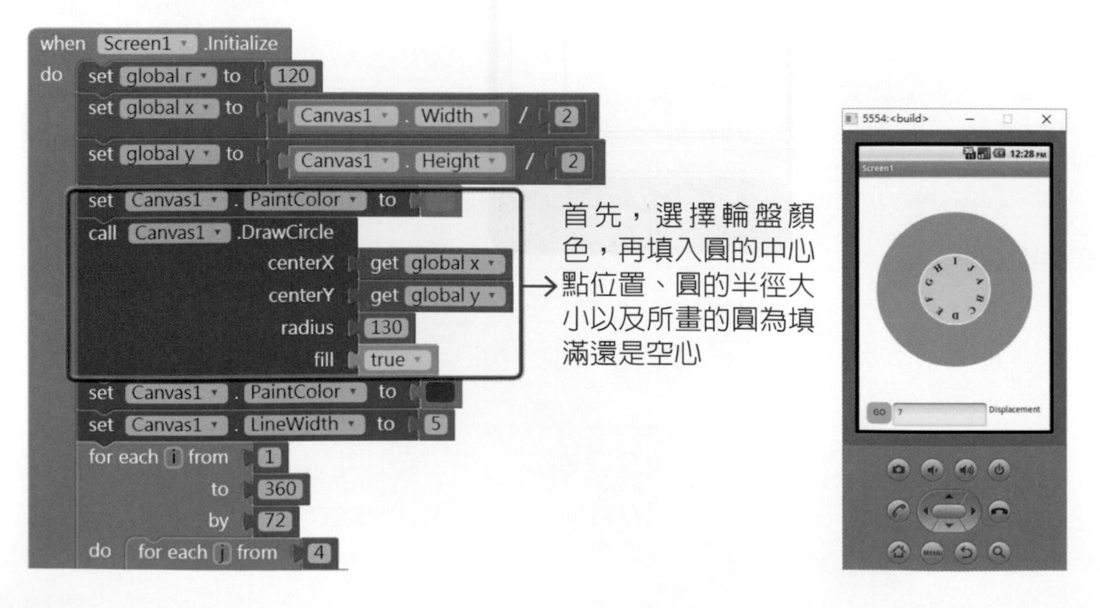

»Step2 以畫線的方式將外層輪盤間隔以不同的顏色表示。

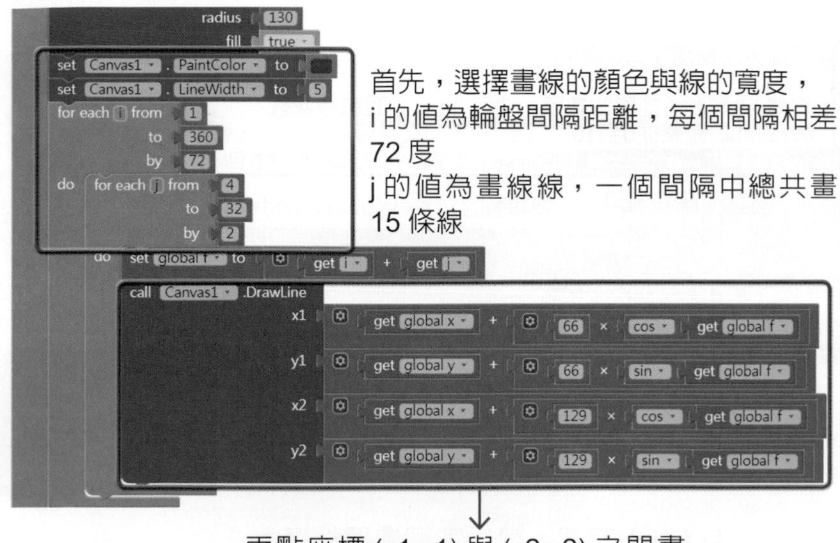

首先，選擇畫線的顏色與線的寬度，
i 的值為輪盤間隔距離，每個間隔相差 72 度
j 的值為畫線線，一個間隔中總共畫 15 條線

兩點座標 (x1,y1) 與 (x2,y2) 之間畫一條直線，透過 sin 與 cos 函數，將每條線從圓心到圓周的距離畫一條直線

»Step3 以畫圓的方式繪製內、外層輪盤外框線。

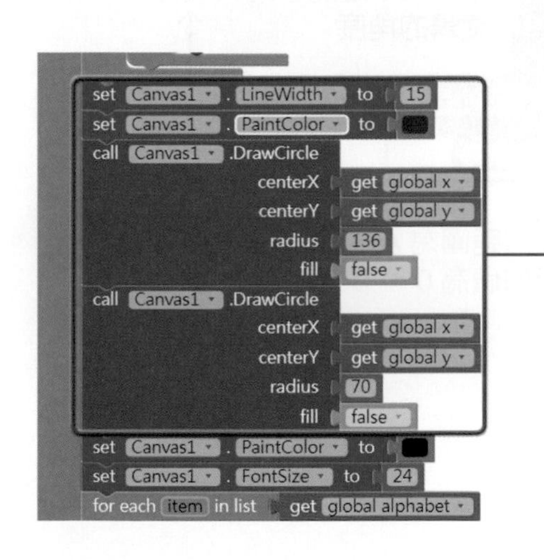

首先，選擇外框線寬度與顏色，再填入兩個圓的中心點位置、半徑大小以及所畫的圓為填滿還是空心

»Step4　將英文字母繪於外層輪盤上。

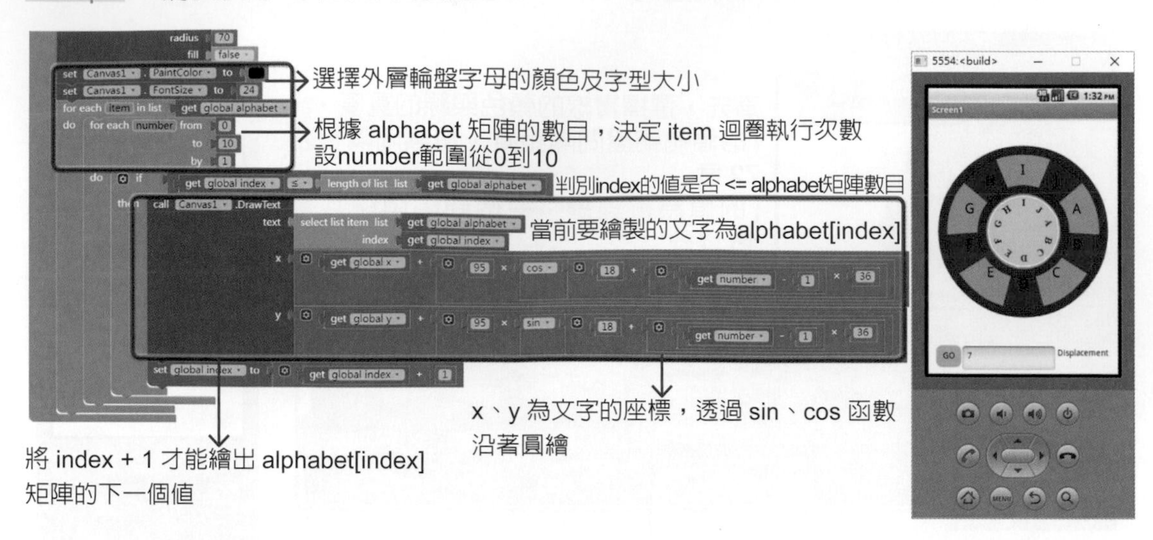
選擇外層輪盤字母的顏色及字型大小
根據 alphabet 矩陣的數目，決定 item 迴圈執行次數
設number範圍從0到10
判別index的值是否 <= alphabet矩陣數目
當前要繪製的文字為alphabet[index]
x、y 為文字的座標，透過 sin、cos 函數
沿著圓繪
將 index + 1 才能繪出 alphabet[index]
矩陣的下一個值

»Step5　利用 **when(Button1).Click** 方塊，執行加密處理程序：

E{x}=(x + key) mod 10，乘以 (-36) 是配合內層輪盤旋轉的角度。

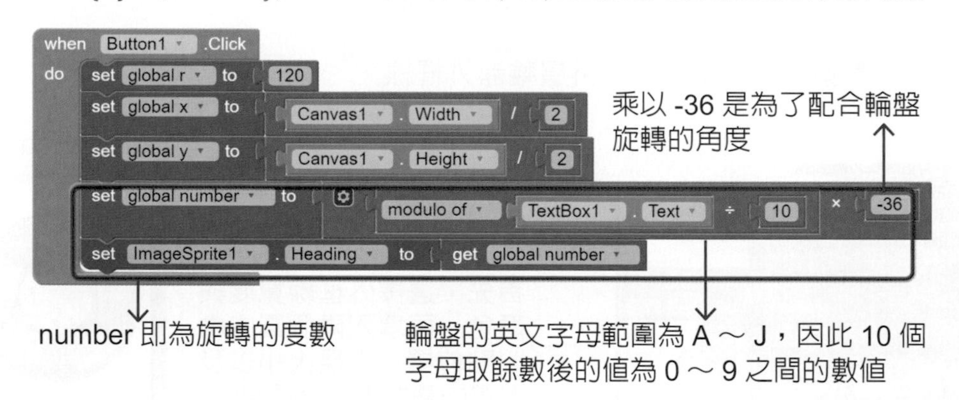
when Button1 .Click
do set global r to 120
set global x to Canvas1 . Width / 2
set global y to Canvas1 . Height / 2
set global number to modulo of TextBox1 . Text ÷ 10 × -36
set ImageSprite1 . Heading to get global number
乘以 -36 是為了配合輪盤
旋轉的角度
number 即為旋轉的度數
輪盤的英文字母範圍為 A ～ J，因此 10 個
字母取餘數後的值為 0 ～ 9 之間的數值

13-6 執行程式與測試與功能改進

請先確認是否已啓動模擬器（**aiStarter**），再選用**連線→模擬器**。程式執行顯示輪盤畫面。

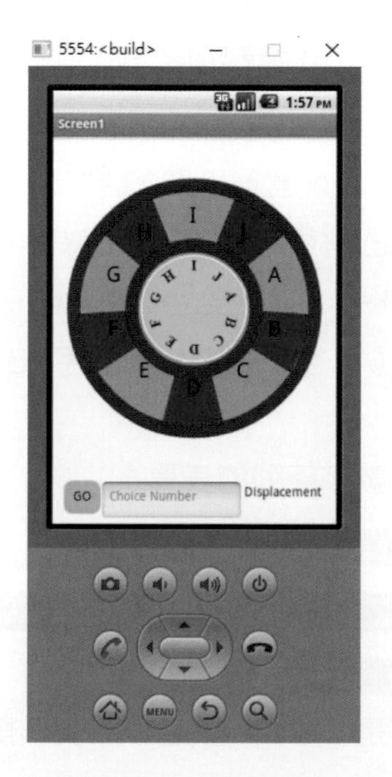

TextBox1 輸入偏移量（key）測試得到凱薩加密結果畫面。

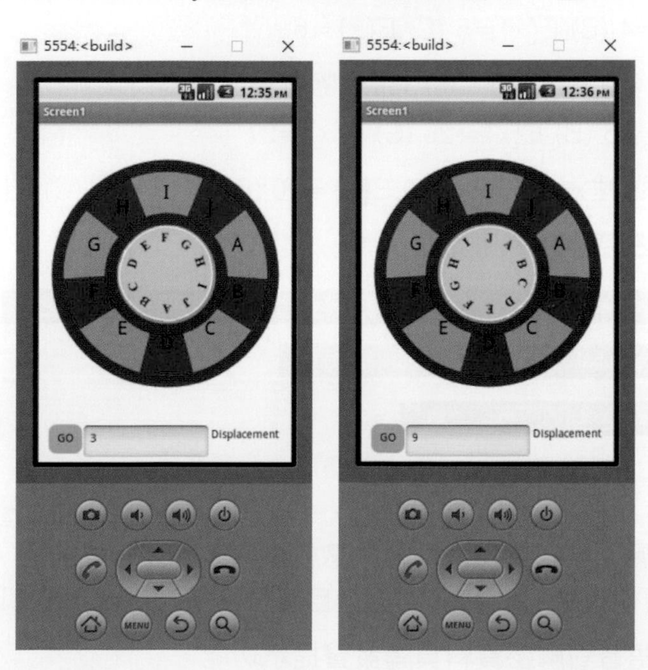

自我評量

◈ 選擇題

(　) 1. 如果數字範圍為0至9，modulo of 方塊設定值應該為多少？ (A) 9 (B) 10 (C) 11。

(　) 2. App Inventor 2 所提供的數學運算沒有哪些運算？ (A)AND (B) OR (C) XOR。

(　) 3. 對資料進行打亂程序是 (A) 資料加密 (B) 資料解密 (C) 以上皆是。

(　) 4. 下列哪個是凱撒密碼的加密方法？ (A) E{x}=(x + key) / 26 (B) E{x}=(x - key) mod 26 (C) E{x}=(x + key) mod 26。

(　) 5. 下列哪個是凱撒密碼的解密方法？ (A) E{x}=(x + key) / 26 (B) E{x}=(x - key) mod 26 (C) E{x}=(x + key) mod 26。

(　) 6. 接上題，這裡x是指 (A) 字母所替換的數字 (B) 數字所代替的字母 (C) 以上皆可。

(　) 7. 下列哪個是可以提供數字陣列的表單？

(A) initialize global AT to create empty list

(B) initialize global alphabet26 to " ABCDEFGHIJLKMNOPQRSTUVWXYZ "

(C) initialize global data to " " 。

(　) 8. 對資料進行恢復程序是 (A) 資料加密 (B) 資料解密 (C) 以上皆是。

(　) 9. E{x}=(x + 4) mod 26，x=26帶入的計算結果為何？
(A) E{x}=4 (B) E{x}=5 (C) E{x}=6。

(　) 10. E{x}=(x - 4) mod 26，x=3帶入的計算結果為何？
(A) E{x}=25 (B) E{x}=26 (C) E{x}=27。

(　) 11. 接上題，這裡x=26是指 (A) E{x}=20 (B) E{x}=21 (C) E{x}=22。

(　) 12. 設定串列為空字串是哪個模塊？

(A) initialize global alphabet26 to " ABCDEFGHIJLKMNOPQRSTUVWXYZ "

(B) initialize global AT to create empty list

(C) initialize global data to " " 。

◈ 實作題

1. 請將內、外輪盤透過旋轉模塊與更改數值的方式，使得兩輪盤A字母初始位置都轉至原先I字母位置(12點鐘方向)，並且能順利進行本章節的凱薩加密。
2. 修改程式增加語音對解密資料具有發聲提示功能。

檔案儲存（資料儲存）- 認識相機元件

本章學習重點

- 認識儲存體
- Camera（相機）元件
- TinyDB（微資料庫）元件

14-1 檔案儲存

儲存裝置是用於儲存資訊的裝置，通常是將資訊數位化的資料，利用電、磁或光學等方式加以儲存。儲存資料裝置以電能方式儲放的裝置，如：隨機存取記憶體（RAM）、唯讀記憶體（ROM）等；儲存資料裝置以磁能方式儲放，如：硬碟、軟碟、磁帶、磁芯記憶體、磁泡記憶體等；以光學方式儲存資訊裝置，如：CD、DVD。其他儲存資料方式也可以透過實體物（如紙卡、紙帶等）儲存資訊的裝置，如；打孔卡、打孔帶等。整理儲存裝置如下所列：

- 隨機存取記憶體（RAM）關電後資料消失
- 唯讀記憶體（ROM）關電後資料不會消失
- 磁帶機（Magnetic Tape Machine）關電後資料不會消失
- 軟磁碟（Floppy Diskette Drive）關電後資料不會消失
- 硬磁碟（Hard Disk Drive）關電後資料不會消失
- 固態硬碟（Solid State Disk）關電後資料不會消失
- 光碟機（CD Drive 或 DVD Drive）關電後資料不會消失
- 紙帶穿孔與讀取機（Punch-tape Machine）關電後資料不會消失

記憶體是可以被電腦的中央處理器直接存取而不需要通過輸入輸出裝置的儲存裝置。記憶體一般速度很快，例如：隨機存取記憶體（RAM）。RAM也是非永久性記憶體，在斷電的時候，將失去所儲存的內容。唯讀記憶體就不是易失去內容的，但不適合用來儲存大量的資料，因爲製造成本昂貴。主記憶體可能包括幾種不同的裝置，例如：CPU快取以及特殊的處理器暫存器，這些都能直接被處理器存取，主記憶體可以被隨機的存取。目前儲存資料不一定需要機械部分帶動，如下：

◈ 快閃記憶體塊（Flash Memory Cube）

◈ 快閃記憶體條（Flash Memory Stripe）

◈ 唯讀記憶體（ROM）

◈ 隨機存取記憶體（RAM）

14-2 程式架構

照相機拍照所產生的相片資料，儲存於SD快閃記憶體存放。App Inventor 2的Android模擬器軟體在模擬時會當機，但在Android Studio所發展App軟體在執行模擬器則可以正常執行，此問題將在14-5小節執行與測試進行說明。

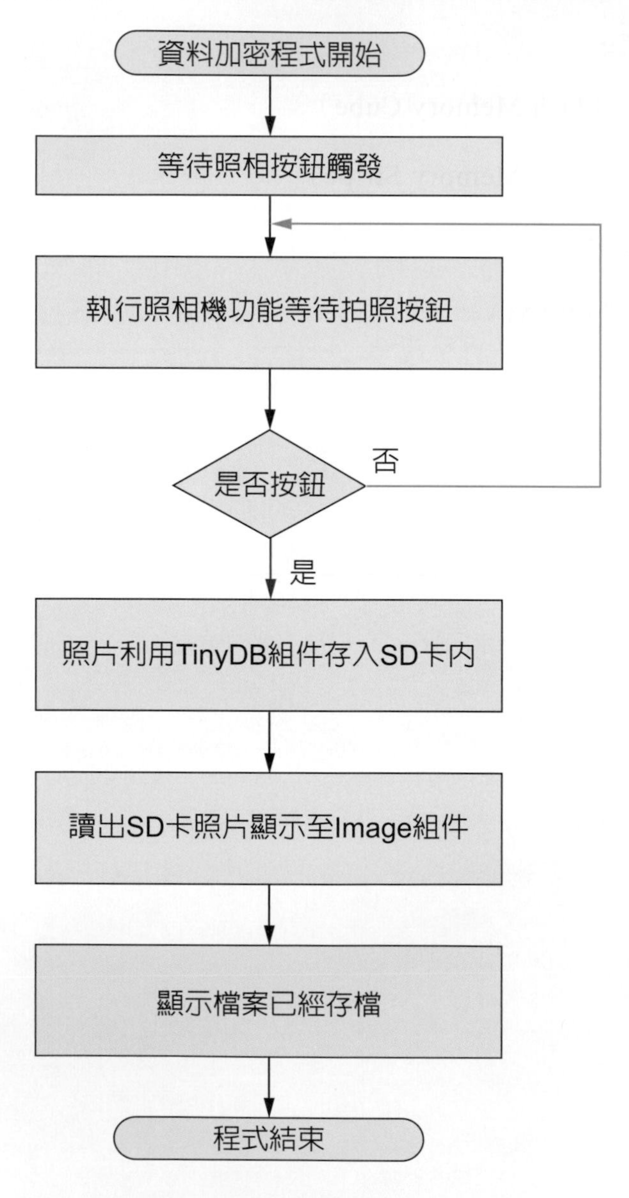

14-3 程式設計所需元件與方塊

元件介面使用方塊Label（標籤）、HorizontalArrangement（水平配置）、Image（圖像）、Button（按鈕）、Camera（照相機）、TinyDB（微型資料庫）。

螢幕元件設定

Palette / object 元件面板 / 類別	Object 方塊物件	Properties 元件屬性	Contain 屬性內容
Layout / HorizontalArrangement	HorizontalArrangement1	Height Width	35 pixels Full parent
User Interface / Button	Button1	Text	Take picture
User Interface / Label	Label1	Text	Picture
User Interface / Image	Image1	Height Width	Full parent Full parent
Media / Camera	Camera1		
Storage / TinyDB	TinyDB1		

Blocks 內的 Built-in 方塊

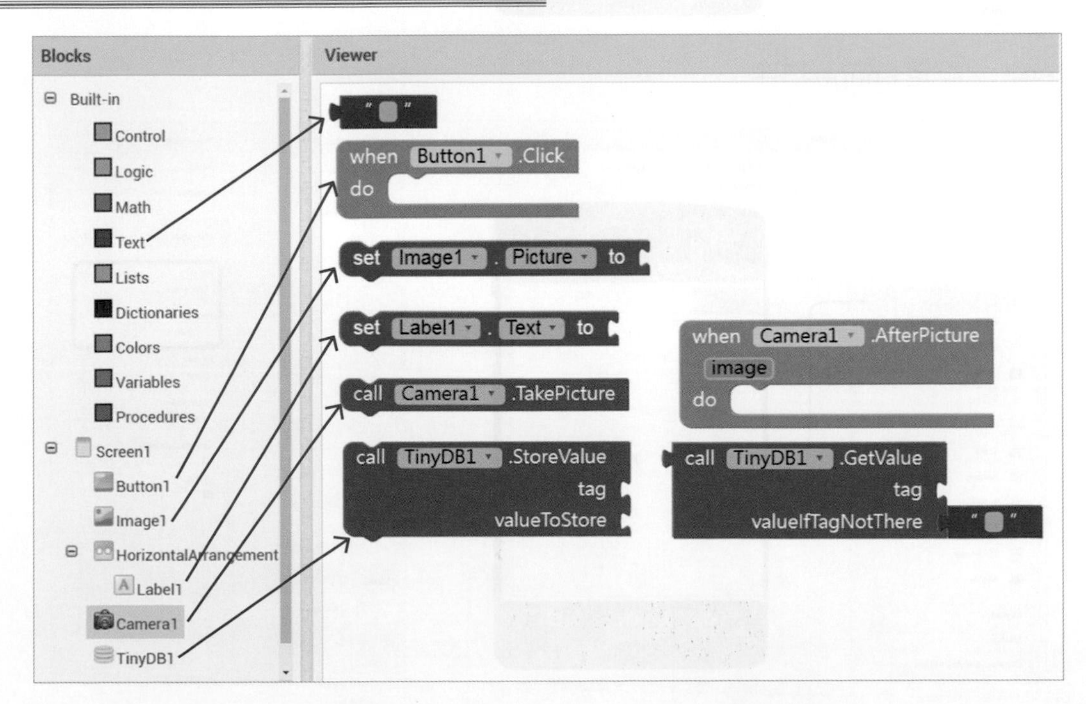

14-4 操作流程

使用元件的版面配置

建立此專案檔案，建立名稱請輸入**TakePicture**名稱後，進入**Designer**工作區內根據下圖進行方塊佈置與屬性設定如下：

»Step1　設定按鈕。

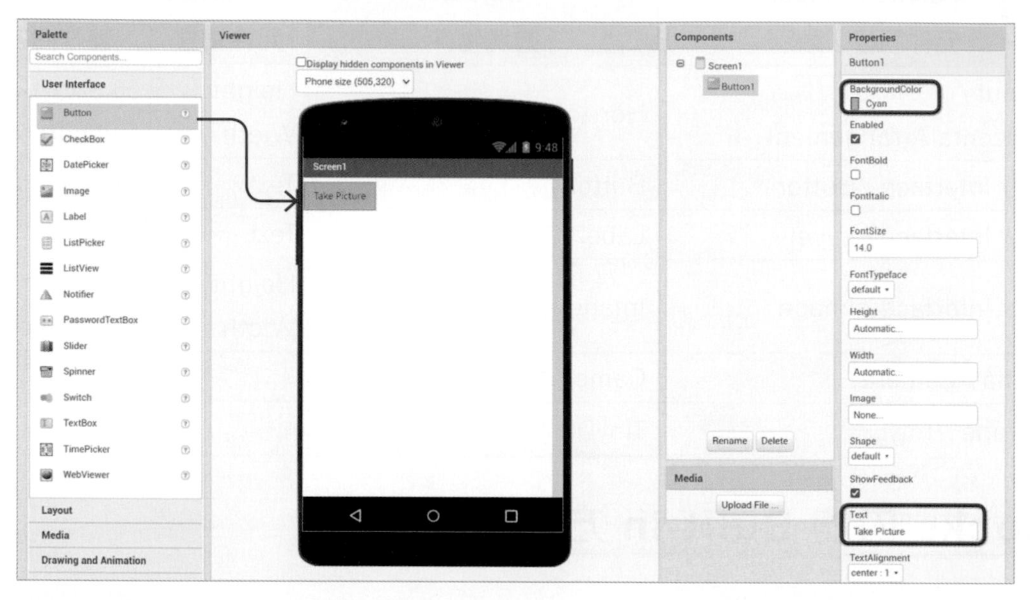

»Step2　設定Image物件。

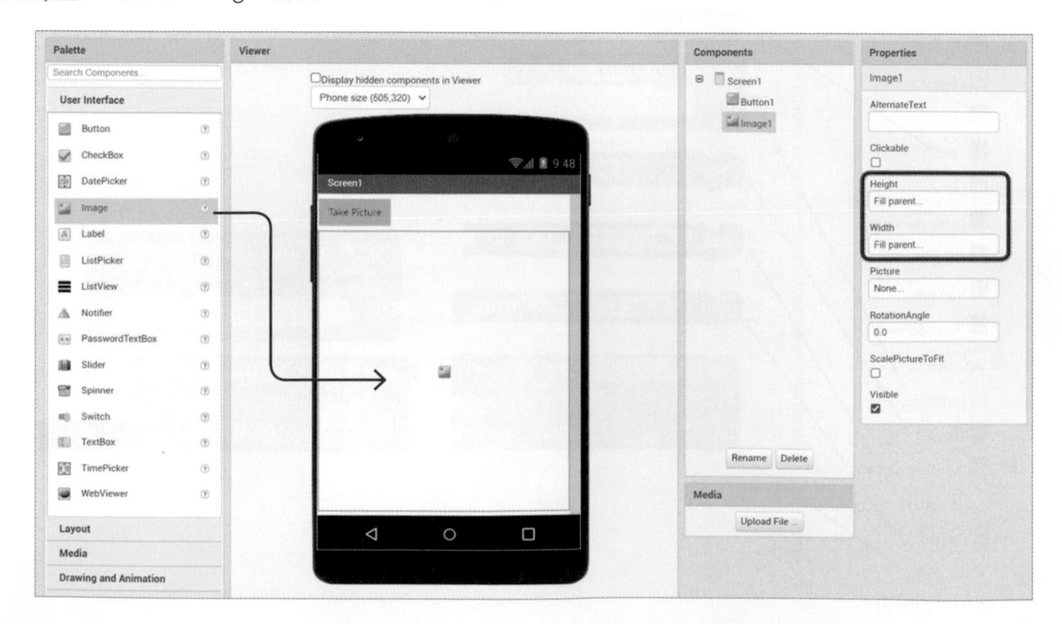

»Step3　設定HorizontalArrangement水平配置物件。

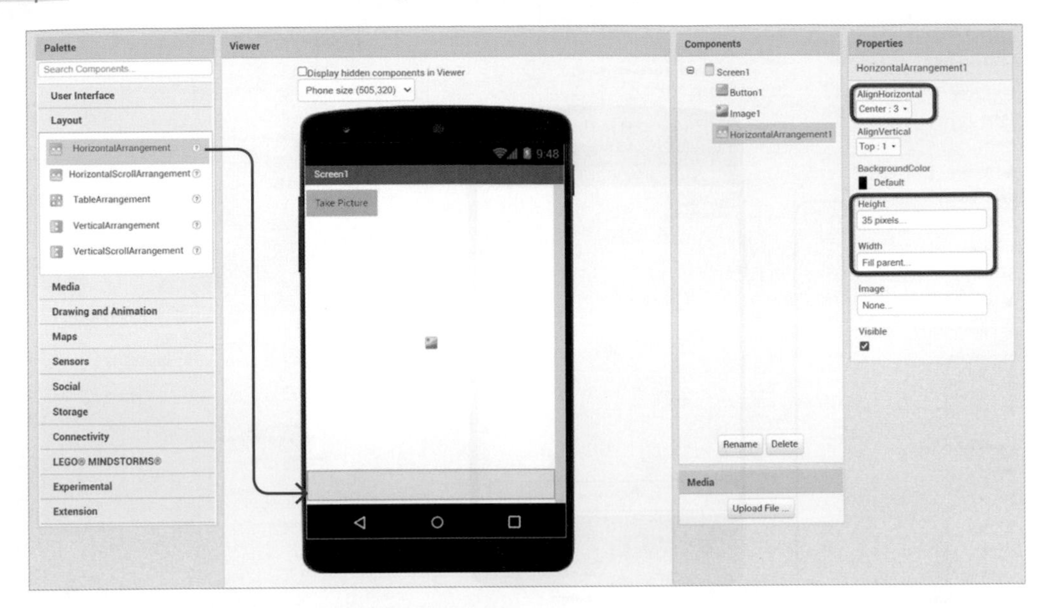

»Step4　水平配置物件，插入Label物件。

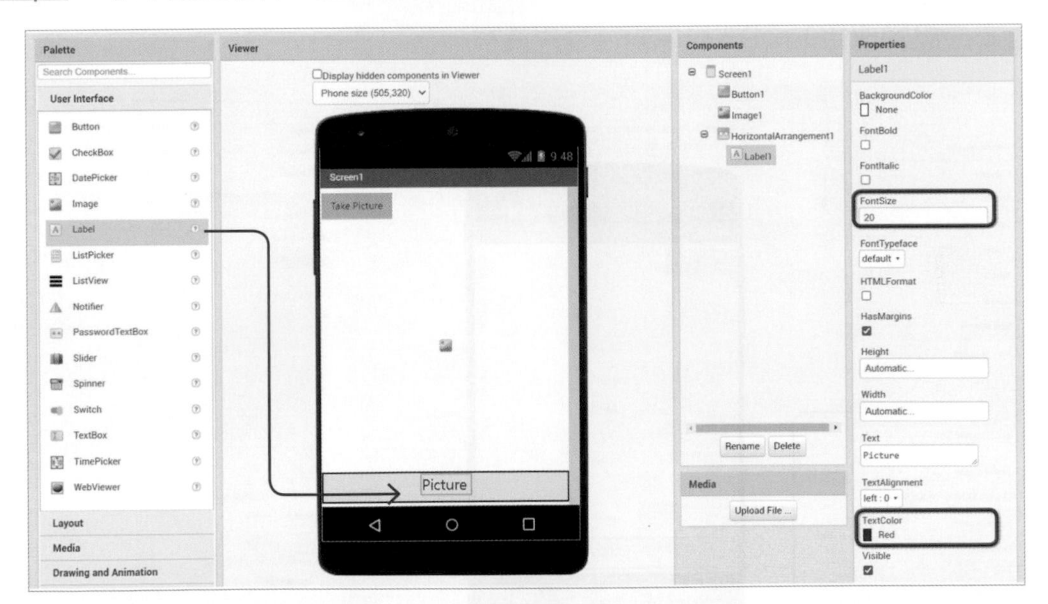

»Step5　選擇Camera物件（控制照相機）。

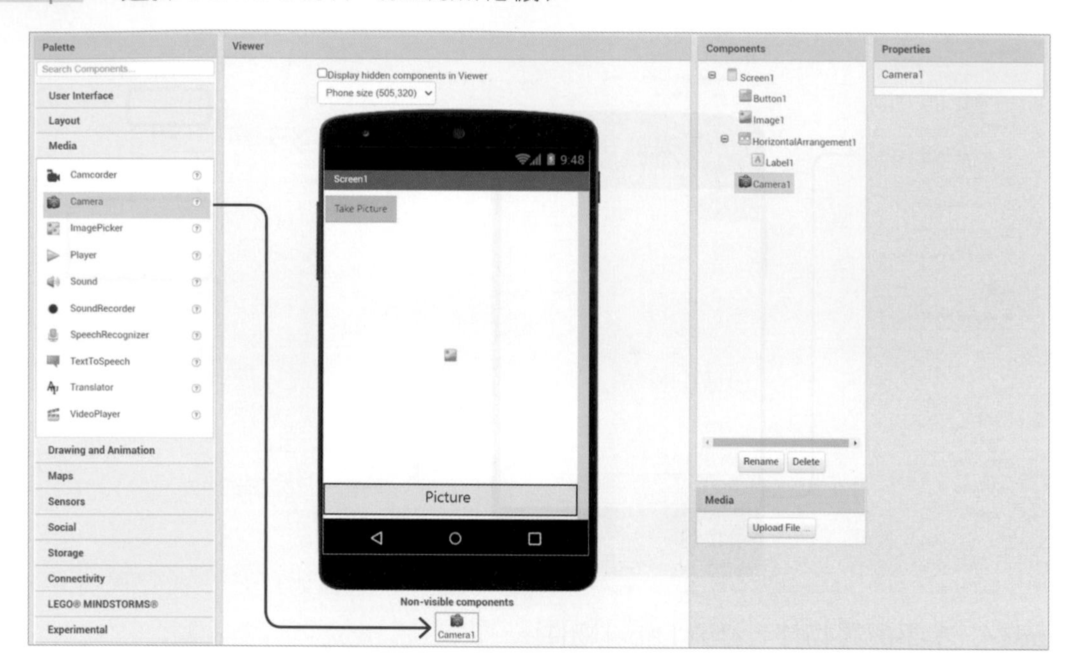

»Step6　設定使用TinyDB可以儲存圖片資料。

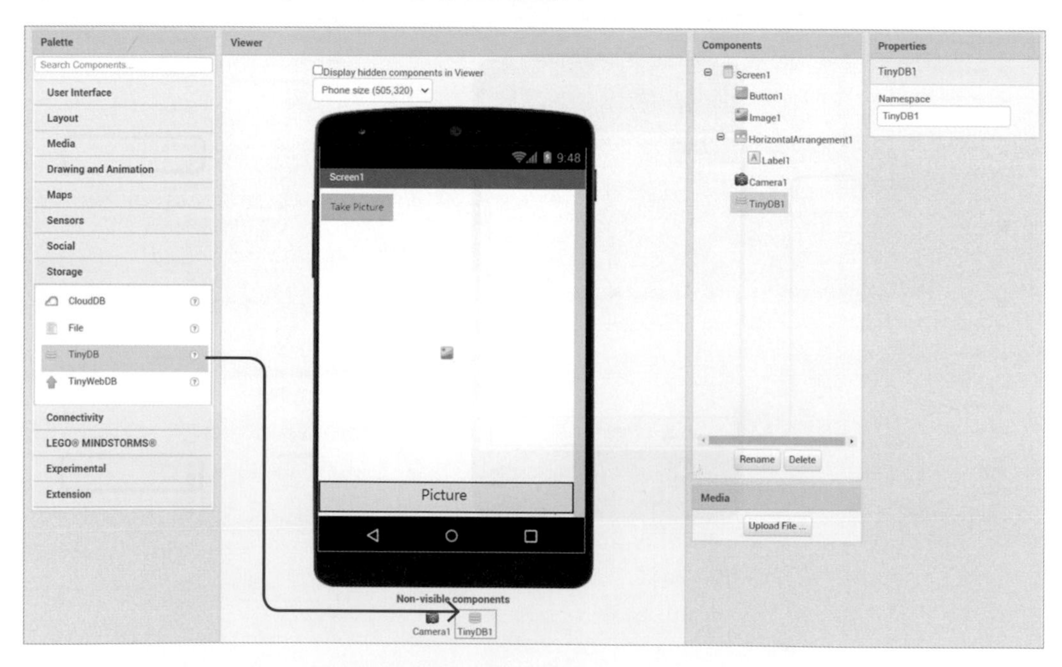

程式方塊功能連結設定

直接點選Built-in下方需使用的方塊，拖曳至工作面板中，準備邏輯連結。依照圖示進行：

如下圖設定<when(Button1).Click >觸發按鈕與執行照相功能方塊。

利用<when(Camera1).AfterPicture>方塊執行拍照程序，當相機按鈕按下，則執行<call(TinyDB1).StoreValue>方塊。

注意<call(TinyDB1).StoreValue>方塊內的tag需使用文字方塊設定名稱，這裡就設定為"pic"，而valueToStore需要接上變數Image，此變數不是透過基本變數方塊來設定，而是透過下圖方式產生此Image變數。此變數是指到暫存記憶體區，透過此變數指引複製一份照片資料存入SD卡內存放，之後以tag內文字當作識別存取資料。

透過<call(TinyDB1).GetValue>的tag讀取照片資料，傳給<get(image)>方塊顯示圖片。

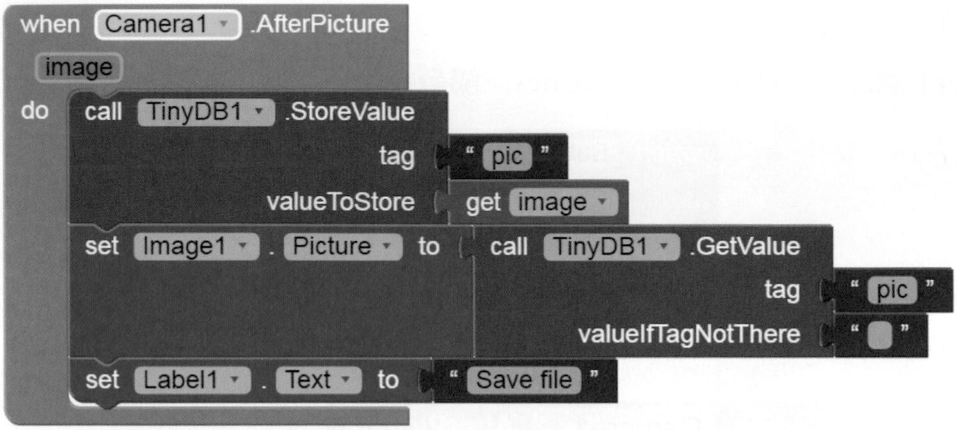

```
when Camera1 .AfterPicture
  image
do  call TinyDB1 .StoreValue
                  tag  " pic "
         valueToStore  get image
    set Image1 . Picture to  call TinyDB1 .GetValue
                                              tag  " pic "
                                valueIfTagNotThere  "  "
    set Label1 . Text to  " Save file "
```

最後完成照相機功能方塊。

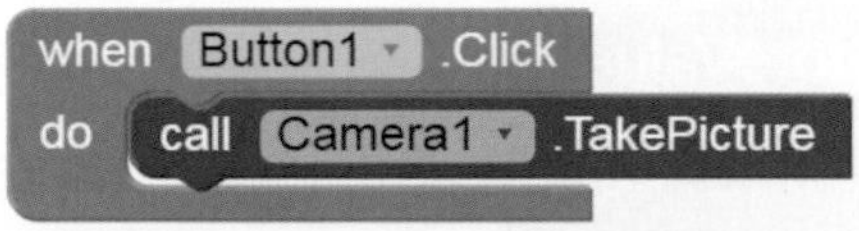

```
when Button1 .Click
do  call Camera1 .TakePicture
```

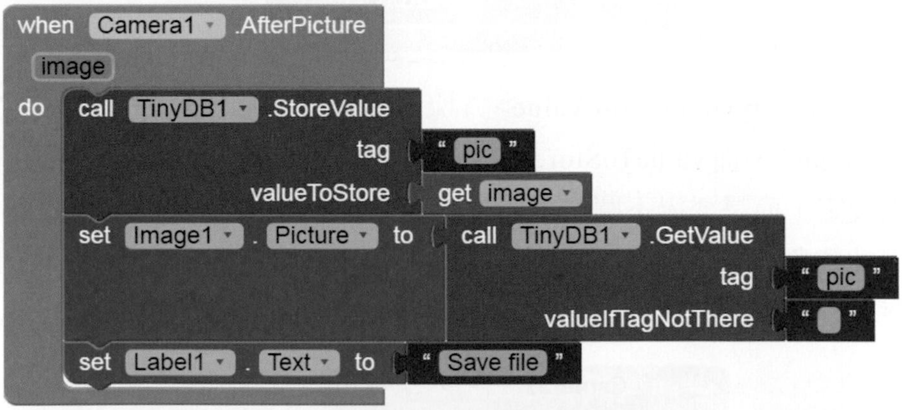

```
when Camera1 .AfterPicture
  image
do  call TinyDB1 .StoreValue
                  tag  " pic "
         valueToStore  get image
    set Image1 . Picture to  call TinyDB1 .GetValue
                                              tag  " pic "
                                valueIfTagNotThere  "  "
    set Label1 . Text to  " Save file "
```

14-5 執行程式與測試與功能改進

請先確認是否已啓動模擬器（aiStarter），再選用**連線→模擬器**。程式執行顯示畫面：

執行照相按鈕，延遲約1秒後有錯誤畫面發生。

解決此問題有兩種方式：使用實體手機，透過Build功能選項App（provide QR產生QR code for .apk）功能下載程式碼執行，但是手機要上網才能執行此方法，也需要安裝QR code掃描器，如果讀者有裝Line，Facebook等社群軟體，其內有提供QR code掃描器功能，不需透過Google Play Store尋找加裝QR code掃描器。

Projects
Connect
Build
Settings
Help
My Projects
View
Screen1
Add Screen ...
Android App (.apk)
Android App Bundle (.aab)
點選
Viewer
Display hidden components in Viewer
Phone size (505,320)
9:48
Screen1
Take Picture
Picture
Non-visible components
Camera1
TinyDB1

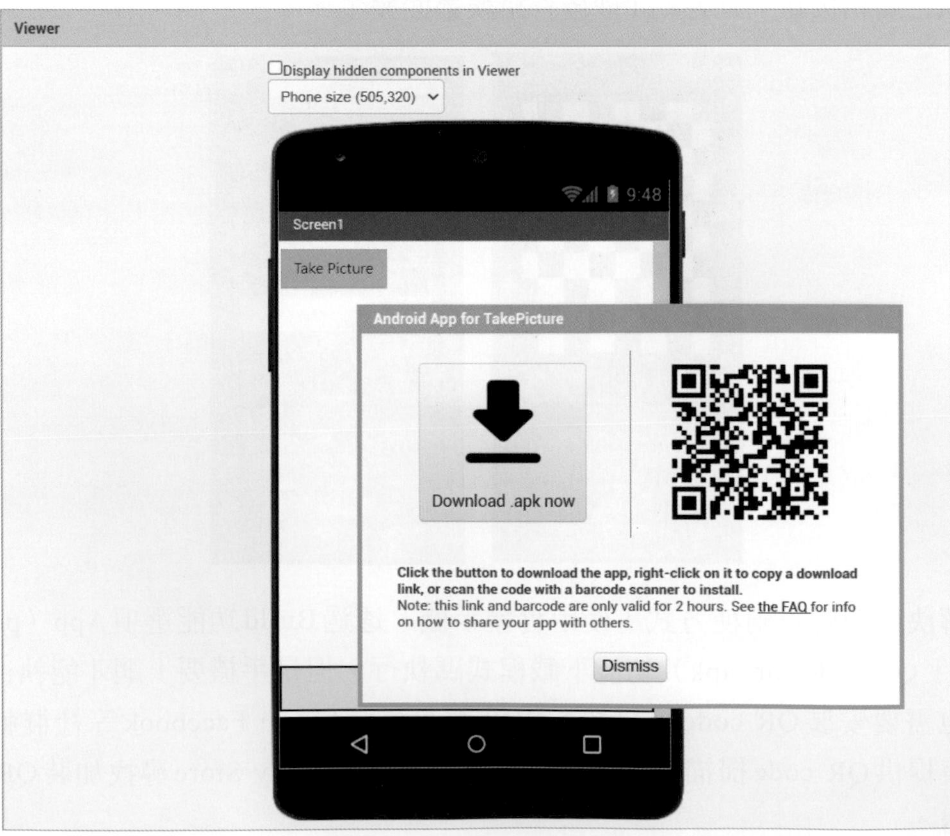
Viewer
Display hidden components in Viewer
Phone size (505,320)
9:48
Screen1
Take Picture
Android App for TakePicture
Download .apk now
Click the button to download the app, right-click on it to copy a download link, or scan the code with a barcode scanner to install.
Note: this link and barcode are only valid for 2 hours. See the FAQ for info on how to share your app with others.
Dismiss

另一個方法不需要網路就可以執行，是利用GenyMotion軟體執行打包下載專案.apk，以拖曳的方式直接放置到GenyMotion模擬器中就可以模擬。最後作者採用使用實體手機進行測試，測試結果如圖所示：

自我評量

◈ 選擇題

(   ) 1. 手機相片是存放在哪個儲存裝置上？ (A) 硬碟 (B) SD 卡 (C) SSD 硬碟。

(   ) 2. App Inventor 2 所提供專案 .apk 的QR碼保留下載時間是多少？ (A) 30分鐘 (B) 60 分鐘 (C) 120 分鐘。

(   ) 3. 拍照片圖片是存放在哪個儲存體上？ (A) SD卡 (B) 硬碟 (C) ROM。

(   ) 4. 哪個種類的裝置可被電腦的中央處理器直接存取而不需經由輸出入裝置儲存？ (A) CPU (B) 記憶體 (C) 硬碟。

(   ) 5. 記憶體一般速度 (A) 很慢 (B) 很快 (C) 普通。

(   ) 6. 不易失去內容，但不適合用來儲存大量的資料，製造成本昂貴的是？ (A) 唯讀記憶體 (B) 隨機存取記憶體 (C) 以上皆是。

(   ) 7. 儲存資料裝置能以那些方式加以儲存？ (A) 電、磁 (B) 光學 (C)以上皆是。

(   ) 8. 以光學方式儲存資訊裝置為？ (A) ROM (B) DVD (C) 硬碟。

(   ) 9. 關電後資料不會消失的是？ (A) ROM (B) RAM (C) 以上皆是。

(   ) 10.Camera是屬於哪個組件 (A) Storage (B) Sensors (C) Media。

(   ) 11.TinyDB是屬於哪個組件 (A) Storage (B) Sensors (C) Media。

(   ) 12.照相功能模塊為何？ (A) (B)

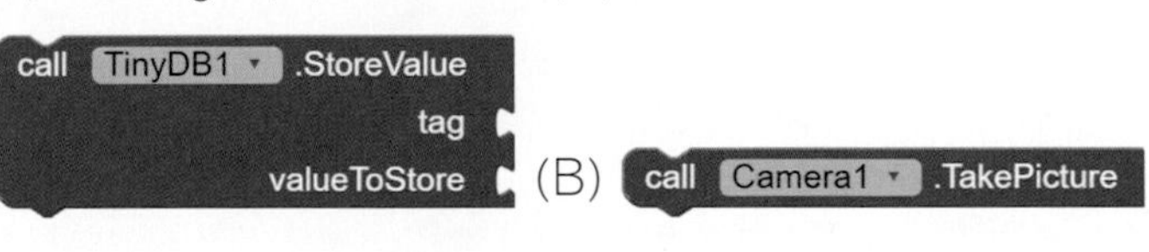

(C) 

。

◈ 實作題

1. 修改程式增加語音提示功能。
2. 新增繪圖功能，可以在拍照後圖片進行繪製。

公車查詢與天氣查詢（計算機網路）-網路API應用

本章學習重點

- 認識Web方塊
- 認識字串處理
- 了解HTML格式

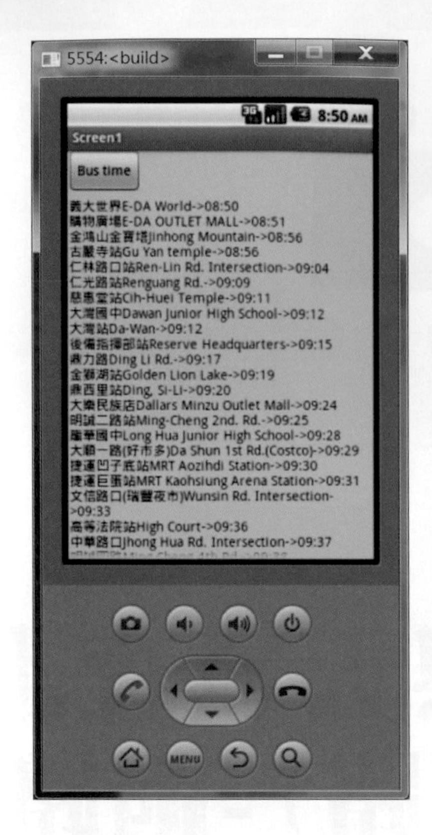

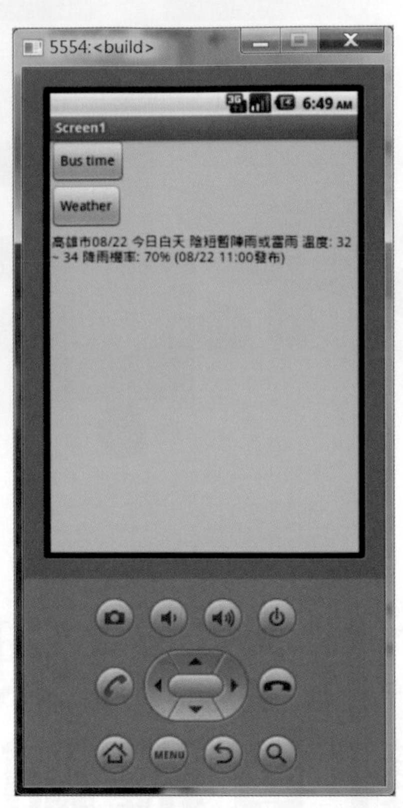

15-1 公車查詢

一般人說的網路就是指電腦網路，也就是訊息網路，利用通訊裝置和線路，將位置不同、功能獨立的多個電腦連線起來，以功能完善的網路軟體實現網路可以讓硬體與軟體達成資源共享和資訊傳遞的目的。目前網路電腦（NetworkComputer）是指透過網路完成操作的計算機，它具有自己的中央處理器和隨機儲存記憶體，並沒有硬碟與其他儲存器（Secondary Storage），啓動方式主要透過網絡，並在雲端運行一些應用程式。在1990 年代，部分評論員和大型企業甲骨文公司（Oracle Corporation）的負責人Larry Ellison 預言，網路計算機將在未來取代桌上型電腦，而用戶透過網路運行應用程式，無需將應用程式拷貝至電腦主機，目前使用的AI2 手機發展工具就是承接此概念而來。至今，這個話題尚未實現，網路電腦沒有取代個人電腦，個人電腦也未取代大型電腦。透過網路科技讓資訊更爲透明公開，因此利用公車查詢與天氣查詢App程式，實作透過Web 方塊擷取網站資訊的方法。

15-2 程式架構

透過Web方塊抓取公車網頁資料，到達每站所需要時間，公車網址http://www.edabus.com.tw/StopTime.aspx?pathid=82&ttid=1143&ttkindid=280&runid=21758&tofro=F，經由Web擷取至手機顯示至手機，如下：

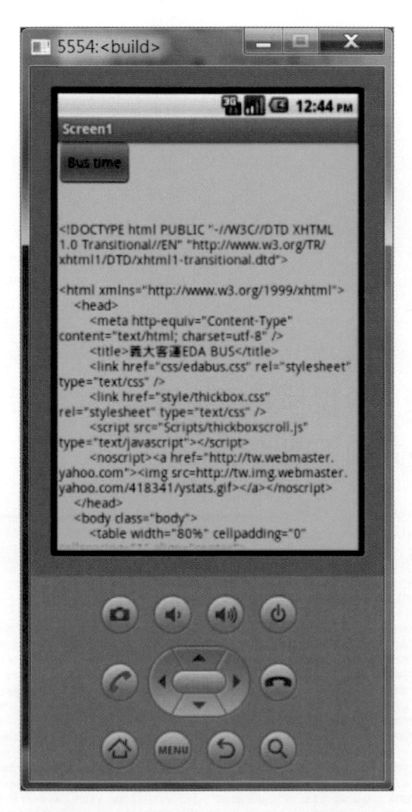

透過電腦瀏覽器所看到畫面，並不是此方塊所擷取的資料樣子。而是網頁經由網址（URL）來識別與存取，當用戶在網頁瀏覽器輸入網址，網頁檔案會從伺服器端傳送資料到用戶，檔案經過瀏覽器解釋展示網頁畫面給用戶觀看使用。此傳送至用戶端的檔案頁面，通常是HTML格式（副檔名爲.html或.htm），透過瀏覽器解析程式，呈現出各種不同的網頁內容。

www.edabus.com.tw/StopTime.aspx?pathid=82&ttid=1143&ttkindid=280&runid=21758&tofro=F

8502A高雄美術館線 - 平日及例假日時刻表

停靠站	預計到達時間
義大世界E-DA World	08:50
購物廣場E-DA OUTLET MALL	08:51
金鴻山金寶塔Jinhong Mountain	08:56
古嚴寺站Gu Yan temple	08:56
仁林路口站Ren-Lin Rd. Intersection	09:04
仁光路站Renguang Rd.	09:09
慈惠堂站Cih-Huei Temple	09:11
大灣國中Dawan Junior High School	09:12
大灣站Da-Wan	09:12
後備指揮部站Reserve Headquarters	09:15
鼎力路Ding Li Rd.	09:17
金獅湖站Golden Lion Lake	09:19
鼎西里站Ding, Si-Li	09:20
大樂民族店Dallars Minzu Outlet Mall	09:24
明誠二路站Ming-Cheng 2nd. Rd.	09:25
龍華國中Long Hua Junior High School	09:28
大順一路(好市多)Da Shun 1st Rd.(Costco)	09:29
捷運凹子底站MRT Aozihdi Station	09:30
捷運巨蛋站MRT Kaohsiung Arena Station	09:31
文信路口(瑞豐夜市)Wunsin Rd. Intersection	09:33
高等法院站High Court	09:36
中華路口Jhong Hua Rd. Intersection	09:37
明誠四路Ming Cheng 4th Rd.	09:38
美術館站Kaohsiung Museum of Fine Arts	09:39

在網頁上按右鍵選擇「檢視程式原始碼」，就會看到Web方塊擷取的文字資料型態，也就是HTML格式如下圖所示：

view-source:www.edabus.com.tw/StopTime.aspx?pathid=82&ttid=1143&ttkindid=280&runid=21758&tofro=F

```
                <td align="center"><strong>停靠站</strong></td>
                <td align="center"><strong>預計到達時間</strong></td>
            </tr>
            <tr><td width="50%" nowrap class="tdpurple0">義大世界E-DA World</td><td width="50%" nowrap
class="tdpurple0">08:50 </td></tr><tr><td width="50%" nowrap class="tdpurple0">購物廣場E-DA OUTLET MALL</td><td width="50%" nowrap
class="tdpurple0">08:51 </td></tr><tr><td width="50%" nowrap class="tdpurple0">金鴻山金寶塔Jinhong Mountain</td><td width="50%" nowrap
class="tdpurple0">08:56 </td></tr><tr><td width="50%" nowrap class="tdpurple0">古嚴寺站Gu Yan temple</td><td width="50%" nowrap
class="tdpurple0">08:56 </td></tr><tr><td width="50%" nowrap class="tdpurple0">仁林路口站Ren-Lin Rd. Intersection</td><td width="50%"
nowrap class="tdpurple0">09:04 </td></tr><tr><td width="50%" nowrap class="tdpurple0">仁光路站Renguang Rd.</td><td width="50%" nowrap
class="tdpurple0">09:09 </td></tr><tr><td width="50%" nowrap class="tdpurple0">慈惠堂站Cih-Huei Temple</td><td width="50%" nowrap
class="tdpurple0">09:11 </td></tr><tr><td width="50%" nowrap class="tdpurple0">大灣國中Dawan Junior High School</td><td width="50%"
nowrap class="tdpurple0">09:12 </td></tr><tr><td width="50%" nowrap class="tdpurple0">大灣站Da-Wan</td><td width="50%" nowrap
class="tdpurple0">09:12 </td></tr><tr><td width="50%" nowrap class="tdpurple0">後備指揮部站Reserve Headquarters</td><td width="50%"
nowrap class="tdpurple0">09:15 </td></tr><tr><td width="50%" nowrap class="tdpurple0">鼎力路Ding Li Rd.</td><td width="50%" nowrap
class="tdpurple0">09:17 </td></tr><tr><td width="50%" nowrap class="tdpurple0">金獅湖站Golden Lion Lake</td><td width="50%" nowrap
class="tdpurple0">09:19 </td></tr><tr><td width="50%" nowrap class="tdpurple0">鼎西里站Ding, Si-Li</td><td width="50%" nowrap
class="tdpurple0">09:20 </td></tr><tr><td width="50%" nowrap class="tdpurple0">大樂民族店Dallars Minzu Outlet Mall</td><td width="50%"
nowrap class="tdpurple0">09:24 </td></tr><tr><td width="50%" nowrap class="tdpurple0">明誠二路站Ming-Cheng 2nd. Rd.</td><td width="50%"
nowrap class="tdpurple0">09:25 </td></tr><tr><td width="50%" nowrap class="tdpurple0">龍華國中Long Hua Junior High School</td><td
width="50%" nowrap class="tdpurple0">09:28 </td></tr><tr><td width="50%" nowrap class="tdpurple0">大順一路(好市多)Da Shun 1st Rd.(Costco)
</td><td width="50%" nowrap class="tdpurple0">09:29 </td></tr><tr><td width="50%" nowrap class="tdpurple0">捷運凹子底站MRT Aozihdi
Station</td><td width="50%" nowrap class="tdpurple0">09:30 </td></tr><tr><td width="50%" nowrap class="tdpurple0">捷運巨蛋站MRT Kaohsiung
Arena Station</td><td width="50%" nowrap class="tdpurple0">09:31 </td></tr><tr><td width="50%" nowrap class="tdpurple0">文信路口(瑞豐夜
市)Wunsin Rd. Intersection</td><td width="50%" nowrap class="tdpurple0">09:33 </td></tr><tr><td width="50%" nowrap class="tdpurple0">高等
法院站High Court</td><td width="50%" nowrap class="tdpurple0">09:36 </td></tr><tr><td width="50%" nowrap class="tdpurple0">中華路口Jhong
Hua Rd. Intersection</td><td width="50%" nowrap class="tdpurple0">09:37 </td></tr><tr><td width="50%" nowrap class="tdpurple0">明誠四路
Ming Cheng 4th Rd.</td><td width="50%" nowrap class="tdpurple0">09:38 </td></tr><tr><td width="50%" nowrap class="tdpurple0">美術館站
Kaohsiung Museum of Fine Arts</td><td width="50%" nowrap class="tdpurple0">09:39 </td></tr>
                </table>
```

15-3 程式設計所需元件與方塊

元件介面使用方塊Web（Web客戶端）、Label（標籤）、Button（按鈕）。

螢幕元件設定

Palette / object 元件面板 / 類別	Object 方塊物件	Properties 方塊屬性	Contain 屬性內容
User Interface / Button	Button1 Button2	Text Text	Bus time Weather
User Interface / Label	Label1	Text	
Connectivity / Web	Web1 Web2		

Blocks 內的 Built-in 方塊

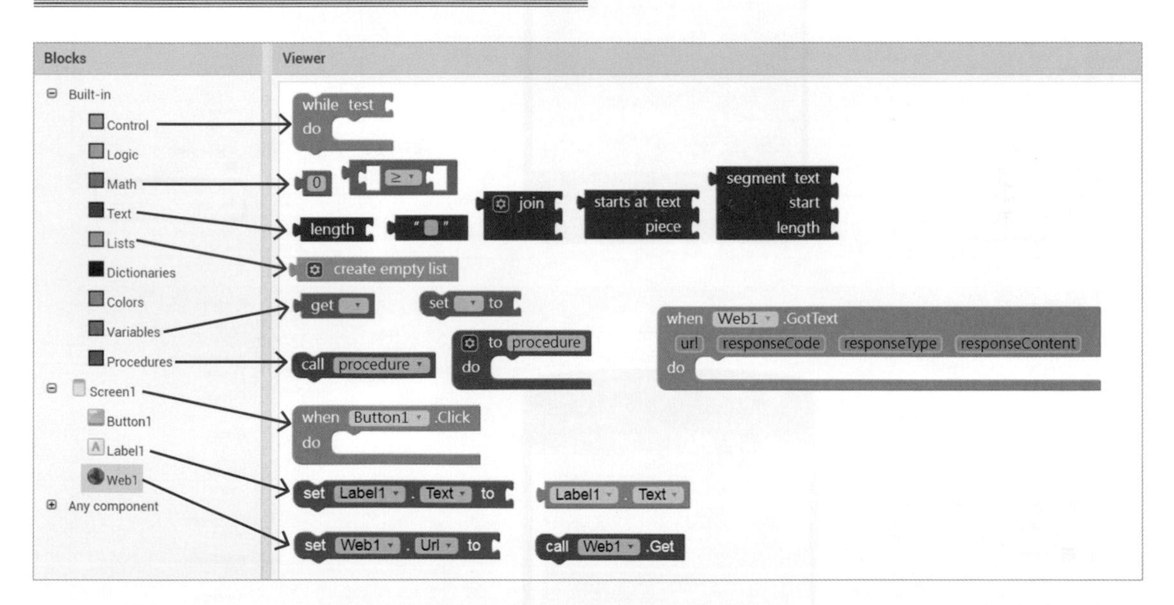

15-4 操作流程

使用元件的版面配置

建立此專案檔案，建立名稱請輸入**BusWeather**名稱後，進入**Designer**工作區內根據下圖進行方塊佈置與屬性設定。

版面配置有Web客戶端、標籤、按鈕等元件。

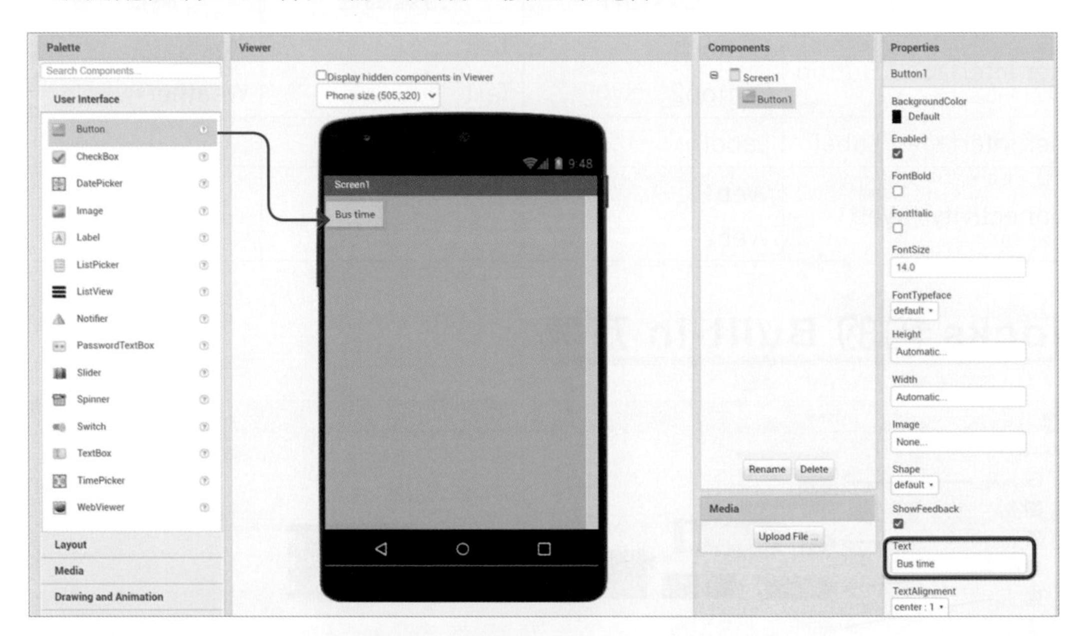

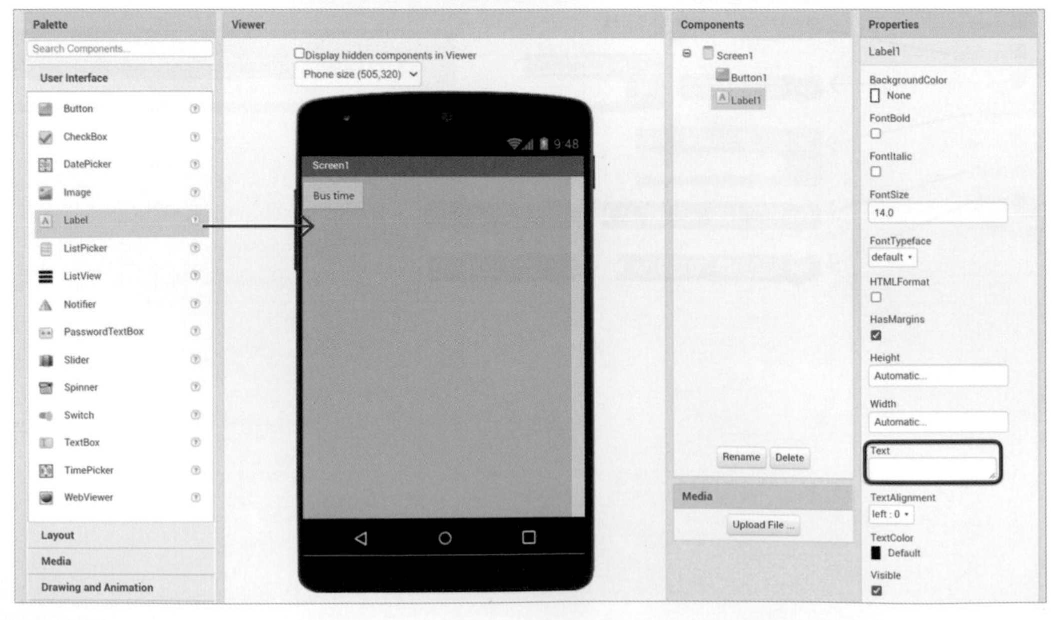

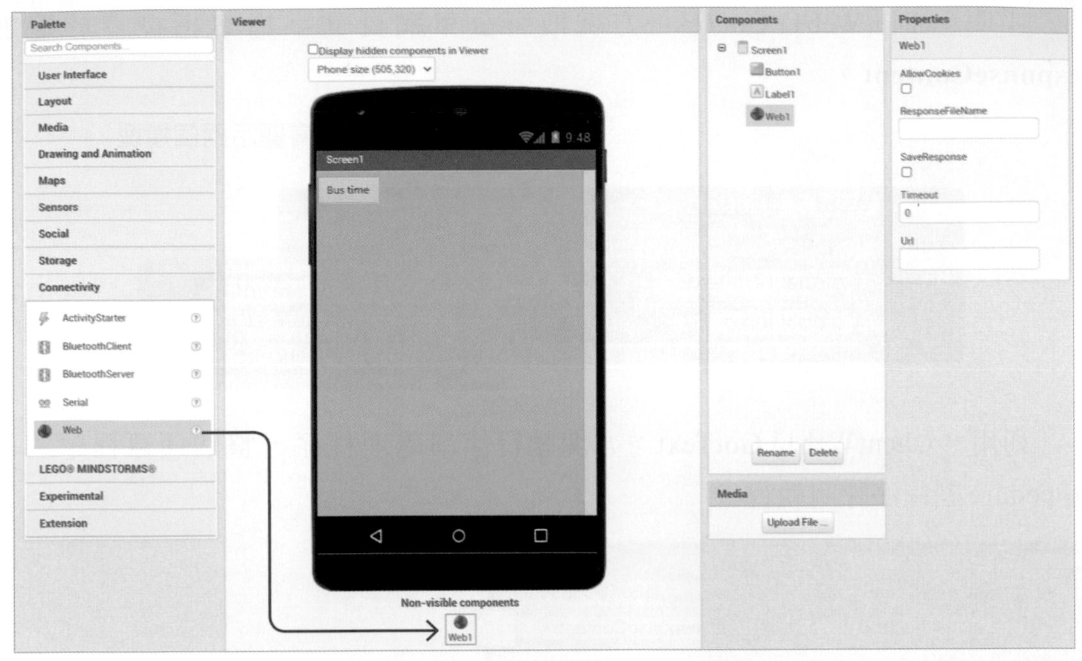

程式方塊功能連結設定

直接點選Blocks左邊出現Built-in下方基本方塊，需使用的方塊，先行選擇拖曳至工作面板中，準備邏輯連結。依照圖示進行：

如下圖設定初始化變數。

```
initialize global htmltext to  create empty list
initialize global len to 0
initialize global start to 0
initialize global end to 0
```

利用< when(Button1).Click >方塊觸發執行，設定公車網址（http://www.edabus.com.tw/StopTime.aspx?pathid=82&ttid=1143&ttkindid=280&runid=21758&tofro=F）於< set(Web1).Url to >方塊，之後啟動< call(Web1).Get >方塊執行HTTP要求，使用此方塊之前必須設定Url屬性之後才能取得回應。

```
when Button1 .Click
do  set Web1 . Url to " http://www.edabus.com.tw/StopTime.aspx?pathid=82... "
    call Web1 .Get
    set Label1 . Text to " "
```

呼叫<when(Web1).GotText>方塊取得公車網頁文字檔案指標存於變數**responseContent**。

滑鼠移動至此處不動，會顯示兩個模塊

when Web1 .GotText
url responseCode responseType responseContent
do set global htmltext to get res
set global len to length get global htmltext
get responseContent
set responseContent to

利用< when(Web1).GotText >方塊執行字串處理程序，整個運算程序透過procedure副程序呼叫執行。

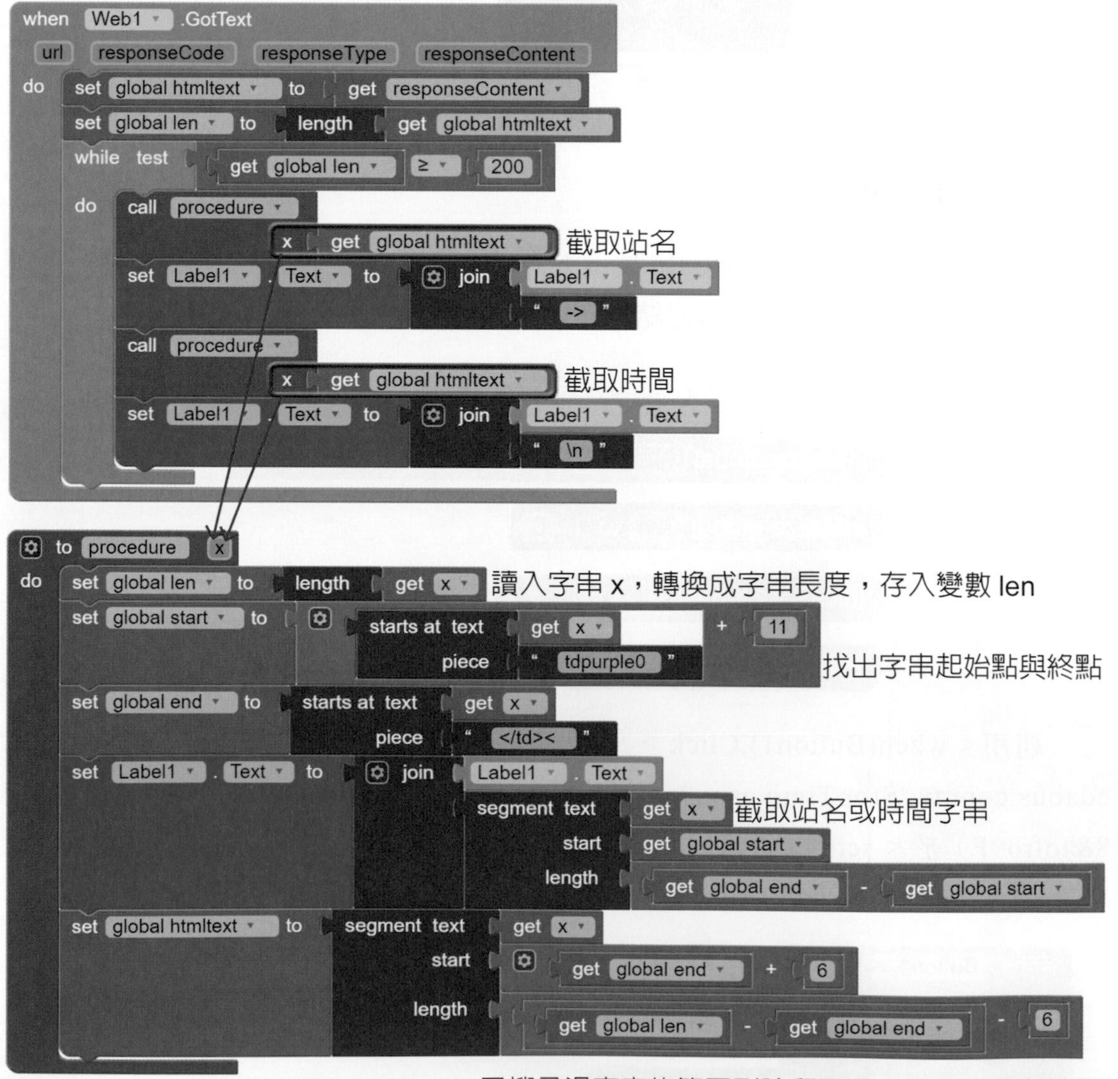

程式碼透過兩個指標變數start+11，end完成截取字串的動作如下圖所示：

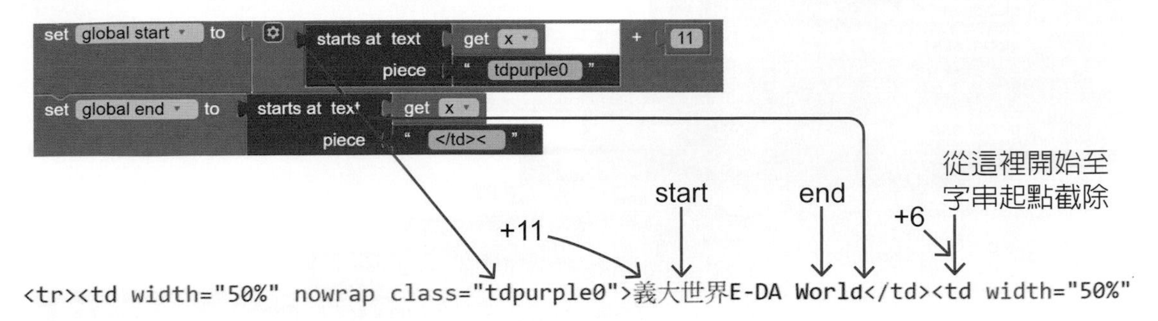

指標變數end+6的原因，搜尋到"</td><"此字串的6個字元也要一起刪除，保留還未搜尋的字串資料執行此功能方塊如下：

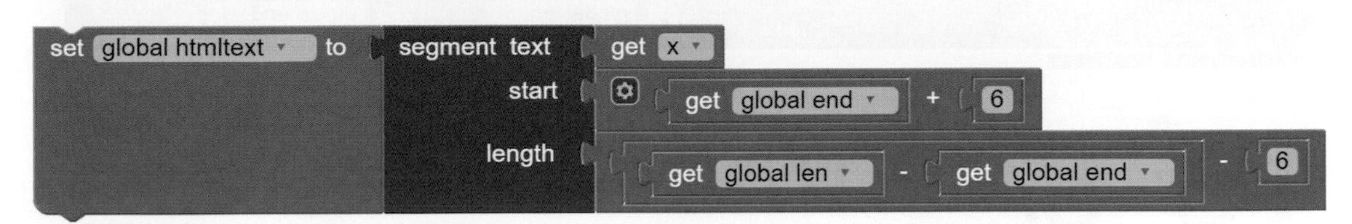

最後完成整體程式邏輯方塊。

```
initialize global htmltext to create empty list
initialize global len to 0
initialize global end to 0
initialize global start to 0

when Button1.Click
do  set Web1.Url to "http://www.edabus.com.tw/StopTime.aspx?pathid=82..."
    call Web1.Get
    set Label1.Text to " "

when Web1.GotText
 url responseCode responseType responseContent
do  set global htmltext to get responseContent
    set global len to length get global htmltext
    while test get global len ≥ 200
    do  call procedure
            x get global htmltext
        set Label1.Text to join Label1.Text
                                "->"
        call procedure
            x get global htmltext
        set Label1.Text to join Label1.Text
                                "\n"
```

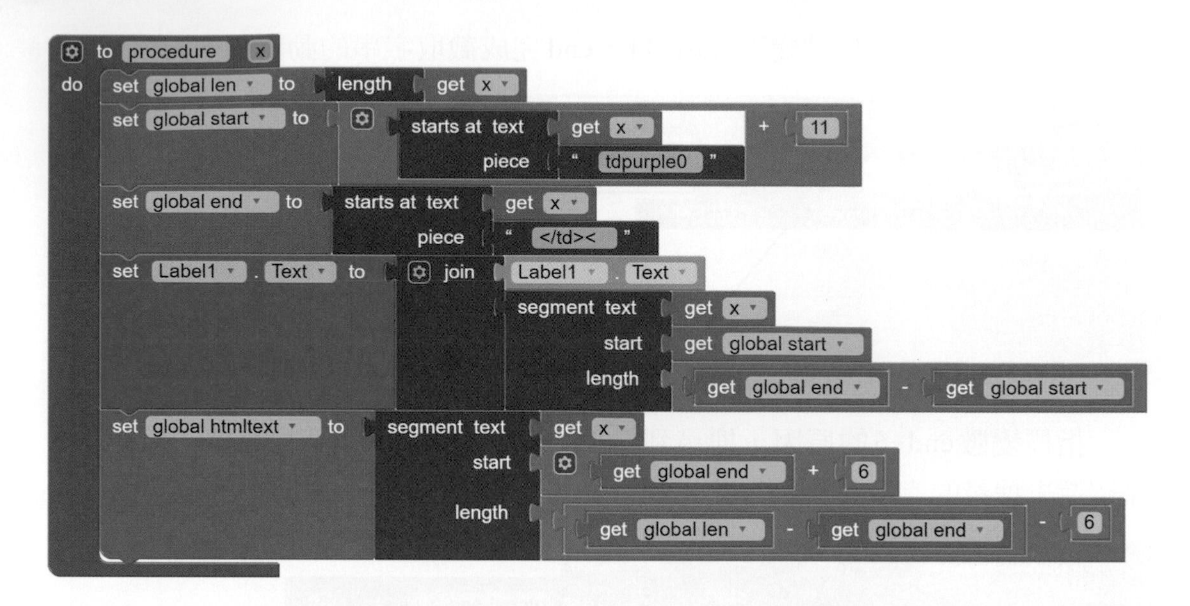

15-5 執行程式與測試與功能改進

請先確認是否已啓動模擬器（**aiStarter**），再選用**連線→模擬器**。程式執行顯示今天的公車查詢。

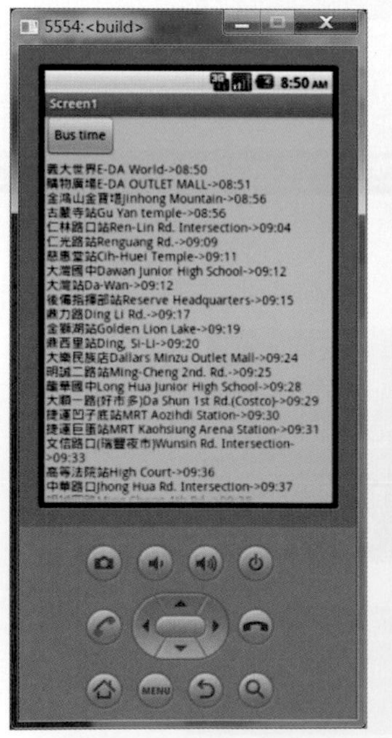

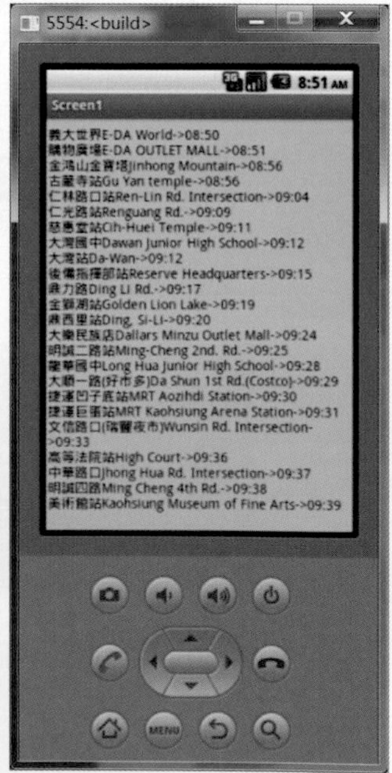

到目前爲止還未加入天氣查詢功能，如果工作畫面在Blocks（程式設計），請切換至Designer（畫面編排）畫面，加入一個新的按鈕Button（按鈕）與Web（Web客戶端）至工作面板。Web2.Url方塊輸入中央氣象局查詢高雄市天氣網址 http://www.cwb.gov.tw/rss/forecast/36_02.xml。

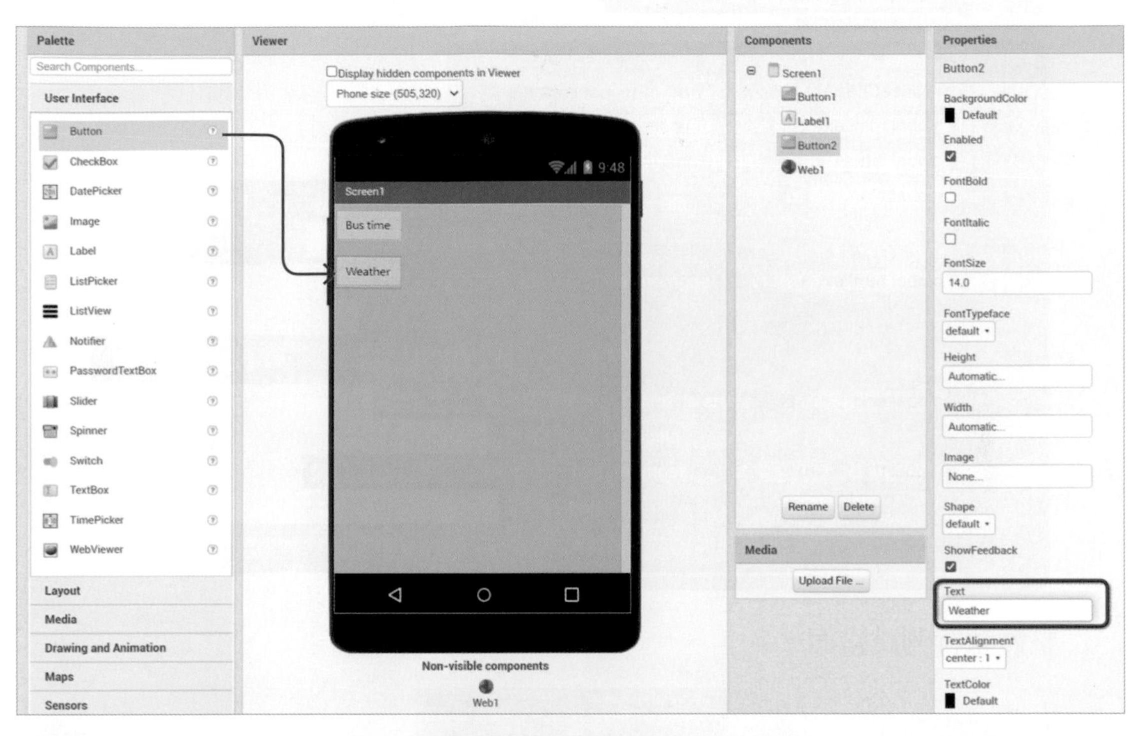

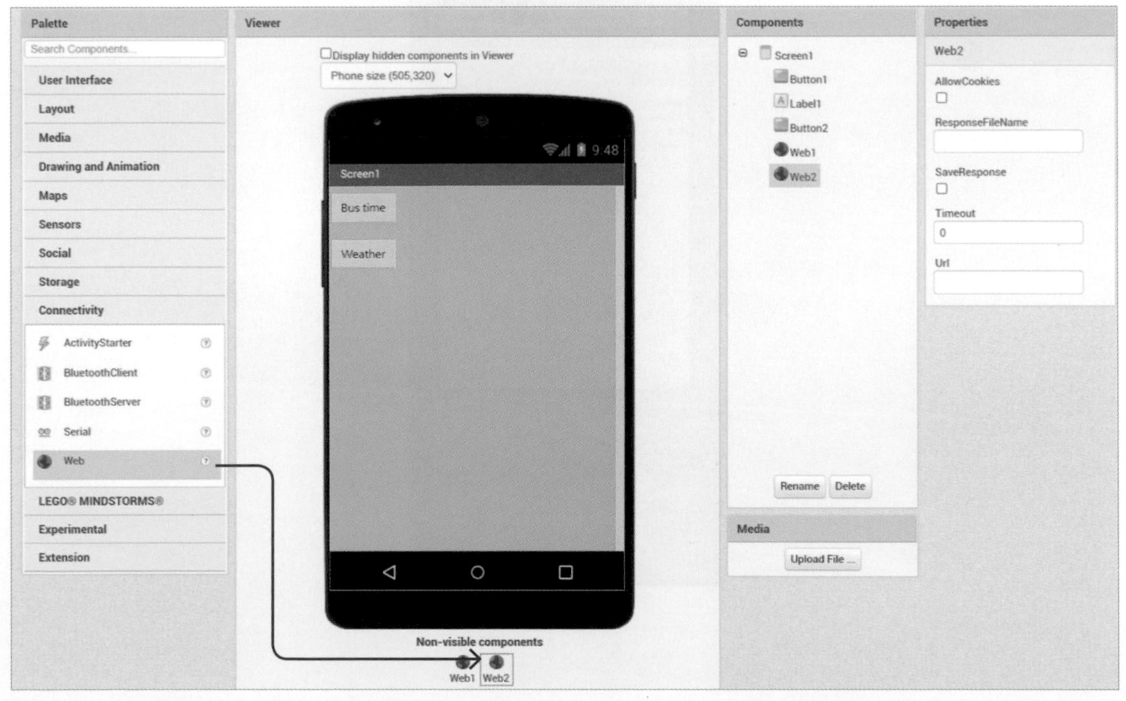

請依照下圖完成天氣搜尋功能。

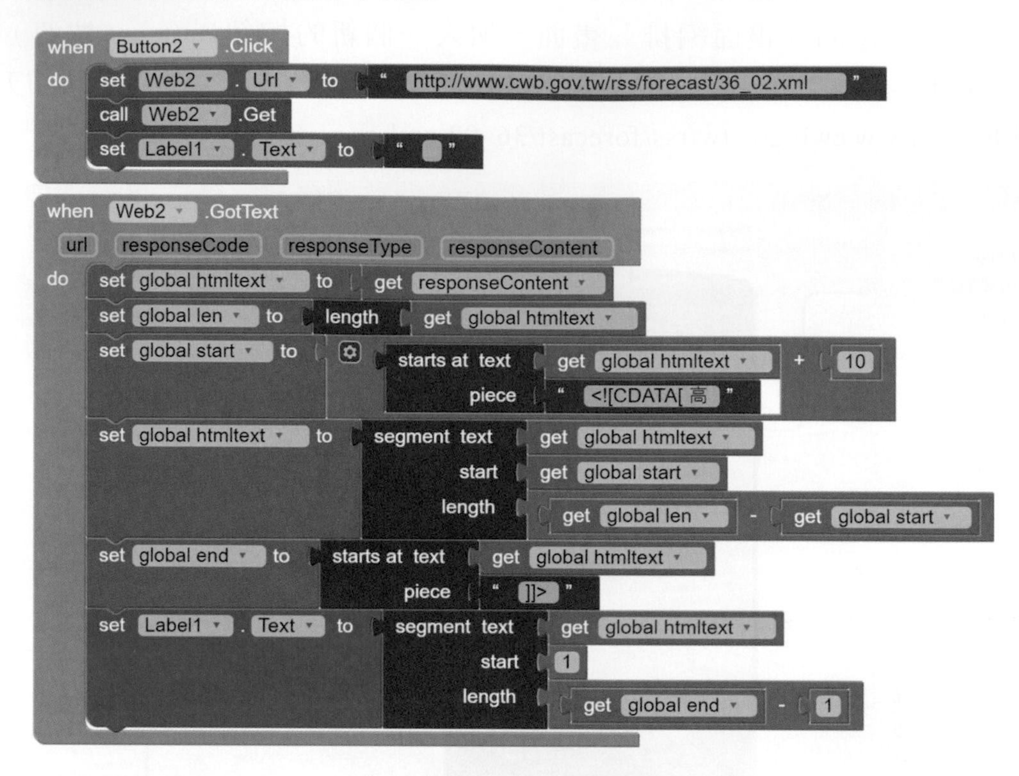

整體執行測試畫面。

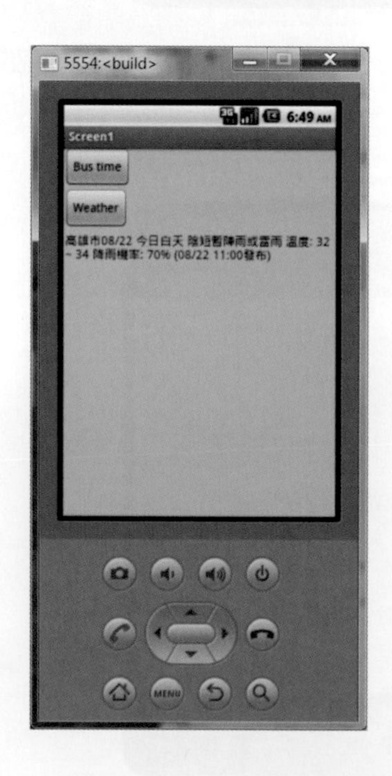

自我評量

◈ 選擇題

(　)1. URL在網路上是指什麼意思？(A)網站名稱 (B)網址 (C)網站伺服器。

(　)2. App Inventor 2所提供數學運算沒有哪些運算？(A)AND (B)XOR (C)OR。

(　)3. 公車查詢與天氣查詢主要是利用 (A) 字元處理 (B) 數字處理 (C) 字串處理方法。

(　)4. 網頁經由下列何者來識別與存取？(A) 瀏覽器 (B) 網址（URL）(C) 伺服器。

(　)5. 透過哪個模塊截取網站資訊？(A) Web模塊 (B) Text模塊 (C) Label模塊。

(　)6. 在網頁上按右鍵選擇「檢視程式原始碼」，會看到何種格式？ (A) TXT (B) HTML (C) CPP。

(　)7. 設定公車網址要用何種模塊？(A) set Web1 . Url to (B) set Label1 . Text to (C) set Web1 . AllowCookies to 。

(　)8. 抓取網頁資料需先透過哪個工具進行資料檢視？(A) 網頁瀏覽器 (B) Web模塊 (C) Text模塊。

(　)9. 網頁資料是存取在哪個裝置上？(A) 瀏覽器 (B) 網址（URL）(C) 伺服器。

(　)10.獲得網頁網址是哪個模塊？(A) call Web1 .Get (B) set Web1 . Url to (C) Label1 . Text 。

(　)11.執行HTTP要求是哪個模塊？(A) call Web1 .Get (B) set Web1 . Url to (C) Label1 . Text 。

(　)12.取得網頁資料是哪個模塊？(A) call Web1 .Get (B) when Web1 .GotText url responseCode responseType responseContent do (C) Label1 . Text 。

◈ 實作題

1. 修改程式透過start與end兩個字串指標，可以正確停止整個字串處理程序，而不是透過處理後的字串長度len小於200後進行停止。
2. 利用此start與end兩個字串指標觀念搜尋具有RSS網頁資訊。

NOTE

記帳本(資料庫)－TinyWebDB元件

本章學習重點

- 認識資料庫
- TinyWebDB元件
- 了解資料庫搜尋方法

16-1 記帳本

MySQL剛開始是一個開放原始碼的關聯式資料庫管理系統，開發者爲瑞典的MySQL AB公司，在2008年被昇陽電腦收購。2009年甲骨文公司（Oracle）收購昇陽電腦公司。MySQL 在過去由於效能高、成本低、可靠性好，已經成爲最流行的開源資料庫，因此被廣泛地應用在 Internet 上的中小型網站中。隨著MySQL的技術成熟，也逐漸應用在大規模網站，比如維基百科、Google和Facebook等網站。但被甲骨文公司收購後就大幅調漲MySQL商業版的售價，不再支援自由軟體計畫OpenSolaris的發展，因此對於甲骨文公司是否還會支援MySQL免費版本有所隱憂，使得一些使用MySQL的開源軟體逐漸轉向其他的資料庫。例如維基百科已於2013年正式宣布將從MySQL遷移到MariaDB資料庫。目前 Internet上流行的網站架構方式是LAMP（Linux Apache MySQL PHP），即是用Linux作爲作業系統，Apache作爲網頁伺服器，MySQL作爲資料庫，以及部分網站也使用Perl或Python作爲伺服器端腳本解釋器。由於這四個軟體都是免費開放原始碼，因此利用此方式可以用較低的成本建置一個穩定的網站系統。

16-2 程式架構

APP Inventor 2 軟體所提供的資料庫為功能很簡單的TinyDB元件，直接在手機上進行資料存取，使用起來很簡單。應用網路資料庫，例如社交應用程序與多玩家遊戲之間需要資料共享時，就需要使用TinyWebDB元件才能達成這些功能，但是這元件無法提供類似大型資料庫具有關聯式的連結功能。由於App Inventor 2 建置資料庫，提供TinyWebDB元件測試是在公開區域，任何使用App Inventor開發的APP軟體都可以利用這個資料庫空間進行資料存取。所以此資料庫空間是有限制的，每一個APP軟體享有最多1000筆資料，超過時最早進入資料庫的資料就會被覆蓋掉，而且tag（標籤）有可能和別人使用相同的名稱，產生資料共用的問題。TinyWebDB元件一般設定儲存於（http://appinvtinywebdb.appspot.com）網站資料庫，以提供測試服務的功能。

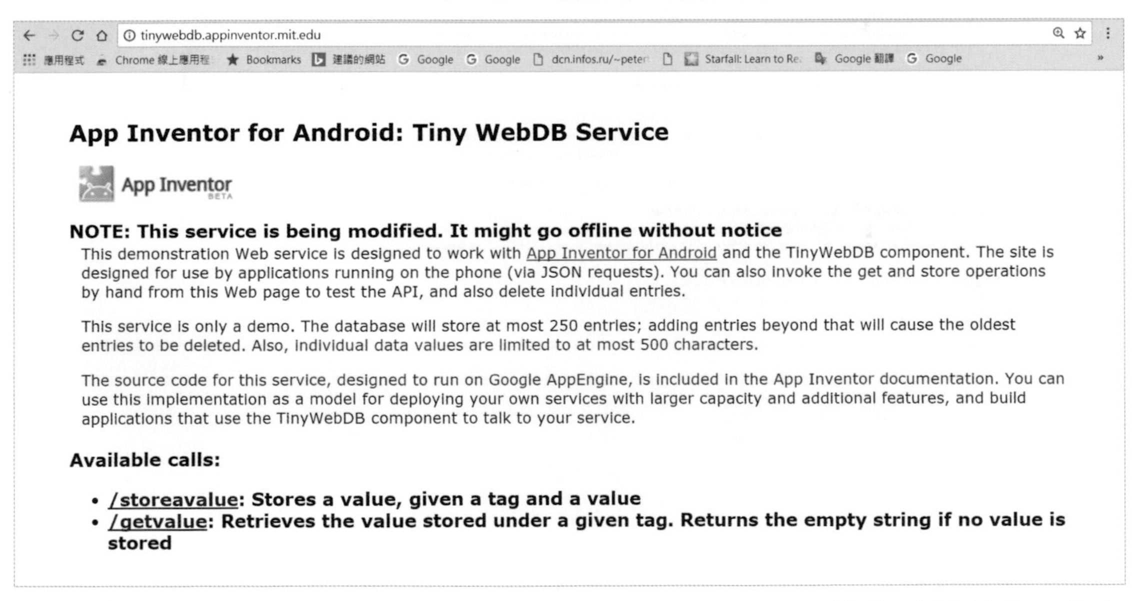

建議最好創建自己的Web資料庫服務網站，如何進行操作建置程序，請參閱網址http://appinventor.mit.edu/explore/ai2/custom-tinywebdb.html有詳細的說明。

MIT APP INVENTOR | Create Apps! | About | Educators | News | Resources | Blogs | Give | ENHANCED BY Goo

Custom TinyWebDB (App Inventor 2)

Creating a Custom TinyWebDB Service (App Inventor 2)

TinyWebDB is an App Inventor component that allows you to store data persistently in a database on the web. Because the data is stored on the web instead of a particular phone, **TinyWebDB** can be used to facilitate communication between phones and apps (e.g., multi-player games).

By default, the **TinyWebDB** component stores data on a test service provided by App Inventor, http://appinvtinywebdb.appspot.com/ . This service is helpful for testing, but it is shared by all App Inventor users, and it has a limit of 1000 entries. If you use it, your data will be overwritten eventually.

For most apps you write, you'll want to create a custom web service that isn't shared with other App Inventor apps and programmers. You need not be a programmer to do so– just follow the instructions below and you'll have your own service within minutes.

To create your own web service, follow these instructions:

- Download App Engine for Python at http://code.google.com/appengine/ . After installing it, run the GoogleAppEngineLauncher by clicking its icon.
- Download this sample code. It is a zip file containing the source code for your custom tinywebdb web service
- This code is setup to run with App Engine using Python 2.7, so youll need Python 2.7 on your computer. To check your version of Python, open up your Terminal and type in *python*. If you don't have the right version, you can download it from here
- To make sure that App Engine is configured to use it, in App Engine Launcher, choose Preferences and then put in path to Python2.7 (On a Mac, this might be something like /usr/local/bin/python2.7)
- Unzip the downloaded zip file. It will create a folder named **customtinywebdb**. You can rename it if you want.
- In the GoogleAppEngineLauncher, choose **File | Add Existing Application**. Browse to set the Path to the **customtinywebdb** folder you just unzipped. Then click the Run button. This will launch a test web service that runs on your local machine.
- You can test the service by opening a browser and entering "localhost:8080" as the URL. (NOTE: if you've already created a web service, the port number (8080) may be different the second time, check the table in Google App Engine Launcher to see what Port number you should use).
- You'll see the web page interface to your web service. The end-goal of this service is to communicate with a mobile app created with App Inventor. But the service provides a web page interface to the service to help programmers with debugging. You can invoke the get and store operations by hand, view the existing entries, and also delete individual entries. NOTE: If you are having problems creating a web page, click the Logs on the App Engine screen to diagnose the error.

Congrats, you've now made a webpage for your app. But your app is not yet on the web, and thus not yet accessible to an App Inventor app. To get it there, you need to upload it to Google's App Engine servers.

- In the GoogleAppEngineLauncher, choose **Dashboard**. Enter your Google account information and you'll be taken to an App Engine dashboard.
- Choose **Create an Application**. You'll need to specify a globally unique Application Identifier. Remember the Application identifier as you'll need it later. Provide a name to your app and click **Create Application** to submit. If your Identifier was unique, you now have a new, empty app on Google's servers.
- Open a text editor on your local computer and open the file **app.yaml** within the **customtinywebdb** folder you unzipped. Modify the first line so that the application matches the application identifier you set at Google.
- In GoogleAppEngineLauncher, choose **Deploy** and follow the steps for deploying your app.
- Test to see if your app is running on the web. In a browser, enter *myapp*.appspot.com, only substitute your application identifier for *myapp*. The app should look the same as when you ran it on the local test server. Only now, it's on the web and you can access it from your App Inventor for Android app.

Your App Inventor apps can store and retrieve data using your new service. Just do the following:

- Drag in a **TinyWebDB** component into the Component Designer.
- Modify the ServiceURL property from the default http://appinvtinywebdb.appspot.com/ to your web service.
- Any StoreValue operations (blocks) will store data at your service, and any GetValue operations will retrieve from your service.

<< Back to Main AI2 Concepts Page

16-3 程式設計所需元件與方塊

元件介面使用方塊Label（標籤）、HorizontalArrangement（水平配置）、TextBox（文字輸入盒）、Button（按鈕）、TinyWebDB（網路微型資料庫）。

螢幕元件設定

Palette / object 元件面板 / 類別	Object 方塊物件	Properties 方塊屬性	Contain 屬性內容
Layout / HorizontalArrangement	HorizontalArrangement1 HorizontalArrangement2	Height Width Height Width	Automatic Full parent Automatic Full parent
User Interface / Button	Button1 Button2	Text Text	Store value Got Value
User Interface / Label	Label1	Text	
User Interface / TextBox	TextBox1 TextBox2 TextBox3	Text Text Text	
Storage / TinyWebDB	TinyWebDB1 TinyWebDB2 TinyWebDB3		

Blocks内的 Built-in 方塊

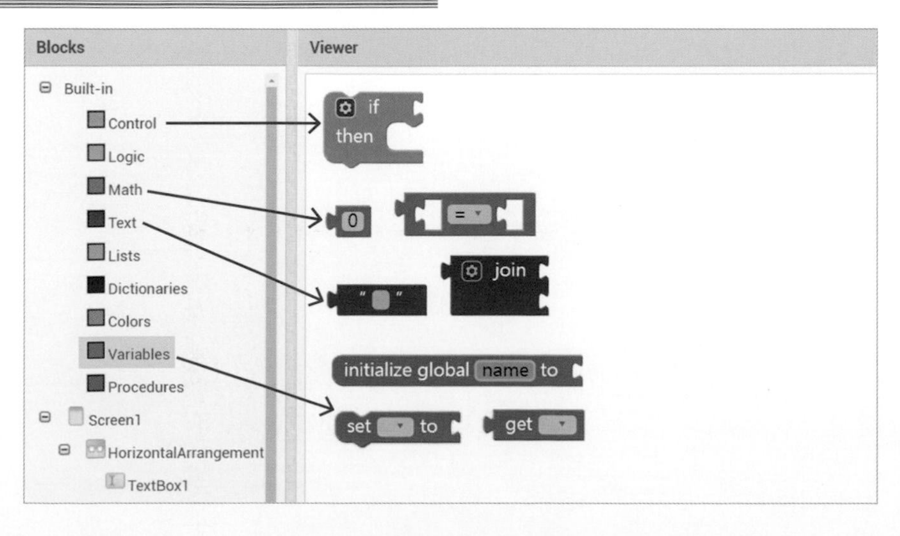

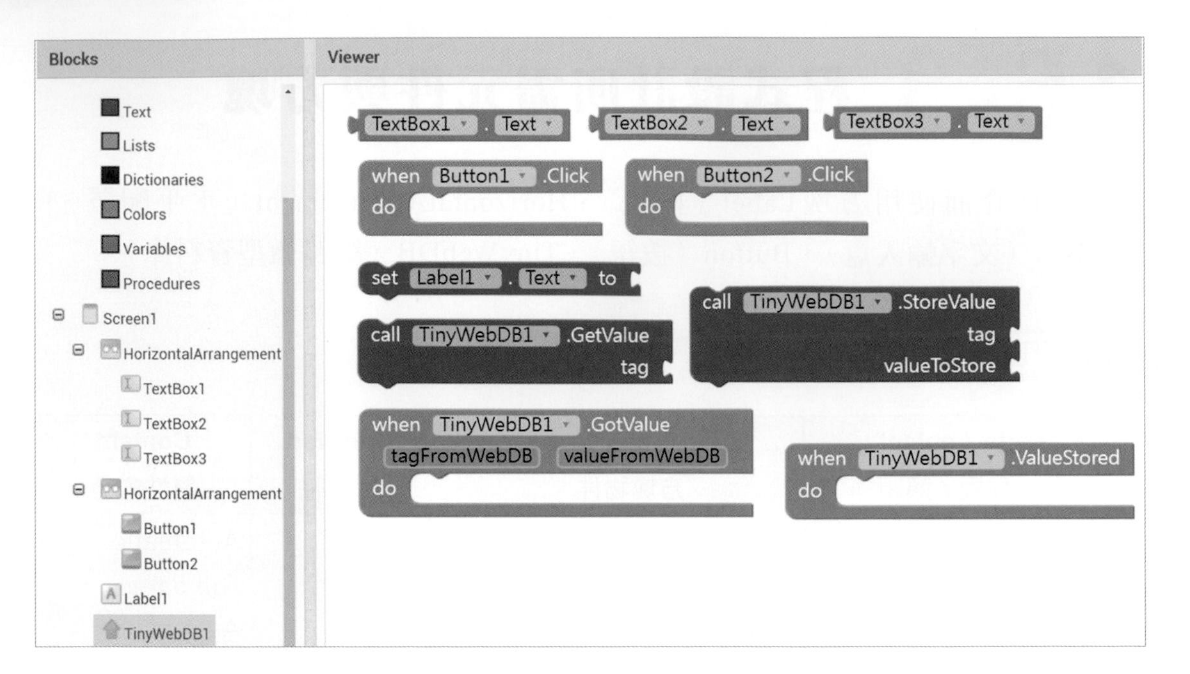
Blocks
Viewer
Text
Lists
Dictionaries
Colors
Variables
Procedures
Screen1
HorizontalArrangement
TextBox1
TextBox2
TextBox3
HorizontalArrangement
Button1
Button2
Label1
TinyWebDB1
TextBox1 . Text
TextBox2 . Text
TextBox3 . Text
when Button1 .Click
do
when Button2 .Click
do
set Label1 . Text to
call TinyWebDB1 .GetValue
tag
call TinyWebDB1 .StoreValue
tag
valueToStore
when TinyWebDB1 .GotValue
tagFromWebDB valueFromWebDB
do
when TinyWebDB1 .ValueStored
do

16-4 操作流程

使用元件的面板配置

建立此專案檔案，建立名稱請輸入**EncryptionDecryption**名稱後，進入**Designer**工作區內根據下圖進行方塊佈置與屬性設定。

設定螢幕畫面為Green(綠色)

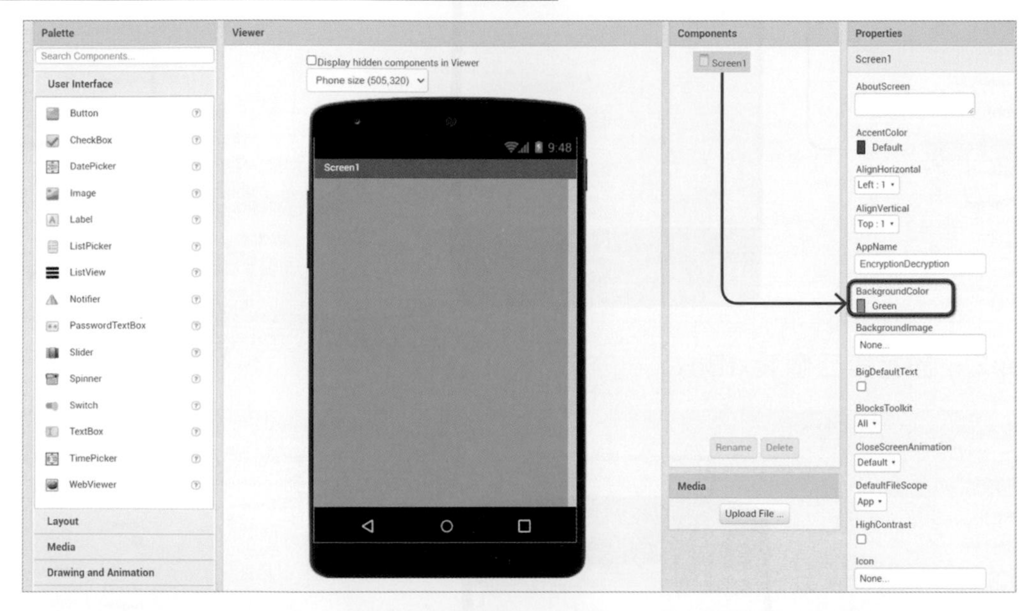

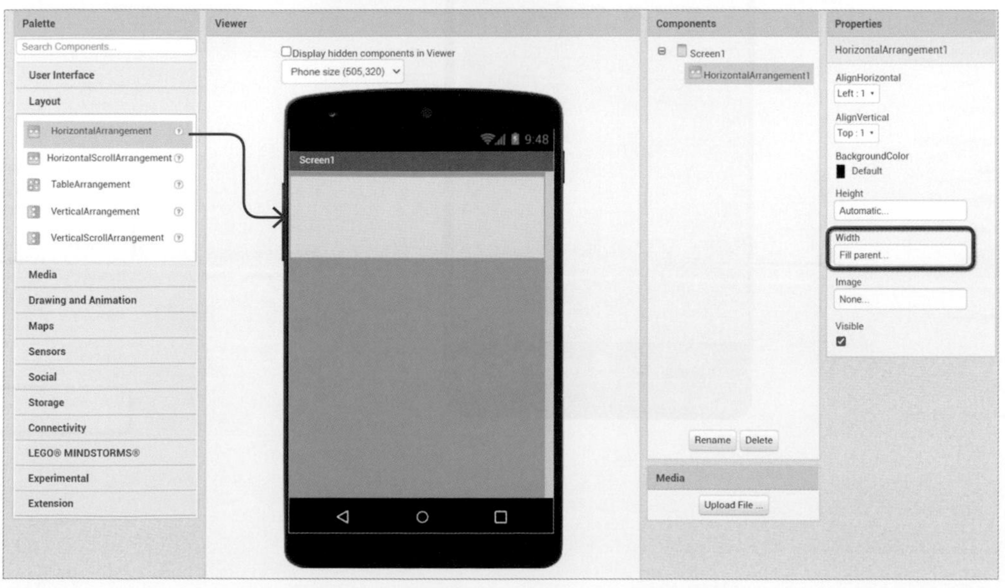

TextBox1.Text、TextBox2.Text、TextBox3.Text 屬性清空白。

»Step1 設定第一個 TextBox。

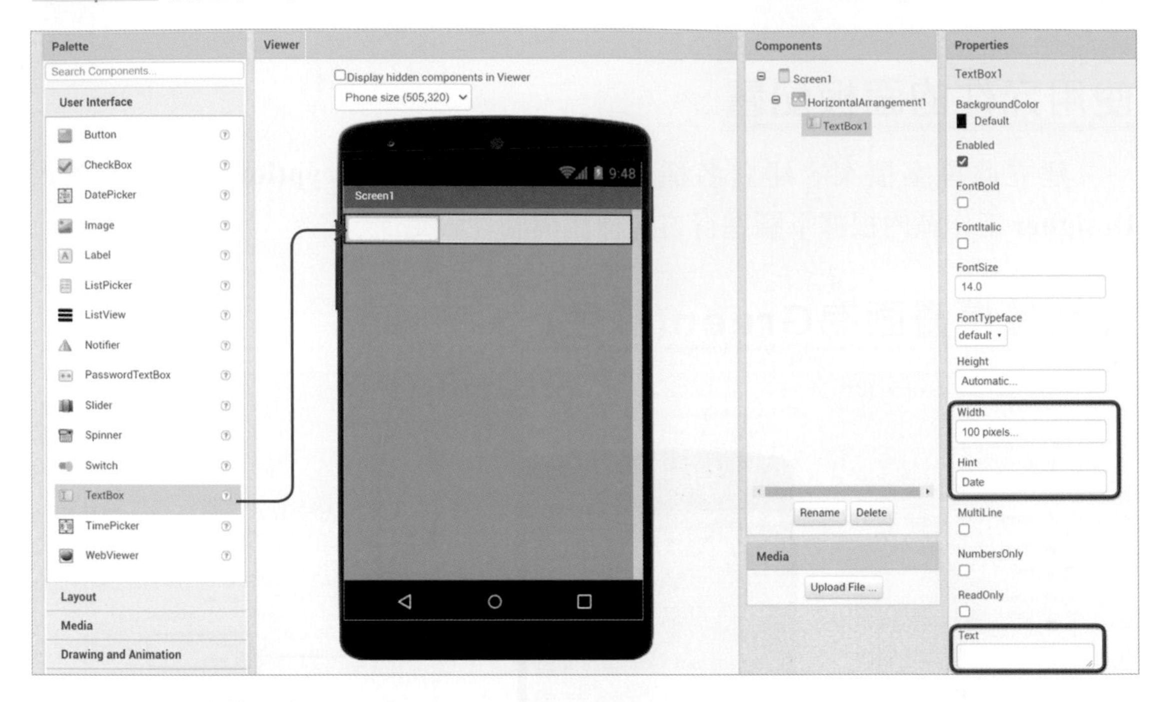

»Step2 設定第二個 TextBox。

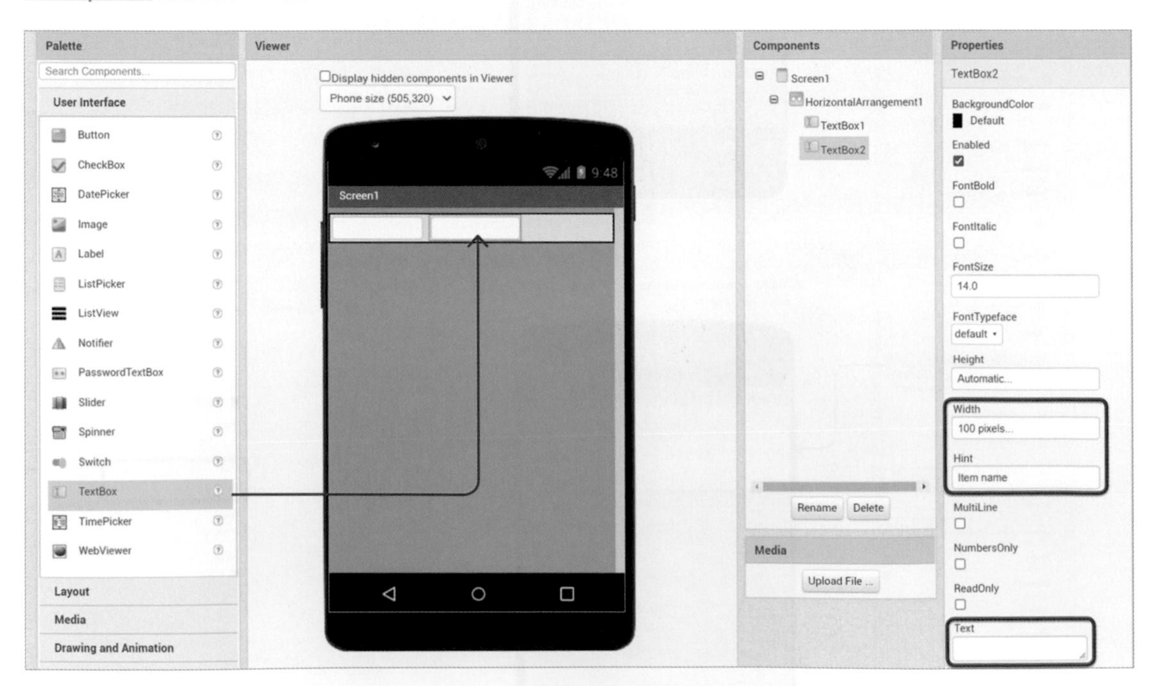

»Step3 設定第三個TextBox。

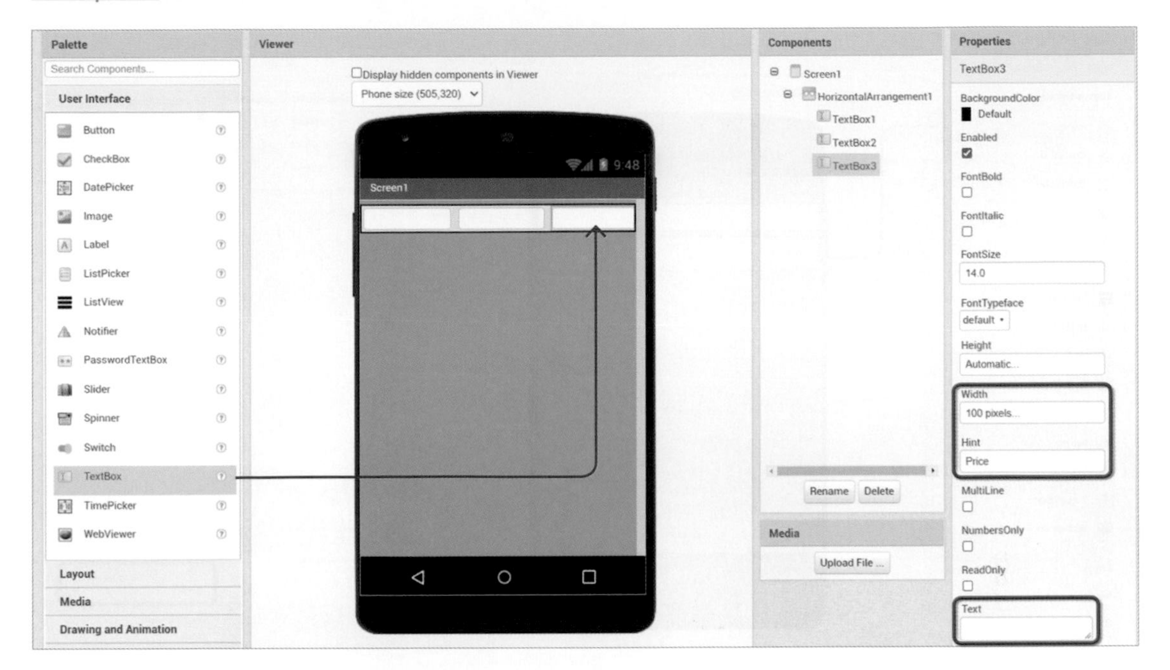

使用水平配置設置放入Button1、Button2按鈕並排以及標籤方塊。

»Step1 拖曳水平配置方塊。

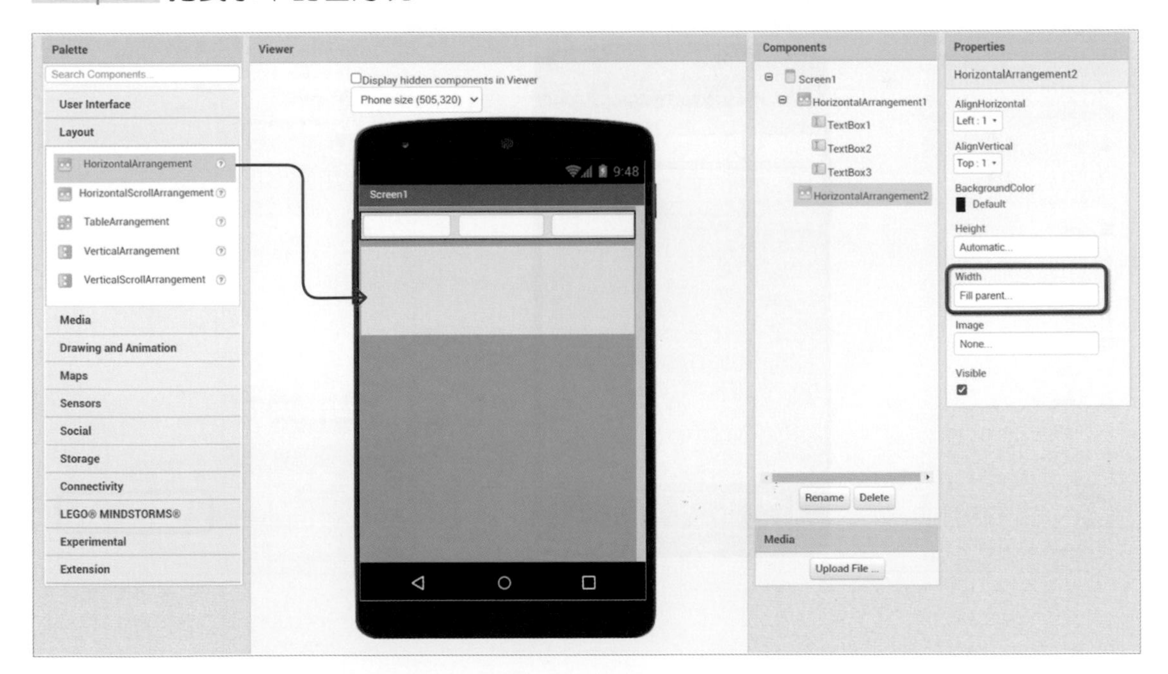

»Step2 放入 Button1 按鈕。

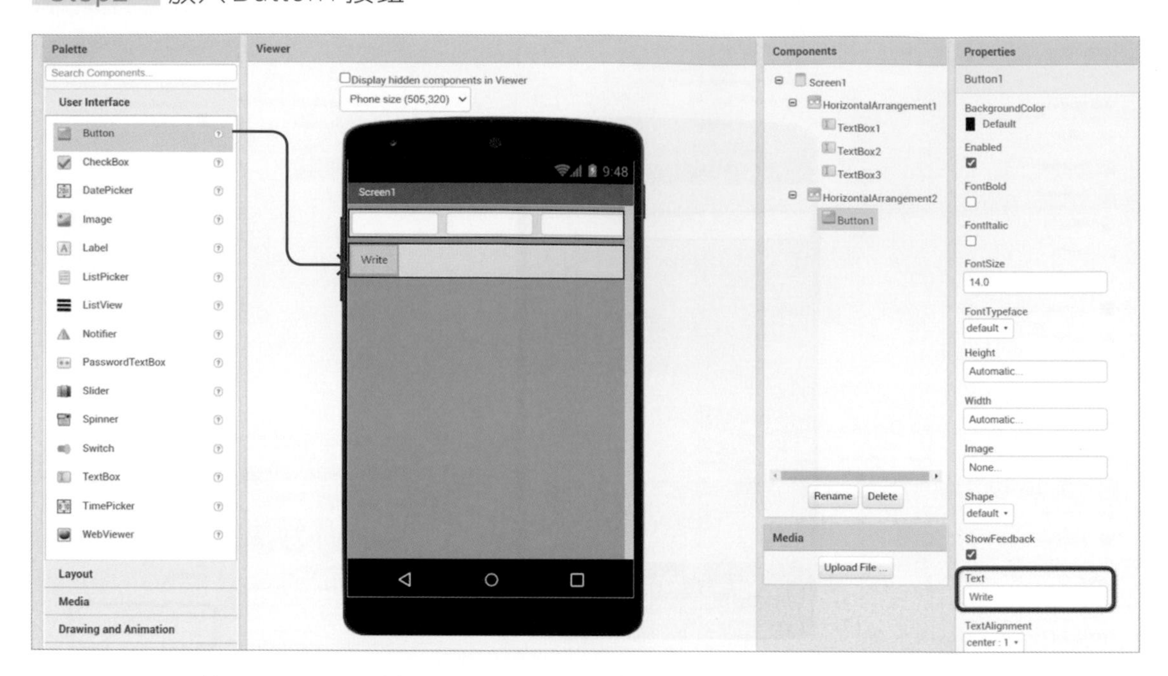

»Step3 再放入 Button2 按鈕。

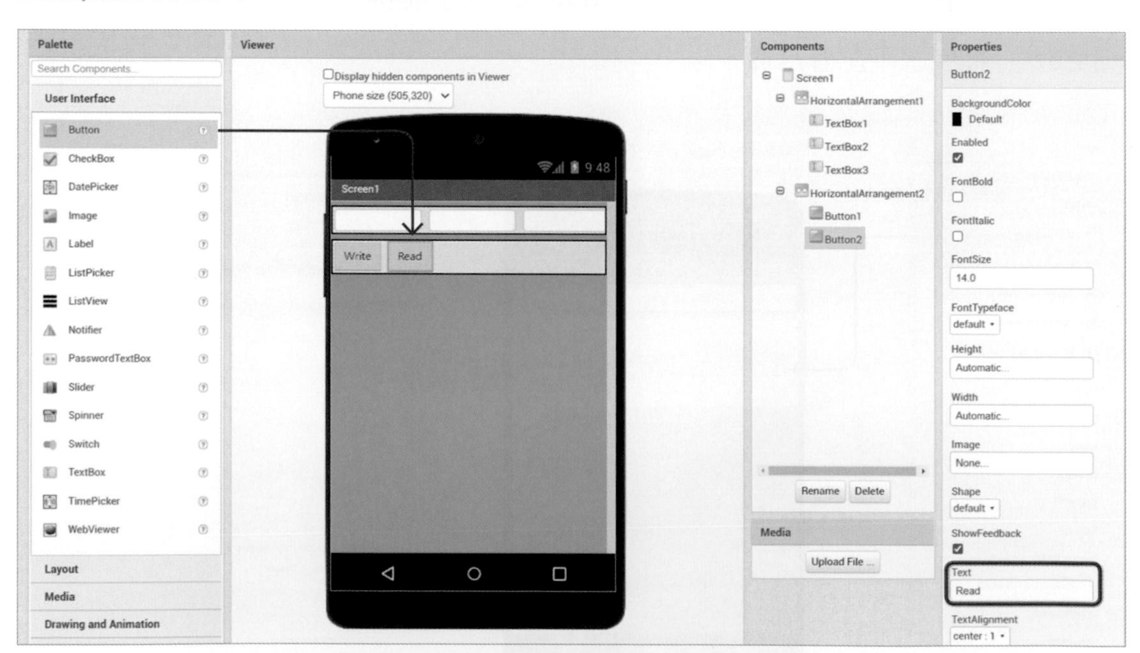

»Step4 最後放入標籤物件。

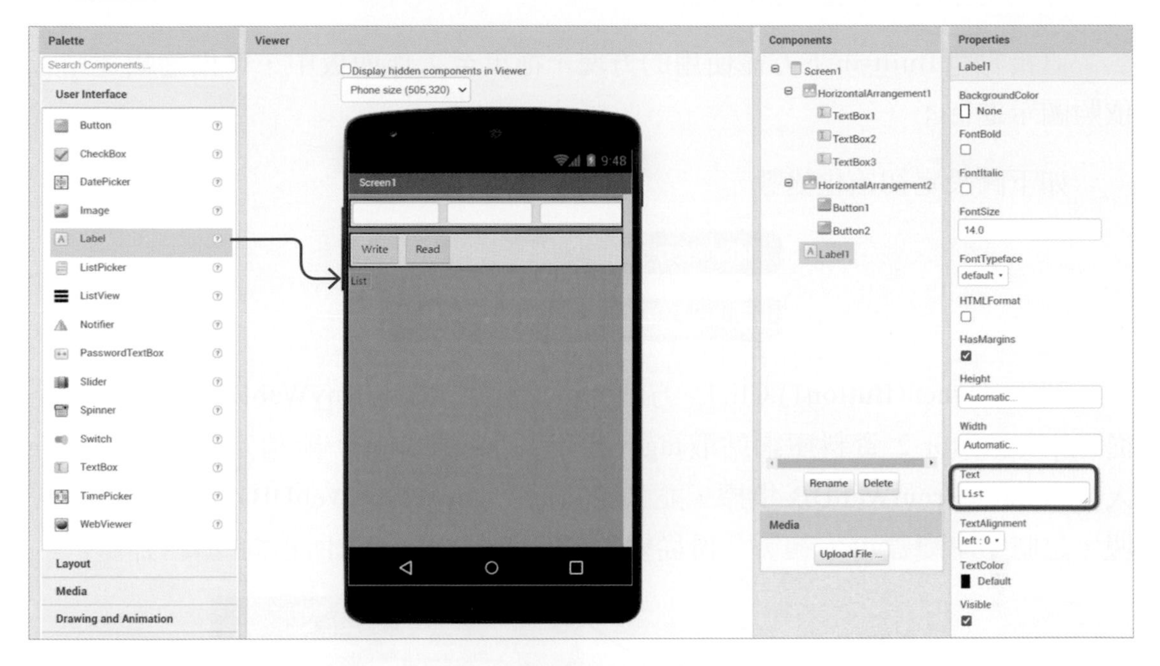

»Step5 拖曳TinyWebDB元件至工作版面設置內。

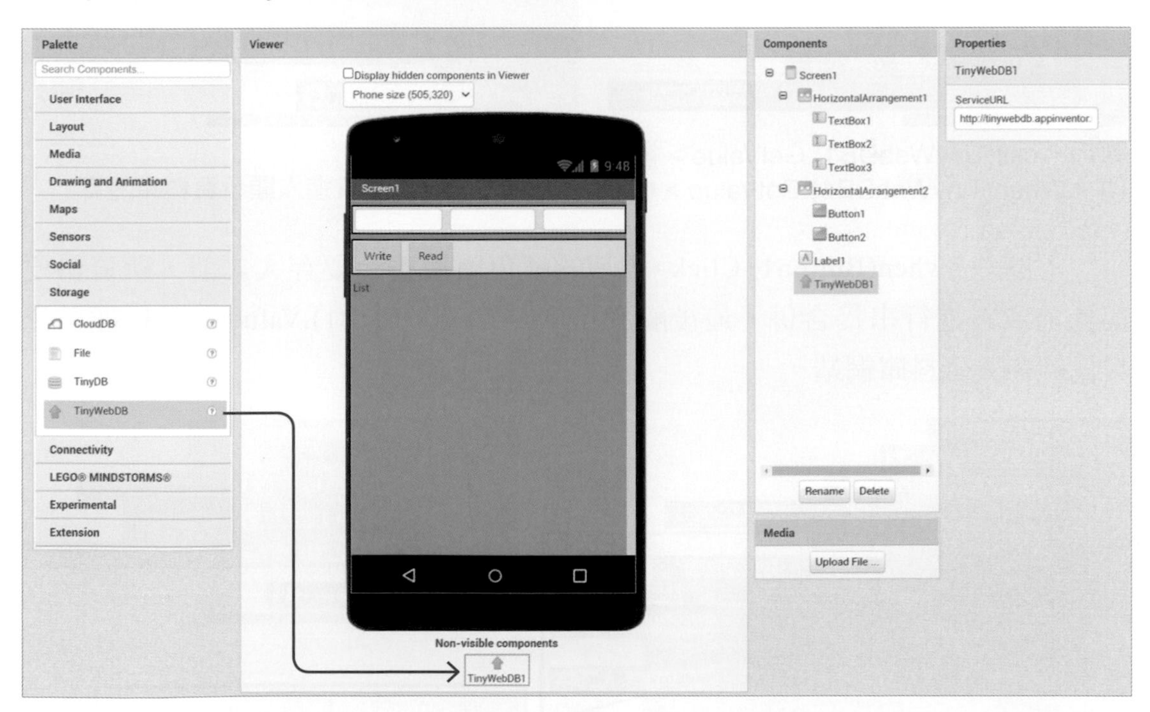

程式方塊功能連結設定

直接點選Built-in下方需使用的方塊，拖曳至工作面板中，準備邏輯連結。依照圖示進行：

如下圖設定初始化變數。

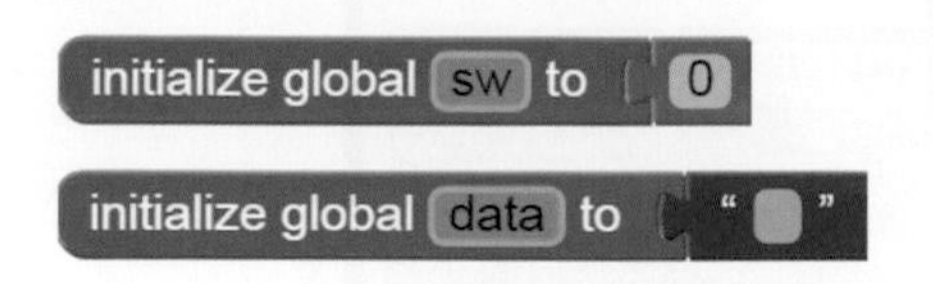

利用< when(Button1).Click>方塊，觸發執行< call(TinyWebDb1).GetValue >從App Inventor 2 資料庫網站取tag（標示）"xyz123date" 所指定資料位址，存入變數ValueFromWebDB 指標，並觸發執行< when(TinyWebDB1).GotValue >方塊，這時字串變數data 複製一份從變數ValueFromWebDB 所指向的資料內容。

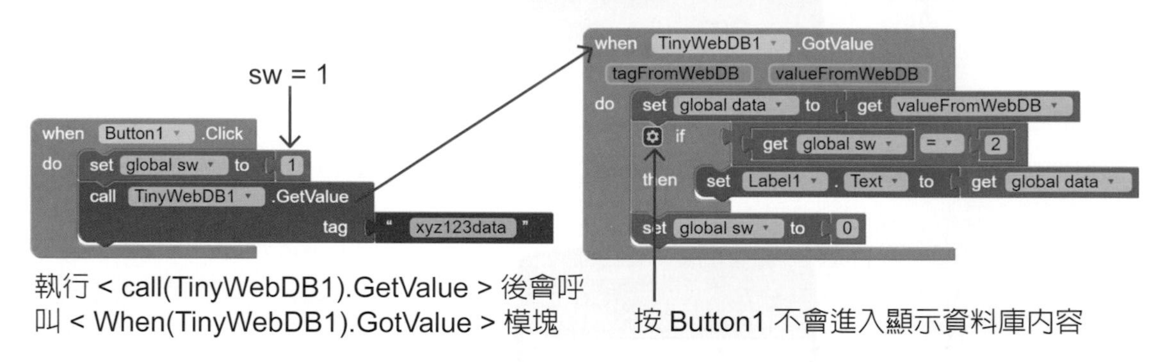

下圖在<when(Button1).Click>方塊的紅色區塊表示要存入之前，新資料要與先前資料進行串接合併，最後觸發<when(TinyWebDB1).ValueStored>顯示資料已經存入資料庫網站。

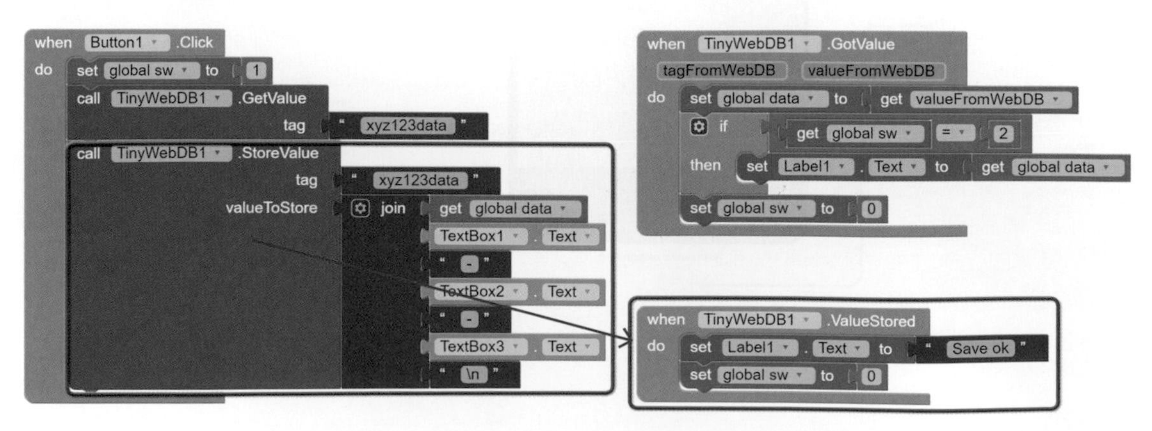

利用<when(Button2).Click>方塊，執行顯示存入資料庫資料內容，下圖圈起的紅色方塊表示，它與<when(Button1).Click>方塊共用取用資料，但是此方塊觸發時不需要顯示資料內容，所以增加判斷式方塊區分這兩個按鈕方塊所執行處理的程序。

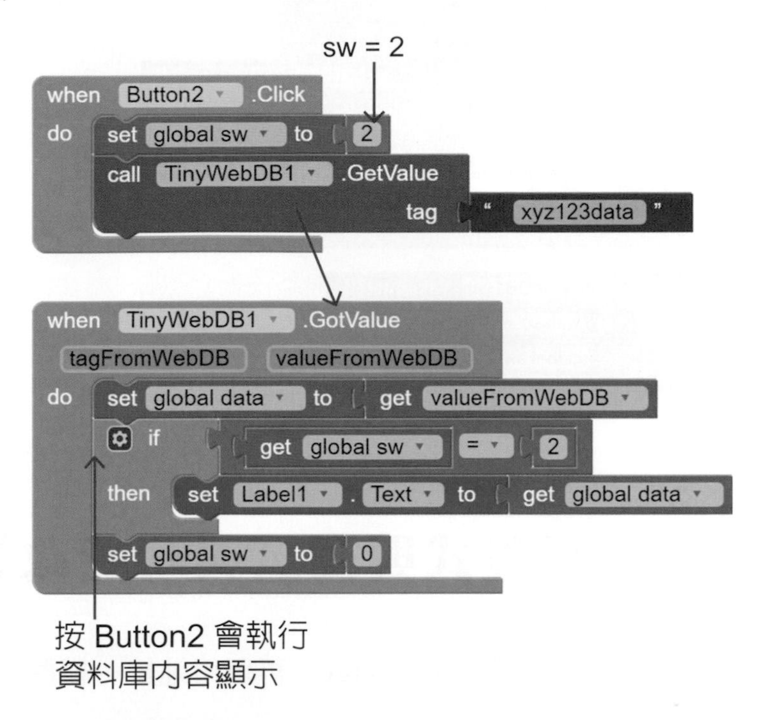

最後完成記帳本完整方塊。

```
initialize global sw to 0
initialize global data to " "

when Button1 .Click
do  set global sw to 1
    call TinyWebDB1 .GetValue
                     tag " xyz123data "
    call TinyWebDB1 .StoreValue
                     tag " xyz123data "
            valueToStore join get global data
                              TextBox1 . Text
                              " - "
                              TextBox2 . Text
                              " - "
                              TextBox3 . Text
                              " \n "
```

```
when Button2 .Click
do  set global sw to 2
    call TinyWebDB1 .GetValue
                    tag " xyz123data "

when TinyWebDB1 .GotValue
 tagFromWebDB  valueFromWebDB
do  set global data to get valueFromWebDB
    if    get global sw = 2
    then  set Label1 . Text to get global data
    set global sw to 0

when TinyWebDB1 .ValueStored
do  set Label1 . Text to " Save ok "
    set global sw to 0
```

16-5 執行程式與測試與功能改進

請先確認是否已啓動模擬器（**aiStarter**）再選用**連線→模擬器**。程式執行顯示購物資訊。

輸入第一筆資料分別輸入至TextBox1、TextBox2、TextBox3後按下Write按鈕儲存資料於雲端資料庫，成功後會顯示"Save ok"。

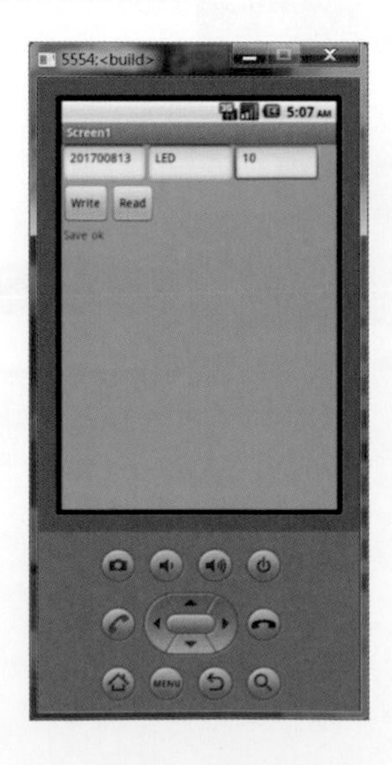

再按Read按鈕，則顯示第一筆存入資料庫的採買物品費用資訊。

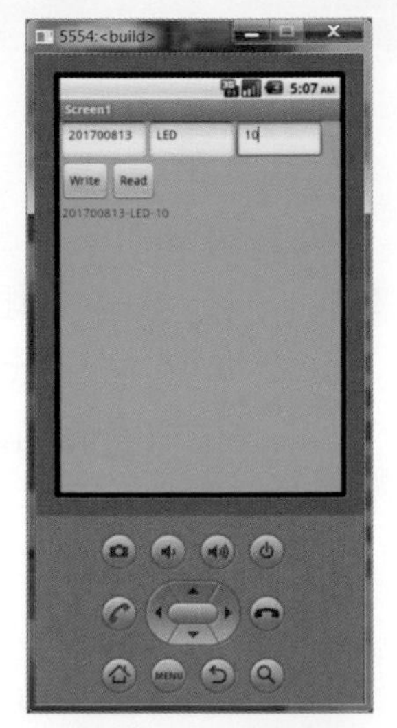

輸入第二筆資料分別輸入至TextBox1、TextBox2、TextBox3後按下Write按鈕儲存資料於雲端資料庫，成功後會顯示"Save ok"。

按下Read按鈕讀取資料庫資料，並顯示兩筆資料於螢幕畫面。

自我評量

◈ 選擇題

(　) 1. App Inventor 2提供TinyWebDB元件的測試網站，可以儲存幾筆資料測試？ (A)無限次　(B) 500次　(C)1000次。

(　) 2. App Inventor 2提供TinyDB元件其存取資料庫方式是如何？ (A) 資料只能存取手機內SD卡內　(B)資料可以存取手機內SD卡內也可以存放於網外雲端　(C)資料只能存取於雲端資料庫。

(　) 3. 儲存資料至雲端需要哪個組件？ (A) TinyDB (B) TinyWebDB (C) 以上皆是。

(　) 4. 在2013年MySQL改為哪個資料庫？ (A) MariaDB (B) Microsoft SQL Server (C) PostgreSQL。

(　) 5. 目前Internet上流行的網站構架方式是LAMP，原因為何？ (A) 軟體都是免費開放原始碼 (B) 可建置一個較低成本且穩定的網站系統 (C) 以上皆是。

(　) 6. 接上題，這裡LAMP是指？ (A) Linux、AOLserver、MySQL、PHP (B) Linux、Apache、MySQL、PHP (C) Linux、AOLserver、MySQL、Python。

(　) 7. TinyDB組件主要是提供何種功能？ (A) 儲存資料 (B) 測試服務 (C) 資料加解密。

(　) 8. App Inventor開發的APP對資料庫空間進行資料存取限制多少筆？ (A) 250 (B) 500 (C) 1000。

(　) 9. TinywebDB模塊屬於哪個組件分類？ (A) Storage (B) Layout (C) Social。

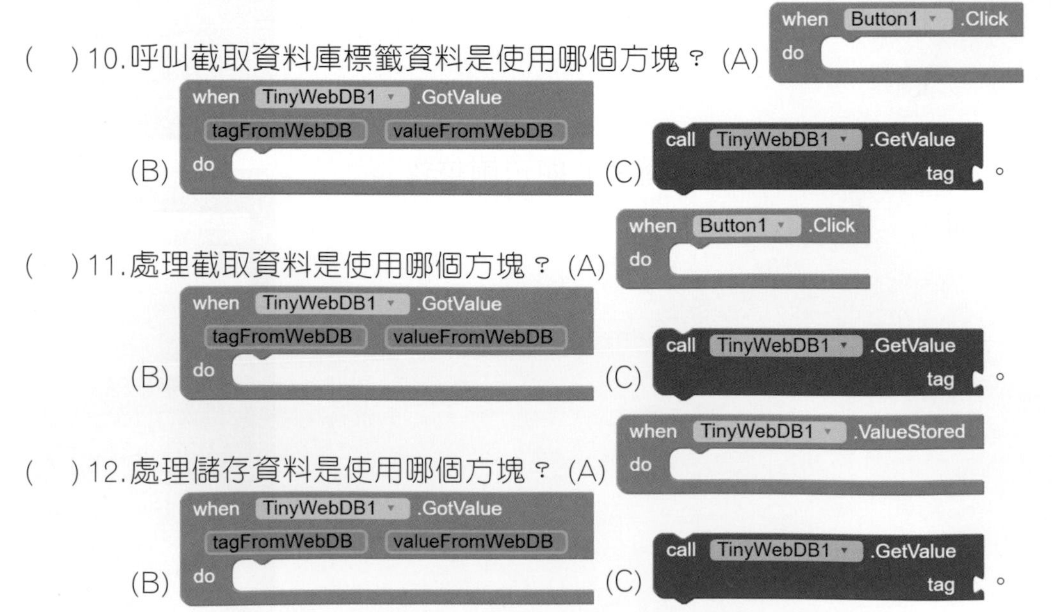

◈ 實作題

1. 修改記事本邏輯設計，增加具有自動讀取當天日期存於TextBox1方塊的屬性Text內。
2. 新增具有語音提示當天日期輸入記帳功能。

本書範例檔案可以下列三種方式下載：

方法 1：掃描 QR Code

範例檔案-解壓縮密碼：06353027

方法 2：連結網址 https://tinyurl.com/2p8tcem6

方法 3：請至全華圖書 OpenTech 網路書店(網址 https://www.opentech.com.tw)，在搜尋欄位中搜尋本書，進入書籍頁面後點選「課本程式碼範例」，即可下載範例檔案。

國家圖書館出版品預行編目(CIP)資料

計算機原理實作 : 使用 App Inventor 2/陳延華, 蔡佳哲編著. --
三版. -- 新北市 : 全華圖書股份有限公司, 2022.08
面 ; 公分
ISBN 978-626-328-255-1(平裝附光碟片)
1.CST: 系統程式 2.CST: 電腦程式設計

312.52 111010713

計算機原理實作－使用 App Inventor 2

(第三版)(附範例光碟)

作者／陳延華、蔡佳哲

發行人／陳本源

執行編輯／陳奕君

封面設計／楊昭琅

出版者／全華圖書股份有限公司

郵政帳號／0100836-1 號

印刷者／宏懋打字印刷股份有限公司

圖書編號／06353027

三版一刷／2022 年 08 月

定價／新台幣 490 元

ISBN／978-626-328-255-1 (平裝附光碟片)

ISBN／978-626-328-254-4 (PDF)

全華圖書／www.chwa.com.tw

全華網路書店 Open Tech／www.opentech.com.tw

若您對本書有任何問題，歡迎來信指導 book@chwa.com.tw

臺北總公司(北區營業處)
地址：23671 新北市土城區忠義路 21 號
電話：(02) 2262-5666
傳真：(02) 6637-3695、6637-3696

南區營業處
地址：80769 高雄市三民區應安街 12 號
電話：(07) 381-1377
傳真：(07) 862-5562

中區營業處
地址：40256 臺中市南區樹義一巷 26 號
電話：(04) 2261-8485
傳真：(04) 3600-9806(高中職)
(04) 3601-8600(大專)

歡迎加入 全華會員

● 會員獨享

會員享購書折扣、紅利積點、生日禮金、不定期優惠活動…等。

● 如何加入會員

掃 QRcode 或填妥讀者回函卡直接傳真（02）2262-0900 或寄回，將由專人協助登入會員資料，待收到 E-MAIL 通知後即可成為會員。

如何購買 全華書籍

1. 網路購書

全華網路書店「http://www.opentech.com.tw」，加入會員購書更便利，並享有紅利積點回饋等各式優惠。

2. 實體門市

歡迎至全華門市（新北市土城區忠義路 21 號）或各大書局選購。

3. 來電訂購

(1) 訂購專線：(02) 2262-5666 轉 321-324
(2) 傳真專線：(02) 6637-3696
(3) 郵局劃撥（帳號：0100836-1　戶名：全華圖書股份有限公司）
※ 購書未滿 990 元者，酌收運費 80 元。

全華網路書店 www.opentech.com.tw
E-mail: service@chwa.com.tw

※ 本會員制如有變更則以最新修訂制度為準，造成不便請見諒。

廣　告　回　信
板橋郵局登記證
板橋廣字第540號

行銷企劃部　收

23671 新北市土城區忠義路 21 號
全華圖書股份有限公司

讀者回函卡

掃 QRcode 線上填寫 ▶▶▶

姓名：＿＿＿＿＿＿ 生日：西元＿＿＿＿年＿＿＿月＿＿＿日 性別：□男 □女

電話：（ ）＿＿＿＿＿ 手機：＿＿＿＿＿＿

e-mail：（必填）＿＿＿＿＿＿＿＿＿＿＿＿

註：數字零，請用 Φ 表示，數字 1 與英文 L 請另註明並書寫端正，謝謝。

通訊處：□□□□□＿＿＿＿＿＿＿＿＿＿＿＿

學歷：□高中・職 □專科 □大學 □碩士 □博士

職業：□工程師 □教師 □學生 □軍・公 □其他

學校／公司：＿＿＿＿＿＿＿＿ 科系／部門：＿＿＿＿＿＿＿＿

・需求書類：

□ A. 電子 □ B. 電機 □ C. 資訊 □ D. 機械 □ E. 汽車 □ F. 工管 □ G. 土木 □ H. 化工 □ I. 設計

□ J. 商管 □ K. 日文 □ L. 美容 □ M. 休閒 □ N. 餐飲 □ O. 其他

・本次購買圖書為：＿＿＿＿＿＿＿＿＿ 書號：＿＿＿＿＿＿

・您對本書的評價：

封面設計：□非常滿意 □滿意 □尚可 □需改善，請說明＿＿＿＿＿＿

內容表達：□非常滿意 □滿意 □尚可 □需改善，請說明＿＿＿＿＿＿

版面編排：□非常滿意 □滿意 □尚可 □需改善，請說明＿＿＿＿＿＿

印刷品質：□非常滿意 □滿意 □尚可 □需改善，請說明＿＿＿＿＿＿

書籍定價：□非常滿意 □滿意 □尚可 □需改善，請說明＿＿＿＿＿＿

整體評價：請說明＿＿＿＿＿＿＿＿＿＿＿＿

・您在何處購買本書？

□書局 □網路書店 □書展 □團購 □其他＿＿＿＿＿＿

・您購買本書的原因？（可複選）

□個人需要 □公司採購 □親友推薦 □老師指定用書 □其他＿＿＿＿＿＿

・您希望全華以何種方式提供出版訊息及特惠活動？

□電子報 □ DM □廣告（媒體名稱＿＿＿＿＿＿＿＿＿＿）

・您是否上過全華網路書店？（www.opentech.com.tw）

□是 □否 您的建議＿＿＿＿＿＿＿＿＿＿＿＿

・您希望全華出版哪方面書籍？＿＿＿＿＿＿＿＿＿＿

・您希望全華加強哪些服務？＿＿＿＿＿＿＿＿＿＿

感謝您提供寶貴意見，全華將秉持服務的熱忱，出版更多好書，以饗讀者。

填寫日期： / /

2020.09 修訂

親愛的讀者：

感謝您對全華圖書的支持與愛護，雖然我們很慎重的處理每一本書，但恐仍有疏漏之處，若您發現本書有任何錯誤，請填寫於勘誤表內寄回，我們將於再版時修正，您的批評與指教是我們進步的原動力，謝謝！

全華圖書 敬上

勘誤表

書號		書名		作者	
頁數	行數	錯誤或不當之詞句		建議修改之詞句	

我有話要說：（其它之批評與建議，如封面、編排、內容、印刷品質等・・・）